周期表とイオンの価数・酸化数・化合物

同族元素名	アルカリ金属	アルカリ土類金属																貴ガス
族番号	1族	2	3〜11									12	13	14	15	16	17	18族
														(典型元素)	(窒素族)	(酸素族)	(ハロゲン)	
														(炭素族)		非金属元素		
一周期	H																	He
二周期	Li	Be											B	C	N	O	F	Ne
三周期	Na	Mg											Al	Si	P	S	Cl	Ar
四周期	K	Ca	Sc	Ti	V	Cr	Mn	Fe	Co	Ni	Cu	Zn	Ga	Ge	As	Se	Br	Kr
五周期	Rb	Sr				Mo				Pd	Ag	Cd	In	Sn			I	Xe
六周期	Cs	Ba				W				Pt	Au	Hg	Tl	Pb				Rn
(遷移元素)			金属元素															
最高酸化数**	+1	+2	(+3, +4, +5, +6, +7)									(+2)	+3	+4	+5	+6	+7	0
イオンの価数*	+1	+2										(+2)	+3			−2	−1	0
イオンの例	Na^+	Mg^{2+}					Fe^{2+}						Al^{3+}			O^{2-}	Cl^-	
	K^+	Ca^{2+}					Fe^{3+}									S^{2-}	I^-	
最高酸化数化合物														H_2CO_3	HNO_3	H_2SO_4	$HClO_4$	
共有結合の価数														4	H_3PO_4 3	2	1	
水素化合物														CH_4	NH_3	H_2O	HCl	

*オクテット則（最外殻電子数8個が安定）を満たす。（「有機化学　基礎の基礎」p.202）
**原子の最外殻電子がすべて失われたときの原子の電荷数。（「有機化学　基礎の基礎」p.190～197）

演習 溶液の化学と濃度計算

実験・実習の基礎

立屋敷 哲 著

丸善出版

はじめに

　専門，専門基礎として化学系・生物系の実験・実習が必要とされる分野は少なくない．最近の50％近い大学・短大への進学率や入試形態の多様化に伴い，これらの実験・実習を行ううえでの前提となる化学系の基礎学力が十分でない学生が増大している．筆者の勤務先も例にもれず，もともとは英数理を受験科目とする理科系の色彩が強い大学であったが，現在では文科系と自認する学生も多い．これらの学生を濃度計算ができるようにするために，この十数年来，濃度計算の自習用教材を作成し，改良を重ねてきた．もともとは自学自習をやらせるだけであったが，この数年は，この教材を用いた授業を行なっている．予習のリポート提出を前提とする基礎化学・分析化学分野の授業である．本書はその最新版に手を加えたものであり，同様の趣旨の有機化学教科書である拙著，「生命科学・食品学・栄養学を学ぶための　有機化学　基礎の基礎」の姉妹編である．

　本書は高校における化学未修者から受験化学を学んだ学生まで，すべての学生が実験実習の基礎を身につけ，使えるようにすることを目標としている．すなわち，各種の濃度計算から，分析化学の諸手法の基礎まで，化学系実験のための基礎を演習形式・問答形式で学ぶものである．解答は過ぎるくらい丁寧に解説してあり，とくに計算式は途中を省略せずに書いてある．計算ができる学生から見れば驚きあきれるほどであるが，これは様々な基礎学力の学生を同じクラスで教育する際に，基礎学力が不十分な学生であっても独力で自習・理解できるように意図したものである．テキストの内容自体は実験実習に必要なレベルである．受験勉強をしてきた学生にはやさしすぎるように思えるかもしれないが，高校で未履修の内容も含まれているだけでなく，受験勉強した内容もより確固としたものにしてくれるはずである．後述するように，8〜10章は受験化学を学んだ学生にとっても，化学系の2，3年の大部分の学生にとっても，それまでに学んだことを完全に消化吸収するための役に立つ，新しい発見があるはずである．本書の内容の大部分は高校生の参考書としても適切と考えている．

　本書は次の方々の助力でできたものである．卒業生の城田麻衣，刈屋妙子，清水美帆，関　沙織の諸氏には，これまでの毎年の教材作成，授業の補助など様々な助力をいただいた．学生諸姉の様々な質問や意見が毎年の教材の改善のいわば原資である．本書のわかりやすさ？は全く彼らに負っている．文字と式だらけの殺伐とした本文に対し，砂漠のオアシスともいえる挿絵は中原馨子，千秋めぐみ両氏のオリジナル作品である．執筆にあたっては巻末記載の成書を参考にさせていただいた．出版に際してお世話になった丸善出版事業部の安平　進氏，凝り性の筆者に我慢強くお相手いただいた岡本和之氏，陰に陽にいろいろと支えてくれた家内・喜美子を含め，上記の方々に感謝したい．読者諸賢からのご意見，間違いのご指摘等，いただければ幸いである（E-mail：tachi@eiyo.ac.jp）．

2004年9月　　立屋敷　哲

本書の利用法：演習形式の基礎化学・分析化学の自習書・教科書
1. 濃度計算(モル, %, μ, ppm, pH, 滴定と濃度計算)ができるようになるための自習書.
2. 実験実習で用いる分析法(中和滴定, 酸化還元滴定, キレート滴定, 沈殿滴定, 溶媒抽出, クロマトグラフィー, pH測定, 比色法)の基礎を学ぶ自習書.
3. 基礎化学(酸塩基, 中和反応, pH, 酸化還元, 化学量論)の授業教科書・演習書・参考書.
4. 分析化学(酸塩基, 酸化還元, 化学量論, 酸塩基・錯形成・沈殿生成・二相(溶媒抽出)の各種平衡, クロマトグラフィー, 酸化還元電位とpH, 光と色・比色法)の授業教科書・参考書.

本書の構成

　　本書は「演習」のタイトルと形式をもつが，解き方を覚えるテキスト・単なる演習書ではなく，自習の演習書と解説書を兼ねた，化学計算ができるようになる，演習しながら学ぶ教科書，計算を核とした一般化学，分析化学の教科書である．

　　本書は全頁が問答形式であり，見開きの左頁が問題，右頁が答となっている．まず，各単元の頭には，なぜその項目を学ぶのか，学習の動機づけの序文，続いて，その章で取り上げる項目の定義にかかわる問題，次に，常識で考えられる身近な，イメージが湧く問題から始めて，化学の世界の問題に続ける，これをだんだん複雑にして記号で表す一般式(公式)の問題へと導く．計算問題全体として，なぜ，そのような計算式が得られるかを原理から理解できるように構成されている．次に，理屈を理解・納得したうえで，この一般式(公式)を用いて，もう少し複雑な問題を解く，計算ができるようになる，という手順である．さらに，問題を節，章単位で解くことにより，そこで取り上げた項目の基礎を学習・理解できるように意図されている．

　　参考までに，筆者の授業は本書の予習リポート提出を前提として，実際の授業では，理解を助けるために，演示実験・薬品などの回覧(五感で理解する)のほか，豆テストを行なっている．(これは，できない箇所を確認するだけでなく，わかったつもりでも，実際に解いてみると解けない・もっと努力する必要がある・繰返す必要があることを感じさせるためである．)

　　本書は，1〜7章の濃度計算と8〜10章の分析化学の基礎，それに，付録の分数・指数・対数の計算演習とから構成されている．

1〜7章，付録　高校で化学未履修の学生，不得手であった学生，受験化学を勉強していない学生が自習で濃度計算ができるようになることを目的としたものであり，化学式・反応式・モル濃度・**酸塩基**・規定度・中和反応・**酸化還元**反応・反応式を利用した量論計算・溶液の希釈・%濃度計算などを取り扱っている．m(ミリ, 10^{-3}), μ(マイクロ, 10^{-6}), 指数表示・指数計算，分数計算, mol, mol/L, 規定度(当量)，当量関係，溶液の希釈法，%計算，ppm・ppbなどの基本をまずマスターすることが目標である．1〜7章，および付録の両開きの問答形式は，内容を理解したうえで身につけることを目的とするため，演習形式の繰り返し学習をしやすいようにしたものである(勉強法は後述)．

8〜10章　　分析化学の基礎の一部と一般化学・物理化学で学ぶ分野の一部分を扱っている．つまり，化学を専門としない理科系学生，化学系の1・2年次学生を対象として，化学，分析化学，生化学，食品化学，食品学，衛生学，栄養学などの，化学を基礎とした様々な実験実習の基礎として必要な次の諸項目について，基礎とエッセンスを演習形式で詳説した：pH，緩衝液，キレート滴定，沈殿滴定，溶媒抽出，クロマトグラフィー，pH測定，比色法，これらの基礎となる酸と塩基，平衡定数，錯体，難溶性塩の溶解度，酸化還元電位，光と色．内容は必ずしも初歩的ではないが，記述，説明の仕方は初歩的・初心者向けである．初習者でも努力すれば各項目の基礎・エッセンスを理解できるように丁寧に説明されている．8〜10章も1〜7章と同様の両開きの演習形式となっているが，8−1節「pHと緩衝液」のpH計算部分を除いては，繰り返し演習により身につけるためというより，新しい事項を初めて学習・理解するための自習書として，学習のポイントが明白となるように意図したものである．

　　学生実験でこれらの項目に接する非化学系学生は，基礎を理解しないで，ただブラックボックスとして済ましてしまうことも多い．また，基礎を本格的教科書で学ぶゆとりはない．その一方で，広範囲を網羅した入門的教科書・参考書では各項目について簡単な記述しかないものも多く，学生は往々にしてエッセンスを理解するまでには至らないようである．これらの項目について，繰り返し学習を行なう機会に乏しい非化学系学生がエッセンスを頭に残すためには，一度きりの学習を自ら考え理解・納得する形で進めることが最善であろう．演習形式のテキストは読みにくいと危惧されるが，問題点・課題を意識しながら一歩づつ読み進めるうえでは有益と考えられる．エッセンスの理解・納得に，この演習形式テキストを役立ててほしい．

本書の使い方

1．心構え：やっていないで，できるはずがない！

　「諸君は天才ではない．テキストの解説を**一回読んだだけで新しい考え方・今までわからなかったことが理解できるはずがない・一度やっただけで，できるはずがない**！」ことをまず肝に銘じてほしい．10回読む・10回問題を解くつもりで取り組んでほしい．「わからない」を免罪符・逃げの口実にしないこと．繰り返し読む，繰り返し演習する努力なくして，できるはずがない！「学ぶ・何かを身につける」ために進学したはずである．何度も読んだり，図書館で調べたり，辞書を引いたり，友人・教員に質問したりして自ら学ぶこと，**「わかろうと努力すること」**が勉強することである．したがって勉強すること・学ぶことが楽なはずはない．「学問に王道なし」である．面倒だ・苦しいを通り抜ければ新しいことを「知る喜び」「理解する喜び」を必ず感じるはずである．その時点では，最も大切な「何か」が，身についたはずである．新しいことを理解した喜び・できるようになった喜びを是非とも感じてほしい．

　理解したうえでの**基礎の暗記は絶対的に必要**であり，学ぶことの重要な一部分である．たとえば，定義を知らなくては天才であっても計算できるはずがない．%の定義，pHの**定義を覚えていなくては**%濃度の計算，pHの計算はできるはずがない．しかし，学ぶことの本質は**理解して自分のもの・自分で使えるようにする**．自分の血・肉とすることである．使えるようにするためには必要なときにすぐに思い出せなければならない．掛け算の九九も暗記していなければすぐには使えない．一方，暗記していても，理解していても，

テストはできないし，実際に役には立たない．理解したうえで，基礎的事項は完全に記憶し，そのうえで十二分に**演習**をして，使い方を身につけておかないと役に立たない・実際に使えるようにはならないものである．また，演習する・手を動かすことにより理解は深まるものである，すなわち**「身体で」理解**しないと本当に理解したことにはならない．車の運転免許を取るときのこと，水泳・テニスなどの新しいスポーツを身につけるときのことを考えよ．何かを新しく身につけるときの身につけ方は身体活動でも頭脳活動でも同じである(脳も体の一部！)．受験勉強をしたことがない人，「十二分の演習」を行なった経験がない人は，この演習の重要性・繰り返すことの重要性を是非とも認識してほしい．

2．勉強の仕方：勉強してもテストができない？　車の運転免許を取るときのことを考えてみよ！

　①わからなければ**何度も繰り返し勉強**せよ．問題が解けなければ，答を読み，理解・納得する(その場で答を隠してすぐに解いてみる)．今ひとつピンと来なくてもそれはそれでOK．解けなかった問題に印をつけておき，あとで再度解いてみる．解けた問題は二度解く必要はない．解けなければ再度答を読む(その場で答を隠してすぐに解いてみる)．問題に二度目の印をつけて，あとで三度目を試みる．このように，解けない問題は時間をおいて**何度も繰り返すことが重要**である．すると，わからなかったこと，理解できなかったことも，だんだんわかってくるものである．これが身体で理解することである．諸君は「天才ではない」ことを常に思い起こすこと．この繰り返しが，筆者を含め，凡才が理解するための最良の方法である．先に進めば，以前わからなかったことも，いつのまにか，わかるようになっているものである．

　②記号だけで書かれた式・一般式は抽象的に感じられるため，理解しにくいのが普通である．具体例を考えて，記号に0.1，1，2，10，100といった簡単な数値を入れて意味を考えよ．そもそも一般式はまとめの式であるから，これを見ただけで理解できないのは当然である．問題をたくさん解いてこの一般式の使い方に慣れれば，意味がわからなくてもこの式を使っていれば，自然とわかるものである＝身体で理解する．頭だけで理解しようと思うからわからない．知らないこと・体験していないことを頭だけで理解することは至難の技である．わかるためには十分経験を積む必要がある．

　③計算する前に直感を働かせること．濃度計算なら，濃度が元より増えるか減るか，pHなら低くなるか高くなるか，といったことをまず考える．頭の中で概算してみること．

　④わからない語句は高校の理科・化学の教科書，または国語辞典，百科辞典，理化学辞典，化学大辞典などを用いて自分で調べよ．

本書を用いた授業に対する学生の授業評価：一部を紹介する．諸君もできる！

　　A．モルの説明がイメージしやすくてよかった．モル濃度計算がまったくできなかったが，一通りできるようになった．　B．テキストの説明が詳しく丁寧で本当にわかりやすく，苦手だった濃度計算などが理解できるようになった．テキストで，似たような問題を何度も解くことで計算方法が身についていった．　C．とてもわかりやすくて，理解することができるので，やっているうちに，とても苦手だった濃度計算もすんなりできてびっくりした．このテキストで高校から勉強できたらよかったと思った．　D．最初は，全部難しそうで，やれるか不安で，まったくわからないことをリポートとしてやるなんて無理だし，無意味では？と思っていたが，ある程度理解できるし，その後の授業の講義でしっかりと身についた．　E．高校ではイメージも湧かない授業で，ただ，公式に入

れて計算をするということだったが,この授業はイメージが湧いたうえで問題を解くので,とてもわかりやすく,びっくりすることがたくさんあった. F.テキストを繰り返し解いた.リポートで出された問題を何度もやったことによりできるようになった. G.高校,入試と化学を勉強したが,この授業で,もっと理解が深まった.高校のときは無理やり暗記という感じで,公式として覚えていたものも,なぜこうなるか,という根本から理解できた.高校のとき少しあやふやだった所も自信がついた. H.受験で化学をやったが,化学IIの分野が苦手だった.授業を受けて,平衡のことがやっとわかった. I.毎週のリポート提出で勉強する習慣がついた.

目次

1章 序・基礎知識 ………………………………………………………… 2
 1-1 原子とは ……………………………………………………………… 2
 1-2 原子量とは …………………………………………………………… 2
 1-3 分子とは ……………………………………………………………… 2
 1-4 分子式とは …………………………………………………………… 2
 1-5 組成式とは …………………………………………………………… 2
 1-6 分子量とは …………………………………………………………… 4
 1-7 式量とは ……………………………………………………………… 4
 1-8 倍率を表す単位の接頭語(m, μ, n など) ………………………… 4
 1-9 測定値の表示法と単位同士の掛け算,割り算 …………………… 8
 1-10 有効数字とは ……………………………………………………… 10
 1-11 化学式 ……………………………………………………………… 16
 1-12 化学反応式とは(反応式の係数の求め方) ……………………… 20

2章 mol(モル),モル濃度,ファクター ……………………………… 24
 2-1 mol(モル)とは何か ………………………………………………… 24
 2-2 モル濃度(C mol/L)とは ………………………………………… 28
 2-3 力価(ファクター,タイターともいう)とは何か ……………… 34

3章 酸・塩基,価数,規定度と当量 …………………………………… 36
 3-1 酸とは ………………………………………………………………… 36
 3-2 塩基とは ……………………………………………………………… 36
 3-3 酸と塩基の定義は …………………………………………………… 36
 3-4 酸・塩基の価数 m とは …………………………………………… 40
 3-5 H^+,OH^- としての mol 数 n_H,n_{OH}(酸・塩基の当量数)とは …… 42
 3-6 酸・塩基の規定度(N:規定)とは ………………………………… 46
  ・イオン当量 ……………………………………………………… 52
  ・浸透圧とオスモル ……………………………………………… 52

4章 中和反応と濃度計算 ………………………………………………… 54
 4-1 中和反応とは何か …………………………………………………… 54
 4-2 中和滴定法による濃度の求め方(中和反応の化学量論) ……… 56
  ・当量 equivalent とは …………………………………………… 62

5章　酸化還元 ································ 64
- 5-1　酸化とは，還元とは ································ 64
- 5-2　酸化数とは ································ 68
- 5-3　酸化剤・還元剤の価数 ································ 78
- 5-4　電子のmol数（当量数） ································ 80
- 5-5　酸化剤・還元剤の規定度（N：規定）とは ································ 82
- 5-6　酸化還元滴定と濃度計算 ································ 84
    - ・COD（化学的酸素要求量）とBOD（生物化学的酸素要求量） ································ 88

6章　化学反応式を用いた計算 ································ 90
- 6-1　様々な反応 ································ 90
- 6-2　中和反応 ································ 92
- 6-3　酸化還元反応 ································ 94

7章　パーセント，密度，含有率，希釈 ································ 96
- 7-1　パーセント（％） ································ 96
- 7-2　密度（比重）とは ································ 96
- 7-3　様々なパーセント濃度 ································ 98
- 7-4　その他の濃度表示法（質量濃度，ppm，ppbなど） ································ 102
- 7-5　含有率と含有量 ································ 106
- 7-6　実際の化学分析への応用（学生実験テーマの例） ································ 108
- 7-7　溶液の希釈法 ································ 116

8章　化学平衡と平衡定数 ································ 124
- 8-1　pHと緩衝液 ································ 124
    - 8-1-1　水素イオン濃度とpH：pHとは何か ································ 124
    - 8-1-2　平衡と平衡定数：pH7はなぜ中性なのか ································ 126
    - 8-1-3　酸解離平衡 ································ 134
    - 8-1-4　様々な水溶液のpH ································ 136
        - ・血液のpH（緩衝液のpH） ································ 142
        - ・酸性雨のpH（弱酸のpH） ································ 148
    - 8-1-5　まとめ ································ 158
- 8-2　錯形成平衡とキレート滴定法 ································ 158
    - 8-2-1　錯体とは何か ································ 158
    - 8-2-2　錯形成平衡 ································ 160
    - 8-2-3　キレート滴定法とはどんな方法か ································ 160
- 8-3　溶解平衡と溶解度積・沈殿滴定法 ································ 162
    - 8-3-1　難溶性の塩の溶解度をなぜ学ぶのか ································ 162
    - 8-3-2　溶解平衡と溶解度積・沈殿滴定法 ································ 162
    - 8-3-3　難溶性塩の溶解度に及ぼす共通イオン効果 ································ 166
    - 8-3-4　活量係数：イオン強度の影響 ································ 166

  8-4　分配平衡と溶媒抽出，分配クロマトグラフィー……………………………168
    8-4-1　溶媒抽出とは何か……………………………………………………168
    8-4-2　ネルンストの分配律・分配平衡と分配係数(分配定数)……………168
    8-4-3　分配比と抽出率………………………………………………………170
    8-4-4　クロマトグラフィーとは何か：分配クロマトグラフィーとその他のクロマトグラフィー…170

9章　pHメーターと酸化還元電位……………………………………………………176
  9-1　金属のイオン化傾向：酸化還元反応における酸化されやすさの順序………176
  9-2　電池と電位…………………………………………………………………178
  9-3　標準電極電位(＝還元電位＝酸化還元電位)……………………………182
  9-4　電池の電位に対する濃度の影響：ネルンストの式……………………186
  9-5　ネルンストの式の応用：pHメーターの原理……………………………188
  9-6　標準電極電位の応用………………………………………………………192

10章　光と色：比色法，その他の光学的分析法の基礎……………………………198
  10-1　光と波………………………………………………………………………198
  10-2　原子の電子構造……………………………………………………………202
  10-3　光と原子・分子：光の吸収と放出(発光)………………………………208
  10-4　光の吸収・放出を利用した分析法，比色法……………………………212

付録　整数，分数，指数，対数の計算………………………………………………220
  1　整数の四則計算……………………………………………………………220
  2　分数の四則計算　「たすき掛け」を身につけよう！……………………220
    ・電卓の使い方1.…………………………………………………………224
  3　指数とその計算……………………………………………………………226
    ・電卓の使い方2.…………………………………………………………230
    ・電卓の使い方3.…………………………………………………………230
    ・電卓の使い方4.…………………………………………………………232
  4　対数とその計算……………………………………………………………232
    ・電卓の使い方5.…………………………………………………………234

参考図書………………………………………………………………………………240
索引……………………………………………………………………………………241

演習　溶液の化学と濃度計算

問題

1 序・基礎知識

1-1 原子とは？

* 子供のおもちゃの組立てブロックにたとえれば，ブロックの中で形・色の同じもの（種類）が元素，ブロックの1個1個が原子に対応する．粒が原子，種類が元素．

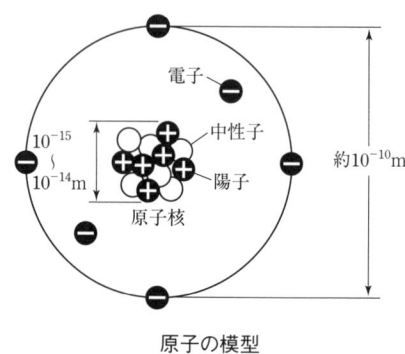

原子の模型

1-2 原子量とは？

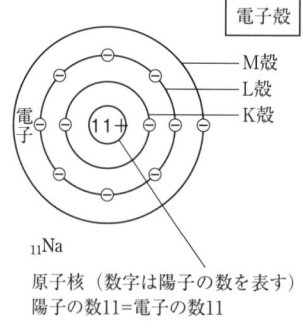

$_{11}$Na

原子核（数字は陽子の数を表す）
陽子の数11＝電子の数11

ナトリウムの電子配置

1-3 分子とは？

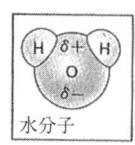

1-4 分子式とは？

問題 1-1 (1) 水素，酸素，窒素，塩素，塩化水素（水溶液が塩酸），水，メタン，アンモニア，二酸化炭素（炭酸ガス），エタノール，グルコース（ブドウ糖）の分子式を示せ．

(2) エタノールの示性式を示せ．

1-5 組成式とは？

問題 1-2 食塩（塩化ナトリウム），硫酸ナトリウムの組成式を示せ．

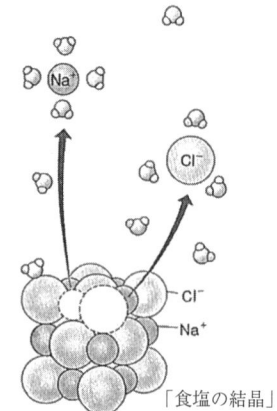

塩化ナトリウムの水への溶解

[藤原鎮男他，"化学IB"，三省堂 (1995) p.60 より引用]

原子 われわれの身の周りの物はすべて物質からできている．この物質を構成成分に分けていったときの究極の純粋成分(種類)が元素である．この世のすべての物質は 100 余種の成分(元素)からなっている．たとえば水という物質は水素と酸素の 2 種類の成分(元素)よりできている．一方，物質を小さく分けていくと，純粋成分(元素)としての性質をもったもので，それ以上に分けられない究極の微小粒子，物質を構成する最小のかたまり，が存在する．この粒子を原子という．水の最小単位は水素原子 2 個・酸素原子 1 個からできている(元素と原子：左頁の*参照)．

原子量 atomic mass (原子質量)．その元素を構成する原子の重さ(体重)．定性的には一番軽い元素である水素原子の重さを 1 としたときの元素の構成原子の相対質量と理解してよい．

   例) ナトリウム Na の原子量＝23→水素 H の 23 倍の重さということ(表紙裏，原子量表)．

   * この宇宙に一番多く存在する元素でかつ一番軽い元素は水素である．そこでこの水素の重さを基準($H=1$)として他の元素の(相対的な)重さを表す．これが歴史的には最初に定義された原子量である．すなわち，ある原子の重さが水素原子の何倍の重さかを示したものが原子量である(現在では炭素の同位体の内でもっとも存在比の多いもの，^{12}C，の原子 1 個の質量を 12(12 原子質量単位)として定義されている)．

   元素記号，同位体：「有機化学 基礎の基礎」，その他の教科書を参照のこと．

分子 物質がその化学的性質を保って存在し得る最小の構成単位で，構成原子同士が共有結合でつながったもの．たとえば水という物質の最小単位は水分子 H_2O である．H_2O は水素原子 2 個と酸素原子 1 個よりなり，これらの原子が H–O–H のように共有結合(手)でつながっている．

   共有結合：「有機化学 基礎の基礎」，その他の教科書を参照のこと．

分子式 その分子を構成している原子の組成(原子の種類と数)を元素記号を用いて示した式．原子の数は元素記号の下付添字で示す．

   例) H_2O の意味：水分子は H 原子の 2 個，O 原子の 1 個よりなる．

答 1-1 H_2, O_2, N_2, Cl_2, HCl, H_2O, CH_4, NH_3, CO_2, C_2H_6O, $C_6H_{12}O_6 = (CH_2O)_6$ 炭水化物

   示性式：特別な性質の原子団が分子内に存在することを示す化学式．エタノール C_2H_5OH

   化学式：元素記号を用いて物質を表示する式．組成式(実験式)，分子式，示性式，構造式などを含む．

組成式 化学式の一つ．物質を構成している原子の組成(原子の種類と数)を最も簡単な整数比で表したもの．実験式(組成は実験で求める)．例：グルコース $C_6H_{12}O_6$ の組成式(実験式)は CH_2O

物質が分子からできていないときには分子式の代わりに組成式を用いる．

   例) 食塩(塩化ナトリウム)は分子ではなく，イオン結合よりなる塩であり，左頁図に示したように，ナトリウムイオン Na^+ と塩化物イオン Cl^- とが交互に三次元に並んだ固体である．これを化学式で書くと $(NaCl)_n$ となるが，こうは書かないで，組成式 NaCl と表す．一方，液体の水は 1 個の独立した水分子 H_2O (左頁図)が，たくさん集まったものであり，この分子の 1 個 1 個が勝手に動き回っている．したがって，(水)分子は，いわばピンセットで 1 個をつまみあげることができるが，NaCl のような分子でないものは 1 個の「NaCl」としてつまみあげることはできない．NaCl を水に溶かすと，「NaCl」としては溶けず，Na^+ と Cl^- とがばらばらに分かれて溶ける(左頁図)．

答 1-2 NaCl, Na_2SO_4 (Na が 2 個，硫黄 S が 1 個，酸素 O が 4 個；Na は Na^+ イオン，SO_4 は SO_4^{2-} 硫酸イオンを意味する．SO_4^{2-} は多原子イオンとよばれる全体で一つのイオンである(p.17))

   * イオンの電荷は原子・原子団の後の上付添え字で表す．Na^+, Cl^-, Al^{3+}, SO_4^{2-} など，+，−，3+，2− は +1，−1，+3，−2(+ が 1 個，− が 1 個，+ が 3 個，− が 2 個)の意味である．Na^{+1}, Na^{1+}, Cl^{-1}, Cl^{1-}, Al^{+3}, SO_4^{-2} などとは書かない．

1-6 分子量とは？ molecular mass （分子質量, molecular weight）

問題 1-3 グルコース（ブドウ糖）$C_6H_{12}O_6$ の分子量を計算せよ。原子量は C = 12.011, H = 1.00794, O = 15.9994 である（この桁より下の数値は地球上の地域, 物質の存在状態などによるばらつきがある）。

* このテキストでは計算はすべて電卓を用いてよい。

デモ

グルコース（ブドウ糖）	なめる。脳のエネルギーのもと, 静脈栄養点滴の中身。
NaCl（食塩）	なめる。
Na_2SO_4（硫酸ナトリウム）	なめる。無水物は乾燥剤, Na^+ 2個, SO_4^{2-} 1個。
NH_3 アンモニア水	匂いを嗅ぐ。虫刺され薬の中身（キンカンなど）。
NaOH（水酸化ナトリウム）	固体を観察。ペレット 0.1 g/1個。水溶液を指につける・なめる（すぐに手を洗うこと）。水溶液+フェノールフタレインの色。
$AgNO_3$（硝酸銀）	$AgNO_3$ 水溶液 + NaCl 水溶液 → AgCl 白濁, 感光作用。

1-7 式量とは？ formula mass（化学式質量, formula weight）

問題 1-4 塩化ナトリウム NaCl, 硫酸ナトリウム Na_2SO_4, 水酸化ナトリウム NaOH の式量, アンモニア NH_3, 二酸化炭素 CO_2, 水 H_2O の分子量を計算せよ。原子量は表紙裏を参照のこと（計算は電卓を用いてよい）。

1-8 倍率を表す単位の接頭語

われわれは日常生活で, 長さを表す尺度として mm（ミリメートル）, cm, km なる言葉を用いている。また, 小学校で体積の単位として dL（デシリットル）, 面積では ha（ヘクタール = ヘクト・アール = 100 a（アール））なる言葉を学んだ。天気予報の気圧の単位・ヘクトパスカル, FM ラジオの周波数の単位・MHz（メガヘルツ）, コンピュータの記録媒体であるフロッピー・CD・MO などの容量の単位・メガ（バイト）, 生物の細胞の大きさなどを記述するときの単位・μ（ミクロン = マイクロン）= μm（マイクロメートル）, ミクロの世界なる言葉, 最近ハイテク関連でよく聞くナノテクノロジー, ナノワールドのナノ = nm（ナノメートル）といった言葉の m, k, d, h, M, μ, n といった接頭語は, すべて, 大きさ・倍率を表したものである。

問題 1-5 倍率 $10^9, 10^6, 10^3, 10^2, 10^1, 10^{-1}, 10^{-2}, 10^{-3}, 10^{-6}, 10^{-9}$ を表す接頭語の覚えかたを述べよ。記憶せよ。また, 以下の小問に答えよ。

* キロ(k), ヘクト(h), デカ(da) はギリシャ語で 1000(chilioi), 100(hecto), 10(deca) の意。一方, ラテン語（古代ローマ語）の decimus（10番目, decem 10）, centi(100), mille(1000) を 1/10, 1/100, 1/1000 の大きさ・倍率を表す記号（接頭語）, デシ(d), センチ(c), ミリ(m) として用いた。なお, 10^6 メガ(mega) はギリシャ語で巨大, 10^9 ギガ(giga) は巨人, 10^{12} を表すテラは怪物(teras)の意。

問1：$1\,000\,000\,000 = 10^9$ を何というか？　$10^9 = 1 \times 10^9 = 1 \times 10 \times 10 \times \cdots$

問2：$1\,000\,000 = 10^6$ を何というか？　$10^6 = 1 \times 10^6 = 1 \times 10 \times 10 \times \cdots = 1\,000\,000$

問3：$1000 = 10^3$ を何というか？　$10^3 = 1 \times 10^3 = 1 \times 10 \times 10 \times 10 = 1000$

問4：$\dfrac{1}{10} = \dfrac{1}{10^1} \equiv 10^{-1} = 0.1$ を何というか？　（$1/10^n = 10^{-n}$ となぜ書くのかをいくら考えてもわからない。これはこう書くという約束である。）

分子量 分子式中の原子の原子量(原子番号ではない!)の総和.分子の体重(molecular weight).

答 1-3 グルコース $C_6H_{12}O_6$ の分子量(以下に計算例を三つ示す)

	(i)	(ii)	(iii)
C:	$12.011 \times 6 = 72.066$	$12.011 \times 6 = 72.066$	$12.01 \times 6 = 72.06$
H:	$1.00794 \times 12 = 12.09528$	$1.008 \times 12 = 12.096$	$1.01 \times 12 = 12.12$
O:	$15.9994 \times 6 = 95.9964$	$15.999 \times 6 = 95.994$	$16.00 \times 6 = 96.00$
計	180.15768	180.156	180.18

分子量・式量は,通常,小数2桁表示で十分であるので,(iii)の計算でよい.より厳密さが必要とされる場合には,(ii)のように小数3桁で計算し,小数第3位を四捨五入して180.16とする.(i)の計算でも3桁目を四捨五入すれば(ii)と同一である.(iii)でも(ii)との差0.02はたかだか0.02/180.16 ×100＝0.1%でしかないので普通は気にしないでよい.

式量 化学式中の原子の原子量の総和.物質の構成単位が分子でないとき,分子量の代わりに式量(＝化学式量)という言葉を使う.ここでは分子量と式量とは同じと思ってよい.

答 1-4　$NaCl = 22.99 + 35.45 = 58.44$
　　　$Na_2SO_4 = 22.99 \times 2 + 32.07 \times 1 + 16.00 \times 4 = 142.05$
　　　$NaOH = 22.99 + 16.00 + 1.008 = 40.00$
　　　$NH_3 = 14.01 \times 1 + 1.008 \times 3 = 17.034 \fallingdotseq 17.03$
　　　$CO_2 = 12.01 \times 1 + 16.00 \times 2 = 44.01$
　　　$H_2O = 1.008 \times 2 + 16.00 \times 1 = 18.016 \fallingdotseq 18.02$

倍率を表す単位の接頭語(G, M, k, h, da, d, c, m, μ, n)

答 1-5　「ギガメガへ,キロキロと,ヘクトデカけたメートルが,デシにみられてセンチ　ミリ　ミリ,さらに落ち込みマイクロ　ナノよ」(矢野健太郎先生伝を著者が修正した語呂合わせ)

　　　GMkhdadcmμn→ギガメガなる所へ,きょろきょろと周りを見まわしながら同僚の「へく」さんと出かけた「めーとる」さんが,へくさんの弟子と思われてセンチメンタルになり,めそめそしている?さらに落ち込んで「私の気持ちはまっ黒」なのですよ,といっている.

答1: $1\,000\,000\,000 = 10^9$ 十億:ギガ G　　例:パソコンの MO の記憶容量ギガバイト
　　　　　　　　　　　　　　　　　　　　$1\,GB = 1 \times G \times B = 1 \times 10^9 \times (1\,B) = 1 \times 10^9\,B$

答2: $1\,000\,000 = 10^6$ 百万:メガ M　　例:FMラジオ 79.5 MHz(メガヘルツ)
　　　　　　　　　　　　　　　　　　　　$79.5 \times M \times Hz = 79.5 \times 10^6 \times (1\,Hz) = 7.95 \times 10^7\,Hz$

答3: $1000 = 10^3$ 千:キロ k　　例:重さ1kg(キログラム)＝1gの1000倍＝10^3倍
　　　　　　　　　　　　　　　　　　　　$1 \times k \times g = 1 \times 10^3 \times (1\,g) = 1000\,g$

答4: $\dfrac{1}{10} = \dfrac{1}{10^1} = 10^{-1} = 0.1$:デシ d　　例:液量 1 dL(デシリットル)
　　　　　　　　　　　　　　　　　　　　$1 \times d \times L = 1 \times (1/10) \times (1\,L) = 1/10\,L = 0.1\,L$

問 5：$\dfrac{1}{100} = \dfrac{1}{10 \times 10} = \dfrac{1}{10^2} \underset{\text{定義}}{\equiv} 10^{-2} = 0.01$ を何というか？

問 6：$\dfrac{1}{1000} = \dfrac{1}{10 \times 10 \times 10} = \dfrac{1}{10^3} \equiv 10^{-3} = 0.001$ を何というか？

問 7：$\dfrac{1}{1\,000\,000} = \dfrac{1}{10 \times 10 \times 10 \times 10 \times 10 \times 10} = \dfrac{1}{10^6} \equiv 10^{-6} = 0.000\,001$ を何というか？

問 8：$\dfrac{1}{1\,000\,000\,000} = \dfrac{1}{10^9} \equiv 10^{-9} = 0.000\,000\,001$ を何というか？

* k, M, G, T, ･･･；m, μ, n, p(ピコ), f(フェムト), ･･･；thouthand, million, billion, ･･･ など，すべて 10^3 がひと単位．それぞれが隣同士で 1000 倍，または 1/1000 倍異なっている．

問 9：質量の単位：様々な重さについて kg(キログラム)より小さい単位をすべてあげよ．

問 10：容量の単位：L(リットル)より小さい単位をすべてあげよ．
1 L とは？（1 L の定義：1 L $\equiv$ 10 cm × 10 cm × 10 cm = 10^3cm^3 = 1000 cm^3 = 1000 cc
（cc $\equiv$ cubic centimeter = 立方 cm，つまり 1 cc = 1 cm^3，1 cm の立方体）

問 11：長さの単位：m(メートル)より小さい単位をすべてあげよ．
（1 m のもともとの定義は北極点からパリを通って赤道までの距離（子午線の1/4）の 1 千万分の 1，したがって地球一周は 4 千万 m = 4 万 km．では，地球の半径はいくつか．円周 = $2\pi r$ より，6370 km）

問題 1-6　mg と g，g と mg；μg と g，g と μg；μg と mg，mg と μg の関係式を示せ．

問題 1-7　10 kg，10 mg，100 μg はそれぞれ何 g か？

問題 1-8　(1) 10 mg は何 μg か，(2) 100 μg は何 mg か？
* 計算ができない人は付録 p.226〜231 の指数計算法・電卓の使い方を参照．

** 西洋では 10^3 単位，東洋では 万(10^4)，億(10^8)，兆(10^{12})，･･･のように 10^4 をひと単位として表す．
　　　　　　　　thouthand(千)，　million(百万)，　billion(十億)，　　trillion(一兆)
　　西洋式　　1 000 = 10^3,　　1 000 000 = 10^6,　1 000 000 000 = 10^9,　1 000 000 000 000 = 10^{12}
million は a thouthand (mille) thouthands　1 000 000；billion は bi-million であり，英国では以前は $10^6 \times 10^6$ = 10^{12} を意味した．trillion は tri-million で英独では $10^6 \times 10^6 \times 10^6 = 10^{18}$ を意味する．
　　　　　　　　　　　万，　　　　億，　　　　　兆
　　中国式　　　10000 = 10^4, 1 0000 0000 = 10^8, 1 0000 0000 0000 = 10^{12}

以上の**指数表示**は，環境汚染の話題に出てくるダイオキシン，環境ホルモンなどの濃度表示に用いる ppm($1/10^6$)，ppb($1/10^9$)，mg，μg，ng，pg や，水素イオン濃度(10^{-pH})を始めとして，今後，生理学，生化学，栄養学，食品学，衛生学などの様々な講義・実習・実験で登場する．指数・指数計算の不得意な人は p.226〜229 の付録の問題を**繰り返し解く**ことによりハンディーを早く取り除くこと．その気で頑張れば，これくらい，だれでも容易に克服可能である（頑張って，自分もできる，という自信をつけること）．

答　　　　　1　序・基礎知識

答 5：$\frac{1}{100}=\frac{1}{10^2}=10^{-2}=0.01$：センチ c　　例：長さ 1 cm（センチメートル）1×c×m＝
　　　　　　　　　　　　　　　　　　　　　　　　　　　1×(1/100)×(1 m)＝1/100 m＝0.01 m

答 6：$\frac{1}{1000}=\frac{1}{10^3}=10^{-3}$：ミリ m　　例：長さ 1 mm＝1 m の 1/1000＝0.001 m
　　　　　　　　＝0.001　　　　　　　　　　　　　重さ 1 mg（ミリグラム）＝1 g の 1/1000 倍
　　　　　　　　　　　　　　　　　　　　　　　　物質量 1 mmol，濃度 1 mmol/L

答 7：$\frac{1}{1\,000\,000}=\frac{1}{10^6}=10^{-6}$：マイクロ μ　例：長さ 1 μ（ミクロン，マイクロン）
　　　　　　　　　　　　　　　（ミクロ）　　　　1 μ＝1 μm（マイクロメートル）＝1×10⁻⁶m
　　　　　　　　　　　　　　　　　　　　　　　　1 μg，1 μmol，1 μmol/L

答 8：$\frac{1}{1\,000\,000\,000}=\frac{1}{10^9}=10^{-9}$：ナノ n　例：nm（ナノメートル）光の波長
　　　　　　　　　　　　　　　　　　　　　　　1 nm＝1×10⁻⁹m　（10⁻¹² をピコ p という）

答 9：質量：(hg), (dag), g, (dg), (cg), ミリグラム mg, マイクログラム μg, (ng), (pg)

答 10：容量：デシリットル dL, センチリットル cL, ミリリットル mL, マイクロリットル
　　　μL, (nL), (pL)　　dL＝0.1 L（小学校で 1 dL＝100 mL と暗記）　輸入ワインの瓶 76 cL＝760 mL

答 11：長さ：デシメートル dm, センチメートル cm, ミリメートル mm, マイクロメートル
　　　（ミクロン）μm, ナノメートル nm, ピコメートル pm

答 1-6　| 1 mg＝(1/1000)g＝1×10^{-3}g,　1 g＝1000 mg＝1×10^3mg；1 μg＝$(1/10^6)$g＝1×10^{-6}g,
　　　　1 g＝1×10^6μg；1 μg＝(1/1000)mg＝1×10^{-3}mg,　1 mg＝1000 μg＝1×10^3μg　→　m, μ, n
　　　　は，それぞれ $1000=10^3$ 倍異なる．|

答 1-7　10 kg＝10×k×1 g＝10×10³(1000)×1 g＝1×10^4g(10 000 g)
　　　　10 mg＝10×m×1 g＝10×10⁻³(＝1/10³＝1/1 000＝0.001)×1 g＝1×10^{-2}g(0.01 g)
　　　　100 μg＝100×μ×1 g＝100×10⁻⁶(＝1/10⁶)×1 g＝1×10^{-4}g(0.0001 g)

答 1-8　(1) 10 mg＝10×m×g
　　　　　(m＝10⁻³：mg を g で表す→換算が苦手な人は g をもとに考えよ)＝10×10⁻³×1 g
　　　　　(つまり，10 mg＝1 g の 1/1000 が 10 個分．答は μg で表す必要あり→g を μg になおす．
　　　　　1 g＝1×10⁶μg，10⁶μg を代入)＝10×10⁻³×10⁶μg＝1×10^4μg＝10 000 μg
　　　　　または，mg は μg の千倍だから* 1 mg＝1000 μg，10 mg＝10×1 mg＝10×1000 μg
　　　　　＝1×10^4μg　(mg＝10⁻³g＝10⁻³×10⁶μg＝1000 μg, 1000 μg＝1000×10⁻⁶g＝10⁻³g＝mg)

＊　10 mg＝(？)μg の？を求めるための，いまひとつの考えかたとしては，まず，？が 10 より大きくなるか
　　小さくなるかを考える．μ は m より小さい単位だから，？は 10 より大きくなるはずである．m と μ では
　　10³ だけ異なるから，？を 10 より大きくするためには 10×10³＝10⁴（割り算ではなく掛け算），すなわち 10
　　mg＝10×10³μg＝10⁴μg(＝10 000 μg)
　　10 mg＝(？)g なら？は 10 より小．10³ 異なる．10 より小→10³ で割る．10/10³＝10⁻²(0.01)

　　　　(2) μg は 10⁻³(1/1000)mg なので，100 μg＝100×10⁻³mg＝0.1 mg または，
　　　　　100 μg(μg＝10⁻⁶：μg を g で表す→換算が苦手な人は g をもとに考える)＝100×10⁻⁶g
　　　　　(g＝10³mg：答は mg で表す→g を mg になおす)＝100×10⁻⁶×10³mg＝10⁻¹mg＝0.1 mg

1-9 測定値の表示法と単位同士の掛け算,割り算

重さ,長さ,体積などの測定値は,10 g,5 km,20 mL といったように,数値と g,m,L などの単位を組み合わせて表す.ここで,k(キロ)とは $1000=10^3$ のことだから,5 km とは 5×10^3 m $= 5\times10^3\times$ m のこと,つまり,5 km とは 1 m を 5000 倍したもの,$5\times k\times 1$ m である.同様に 20 mL とは $(20\times10^{-3})\times$L,1 L を 0.02 倍したもの,$20\times$m(ミリ)$\times 1$ L である.このように,物理,化学などで取り扱う測定値*(物理量)は常に(数値×単位)で表される.

  * 数値は必ず単位をつけて取り扱うこと.

「/」なる記号は常に割り算・分数を意味する:自動車が走る速さを時速 40 km などと表すが,これは 40 km/h とも表される.h とは時間 hour の略であり,「/」なる記号は「パー per,またはオーバー over」と読み,1 時間「あたり」という意味である.そもそも 40 km/h とは,たとえば,120 km の距離を 3 時間で走ったとするとき,1 時間あたり何 km 走ったか(平均時速)を知りたいときに,120 km÷3 h $=\dfrac{120\text{ km}}{3\text{ h}}=\dfrac{40\text{ km}}{1\text{ h}}=\dfrac{40\text{ km}}{\text{h}}=40$ km/h として求めたものであり,km/h が割り算,分数,であることが納得できよう.したがって,40 km/h $=\dfrac{40\text{ km}}{\text{h}}=\dfrac{40\times k\times m}{\text{h}}=\dfrac{40\times k\times 1\text{ m}}{1\text{ h}}$ のように,測定値は数値×単位の掛け算・割り算としても表される.つまり,「/」は 1/3,2/3 のように分数に用いるだけでなく,単位の表現においても分数式・割り算を意味するものとして用いられており*,単位同士であっても掛け算,割り算を行うことができることが理解できよう.

例として 40 km/h で 5 時間ドライブしたときの走行距離を考えよう.この計算を数値・単位込みで行ってみると,$\dfrac{40\text{ km}}{1\text{ h}}\times 5\text{ h}=\dfrac{40\text{ km}\times 5\text{ h}}{1\text{ h}}=\dfrac{40\text{ km}\times 5}{1}=200$ km のように,分母の h と分子の h とを単位同士で約分することができ,答は自動的に正しい単位付きで求められる.

  * パーセントなる言葉も per・cent =「/」・「cent(100)」のことであり 10% とは分数値 10/100(10 per 100 (cent))を意味している(したがって % は「百分率」と訳されている).

今ひとつの例として,10 年は何秒かを単位付きで計算してみると,

$$10\text{ 年}\times\dfrac{365\text{ 日}}{1\text{ 年}}\times\dfrac{24\text{ 時間}}{1\text{ 日}}\times\dfrac{60\text{ 分}}{1\text{ 時間}}\times\dfrac{60\text{ 秒}}{1\text{ 分}}=10\times365\times24\times60\times60\text{ 秒}=315\,360\,000\text{ 秒}$$

と得られ,扱う数値を単位込みで計算する癖をつけておくと,複雑な計算でも間違いを起こしにくいことがわかる.また,計算法がわからない場合でも,計算で求めるべき値の単位に一致するように(通常,計算は掛け算か,割り算であり,単位が合うように×,÷どちらかの)計算を行えば正しい値を得ることができる(米国式の計算法).

問題 1-9

(1) 1 dm, 1 cm, 1 mm, 1 μm, 1 nm, 1 km は何 m か.
   1 m は何 dm,何 cm,何 mm,何 μm,何 nm,何 km か.

(2) 1 mg, 1 μg, 1 ng, 1 kg は何 g か.1 g は何 mg,何 μg,何 ng,何 kg か.

(3) 1 dL, 1 mL, 1 μL は何 L か.1 L は何 dL,何 mL,何 μL か.

(4) 1 mL は何 cm^3 か.1 cm^3 は何 cc か.1 cc は何 mL か.1 m^3 は何 cm^3 か,何 mL か,何 L か.

単位の変換 mg と μg との関係式,1 mg = 1000 μg,の両辺を 1000 μg で割ると,$\dfrac{1\,\text{mg}}{1000\,\mu\text{g}} = \dfrac{1000\,\mu\text{g}}{1000\,\mu\text{g}} = 1$.

また,両辺を 1 mg で割ると,$\dfrac{1\,\text{mg}}{1\,\text{mg}} = \dfrac{1000\,\mu\text{g}}{1\,\text{mg}} = 1$. つまり,① $\dfrac{1\,\text{mg}}{1000\,\mu\text{g}}$ と② $\dfrac{1000\,\mu\text{g}}{1\,\text{mg}}$ はともに値が 1 に等しい分数である.これらの分数の値は 1 だから,いかなる数値や式にこれらの分数を掛けても割っても,元の数値や式の関係は変わらない.これを単位の**換算係数**という.

この換算係数を用いて問題 1-8 を解いてみよう.(1)では 10 mg に②の換算係数を掛けると,$10\,\text{mg} = 10\,\text{mg} \times \dfrac{1000\,\mu\text{g}}{1\,\text{mg}} = 10 \times \dfrac{1000\,\mu\text{g}}{1} = 10\,000\,\mu\text{g}$. 分子と分母の mg が消去し合い,目的の結果が得られる.①の換算係数では単位は消去し合わない.(2)では 100 μg の μg が消去されるように①の換算係数を用いると,$100\,\mu\text{g} = 100\,\mu\text{g} \times \dfrac{1\,\text{mg}}{1000\,\mu\text{g}} = \dfrac{100\,\text{mg}}{1000} = \underline{0.1\,\text{mg}}$.

以上の方法は,実質的には(1)では $10\,\text{mg} = 10 \times \text{mg}$ の mg に mg = 1000 μg を代入,(2)では $100\,\mu\text{g} = 100 \times \mu\text{g}$ の μg に μg = (1/1000) mg を代入するのと同じであるが,なぜそういう計算の仕方をするのかという理屈をあまり考えないで,単位を合わせるだけで正しい結果を得る計算法であり,もっと複雑な計算を行なう場合には間違いを起こしにくい強力な方法である.

例題:6.37×10^8 cm を km で表せ.
答:1 m = 100 cm だから,1 cm = (1/100) m. 6.37×10^8 cm $= 6.37 \times 10^8 \times (1/100)$ m $= 6.37 \times 10^6$ m.
1 km = 1000 m だから 1 m = (1/1000) km. 6.37×10^6 m $= 6.37 \times 10^6 \times (1/1000)$ km $= \underline{6.37 \times 10^3\,\text{km}}$ (6370 km).
または,換算係数を用いて cm → m (×m/100 cm) → km (×km/1000 m) と,cm,m が消去し合うように単位を変換すると,$6.37 \times 10^8\,\text{cm} \times \dfrac{1\,\text{m}}{100\,\text{cm}} \times \dfrac{1\,\text{km}}{1000\,\text{m}} = \dfrac{6.37 \times 10^8\,\text{km}}{10^5} = \underline{6.37 \times 10^3\,\text{km}}$.

答 1-9 (1) d, c, m, μ, n, k の定義より 1 dm = (1/10) m = 0.1 m, 1 cm = (1/100) m = 0.01 m, 1 mm = (1/1000) m = 0.001 m, 1 μm = 1×10^{-6} m, 1 nm = 1×10^{-9} m, 1 km = 1000 m.
それぞれの式の両辺を 10, 100, 1000, 10^6, 10^9, 1/1000 倍すると,1 m = 10 dm = 100 cm = 1000 mm = 1×10^3 mm = 1×10^6 μm = 1×10^9 nm = 1/1000 km = 1×10^{-3} km.

(2) 1 mg = (1/1000) g = 1 g/1000 = 0.001 g, 1 μg = $(1/10^6)$ g = 1 g/10^6 = 1×10^{-6} g, 1 ng = $(1/10^9)$ g = 1 g/10^9 = 1×10^{-9} g, 1 kg = 1000 g = 1×10^3 g.
(1)と同様にして,1 g = 1000 mg = 1×10^3 mg = 1×10^6 μg = 1×10^9 ng = 1/1000 kg = 0.001 kg

(3) 1 dL = (1/10) L = 1 L/10 = 0.1 L, 1 mL = (1/1000) L = 1 L/1000 = $1/10^3$ L = 1×10^{-3} L = 0.001 L, 1 μL = $(1/10^6)$ L = 1 L/10^6 = 1×10^{-6} L.
(1)と同様にして,1 L = 10 dL = 1000 mL = 1×10^6 μL

(4) 1 L = 10 cm × 10 cm × 10 cm = 1000 cm³,よって 1 cm³ = (1/1000) L ≡ 1 mL. 1 cm³ = 1 立方 cm = 1 cubic centimeter = 1 cc,つまり,$\underline{1\,\text{mL} = 1\,\text{cm}^3}$,$\underline{1\,\text{cm}^3 = 1\,\text{cc}}$,$\underline{1\,\text{cc} = 1\,\text{mL}}$.
1 m³ = 1 m × 1 m × 1 m = 100 cm × 100 cm × 100 cm = $\underline{1 \times 10^6\,\text{cm}^3} = \underline{1 \times 10^6\,\text{mL}}$. 1 L = 1000 cm³ だから $10^6/1000 = \underline{1 \times 10^3\,\text{L}}$. または,$10^6$ cm³ = x L とすると 1 L/1000 mL = 1 L/1000 cm³ = x L/10^6 cm³ (1 L:1000 mL = x L:10^6 cm³ を分数表示したもの),たすき掛けして,x L = (10^6 cm³/1000 cm³) × 1 L = 1000 L. または,10^6 cm³ = x L で,換算係数 1 L/1000 cm³ を掛けると,x L = 10^6 cm³ × 1 L/1000 cm³ = 1000 L.

1-10 有効数字とは？

日常生活における時間表示を考えよう．他人に何時かを聞きたい場面として，3通りを想定する．

1. お腹がすいてそろそろ昼ごはんを食べたいとき：「今，何時？」の返答は「12時ちょっと前」，「ちょっと過ぎ」で十分だろう．
2. 駅から徒歩10分の距離にいる人が12:00発の電車に乗りたいと考えているとき：「今，何時？」の答として「12時ちょっと前」では困るだろう．「11時40分」でも，まだ不十分かもしれない．なぜなら，その言葉は11:35～11:45，すなわち11:40±5の意味しかもたない場合があるからである．「11時42分」，または「9時40分ちょうど」と答えれば十分である．
3. 不正確な時間表示の自分の時計を正しい時間に合わせたいと思っているとき：「今，何時」と聞けば，「12時ちょうど」，でも「12時過ぎ1分」でも不十分かもしれない．多分「今，12時01分27, 28, 29・・・秒」と答えてほしいだろう．

このように，場合場合によって，教えてほしい時間の**精度**は異なっている．正しい・期待される精度で示すのが科学的な測定値の表示法である．午前10時というときに，「10時ちょうど」と散文的に表現されても，10時ちょうど＝10時0分0秒なのか，10時0分20秒なのか，9時59分30秒なのかわからない．どこまで精密か，がわかるように，はっきりと情報（数値）を示すのが科学的・定量的表示法である有効数字を意識した表し方である．有効数字とは数値（数字の列）のどこまでが意味のある値かを示したものである．

10時の示す意味は9:30～10:29，10:00とは9:59と10:01の間，9:59'30"～10:00'29"のことであるし，10:00'00"とは9:59'59"50～10:00'29"49のことである．

問題 1-10 電卓を用いて以下を計算せよ．
(1) $2 \div 7$
(2) 直方体の体積を求めるために，Aさんが縦の長さ，Bさんが横，Cさんが高さを測定した．彼らはそれぞれ10 cm, 1 cm, 0.1 mm刻みの精度の異なったものさし定規を用いて測定してしまい，これらの値として4.2 m, 234 cm, 85.35 cmを得た．直方体の体積はいくつと表示するのがベストだろうか，数値はどこまで信用できるだろうか．

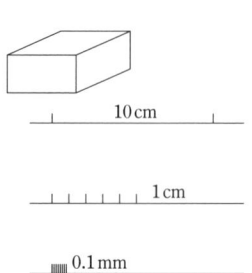

問題 1-11 グルコース（ブドウ糖）$C_6H_{12}O_6$，スクロース（ショ糖・砂糖）$C_{12}H_{22}O_{11}$の分子量と，分子量全体に占める炭素の割合（$C_6/C_6H_{12}O_6$，$C_{12}/C_{12}H_{22}O_{11}$の値）を計算せよ．

有効数字の意義 2種類の白い粉，AとBとがある．これらはグルコースとスクロースであることはわかっているが，どちらがどちらかはわかっていない．これを判断するためにA，Bの元素分析を行った（燃やして生じるCO_2の量から，それぞれのCの量を求めた）．こうして求めた分子量全体に占める炭素の割合（Cの**含有率**という：上記問題と答を参照）は，実験精度が1桁しかなく，A，Bともに0.4だとすると，この結果（0.35≦0.4＜0.45）からはグルコースとスクロースとを判断できない．しかし，実験精度を上げて，この値がそれぞれ0.40と0.42だとすれば，両者の実験値は0.395≦0.40＜0.405，0.415≦0.42＜0.425であるから，両者を一応区別できる．0.400と0.421なら，もっと明白に区別できる．このように，実験から得られる結論は実験の精度に大きく依存する．実験精度が重要であるゆえんである．この実験精度・測定精度・誤差の大きさの程度を示すものが有効数字である．実験結果は実験精度を正しく示す桁数の数値（有効数字）で表すことが重要である．

答 1-10 (1) 電卓では 0.285 714… と答の数値が何桁も表示されるが,どこまでノートに写しとればよいだろうか.どこまでの桁をとれば必要十分なのだろうか.これを判断するのが有効数字の概念である.常識的には答は 0.29(0.286) で十分だろう.有効数字を考えれば,2,7 は,ともに有効数字 1 桁なので,答も有効数字 1 桁,つまり,0.3 となる.

(2) 単位を合わせると 4.2 m, 2.34 m, 0.8535 m となるので,4.2 m × 2.34 m × 0.8535 m = 8.388 198 m^3 なる値が求まる.しかし,4.2 m という測定値は 4.15 ≦ 4.2 < 4.25 を四捨五入して得た値なので 4.2 m ± 0.05 m を意味する.つまり,この値は ± 0.05 m (± 0.05/4.2 × 100 = ± 1.2%) の誤差をもつ.同様に 2.34 m は 2.34 ± 0.005 (誤差 ± 0.005/2.34 × 100 = ± 0.21%),0.8535 m は 0.8535 ± 0.000 05 (誤差 ± 0.000 05/0.8535 × 100 = 0.006%) を意味する.したがって,この値を用いて計算した 8.388 198 m^3 なる体積は ± 1.2% ± 0.21% ± 0.006% = ± 1.4% の誤差をもつ*.つまり,(8.388 198 ± 0.117 435) m^3 である.それゆえ,この直方体の体積は 8.388 ± 0.117 = 8.39 ± 0.12 (8.27〜8.51) = 8.4 m^3 と表せば十分である.

8.4 の意味は 8.35〜8.45 であり,実際の誤差幅よりも小さい.8.4 という答ですら多めの有効数字を示したことになる.つまり,計算結果は 4.2, 2.34, 0.8535 の三つの測定値の有効数字の桁数 2, 3, 4 桁のうちのもっとも小さい桁数 2 桁に合わせて示せばよいことがわかる (1 桁下の 3 桁目を四捨五入して示すのが常識).実験データ処理における有効数字の扱いは,以上のように測定値の精度に依存する.

すなわち,**有効数字は測定値の精度を反映したものである**.

答 1-11　グルコース $C_6H_{12}O_6$ = 180.18 (180.16)　　$C_6/C_6H_{12}O_6$ = 12.01 × 6/180.18 = 0.3999 (0.4000)
スクロース $C_{12}H_{22}O_{11}$ = 342.34 (342.30)　　$C_{12}/C_{12}H_{22}O_{11}$ = 12.01 × 12/342.34 = 0.4209 (0.4210)

786,7.86,0.0786 などは皆,有効数字三つの数字である.これらは,科学表示 (p.228) をすれば,いずれも 7.86×10^2,7.86×10^0,7.86×10^{-2} のように 7.86 ± 0.005 (7.855 ≦ 7.86 < 7.865) という 3 桁の同一精度 ((± 0.005/7.86) × 100 = ± 0.06% の精度) をもった数値である.
786 でも誤差の大きさは (± 0.5/786) × 100 = ± 0.06% と当然同じである.

7.8600 は 7.8600 ± 0.000 05 (7.859 95 ≦ 7.8600 < 7.860 05) を意味するから,有効数字 3 桁の 7.86 より精度は高い.有効数字は五つ,誤差は (0.000 05/7.8600) × 100 = 0.0006% である.

78 600 なる数値の意味 (数値の精度・有効数字) には 7.86×10^4,7.860×10^4,7.8600×10^4 の三つの可能性がある.順に有効数字三つ,四つ,五つである.正確を期すためには前記のように ○○ × 10^n なる科学表示をする必要がある.なお,0.000 078 6 は 7.86×10^{-5} なので有効数字は三つである.

参考:有効数字とは数値の精度を示したものである.99 と 99.9 は有効数字二つと三つで明らかに 1 桁精度が異なる.一方,有効数字三つの 102 と有効数字二つの 99 とでは実際の数値の精度はほとんど差がない.このように,機械的に有効数字を同じに扱っても数字の精度が異なる場合がある.たとえば,99.9 と 102 のような場合,数値の精度を同じにするためには,数値をもう一つとって 102.3 とするとよい.1/1000 精度の実験では 1000 に近い数値でデータを扱うことが必要十分条件である.123 → 123.4 (123$_4$), 99.9 (99$_9$), 678, 234 → 234.$_5$ (234$_5$), 3.45 → 3.45$_6$ (345$_6$) と 1 つ余分にとって最後の桁を小さい数字で書くとよい.

問題

有効数字の使い方　（M. M. Bloomfield 著「生命科学のための基礎化学　無機物理化学編」（丸善）の付録より引用・改変）

電卓は実験結果（データ）の処理計算をするときに有用であるが，数値の扱いには十分注意しなくてはならない．電卓を用いて計算するとき，10桁前後の数値が電卓に表示されるため，諸君の中にはこの数値をそのまま写して計算結果とする人がいるが，これは不適切である．数値として意味のある適切な桁数までをとるべきであるが，どの桁までとってよいか迷う人も多いだろう．この桁数を決めるのが有効数字の考え方である（通常，有効数字は四つとれば十分）．有効数字は測定値の精密さを示すときに使われる．実験データの計算処理をするためには有効数字の正しい扱い方を理解しておく必要がある．

次の「絶対数」と次頁の「計算における有効数字の数の決定について」を読んで，以下の問に答えよ．

絶対数　化学計算で使う数がすべて測定値とは限らない．定義のなかで与えられる数（1 L は 1 000 mL など）や数えられる数（分子式中の元素数など）は，絶対数といわれる．計算のなかで絶対数を扱う場合には，これらは無限の有効数字をもつとする．したがって答を出すときに絶対数は有効数字算出の対象とはしない．

問題 1-12　次のそれぞれの数について有効数字の数を示せ．
(a) 345.6　(b) 0.002　(c) 1.203　(d) 345　(e) 68.0
(f) 0.398 50　(g) 4×10^3　(h) 2.0001　(i) 0.0089　(j) 7.00×10^4

問題 1-13　次に示すそれぞれの数値を有効数字二つ（2桁）で示せ．
(a) 1.345　(b) 5.47　(c) 34.2　(d) 274
(e) 6.530　(f) 0.043 21　(g) 0.7158　(h) 0.1234

問題 1-14　次の数字の有効数字はいくつか．また，(6)の□□□の中に適切な数字を入れよ．
(1) 76.5
(2) 0.007 65
(3) 76 500 には 7.6500×10^4，7.650×10^4，7.65×10^4 の三つの可能性があるが，ここでは 76 500 = 7.65×10^4 とする　→　このように ○×10^△ という書き方（科学表示 p.226 参照）をする場合，○の部分は小数点以上は1桁（1以上10未満の数字）で表すのが慣習である．するとこれが 10^4 の桁の数とすぐわかる．
(4) 76 500.00
(5) 3.000 04
(6) (4) の 76 500.00 ＝ □□□□□ × 10^□ と書きなおすことが可能である．
　→このように科学表示すると数字を見て大きさ（桁数）と精密さ（有効数字）がすぐわかる．

計算における有効数字の数の決定について

1. 1~9 の数はすべて有効数字になる．
   → 36 は有効数字二つ，2.345 は有効数字四つである．
2. 0 は，数値中の位置により有効数字になる場合とならない場合がある．
   (a) 0 以外の数字に挟まれた 0 は有効数字になる．
      → 2006 は有効数字四つ，2.06 は三つである．
   (b) 小数点より右側にある 0 は 1 番外側であっても有効数字となる．
      → 48.00，4.800 および 0.4800 は，いずれも有効数字四つである．
   (c) 小数点以下の位を示すために使われている 0 は，有効数字とならない．
      → 0.123 や 0.00123 は，いずれも有効数字三つである．
   (d) 整数で末端から連続している 0 は有効数字にならない．
      → 7300 の有効数字は二つである．
      0 が有効数字に含まれるか否かは科学表示(p.226)により，明確に示すことができる．
      → 7300 という数字は次のように示すことができる．
      7.3×10^3：有効数字二つ，7.30×10^3：有効数字三つ，7.300×10^3 有効数字四つ

答 1-12　(a) 4　(b) 1　(c) 4　(d) 3　(e) 3　(f) 5
　　　　 (g) 1　(h) 5　(i) 2　(j) 3　$(6.995 \leq 7.00 < 7.005) \times 10^4$　3桁！）

答 1-13　(a) 1.3　(b) 5.5　(c) 34　(d) 270 または 2.7×10^2 → 27×10 でも OK.
　　　　 ただし通常は 2.7×10^2 のように $a \times 10^b$ の形($1.00\cdots < a < 9.99\cdots$)に書く．
　　　　 (e) 6.5　(f) 0.043 (4.3×10^{-2})　(g) 0.72 (7.2×10^{-1})　(h) 0.12 (1.2×10^{-1})

答 1-14　(1) 3
　　　　 (2) 3　$(7.645 \leq 7.65 < 7.655)$
　　　　 (3) 3　(5 ではない．76500 なら 5 の可能性もある．5~3 桁の可能性があり，どれか特定できない(答 1-11 の下を読むこと))．
　　　　 (4) 7
　　　　 (5) 6
　　　　 (6) 7.650000×10^4 が答．この値は $76499.995 \leq 76500.00 < 76500.005$ のことであり，$7.65 \times 10^4 (76450 \leq 76500 < 76550)$ とは数値の精密さがまったく異なることが明白．

足し算，引き算

問題 1-15 次の計算式に正しい有効数字で答えよ．

① $25 + 1.278 + 127.1 + 5.45$　　② $19.57 - 1.286$　　③ $1.23 + 0.12345$

<u>足し算，引き算の計算では，まず，それぞれの数値の与えられた桁数をすべて含めて普通に計算する．計算結果には，計算に用いられたすべての数の誤差が含まれている．そこで，答として表示する桁数は各数値の中で末端の数字（末端の桁）が1番大きいもの，つまり，数値の誤差が1番大きくなるもの，の桁に合わせる（その一つ下の桁を四捨五入）．</u>たとえば①の場合，25 の末端の数値は 5 であり，1.278 の末端の数値は 0.008, 127.1 の末端の数値は 0.1, 5.45 の末端の数値は 0.05. したがって，末端の数値（末端の桁）が一番大きなものは 25 の末端の 5（整数 1 桁目）．→答は整数 1 桁まで出す．

解説②　
$$\begin{array}{r} 19.5\underset{\sim}{7} \\ -\ 1.286 \\ \hline 18.28\underset{\sim}{4} \end{array}$$
計算結果の小数 2 位がすでに誤差を含む．したがって，答はこの桁まで示せば十分である．そこで，3 位目を四捨五入すると<u>答は 18.28</u> となる．
または，$(19.57 \pm 0.005) - (1.286 \pm 0.0005) = 18.284 \pm 0.0055 = 18.284 \pm 0.005 = 18.28$

掛け算，割り算

問題 1-16 次の計算式に正しい有効数字で答えよ．

④ 13.6×0.004　　⑤ $67.0 \div 563$　　⑥ 1.23×0.12345

<u>掛け算，割り算では，まず，それぞれの数値の与えられた桁数をすべて含めて普通に計算する．答の有効数字は，数値の中で最小の有効数字に合わせる（一つ下の桁を四捨五入）．</u>

解説④　$13.6 \times 0.004 = 0.0544$（計算値）．13.6 の有効数字は 3 桁, 0.004 の有効数字は 1 桁なので答の有効数字は 1 桁となる．したがって，0.0544 を有効数字 1 桁とする．二つ目を四捨五入して，<u>答は 0.05</u> となる．

$(13.6 \pm 0.05) \times (0.004 \pm 0.0005) = 0.0544 \pm 0.0068 \pm 0.0002 \pm 0.000025 = 0.0544 \pm 0.007025 = 0.054 \pm 0.007 \,(0.047 \sim 0.061)$

この計算結果は $0.05\,(0.045 \leq 0.05 < 0.055)$ 程度の精度しかもたない．0.054 と書けば $0.0535 \leq 0.054 < 0.0545$ を意味し，実際より精度が 1 桁高くなってしまう．したがって答は 0.05 でよい．

（⑤，⑥の解説は次頁）

問題 1-17 計算を行い，正しい有効数字で答えよ（わからなければ p.10〜14 を復習せよ）．

(a) $43.67 + 27.4 + 0.0265$　　(b) $156 + 32.7 + 4.38$

(c) $1.4651 - 0.53$　　(d) $256 - 139.48$

(e) $1.48 \times 39.1 \times 0.312$　　(f) $67.84 \div 4.6$

(g) $\dfrac{9.50 \times 784}{1465}$　　(h) $\dfrac{0.036 \times 25.78}{1.4865 \times 169}$

<u>有効数字を適切に扱うには，一般的には，最終的に求めたい有効数字 + 1 桁で計算し，最後に一番下の桁を四捨五入すればよい．</u>

有効数字の現実的対応法　電卓で掛け算・割り算の計算を行うときや，実験・実習の結果（データ）を計算処理するときなど，通常は**有効数字四つ（4 桁）**とれば必要十分である（目的次第ではそれ以下とするが，有効数字一つの場合は皆無と思ってよい）．

答　　　　　　　　　　　　　　　　　　　1　序・基礎知識　　15

答 1-15　①　159　　　②　18.28　　　③　1.35

解説①
```
   2̰5
   1.27̰8
 127.̰1
+  5.4̰5
─────
 158.8̰28
```
25 とは 25±0.5(24.5≦25<25.5), 1.278 は 1.278±0.0005(1.2775≦1.278<1.2785), のことだから, 下線を施したそれぞれの末端の数字は誤差を含む. したがって, 計算値 158.828 の整数 1 桁目の数値 8 はすでに 0.5 の誤差を含むから, これより下の桁まで表しても意味がない. そこで, この計算値は小数 1 位を四捨五入して整数 1 位まで表せば必要十分である. 答は 159(±0.5) となる. 158.8±0.6 としてもよい.

$(25±0.5)+(1.278±0.0005)+(127.1±0.05)+(5.45±0.005) = 158.828±0.5555 = 158.8±0.6$

ただし, 答に 158.8 と書くと, これは 158.8±0.05 を意味しており, 精度が実際の結果より 1 桁高いので, 答として不適切・間違いである.

解説③
```
   1.2̰3
+  0.123 4̰5
─────────
   1.353 4̰5
```
計算結果の小数 2 位がすでに誤差をもつ. したがって, 答はこの桁まで示せば十分である. そこで, 小数 3 位を四捨五入すると答は 1.35 となる. つまり, 答は 1.23 と同じ小数 2 位に合わせたことになる. すなわち, 1.23+0.123=1.353=1.35 なる計算で十分である.

または, $(1.23±0.005)+(0.12345±0.000005) = 1.35345±0.005005 = 1.35±0.005$

答 1-16　④　0.05　　　⑤　0.119　　　⑥　0.152

解説⑤　分子と分母の両者の有効数字が 3 桁なので, 単純計算した値 0.1190053 の四つ目を四捨五入して, 答も有効数字 3 桁で表す. したがって答は 0.119(数値の精度を 67.0±0.05, 563±0.5 と同じにするなら, 答は 0.1190±0.0010 となる).　　　　　　（④の解説は左頁）

解説⑥
```
    0.123 4̰5
×        1.2̰3
──────────
       37 035
       24 690
+      12 34̰5
───────────
    0.151 843̰ 5
```
下線を施したそれぞれの末端の数字はすべて誤差を含むから, 計算値 0.1518435 の小数 3 位の数値 1 が誤差を含む. したがって, 答はこの桁まで示せば十分である.

そこで, 0.1518 の小数 4 位を四捨五入して, 答は 0.152(±0.0005) となる. つまり答は 1.23 と同じ有効数字 3 桁に合わせたことになる.

または, $(0.12345±0.000005)×(1.23±0.005)$
$= 0.1518435±0.0006172±0.0000061±0.000000025$
$= 0.1518435±0.000623325 = 0.1518±0.0006 = 0.152(±0.0006)$

* わからないときは前のページへ戻って復習するのが当たり前である！わかろうと努力すれば, 復習の必要性を感じるはずである. 有効数字では p.10~14 を読み直すことが理解する方法である. わかろうと努力したことがないと, わかり方がわからない. わからない所を自分で乗り越える体験をして, 初めて学び方・わかり方が身につき自分で勉強できるようになるものである.

答 1-17

	単純計算値	有効数字を考慮した値		単純計算値	有効数字を考慮した値
(a)	71.0965	71.1	(b)	193.08	193
(c)	0.9351	0.94	(d)	116.52	117
(e)	18.054 816	18.1	(f)	14.747 826	15
(g)	5.083 959	5.08	(h)	0.003 694 3	0.0037

* **有効数字を考慮した計算**　16 ページ以降の問題では, 答の有効数字は必ずしも正しくは扱っていないので, 有効数字のことはあまり気にしないで可. 解き方が理解できるように気を配る. 有効数字は実際に実験をするときに理解できるので, そのときまではこだわらなくてよい.

1-11 化学式

生きていること＝化学反応の進行，といっても過言ではない．医学，生理学，生化学，栄養学，食品学など生命・物質とかかわる分野は化学抜きには理解し得ない．化学式と化学反応式は化学の世界における言葉と文章であり，化学を学ぶうえでの基本，必須事項である．化学式・反応式が書けなくて化学が嫌いになる人も少なくないようである．ここでその基本を再確認してほしい．

* ここを学ぶためには，元素名，元素記号，元素の周期表とイオンの価数との関係，イオン結合，塩（えん），（共有結合，分子，金属結合，金属）の基礎知識が必要である．本書の表紙の裏，および「有機化学 基礎の基礎」参照．

問題 1-18（答 1-19） 以下の元素，化合物等を元素記号，化学式で表せ（中学校理科と高校理科総合Aに出てくる元素，単体，化合物）．太字は暗記せよ．

(1) 元素：**水素，ヘリウム**，（リチウム，ベリリウム，ホウ素），**炭素，窒素，酸素，フッ素，ネオン，ナトリウム，マグネシウム，アルミニウム**，（ケイ素），**リン，硫黄，塩素，アルゴン，カリウム，カルシウム，鉄，銅，亜鉛，ヨウ素，銀**，（金）

* **1族**元素，**2族**元素，**13族**元素，**16族**元素，**17族**元素，**18族**元素とその性質については「有機化学 基礎の基礎」の序章，8章を参照（アルカリ金属，アルカリ土類金属，ハロゲン，貴（希）ガス）．

(2) **単体**：単体とは何か． (原子＝ラジカル)

単体（気体分子）：**水素ガス，窒素ガス，酸素ガス，塩素ガス**，アルゴン　　　（分子）

単体（固体）：**ヨウ素**，金属のマグネシウム，アルミニウム，鉄，銅，亜鉛など　　（金属）

(3) イオン：イオンとは何か．

① 陽イオン：なぜ生じるか（イオンのできかた）．

単原子イオン：**ナトリウムイオン，水素イオン，カリウムイオン，カルシウムイオン，マグネシウムイオン**，アルミニウムイオン，銅(II)イオン，コバルト(II)イオン，銀イオン

* 複数の電荷数（価数，酸化数(p.68)）を示す遷移金属イオンでは，価数がわかるように(I)，(II)，(III)のように元素名の後に電荷数（価数）を( )に入れたローマ数字で示す．

多原子イオン：**アンモニウムイオン**，オキソニウムイオン（命名：○○ニウム＋イオン）

② 陰イオン：なぜ生じるかは陽イオンの項のすぐ上の*参照．

単原子イオン：**塩化物イオン**，ヨウ化物イオン，（臭化物イオン，フッ化物イオン）

酸化物イオン，硫化物イオン

多原子イオン：**水酸化物イオン，硫酸イオン，硝酸イオン，炭酸イオン，炭酸水素イオン，リン酸イオン**，リン酸水素イオン，リン酸二水素イオン

* 硫酸，硝酸，炭酸，リン酸から水素イオン H^+ が取れたものが○○酸イオンである．これらの酸の化学式は化学の基礎として理屈抜きに覚えること．

* 多原子イオンの価数は C, N, S, P の最大価数＝族番号－10（＋4，＋5，＋6，＋5）と O の－2 をもとに計算できる．例）SO_4：S の ＋6 と O の (－2)×4 を足す ＋6＋(－2)×4＝－2．よって SO_4^{2-}．

(4) 化合物：化合物とは何か．

① 非金属化合物（分子）：**水**，（オキシドール），**二酸化炭素**，（ドライアイス）

有機物（分子）：（エタノール，ジエチルエーテル，ナフタレン，**酢酸**），メタン

問題 1-19 (答 1-18) 以下の元素記号の元素名，化学式の化合物名，イオン名を示せ．～は記憶せよ．

(1) 元素：H, He, (Li, Be, B), C, N, O, F, Ne,
　　　　Na, Mg, Al, (Si), P, S, Cl, Ar, K, Ca, Fe, Cu, Zn, I, Ag, (Au)

　　　　　　　　　　　　　　　　＊周期表の覚え方は「有機化学　基礎の基礎」p.9 を参照．

(2) 単体：1種類のみの元素よりなる純物質をいう．水素分子 H_2：水素原子 H の 2 個よりなる．
　　単体（気体分子）：H_2, N_2, O_2, Cl_2（二原子分子），(Ar, オゾン O_3, He, Ne)
　　単体（固体）：I_2（ヨウ素分子結晶），Mg, Al, Fe, Cu, Zn　　（共有結合と金属結合）

(3) **イオン**：食塩は Na 原子と Cl 原子よりできており，これを NaCl と書き，塩化ナトリウムとよぶが，この Na は Na 原子ではなく原子から電子を 1 個失った Na^+，Cl は逆に電子を 1 個もらった Cl^- となっている．このように正，負の電荷をもつ粒子のことを陽イオン，陰イオンという．固体の食塩 NaCl は水に溶かすと**ナトリウムイオン Na^+** と**塩化物イオン Cl^-** とに分かれてばらばらに存在する．塩の一種である塩化カルシウム $CaCl_2$ も水に溶けると 1 個のカルシウムイオン Ca^{2+} と 2 個の Cl^-，硫酸ナトリウム Na_2SO_4 は水に溶けると 2 個の Na^+ イオンと 1 個の硫酸イオン SO_4^{2-} とに分かれる．

硫酸イオン SO_4^{2-} の S 原子 1 個と O 原子 4 個は共有結合によって強く結びつけられているので，1 個の S と 4 個の O にばらばらには分かれないで，ひとかたまりの SO_4 のままでイオンになる．このようなイオンのことを多原子イオンという．p.41 の答 3-13 に H_2SO_4, SO_4^{2-} の構造式がある．

　＊ イオンのできかた，電荷の数については「有機化学　基礎の基礎」8 章，p.190〜207 参照．

① 陽イオン：命名法は，元素名＋イオン → 例）食塩の成分のナトリウムイオン
　　単原子イオン：Na^+, H^+, K^+　　　　Na, K：**1 族アルカリ金属元素**だから＋1
　　　　　　　　　Ca^{2+}, Mg^{2+}　　　　Ca, Mg：**2 族の元素**だから＋2　（典型元素）
　　　　　　　　　Al^{3+}　　　　　　　　Al：**13 族元素**だから＋3
　　　　　　　　　Cu^{2+}, Co^{2+}, Ag^+　　**遷移元素**：＋2，他，複数の荷数をもつ．
　　多原子イオン：NH_4^+, H_3O^+　　　　これは理屈抜きに覚えること．理屈は「有機化学基礎の基礎」の"配位"を参照．

② 陰イオン：命名法は，○○化物＋イオン → 例）食塩の成分の塩化物イオン，または，
　　　　　　○○酸＋イオン → 例）硫酸イオン
　　単原子イオン：Cl^-, I^-, Br^-, F^-　　F, Cl, Br, I：**17 族のハロゲン元素**だから－1
　　　　　　　　　O^{2-}, S^{2-}　　　　　O, S：**16 族の元素**だから－2
　　多原子イオン：OH^-, SO_4^{2-}, NO_3^-, CO_3^{2-}, HCO_3^-, PO_4^{3-}, HPO_4^{2-}, $H_2PO_4^-$
　　＊ これらのイオンの価数は酸の解離式から理解できる（正電荷 H^+ の数＝負電荷）．
　　硫酸 $H_2SO_4 \rightarrow 2H^+ + SO_4^{2-}$，硝酸 $HNO_3 \rightarrow H^+ + NO_3^-$，炭酸 $H_2CO_3 \rightarrow 2H^+ + CO_3^{2-}$，$H_2CO_3 \rightarrow H^+ + HCO_3^-$，リン酸 $H_3PO_4 \rightarrow 3H^+ + PO_4^{3-}$，$H_3PO_4 \rightarrow 2H^+ + HPO_4^{2-}$，$H_3PO_4 \rightarrow H^+ + H_2PO_4^-$

(4) 化合物：二種以上の元素が結合している物質．
　① 非金属分子：H_2O,（過酸化水素 H_2O_2 の水溶液），CO_2（炭酸ガス＊），CO_2（固体，固体炭酸）
　　　有機物：（C_2H_5OH, $C_2H_5OC_2H_5$, $C_{10}H_8$, CH_3COOH），CH_4
　　＊ CO_2 が水に溶けて水分子と反応すると H_2CO_3（炭酸）を生じるので，CO_2 を炭酸ガスともいう．
　　＊ 原子価＝他の原子とつなぐ手の数．H の原子価＝1 さえ覚えていれば，あとは H_2O, NH_3, CH_4 なる化合物をもとに O, N, C の原子価はそれぞれ，2, 3, 4 とすぐにわかる．分子・有機化合物の示性式・名称については「有機化学　基礎の基礎」を参照のこと．

② 金属の化合物(塩)・・・塩(えん)とは何か.
　化学式は,
　　　塩化ナトリウム(食塩):化学式では陽イオンを先,陰イオンを後に書く.
　　　塩化アルミニウム,硫酸ナトリウム:化学式では陽イオンの正電荷と陰イオンの負電荷を同数として,正負の電荷が中和されるようにイオンの種類と数を組み合わせる.イオンの数は元素名の右下に書く.
　　　ヒント:ナトリウムイオン,アルミニウムイオン,塩化物イオン,硫酸イオンはそれぞれ何価のイオンか? アルミニウムイオン1個分の＋電荷は塩化物イオン何個分の－電荷で中和されるか(電荷が全体で＋－＝0となるか).硫酸イオンの－電荷はナトリウムイオンの何個分の＋電荷で中和されるか.
　　　硫酸アルミニウム:化学式を書く場合,多原子イオンが複数個あるときは( )でくくり,その右下に数を記す.
　　　塩化鉄(II),塩化鉄(III),酸化銅(I),酸化銅(II)
　　　ヒント:(I),(II),(III)は金属イオンが1＋,2＋,3＋の陽イオンであることを意味している.酸素は2－である.
　　　塩化第一鉄,塩化第二鉄,酸化第一銅,酸化第二銅

　塩化物:塩化ナトリウム(食塩,食塩水),塩化カルシウム,塩化バリウム,塩化アンモニウム,塩化鉄(III),塩化コバルト(II),塩化銅(I),塩化銅(II)
　ヨウ化物:ヨウ化カリウム
　硫酸塩:**硫酸ナトリウム,硫酸銅**,(硫酸アルミニウムカリウム・ミョウバン),硫酸亜鉛,硫酸鉄(II),硫酸バリウム,硫酸カルシウム,硫酸アンモニウム
　チオ硫酸塩:チオ硫酸ナトリウム
　硝酸塩:硝酸銀,硝酸カリウム,
　炭酸水素塩:**炭酸水素ナトリウム**(重曹・ふくらし粉の主成分),炭酸水素カルシウム
　炭酸塩:炭酸ナトリウム,炭酸カルシウム(石灰石,貝殻,真珠,たまごの殻)
　リン酸二水素塩:リン酸二水素カリウム　　　リン酸水素塩:リン酸水素二ナトリウム
　リン酸塩:リン酸カルシウム　　　酢酸塩:酢酸ナトリウム,酢酸鉛,酢酸イオン

③ 酸化物・硫化物
　金属酸化物:酸化銅(酸化銅(I)＝酸化第一銅,酸化銅(II)＝酸化第二銅),酸化マグネシウム,二酸化マンガン,**酸化鉄(II)＝酸化第一鉄**,酸化鉄(III)＝酸化第二鉄＝三酸化二鉄,四酸化三鉄,酸化銀,酸化アルミニウム,酸化カルシウム
　非金属酸化物:**水,二酸化炭素**,一酸化炭素,二酸化硫黄,三酸化硫黄,一酸化窒素,一酸化二窒素,二酸化窒素,四酸化二窒素
　硫化物:硫化鉄(II),硫化鉄(III),二硫化鉄,硫化銅(II)

④ 酸と塩基
　塩基:**アンモニア**(・・・水),**水酸化ナトリウム**,水酸化カルシウム,水酸化カリウム
　酸:ホウ酸,炭酸水,塩化水素,**塩酸,硫酸**,硝酸,**リン酸**
　有機酸:**酢酸,クエン酸**(柑橘類の酸)

⑤ 身の周りの物質:食塩,食酢,お酒,炭,(砂糖,ロウ)
　　　　→　化学物質名と化学式は?

② 金属の化合物（塩）　　＊イオンの価数・電荷（オクテット：「有機化学　基礎の基礎」8章を参照）

塩とは酸を塩基で中和するときに生じるもの．陽イオンと陰イオンよりなるイオン性化合物．命名法は，

$NaCl$（食塩），$AlCl_3$：陰イオン部分（○○化）を前，陽イオンの元素名を後とする．

Na_2SO_4，$Al_2(SO_4)_3$：陰イオン部分（○○酸）を前，陽イオン部分の元素名を後．

$FeCl_2$，$FeCl_3$，Cu_2O，CuO：複数のイオン電荷数（価数）を示す遷移金属化合物では，価数がわかるように(I)，(II)，(III)，…のように金属元素名の後にイオンの電荷数（価数）を( )に入れたローマ数字で示す．　　　酸素 O：**16族元素**だから−2

$FeCl_2$，$FeCl_3$，Cu_2O，CuO：イオン荷数（酸化数）の小さい方から，第一，第二…とも表現する（この表現は古い命名法である）．

塩化物：$NaCl$，$CaCl_2$，$BaCl_2$，NH_4Cl，$FeCl_3$，$CoCl_2$，$CuCl$，$CuCl_2$
　　Na：1族元素で+1，Cl：17族元素で−1，Ca, Ba：ともに2族元素で+2，遷移元素：+2，…

ヨウ化物：KI　　I：17族元素で−1

○○塩：Na_2SO_4，$CuSO_4$，（$KAl(SO_4)_2 \cdot 12H_2O$），$ZnSO_4$，$FeSO_4$，$BaSO_4$，$CaSO_4$，
　　　　$(NH_4)_2SO_4$，　　　　　　　　　SO_4^{2-}：$H_2SO_4 \rightarrow 2H^+ + SO_4^{2-}$

○○○○塩：$Na_2S_2O_3$（硫酸イオン SO_4^{2-} の O 原子の一つを S に変換したもの，チオ：S のこと）

○○塩：$AgNO_3$，KNO_3　　　　　　　K：Na と同族元素で+1
　　　　　　　　　　　　　　　　　　　NO_3^-：$HNO_3 \rightarrow H^+ + NO_3^-$

○○○○塩：$NaHCO_3$，$Ca(HCO_3)_2$　　HCO_3^-：$H_2CO_3 \rightarrow H^+ + HCO_3^-$

○○塩：Na_2CO_3，$CaCO_3$　　　　　　CO_3^{2-}：$H_2CO_3 \rightarrow 2H^+ + CO_3^{2-}$

○○○○○○塩：KH_2PO_4　　　　　　　$H_2PO_4^-$：$H_3PO_4 \rightarrow H^+ + H_2PO_4^-$

○○○○○塩：Na_2HPO_4　　　　　　　HPO_4^{2-}：$H_3PO_4 \rightarrow 2H^+ + HPO_4^{2-}$

○○○塩：$Ca_3(PO_4)_2$　　　　　　　　Ca：2族元素で+2
　　　　　　　　　　　　　　　　　　　PO_4^{3-}：$H_3PO_4 \rightarrow 3H^+ + PO_4^{3-}$

○○塩：CH_3COONa，$Pb(CH_3COO)_2$　CH_3COO^-：$CH_3COOH \rightarrow H^+ + CH_3COO^-$

＊ Na^+，Cl^- を知っておけば，あとのイオンの価数は芋づる式にわかる．$NaHCO_3$ より HCO_3^-，$BaCl_2$ より Ba^{2+}，Ca^{2+} より $CaSO_4$ の SO_4 は SO_4^{2-} とわかる（つまり正電荷数＝負電荷数）．

③　酸化物・硫化物

命名法：酸化＋元素名，ただし，元素数が複数の場合は元素比を元素名の前につける．
　価数の入れ方，第一，第二のよび方は上述．→例：酸化銅(I)，酸化第二銅

金属酸化物：Cu_2O，CuO，MgO，MnO_2，FeO，Fe_2O_3，Fe_3O_4，Ag_2O，Al_2O_3，CaO

非金属酸化物：H_2O，CO_2，CO，SO_2，SO_3，NO，N_2O，NO_2，N_2O_4

＊酸素と化合した元素の価数は O＝−2 と化合物全体の電荷＝0 をもとに求めることができる．

硫化物：FeS，Fe_2S_3，FeS_2，CuS　　　　S：O と同族元素なので−2

④　酸と塩基

塩基：NH_3（気体），（NH_3（水溶液）），$NaOH$，$Ca(OH)_2$，KOH　　（NH_3 がなぜ塩基かは p.38）

酸：H_3BO_3，H_2CO_3，HCl（気体），HCl（水溶液），H_2SO_4，HNO_3，H_3PO_4，

有機酸：CH_3COOH，$C_6H_8O_7$（p.62，ヒドロキシトリカルボン酸，生化学の TCA 回路）

⑤　身の周りの物質：食塩（塩化ナトリウム $NaCl$），食酢（酢酸 CH_3COOH），酒（アルコールの一種：エタノール C_2H_5OH），炭（炭素 C），砂糖（スクロース），ロウ（脂肪酸エステル）

1-12 化学反応式とは？（反応式の係数の求め方）

化学反応式とは：木炭（炭素 C）が空気中で燃えて二酸化炭素 CO_2 になる，水素 H_2 が酸素 O_2 と反応して水 H_2O を生成する，塩酸 HCl と水酸化ナトリウム NaOH とが反応して水と食塩 NaCl ができるといった反応は，それぞれ化学式を用いて次のように表される．

$$C + O_2 \rightarrow CO_2 \qquad 2H_2 + O_2 \rightarrow 2H_2O \qquad HCl + NaOH \rightarrow H_2O + NaCl$$
$$H^+Cl^- \quad Na^+OH^- \quad H-O-H \quad Na^+Cl^-$$

●＋○○ → ○●○　　○○＋○○ → ○○○○

化学式の前に示された数値（係数）は反応にあずかるそれぞれの物質の粒子数（分子数）を示しており，通常，この係数は整数とし，係数1は省略して記載しない．

このように，反応物の化学式を左辺，生成物の化学式を右辺に記し → でつないだものを化学反応式（反応式）という．反応式 $2H_2 + O_2 \rightarrow 2H_2O$ は，水素と酸素から水ができることだけでなく，水素2分子と酸素1分子から水2分子を生じることをも示している．すなわち，反応式は化学変化のみならず，その量的関係までも表している．

(右頁に続く)

問題 1-20 次の反応について化学反応式を書け．（反応の係数の求め方を示すこと）

(1) 水素分子と酸素分子が反応して水分子を生成する．

*　水素分子，酸素分子と水分子の化学式は基本である．記憶せよ．

別解：化学式中のそれぞれの化合物で数が一番多い元素に着目し，その元素数が一番多い化合物の係数を1として順次，係数を決めていく．H_2, O_2, H_2O では H が2個，O が2個，H が2個と，いずれの化合物も数は2が最大なので，どの化合物の係数を1としてもよい．H_2 の係数を1として，$H_2 + \_O_2 \rightarrow \_H_2O$. 左辺の水素原子数2より，右辺の H_2O の係数は1となる．$H_2 + \_O_2 \rightarrow H_2O$. 右辺の酸素原子数は1だから，左辺の O_2 の係数は 1/2 となる．$H_2 + 1/2\,O_2 \rightarrow H_2O$. 係数を整数とするために全体を2倍すると，$2H_2 + O_2 \rightarrow 2H_2O$.

(2) メタン（CH_4）を燃やす（酸素と化合させる）と，二酸化炭素と水が生成する．

メタンは都市ガスとして使われている天然ガスの主成分である（台所のガス）．

*　酸素と二酸化炭素の分子式は基本であるから，自分の力で書けるように記憶せよ．

(3) エタン（C_2H_6）を燃やすと，二酸化炭素と水が生成する．

別解：H が6個（原子数最大）である C_2H_6 の係数を1とする．$C_2H_6 + \_O_2 \rightarrow \_CO_2 + \_H_2O$. 両辺の C, H の原子数を比較すると，$C_2H_6 + \_O_2 \rightarrow 2CO_2 + 3H_2O$. O の数を比較すると $7/2\,O_2$. 両辺を2倍すると，$2C_2H_6 + 7O_2 \rightarrow 4CO_2 + 6H_2O$.

(4) ブタン（C_4H_{10}）を燃焼させると，二酸化炭素と水が生成する．

ブタンは食卓で鍋を囲むときに用いる卓上用のカセット式ガスコンロのガスである．

(5) 水素分子と窒素分子からアンモニア分子が生成する．

*　窒素分子とアンモニア分子の化学式は基本である．記憶せよ．

答

（左頁より）　化学反応では物質間で原子の組換えが起こるので，反応の進行によりそれぞれの物質は別の物質へと変化するが，原子そのものは不変である．したがって，反応物に含まれる各元素の原子数は生成物中のそれぞれの原子数と等しくなければならない．たとえば $2H_2 + O_2 \rightarrow 2H_2O$ なる化学反応では，水素分子と酸素分子との間で原子の組換えが起こり，両者は水分子へと変化するが，反応の前後で水素原子はあくまでも水素原子のまま，酸素原子は酸素原子のままである．左辺の水素原子 H の数は $2H_2$ だから計 4 個，右辺は $2H_2O$ だから H 原子はやはり 4 個である．同様に，酸素原子 O の数は，左右で O_2，$2H_2O$ と，ともに 2 個である．したがって，反応の前後，すなわち反応式の左辺と右辺とで各元素の原子数は等しい，という原則にもとづいて化学反応式の係数を求めることができる（反応式の右と左で原子数が一致するように係数を定める）．

以下の問題は，反応物と生成物とがわかっている場合に，化学反応式の書き方を学ぶ＝係数を求める練習をすることが目的である．したがって，それらの反応式を覚える必要はない．

答 1-20　(1) 反応式を $aH_2 + bO_2 \rightarrow cH_2O$ とおく．反応式中の左辺・右辺の各元素に注目し，左辺の原子数＝右辺の原子数とおき a, b, c を求める．H 原子の数は，左辺の H_2 で 2 個，aH_2 だから $a \times 2 = 2a$ 個，右辺の H_2O でも 2 個，cH_2O で $2c$ 個，したがって $2a$（左辺）$= 2c$（右辺）が成立する．同様にして O 原子では $2b = c$ が成立．$a = 1$ とおけば $c = 1$，$b = 1/2$．

係数が整数となるように 2 倍すると $a = c = 2$，$b = 1$ $\Rightarrow$ $\underline{2H_2 + O_2 \rightarrow 2H_2O}$．　　（別解は左頁）

(2) $aCH_4 + bO_2 \rightarrow cCO_2 + dH_2O$ とすると，炭素原子 C では $a = c$，H では $4a = 2d$，O では $2b = 2c + d$．

よって，$a = 1$ とすれば，$c = 1$，$d = 2$，$b = 2$ となり，$\underline{CH_4 + 2O_2 \rightarrow CO_2 + 2H_2O}$

別解：化学式中の化合物で一番数が多い元素に着目すると，CH_4 の H の数が 4 で一番大きい（O_2，CO_2，H_2O では O の数 2，O の数 2，H の数 2）．したがって CH_4 の係数を 1 として考える．
$CH_4 + \ \ O_2 \rightarrow \ \ CO_2 + \ \ H_2O$．左辺の C と右辺の C を比較すると CO_2 の係数は 1，H を左右で比較すると H_2O の係数は 2 と求まる．$CH_4 + \ \ O_2 \rightarrow CO_2 + 2H_2O$．右辺の O の数は 4 個だから O_2 の係数は 2 となる．$\Rightarrow CH_4 + 2O_2 \rightarrow CO_2 + 2H_2O$．

(3) $aC_2H_6 + bO_2 \rightarrow cCO_2 + dH_2O$，C では $2a = c$，H では $6a = 2d$，O では $2b = 2c + d$．$a = 1$ なら $c = 2$，$d = 3$，$2b = 2 \times 2 + 3 = 7$ より $b = 7/2$．整数とするために 2 倍すると $a = 2$，$b = 7$，$c = 4$，$d = 6$ となり，$\underline{2C_2H_6 + 7O_2 \rightarrow 4CO_2 + 6H_2O}$　　（別解は左頁）

(4) $aC_4H_{10} + bO_2 \rightarrow cCO_2 + dH_2O$，同上により $\underline{2C_4H_{10} + 13O_2 \rightarrow 8CO_2 + 10H_2O}$

別解：C_4H_{10} の係数を 1 として，両辺の C と H 数を比較すると，$C_4H_{10} + \ \ O_2 \rightarrow 4CO_2 + 5H_2O$．O の数を比較すると $13/2\,O_2$．両辺を 2 倍すると，$2C_4H_{10} + 13O_2 \rightarrow 8CO_2 + 10H_2O$．

(5) $aH_2 + bN_2 \rightarrow cNH_3$，H では $2a = 3c$，N では $2b = c$，$b = 1$ とすれば $c = 2$，$a = 3$ となり $\underline{3H_2 + N_2 \rightarrow 2NH_3}$．（$a = 1$ とすれば，$b = 1/3$，$c = 2/3$ $\rightarrow$ 3 倍して $a = 3$，$b = 1$，$c = 2$）

別解：化学式中の化合物で一番数が多い元素に着目すると，NH_3 の H 数が 3 で最も大きい．そこで，NH_3 の係数を 1 とすると，$\ \ H_2 + \ \ N_2 \rightarrow NH_3$．両辺の N と H 数を比較すると，$3/2\,H_2 + 1/2\,N_2 \rightarrow NH_3$．両辺を 2 倍して，$3H_2 + N_2 \rightarrow 2NH_3$．

(6) 塩酸と水酸化ナトリウムが反応して，食塩と水を生成する（中和反応）．

(7) 硫酸と水酸化ナトリウムが反応して，硫酸ナトリウムと水を生成する．
   * 塩酸，硫酸，水酸化ナトリウム，食塩の化学式は基本である．記憶せよ．

(8) 炭酸ナトリウム（Na_2CO_3）と塩酸が反応して食塩と二酸化炭素と水を生じる．

　　別解：O が 3 個（原子数最大）の Na_2CO_3 の係数 1. $Na_2CO_3 + \_\_HCl \rightarrow \_\_NaCl + \_\_CO_2 + \_\_H_2O$
　　Na 数，C 数を比較すると，$Na_2CO_3 + \_\_HCl \rightarrow 2NaCl + CO_2 + \_\_H_2O$. Cl 数から HCl の係数は 2．
　　H_2O の係数は 1．$Na_2CO_3 + 2HCl \rightarrow 2NaCl + CO_2 + H_2O$.

(9) 炭酸カルシウム（$CaCO_3$）と塩酸が反応して，塩化カルシウム（$CaCl_2$），二酸化炭素，水を生じる．炭酸カルシウムは貝殻，卵の殻，大理石の成分である．

(10) 金属の鉄 Fe がさびて（空気中の酸素で酸化されて）酸化鉄（II）FeO となる．

(11) アルミニウム（Al）と酸素（分子）が反応し，酸化アルミニウム（Al_xO_y）を生じる．
　　　まず Al が +3 価，O が -2 価であることから x, y の値を求めたうえで，反応式を考えよ．

デモ　(6)(8) 中和前後の味見をする．(9) 卵の殻で実験する．(10)(11) 鉄，Mg を燃やす．

　* H_2, O_2, N_2, H_2O, NaCl, CO_2, HCl, H_2SO_4, NaOH, NH_3 といった化合物の物質名と化学式は基礎の基礎，いわば掛け算の九九であるので理屈抜きに頭に入れてほしい．これらの物質や，炭酸ナトリウム（Na_2CO_3），炭酸カルシウム（$CaCO_3$），塩化カルシウム（$CaCl_2$），FeO，Al_2O_3 などの塩，イオン性物質に関する理屈，すなわち原子の構造，化学結合（共有結合，イオン結合と塩），原子価，イオンの価数などについて，およびメタン，エタン，ブタンなどの有機分子の化学式の書き方については「有機化学　基礎の基礎」を参照のこと．なお，炭酸 H_2CO_3 とは，二酸化炭素（炭酸ガス）が水に溶けて水と反応することによって生じる酸の一種である（$CO_2 + H_2O \rightarrow H_2CO_3$）．

答

(6) $a\text{HCl} + b\text{NaOH} \rightarrow c\text{H}_2\text{O} + d\text{NaCl}$, Hでは $a+b=2c$, Clでは $a=d$, Na：$b=d$, O：$b=c$, $a=1$とすれば, $b=c=d=1$ より, $\underline{\text{HCl} + \text{NaOH} \rightarrow \text{H}_2\text{O} + \text{NaCl}}$

別解：H_2O の係数を1として考えると, 左右のOの数からNaOHの係数は1, Naの数からNaClの係数は1, Clの数からHClの係数は1. したがって, $\text{HCl} + \text{NaOH} \rightarrow \text{H}_2\text{O} + \text{NaCl}$.

(7) 硫酸ナトリウムは硫酸イオン SO_4^{2-} と Na^+ よりなる塩だから, 電荷を中和するためには, 化学式は Na_2SO_4 となる. $a\text{H}_2\text{SO}_4 + b\text{NaOH} \rightarrow c\text{H}_2\text{O} + d\text{Na}_2\text{SO}_4$, Naでは $b=2d$, $d=1$ とすると $b=2$, SO_4では $a=d$ より $a=1$, Hでは $2a+b=2c$ より $c=2$.

したがって, $\underline{\text{H}_2\text{SO}_4 + 2\text{NaOH} \rightarrow 2\text{H}_2\text{O} + \text{Na}_2\text{SO}_4}$ または, $a=1$ として考えると, SO_4の数より $d=1$, Naの数より $b=2$, SO_4以外のOの数より $c=2$.

(8) $a\text{Na}_2\text{CO}_3 + b\text{HCl} \rightarrow c\text{NaCl} + d\text{CO}_2 + e\text{H}_2\text{O}$, Naでは $2a=c$, Cでは $a=d$, Oでは $3a=2d+e$, Hでは $b=2e$, Clでは $b=c$. $a=1$ とすると $c=2$, $d=1$, $b=2$, $e=1$
$\Rightarrow \underline{\text{Na}_2\text{CO}_3 + 2\text{HCl} \rightarrow 2\text{NaCl} + \text{CO}_2 + \text{H}_2\text{O}}$.（別解は左頁）

(9) $a\text{CaCO}_3 + b\text{HCl} \rightarrow c\text{CaCl}_2 + d\text{CO}_2 + e\text{H}_2\text{O}$, Caでは $a=c$, Cでは $a=d$, Oでは $3a=2d+e$, Hでは $b=2e$, Clでは $b=2c$, $a=1$ より, $\underline{\text{CaCO}_3 + 2\text{HCl} \rightarrow \text{CaCl}_2 + \text{CO}_2 + \text{H}_2\text{O}}$.

別解：Oが3個（原子数最大）の CaCO_3 の係数を1として考える.

(10) $a\text{Fe} + b\text{O}_2 \rightarrow c\text{FeO}$, Feでは $a=c$, Oでは $2b=c$, $a=1$ ならば $c=1$, $b=1/2$ となるので2倍して整数とすると, $\underline{2\text{Fe} + \text{O}_2 \rightarrow 2\text{FeO}}$.

別解：$\text{Fe} + \text{O}_2 \rightarrow \text{FeO}$. Oの比較より 2FeO, さらに 2Fe.

(11) $a\text{Al} + b\text{O}_2 \rightarrow c\text{Al}_x\text{O}_y$, Al_xO_y は $\text{Al}(+3)$ が x 個と $\text{O}(-2)$ が y 個で電荷の正負がちょうど等しく（正負が打ち消し合い無電荷に）なるので $+3x-2y=0$ より $3x=2y$. $x=1$ とすると $y=1.5$, 2倍して整数にすると $x=2$, $y=3$. つまり生成物は Al_2O_3**.

反応式の左右を比較するとAlでは $a=cx$, Oでは $2b=cy$. $a=1$ とすると $c=1/2$, $b=3/4$. 4倍して整数にすると $\underline{4\text{Al} + 3\text{O}_2 \rightarrow 2\text{Al}_2\text{O}_3}$.

別解：まず, Al_xO_y について考える. Alは $+3$, Oは -2 だから, $(\text{Al}^{3+})_x(\text{O}^{2-})_y$ となる. $x=1$ とすると, $(\text{Al}^{3+})_1(\text{O}^{2-})_y$ で正負の電荷が中和するためには $y=1.5$ の必要がある. $(\text{Al}^{3+})_1(\text{O}^{2-})_{1.5}$ を整数とするために2倍すると, $(\text{Al}^{3+})_2(\text{O}^{2-})_3$, つまり, Al_2O_3 となる**.

次に, $\text{Al} + \text{O}_2 \rightarrow \text{Al}_2\text{O}_3$ で, Oが3個（原子数最大）の Al_2O_3 の係数を1として考える. すると, $2\text{Al} + 3/2\text{O}_2 \rightarrow \text{Al}_2\text{O}_3$.

2倍して整数とすると, $4\text{Al} + 3\text{O}_2 \rightarrow 2\text{Al}_2\text{O}_3$.

* 反応の左辺, 右辺それぞれについて, 化合物を並べる順序に必ずしも決まりはないのでどの順に並べてもよいが, $\text{C} + \text{O}_2 \rightarrow \text{CO}_2$, $2\text{H}_2 + \text{O}_2 \rightarrow 2\text{H}_2\text{O}$, $\text{HCl} + \text{NaOH} \rightarrow \text{H}_2\text{O} + \text{NaCl}$ のように, 通常は酸化剤としての酸素は後, 中和反応では酸を先に書くようである. 考えている反応で主体となる物質を先に書くのが習慣である.

** 交差法：A^{m+} と B^{n-} とからできた塩の組成式 → 価数を逆さに使う（交差）→ A_nB_m

Al_2O_3 では Al^{3+}（3価）, O^{2-}（2価）だから, $\text{Al}^{3+} \bowtie \text{O}^{2-} \rightarrow \text{Al}_2\text{O}_3$ とする.

問題

2 mol（モル），モル濃度，ファクター

化学について，その量的側面を学ぶ，反応にかかわる物質の量を議論する際には，物質の量を示す単位である **mol**，および，mol を用いた溶液濃度の表示法である**モル濃度 mol/L**（1 L 中に何 mol の目的物質が溶けているか）の知識は必須である．繰り返しになるが，この知識も，生理学，生化学，臨床栄養学，食品学，衛生学などの分野の学習には当然必要とされる．

2-1　mol（モル）とは何か？ 　　mol　mmol　μmol　とは？
　　　　　　　　　　　　　　　　　モル　ミリモル　マイクロモル

| 1 mol の重さ（モル質量）は？ | 　1 mol の重さ（モル質量 molar mass），公式？

　mol とはギリシャ語のひと山，ひとかたまり，mole という言葉からきている．したがって，1 mol とは，たとえば八百屋の店先でかご入り売られているミカンのひと山，または紅茶を飲むときに入れるお砂糖のスプーン一杯分と同じ意味である．

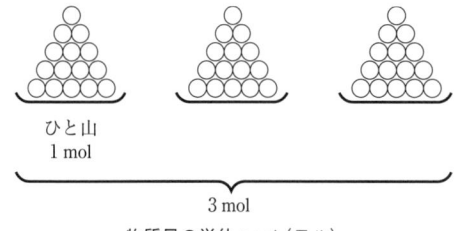

物質量の単位：mol（モル）

モル mol のイメージのとらえかた　イメージがわかないから，難しく感じるだけである．
　mol とはひと山という意味であるから，ここではスプーンひと山のお砂糖と考える．このひと山（スプーン一杯）の重さがモル質量（分子量 g/mol＝MW g/mol）である．したがってスプーン3杯分（3 mol）の砂糖の重さ w g は「一杯の重さ（MW g/mol）×3杯（モル数 n mol）」である．すなわち「（重さ w g）＝（MW g/mol）×（モル数 n mol）」．w g＝MW (g/mol)×n (mol)＝MW×n (g)．
　また，w g の砂糖がスプーン何杯分（何 mol）かを求めるには，砂糖の山をスプーンではかりとればよい．つまり，砂糖の重さ w g をスプーン一杯分の重さ MW g で割ればよい．したがって「（モル数 n mol）＝（質量 w g）/（MW g/mol）」，「n mol＝w g/MW (g/mol)＝w/MW (mol)」（数式 w＝MW×n を n＝・・・と変形せよ）．

* MW：molecular weight 分子量，w：weight 重さ・質量，n：number（モル）数．
* モル質量（分子量 g/mol＝MW g/mol）は 1 mol あたりの質量が（MW）g ということを示している．

問題 2-1　水酸化ナトリウム NaOH の式量は 40（モル質量（molecular mass）＝40 g/mol：1 mol は 40 g）である．

(1) NaOH の 80 g は何 mol か．→　直感的にわかるはずである．比例式で考えない．

(2) NaOH の 400 g は何 mol か．→　直感思考をする．

mol(モル) mol(モル)とは物質の量(物質量)を表す単位である．この量として，目に見えない小さな分子を1個，2個と数えることは不可能であり，また実際的でないので，**$6.02×10^{23}$個**(これを**アボガドロ数**という)を一単位，ひとかたまりとして分子の数を表す．この$6.02×10^{23}$個からなる物質の量を**1 mol(1 モル)**という．

> **1 molの重さ(モル質量)＝分子量(式量)g/mol**

「1 molの重さ(モル質量 molar mass)」：分子の$6.02×10^{23}$個，すなわち1 molの重さは，分子量，または式量(≒これは水素原子の何倍かを示す単なる数値)にグラムgをつけて表した量に等しい．

例：H_2Oの分子量18　→　水の1 mol＝18 g(ひと山＝18 g)

* 水素原子の重さを基準(H＝1)にした相対質量が元素の原子量(体重)であることはすでに述べた(この表現は学問的に正しい定義ではないが，本質的にはそのように理解してよい)．この原子量をもとに，たとえばH_2Oの分子量(分子の体重)は18，と算出される．しかし，この原子量，分子量はあくまでもH＝1としたときの相対質量であり，水分子の重さは水素原子の18倍ということを意味しているにすぎない．

物質を<u>絶対量</u>としてとらえる場合，たとえば分子を1個，2個……と数える，分子の個数○○個，と物質量を定義できる．しかしながら，われわれにとって分子はあまりにも小さいので，分子を1個，2個……と数えるのは現実的ではない．そこで化学者が考えたことは，われわれの身近な世界で物の量を表すのに重さ(g, kg, その他の単位)で表すと同様に，原子・分子の世界も原子量，分子量にグラム(g)を付けて，グラム単位で物質量を表すことであった．たとえば，分子量gの水は分子量18にgを付けて分子量g＝18 g，2×分子量gの水は18×2＝36 gといったぐあいである．こうして原子量g・分子量gを単位(ひとかたまり)として原子・分子の世界の物質量を表すことができるようになった．

物質量1 molの重さ≡モル質量(1 molあたりの質量g)＝分子量g/mol

この「ひとかたまり＝分子量gの重さの物質量」をひと山「1 mol(モル)(の数の分子の集合体)」とよぶことにした．これは1円玉の10 000個＝10^4個を1万円札を単位として，1万円，2万円，…とよぶことに似ている．しかし，1万円札(＝1円玉の10^4個)の場合と異なり，「1 mol(モル)」中に含まれる分子の個数，この数をアボガドロ定数とよぶが，当時はその数は明らかではなかった．

その後，時代が進み，実験的にアボガドロ定数を求めることができた．その数は約$6.02×10^{23}$個であった．したがって，現在では「分子量gの物質量＝1 mol(モル)＝$6.02×10^{23}$個の分子集合」として化学物質を定量的に扱えるようになった．→　したがって，純物質の重さをはかることは分子数を数えることと等価である．たとえば，水1.8 g＝0.1×分子量g＝0.1 mol(モル)＝$0.1×6.02×10^{23}$個分子＝$6.02×10^{22}$個の水分子といったように分子数が求まる．

* 物質量を1 molあたりの質量g(グラム)で表すときには
  1 mol＝分子量gと表され，これをモル質量という．
  単位はg/mol．水の1 molあたりの重さは18 g．つまり水1 molは18 g/mol．

答2-1　(1) 2 mol

　　　　(2) 10 mol

問 題

(3) NaOH の 10 g は何 mol か．→ 直感ではわかりにくい．1 mol より小さいことはすぐわかる．(1), (2) を直感でやったことを頭の中で考える（どうやったのか？）．

(4) NaOH の w g は何 mol か．(1), (2), (3) ではどのようにして求めたかを考えよ．
　　→ w g とは（重さ weight），たとえば 40 g, 80 g, 400 g, 10 g のことである．

* 記号による表し方に慣れること．記号が出てきたらすぐその意味を考えよ．

問題 2-2　(1) 食塩の 1.000 mol は何 g か．(2) また，食塩 11.70 g は何 mol か．(3) この中に NaCl は何個含まれているか．原子量は表紙裏の周期表の値を参照のこと．1 mol = 6.02×10^{23} 個．

$\boxed{\dfrac{a}{b} = \dfrac{c}{d} \Rightarrow c = ?}$　計算法：たすき掛け　$\boxed{\dfrac{\frac{c}{d}}{\frac{a}{b}} = ?}$　分数計算（p.220〜225）

* 分数計算の不得意な人は p.220〜225 の問題を解いて計算に慣れておくこと．
　（電卓の使い方も身につけること）

問題 2-3　w, n, MW は何を意味している記号か．また，mol 数と，ものの重さ（g 数）との間にはどのような関係式があるか，言葉で示せ．

$\boxed{\text{物質量（mol 数）} = ?}$　（ものの重さ，モル質量，分子量を用いて，記号で示せ）

問題 2-4　NaCl の式量（分子量 MW）は 58.44（モル質量 = 58.44 g/mol）である．

(1) NaCl の 2.000 mol は何 g か．→ 直感的にわかるはずである．比例式で考えない．

(2) NaCl の 10.00 mol は何 g か．→ 直感的にわかるはずである．

(3) NaCl の 0.2000 mol は何 g か．→ 直感ではわかりにくい．58.44 g より小さいことはすぐわかる．(1), (2) を直感でやったことを頭の中で考えればすぐわかる（どうやったのか？）．

(4) NaCl の n mol は何 g か．(1), (2), (3) ではどのようにして求めたかを考えよ．
　　→ n mol とは，たとえば 1 mol, 2 mol, 10 mol, 0.1 mol のことである．

* 公式に頼らない．公式に代入しない．いつも，上の問題を解いたときの考え方を繰り返す「この○g の砂糖はスプーン何杯分か．砂糖のスプーン○杯は何 g か」すると，知らず知らずのうちに公式（考え方）が頭に入り，すぐ使えるようになる．

* **単位同士を計算する**　重さは w g，モル質量は分子量 g/mol = MW g/mol，mol 数は n mol だから，

$$w\,\text{g} = MW\,\text{g/mol} \times n\,\text{mol} = MW \dfrac{\text{g}}{\text{mol}} \times n\,\text{mol} = MW \times n \times \dfrac{\text{g}}{\text{mol}} \times \text{mol} = MW \times n\,\text{g}$$

$$n\,\text{mol} = \dfrac{w\,\text{g}}{MW\,\frac{\text{g}}{\text{mol}}} = \dfrac{w}{MW}\, \dfrac{\text{g}}{\frac{1}{\text{g}}\cdot\frac{\text{g}}{\text{mol}}} = \dfrac{w}{MW}\,\text{mol}$$

* 間違った式を使えば単位が不適切になり，間違いがわかる．

(3) (1), (2)では割った($80/40=2$, $400/40=10$). (3)でも同様に10 gをモル質量40 g/molで割ればよい.

→ $10\text{ g}/(40\text{ g/mol}) = 10\text{ g} \times (\text{mol}/40\text{ g}) = 10\text{ g}\cdot\text{mol}/40\text{ g} = 1\text{ mol}/4 = \underline{0.25\text{ mol}}$

* 比例式で考えるのはよくないが，どうしてもこの発想から抜けられない人は，$a:b=c:d$ の代わりに，$a/b=c/d$ なる分数として表す癖をつけること.

(4) → w gとは（重さ weight），たとえば40 g，80 g，400 g，10 gのことだから，当然，(3)と同様に $w\text{ g}/40\text{ (g/mol)}$ $w \div 40 = \underline{(w/40)\text{mol}}$ のように考える.

分子量が MW で表されるならばモル質量$= MW$ g/mol．w g は当然 $\underline{(w/MW)\text{mol}}$ となる.

答 2-2 (1) NaClの1 molは，NaClの式量$=$Naの原子量$+$Clの原子量$= 22.99 + 35.45 = 58.44$ より，$\underline{58.44\text{ g}}$ である（1 mol 58.44 g 中には NaCl が 6.02×10^{23} 個ある）.

(2) 58.44 g が食塩の1 molだから 11.70 g は $\frac{11.70}{58.44} = \underline{0.2002\text{ mol}}$．または，$\frac{58.44\text{ g}}{1\text{ mol}} = \frac{11.70\text{ g}}{x\text{ mol}}$ をたすき掛けして計算する．* 比例式の代わりに上記の分数式を使う癖をつけること．計算する前に式の左右をながめて x が 1 mol より小さいことを直感的に納得せよ．11.7 g は 1 mol より少ない→58.5 で割る．

(3) 1 mol には NaCl が 6.02×10^{23} 個あるので，0.2002 mol の中には NaCl は $6.02 \times 10^{23} \times 0.2002 = \underline{1.205 \times 10^{23}\text{ 個}}$ 含まれている． $\frac{6.02 \times 10^{23}\text{ 個}}{1\text{ mol}} = \frac{y\text{ 個}}{0.2002\text{ mol}}$ 0.200 mol なら 6.02×10^{23} 個より少ない→0.200 を掛ける．

計算法 $\frac{a}{b} = \frac{c}{d} \Rightarrow \frac{a}{b} \searrow\nearrow \frac{c}{d} \Rightarrow$ (たすき掛け) $a \times d = b \times c \Rightarrow c = \frac{a \times d}{b}$

$\frac{\frac{c}{d}}{\frac{a}{b}} = \frac{c}{d} \times \frac{b}{a} = \frac{bc}{ad}$ 掛ける

証明：分数の両辺に b をかけると $b \times \frac{a}{b} = \frac{c}{d} \times b \Rightarrow a = \frac{bc}{d}$

この両辺に d をかけると $d \times a = \frac{bc}{d} \times d$, よって $ad = bc$

答 2-3 mol 数 n (mol) $= \dfrac{\text{ものの重さ } w\text{ (g)}}{\text{モル質量}} = \dfrac{w\text{ g}}{\text{分子量 g/mol}} = \dfrac{w}{MW}\text{(mol)}$
* 分数で書く癖をつけること

$w = n \times MW$
w : weight
MW : molecular weight
　　　分子量

答 2-4 NaCl のモル質量は 58.44 g/mol である.

(1) ×2倍 2.000 mol の重さは $116.88 \approx \underline{116.9\text{ g}}$　　(2) ×10倍 10.00 mol は $\underline{584.4\text{ g}}$

(3) (1)(2)では $58.44 \times$ mol 数として直感的に計算している．したがって 0.2 mol の重さは $58.44\text{ g/mol} \times 0.2000\text{ mol} = 11.688 \approx \underline{11.69\text{ g}}$．または，$\frac{58.44\text{ g}}{1.000\text{ mol}} = \frac{x\text{ g}}{0.2000\text{ mol}}$（これは，比例式を分数式で表したものである）をたすき掛けで計算する．

(4) n mol の質量は (1)(2)(3) と同様に $58.44\text{ g/mol} \times n\text{ mol} = \underline{58.44\, n\text{ g}}$.

* 計算は，多くの場合，掛けるか割るかである．結果が元の数値より増すか減るかを直感的に判断する．そのうえで，増えるのなら，1 より大きい数字を掛けるか，1 より小さい数で割ればよいし，減るのなら，1 より大きい数字で割るか，1 より小さい数を掛ければよい． → 掛けるか割るかが直感的に判断できる．こうして計算をした後で，試し算をして正しいかどうかを判断するとよい．今ひとつの方法は，**単位**，に注目して，単位が正しくなるように掛けるか割るかを機械的に決めることである (p.9)．

問題 2-5　w，MW，n とはそれぞれ何を意味する記号か．これらの相互の関係式は？

$\boxed{n\,\text{mol の，ものの重さ}(g\,\text{数}) = ?}$

＊ 記号による表し方，記号を用いた計算に慣れるには，繰り返し問題を解くことが必要．

問題 2-6　NaOH の 3.00 mol の質量は何 g か？

2-2　モル濃度（C mol/L）とは？

モル濃度 mol/L のイメージ　お砂糖スプーン 1 杯（ひと山・1 mol）が紅茶カップ（1 L の大型と思えばよい）に溶けている，$\dfrac{1\,\text{mol}}{1\,\text{L}} = 1\,\text{mol/L}$，1 L 中に 1 mol 溶けているという意味の濃度表示である．

砂糖 6 杯/2 カップ ＝ $\dfrac{\text{砂糖 6 杯}}{2\,\text{カップ}} = \dfrac{6\,\text{mol}}{2\,\text{L}} = \dfrac{3\,\text{mol}}{1\,\text{L}} = 3\,\text{mol/L}$（3 杯/1 カップ）の濃度となる．

3 mol/L は 3 杯の砂糖/紅茶カップのことである．n mol を溶かして V L にしたときの濃度 C は，

$$\dfrac{n\,\text{mol}}{V\,\text{L}} = \dfrac{n}{V} \times \dfrac{\text{mol}}{\text{L}} = (n/V)\,\text{mol/L} \equiv C\,\text{mol/L}\,(\equiv：\text{こう表示する，という意味})$$

砂糖の杯数 n mol をカップの数（体積）V L で割ったもの（カップ 1 個あたり砂糖が何杯入っているか）がモル濃度 C mol/L である（濃度 $\underline{C}$oncentration）．したがって，3 mol/L（紅茶カップに砂糖 3 杯）の溶液を 5 L（紅茶カップ 5 個）もってきたら，この中に砂糖は

$\dfrac{3\,\text{mol}}{1\,\text{L}} \times 5\,\text{L} = 15\,\text{mol}$（砂糖 15 杯分）あることがわかる．すなわち，濃度×体積＝mol 数

$\left(\dfrac{C\,\text{mol}}{\text{L}} \times V\,\text{L} = CV\,\text{mol} = n\,\text{mol}\right)$ となる．＊単位をつけて計算する癖をつけること．

問題 2-7　水酸化ナトリウム NaOH の式量は 40 である．

(1) NaOH の 3 mol を溶かして 1 L 水溶液とした．この溶液の NaOH 濃度は何 mol/L か．

(2) NaOH の 1 mol を溶かして 2 L 水溶液とした．この溶液の NaOH 濃度は何 mol/L か．

(3) NaOH の 80 g を溶かして 500 mL 水溶液としたものの NaOH 濃度は何 mol/L か．
　　80 g は何 mol かをまず考えよ．

(4) NaOH の w g を V L の溶液としたものの NaOH 濃度は何 mol/L か．
　　(1)，(2)，(3) ではどのようにして求めたかを考えよ．

問題 2-8　C，V，n，w，MW はそれぞれ何を意味する記号か．これら相互の関係式は？

$\boxed{\begin{array}{l}\text{モル濃度} = ?\,(\text{mol 数・体積との関係}) \\ \qquad\qquad(\text{ものの重さ・分子量（モル質量）・体積との関係})\end{array}}$

答 2-5 | ものの重さ w(g 数) = モル質量 MW(g/mol) × mol 数 n(mol) = $MW × n$ (g) |
　　　　　　　　　　　分子量

答 2-6　NaOH の式量(分子量)MW は $22.99 + 16.00 + 1.008 = 40.00$(モル質量 = 40.00 g/mol)である．これが 3.00 mol(mol 数 n)あるとき，NaOH の重さ(質量)w は

$$w = MW × n = 40.00 \frac{\text{g}}{\text{mol}} × 3.00 \text{mol} = \underline{120 \text{ g}} \quad \text{（単位も計算すること）}$$

モル濃度　紅茶中の砂糖の濃さを表すのに，1カップに砂糖スプーン1杯・2杯・・・，と表す．この場合，容器として1カップ，砂糖の量としてはスプーン1杯(ひと山)を基準にして，砂糖の濃さを表現している．基本となる濃さは「1カップに1杯分の砂糖が溶けているもの」である．モル濃度も正にこの通り，「1Lの大きな1カップに物質(砂糖)がスプーン1杯(ひと山 = 1 mol)溶けている濃さ」がモル濃度の規準である mol/L，「1 mol の物質を溶かして 1 L にしたもの，1 mol/1 L = 1 mol/L = mol/L」である．つまり，1 L 中に何 mol の物質が溶けているか，1 L 中に溶けている物質の量を mol 単位で表したものである．これを mol/L なる単位で表す*．

したがって 1 mol/L の濃度とは 1 L の溶液中に 1 mol，または 0.1 L 中に 0.1 mol の物質が溶けているものをいう．

* この mol/L を M（「もる」と読む）とも書く場合がある．

答 2-7　(1) モル濃度の定義は mol/L（1 L 中に何 mol 溶けているか；1カップ中に，お砂糖をスプーン何杯加えたか）．定義の単位に合わせて，分数の分子を mol，分母を溶液体積とし（分子に砂糖の杯数，分母にカップ数），単純にこの分数計算をすれば，それがモル濃度

$$\rightarrow \frac{3 \text{ mol}}{1 \text{ L}} = \underline{3 \text{ mol/L}}\text{（6杯の砂糖/2カップ = 3杯/カップ，1カップあたり砂糖3杯入り）}$$

(2) (1)で述べた通り，$\frac{1 \text{ mol}}{2 \text{ L}} = \frac{0.5 \text{ mol}}{1 \text{ L}} = \underline{0.5 \text{ mol/L}}$

(3) 80 g は $\dfrac{80 \text{ g}}{\left(\dfrac{40 \text{ g}}{\text{mol}}\right)} = 2 \text{ mol}$　　　$\dfrac{2 \text{ mol}}{\left(\dfrac{500}{1000}\text{L}\right)} = \dfrac{2 \text{ mol}}{0.5 \text{ L}} = \dfrac{2}{0.5} × \dfrac{\text{mol}}{\text{L}} = 4\dfrac{\text{mol}}{\text{L}} = \underline{4 \text{ mol/L}}$

(4) (3)と同様にして，$\dfrac{(w/40) \text{ mol}}{V \text{ L}} = \dfrac{\frac{w}{40}}{\frac{V}{1}} \cdot \dfrac{\text{mol}}{\text{L}} = \dfrac{w}{40} × \dfrac{1}{V} \cdot \dfrac{\text{mol}}{\text{L}} = \underline{\left(\dfrac{w}{40V}\right) \text{mol/L}}$．

分子量 = MW（モル質量 = MW g/mol）ならば w g は $\dfrac{(w/MW) \text{ mol}}{V \text{ L}} = \left\{\dfrac{(w/MW)}{V}\right\} \text{mol/L}$ となる．

答 2-8

　　　　　　　　　　　　　　　　　　　　　　　　　　　　　　　　　　　　八百屋のかごの数(○○山)

モル濃度　C (mol/L) = mol 数/L = $\dfrac{\text{mol 数}}{1 \text{ L}} = \dfrac{\text{溶かした mol 数 } n\text{(mol：物質量)}}{\text{溶けた体積 } V\text{(L)}}$
(C : concentration)
$= \dfrac{\left(\dfrac{\text{ものの重さ } w\text{(g)}}{\text{モル質量 } MW\text{(g)}}\right) \text{mol}}{\left(\dfrac{\text{溶けた体積 } V \text{mL}}{1000 \text{ mL}}\right) \text{L}}$　　(V : volume, 体積)
$C = \dfrac{n \text{ mol}}{V \text{ L}}$ (mol/L)　　* 分数で書き，分数で計算する癖をつけること

問題 2-9　NaOH の 0.5 mol/L 溶液の
 (1) 1 L 中に NaOH は何 mol あるか．

 (2) 2 L 中に NaOH は何 mol あるか．

 (3) 10 L 中に NaOH は何 mol あるか．

 (4) C mol/L の NaOH 溶液 V L 中には何 mol の NaOH があるか．
 　(1)，(2)，(3)ではどのようにして求めたかを考えよ．

問題 2-10　C，V，n とはそれぞれ何を意味する記号か．これら相互の関係式は？

　　　mol 数 n = ?（濃度・体積との関係）

問題 2-11
 (1) 1 L 中に 2 mol の食塩（NaCl）が溶けている．この 3 L 中には何 mol の NaCl があるか．

 (2) NaCl の式量は 58.44 である．この 2.00 mol は何 g か．

 (3) 2.00 mol/L の NaCl 水溶液の 3.00 L 中には NaCl は何 g あるか．

 (4) C mol/L の NaCl 水溶液 V L 中には NaCl が何 g あるか．
 　(1)，(2)，(3)ではどのようにして求めたかを考えよ．

問題 2-12　w，n，MW，C，V は何を意味する記号か．これら相互の関係式は？

　　　ものの重さ w（g 数）= ?（モル質量 = 分子量 g/mol，mol 数との関係）
　　　　　　　　　　　　　　（モル質量，モル濃度，体積との関係）

問題 2-13　60 g の水酸化ナトリウム NaOH を純水に溶かして 2.0 L とした．この NaOH 水溶液のモル濃度を求めよ．必要な原子量は自分で調べよ．

問題 2-14　6.0 g の NaOH を純水に溶かして 400 mL とした．この NaOH 水溶液のモル濃度を求めよ．

　最重要！モル濃度を計算するには，モル濃度の定義 mol/L の通りに，分子に mol，分母に体積 L を示した分数をまず書く．

　すなわち，$\dfrac{n\,\text{mol}}{\text{L}} = \dfrac{\frac{w}{MW}\,\text{mol}}{V\,\text{L}}$ として，この分数のまま計算して求める癖をつけること．

問題 2-15　次の溶液のモル濃度を求めよ．
 (1) NaCl 5.84 g を溶解して 2.50 L とする．

 (2) 溶液 200 mL 中に 2.00 g の NaOH を含む．

答 2-9 (1) 0.5 mol/L とは 1 L に 0.5 mol 溶けているという意味だから，<u>0.5 mol</u>.

(2) 0.5 mol/L × 2 L ＝ <u>1.0 mol</u>　　単位を計算する：分子・分母の L を約分すると mol となる．

(3) 0.5 mol/L × 10 L ＝ <u>5 mol</u>　　同上．または，比例式 0.5 mol/1 L ＝ x mol/10 L を解く．

(4) (1)(2) より濃度 × 体積 ＝ mol 数だから，C(mol/L) × VL ＝ (C × V)mol ＝ <u>CV mol</u>.
または比例式 C mol/1 L ＝ x mol/VL を解くと x ＝ CV mol

答 2-10　$\boxed{\text{mol 数 } n\,(\text{mol}) = \text{モル濃度 } C\,(\text{mol/L}) \times \text{体積 } V\,(\text{L}) = C\dfrac{\text{mol}}{\text{L}}\,V\,\text{L} = CV\,\text{mol}}$
　　　　　$\underline{n = CV}$　　　　　(濃度)　　　　　　　　　　　　　　　　　　　　(物質量)

または，比例式，$\dfrac{C\,\text{mol}}{1\,\text{L}} = \dfrac{x\,\text{mol}}{V\,\text{L}}$ をたすき掛けして，$x = CV$ mol

答 2-11　(1) 上の問題と同様に 2 mol/L × 3 L ＝ <u>6 mol</u>．紅茶と砂糖で考えよ．単位も計算せよ．

(2) 58.44 g/mol × 2.00 mol ≒ <u>117 g</u>　　または，比例式 58.44 g/1 mol ＝ x g/2 mol をたすき掛け，

(3) 58.44 g/mol × (2.00 mol/L × 3.00 L) ≒ <u>351 g</u>　まず何モルあるか考え，次に何 g か考える．

(4) 58.44 g/mol × (C mol/L × V L) ＝ 58.44 g/mol × (CV) mol ＝ <u>58.44 CV g</u>　　同上．

答 2-12　$\boxed{\begin{array}{l}\text{ものの重さ } w\,(\text{g 数}) = \text{モル質量 } MW\,(\text{g/mol}) \times \text{mol 数 } n\,(\text{mol})\,(= MW \times n\,(\text{g})) \\ \qquad\qquad\qquad\quad = \text{モル質量 } MW\,(\text{g/mol}) \times \text{モル濃度 } C\,(\text{mol/L}) \times \text{体積 } V\,(\text{L})\end{array}}$
$\underline{w = MW \times CV}\,(\text{g})$　　　＊　計算するときは，紅茶とお砂糖の例を思い出すこと！

答 2-13　NaOH の式量 ＝ 22.99 ＋ 16.00 ＋ 1.01 ＝ 40.00，NaOH の 60 g は 60/40 ＝ 1.5 mol，これを全体で 2.0 L とするから

$$\dfrac{\dfrac{w}{MW}\,\text{mol}}{V\,\text{L}} = \dfrac{\dfrac{60}{40}\,\text{mol}}{2.0\,\text{L}} = \dfrac{1.5\,\text{mol}}{2.0\,\text{L}} = \underline{0.75\,\text{mol/L}}$$

答 2-14　6.0 g の NaOH は $\dfrac{6.0}{40}$ ＝ 0.15 mol，これを溶かして 400 mL ＝ 0.400 L とするので

$$\dfrac{\dfrac{w}{MW}\,\text{mol}}{V\,\text{L}} = \dfrac{\dfrac{6.0}{40}\,\text{mol}}{0.400\,\text{L}} = \dfrac{0.15\,\text{mol}}{0.400\,\text{L}} = \underline{0.38\,\text{mol/L}}$$

答 2-15　(1) NaCl の 1 mol は 58.44 g なので，5.84 g を溶かして 2.50 L にした溶液の濃度は，

$$\dfrac{\dfrac{w}{MW}\,\text{mol}}{V\,\text{L}} = \dfrac{(5.84/58.44)\,\text{mol}}{2.50\,\text{L}} = \underline{0.0400\,\text{mol/L}}$$

(2) NaOH の 1 mol は 40.0 g，200 mL ＝ 0.200 L，よって

$$\dfrac{(2.00/40.0)\,\text{mol}}{0.200\,\text{L}} = \underline{0.250\,\text{mol/L}}$$

問 題

(3) 0.1 mol は何 mmol，何 μmol か，0.1 mmol は何 mol，何 μmol か．(できなければ p.6～9 を復習せよ)

(4) 溶液 80 mL 中に塩化銀 AgCl 0.120 mg が溶けている．(mg とは何かを考えよ)
　　この AgCl 溶液のモル濃度を mol/L，○○×10○○ mol/L，mmol/L，μmol/L で表せ．

* m, μ の意味をしっかり頭に入れる，指数表示・科学表示(p.226)に慣れること．

* mol/L とは「濃度」であり物質量(何個の分子といった分子数を表すもの)ではない．
　液量(L)を指定すると，(mol/L)×(L)=mol で示されるように，その中に存在する物質の量(mol 数；6.02×10^{23} 個の何倍か)が計算できる．

$$○\ \text{mol/L} = ○\ \frac{\text{mol}}{\text{L}} \quad (1\ \text{L 中に}○\ \text{mol 溶けているという意味})$$

問題 2-16　2.00 mol/L の食塩水 200 mL 中には

(1) 何 mol の NaCl，したがって，

(2) 何個の NaCl，

(3) 何 g の NaCl，が溶けているか．

問題 2-17　1.00 mol/L の濃度の食塩の水溶液 100 mL をつくるのには，

(1) 何 mol の NaCl が必要か．

(2) 何 g の NaCl が必要か．

* 比例式で考えないこと．分数式が使えるようにせよ(たすき掛けで計算する)．

　1 L : 58.5 g = 0.1 L : x g，1 L : 0.1 L = 58.5 g : x g，の代わりに $\dfrac{58.5\ \text{g}}{1\ \text{L}} = \dfrac{x\ \text{g}}{0.1\ \text{L}}$ なる書き方に慣れること．

　比例式は，1 L 中に 58.5 g あるなら 0.1 L 中には x g ある，というふうに読む．

　分数式は比例式と同じに読むこともできるが「1 L 中に 58.5 g 溶けている溶液と 0.1 L 中に x g 溶けている溶液は同じ濃度である」ことを示した式である．$\dfrac{58.5\ \text{g}}{1\ \text{L}}$ は濃度を表している．比例式より式の意味が明白であり，慣れればこちらが便利．

問題 2-18　次の溶液中に溶質は何 mol 含まれているか．これを mmol，または μmol 単位でも表せ．(できなければ p.6～9 を復習せよ)

(1) 2.0 mol/L の H_2SO_4 15 mL

(2) 0.234 μmol/L の NaCl 500 mL

(3) 0.50 mmol/L の NaOH 40 mL

* m を μ に変えるには m に 1000 μ を代入，μ を m に変換するには μ に 10^{-3} m を代入して計算するとよい (p.6～7, g, mg, μg の間の関係式を参照．m と μ は 1000 倍異なる！)

答　2　mol(モル), モル濃度, ファクター　33

(3) $0.1 \text{ mol} = 0.1 \times 10^3 \text{ mmol} = \underline{100 \text{ mmol}}$, $0.1 \text{ mol} = 0.1 \times 10^6 \text{ μmol} = \underline{1 \times 10^5 \text{ μmol}}$

$0.1 \text{ mmol} = 0.1 \times 10^{-3} \text{ mol} = \underline{1 \times 10^{-4} \text{ mol}}$, $0.1 \text{ mmol} = 0.1 \times 10^{-3} \times 10^6 \text{ μmol} = \underline{100 \text{ μmol}}$

(4) AgCl の 1 mol は $107.9 + 35.45 = 143.35 \text{ g}$ （式量 $= 143.35$），

計算で 10^{-3} (ミリ) をそのまま扱えるようにすること　　　　　　　（モル数 $n =$ 重さ w/式量 MW）

$$\text{モル濃度} = \frac{(0.120 \times 10^{-3}/143.35) \text{ mol}}{0.080 \text{ L}} = \frac{\frac{0.120}{143.35} \times 10^{-3} \text{ mol}}{0.080 \text{ L}} = \frac{0.000\,837}{0.080 \text{ L}} \times 10^{-3} \text{ mol}$$

$$= 0.0105 \times 10^{-3} \text{ mol/L} = \underline{0.0105 \text{ mM}} = \underline{1.05 \times 10^{-5} \text{ M}} = 1.05 \times (10^1 \times 10^{-6}) = \underline{10.5 \text{ μM}}$$
　　　　　　　　ミリ　　　　　　　　　　　　　　　　(M ≡ mol/L)

$\left(\underline{0.000\,010\,5 \text{ M}} \rightarrow \text{これでは 0 がいくつか, すぐにはわからない.} \atop 10.5 \times 10^{-6} \text{ M} = 10.5 \text{ μM とすればどういう値かすぐにわかる.}\right)$

答 2-16　(1) 2.00 mol/L の NaCl とは, 1 L 中に 2.00 mol の NaCl が溶けていることを表す. これを 200 mL = 0.200 L もってきたとき, この中には (mol 数 $n =$ モル濃度 $C \times$ 体積 V だから)

$n \text{ (mol)} = CV = 2.00 \text{ mol/L} \times 0.200 \text{ L} = \frac{2.00 \text{ mol}}{1.000 \text{ L}} \times 0.200 \text{ L} = \underline{0.400 \text{ mol}}$ の NaCl が溶けている.

(2) 1 mol $= 6.02 \times 10^{23}$ 個 (p.25 アボガドロ数) の NaCl, したがって 200 mL 中には (0.400 mol だから) 6.02×10^{23} 個/mol $\times$ 0.400 mol $= \underline{2.41 \times 10^{23} \text{ 個}}$ の NaCl が溶けている. (0.4 mol だったら 6×10^{23} より少ない → $\times 0.4$ とすればよい. 計算は通常 $\times$ か $\div$ である.)

(3) NaCl の 1 mol は $22.99 + 35.45 = 58.44 \text{ g}$, したがって 200 mL 中には (0.400 mol) $w = MW \times n = MW \times CV = 58.44 \text{ g/mol} \times 0.400 \text{ mol} = \underline{23.4 \text{ g}}$ の NaCl が溶けている (0.4 mol だったら 58.44 より少ない → $\times 0.4$ とすればよい). または, 比例式, 58.44 g/1 mol $= x$ g/0.400 mol を解く. (1), (2) も同様の比例式で考えてもよい.

答 2-17　(1) 1.00 mol/L の食塩水 100 mL 中の NaCl の mol 数 n, 質量 (重さ) w は,

$n = CV = 1.00 \text{ mol/L} \times 0.100 \text{ L} = \underline{0.100 \text{ mol}}$, (2) $w = MW \times n = 58.44 \text{ g/mol} \times 0.100 \text{ mol} = \underline{5.84 \text{ g}}$

または, NaCl の 1.00 mol は 58.44 g だから, 溶かして 1 L とすれば 1 mol/L の食塩水が得られる. 100 mL = 0.100 L をつくるのだから, NaCl の mol 数 n, 質量 w は, 比例式を分数で表し,

$\dfrac{1.00 \text{ mol}}{1.00 \text{ L}} = \dfrac{n \text{ mol}}{0.100 \text{ L}}$　　$n = \underline{0.100 \text{ mol}}$　　よって　$\dfrac{58.44 \text{ g}}{1.00 \text{ mol}} = \dfrac{w \text{ g}}{0.100 \text{ mol}}$　(たすき掛け)　$w = \underline{5.84 \text{ g}}$

または　$\dfrac{1.00 \text{ mol}}{1.00 \text{ L}} = \dfrac{58.4 \text{ g}}{1.00 \text{ L}} = \dfrac{w \text{ g}}{0.100 \text{ L}}$　$\left(= \dfrac{0.100 \text{ mol}}{0.100 \text{ L}}\right)$　　$w = \dfrac{58.4 \text{ g}}{1.00 \text{ L}} \times 0.100 \text{ L} = \underline{5.84 \text{ g}}$

答 2-18　(1) $n = CV = \dfrac{2.0 \text{ mol}}{1.000 \text{ L}} \times 15 \text{ mL} = \underline{30 \text{ mmol}} = \underline{0.030 \text{ mol}}$. または 15 mL = 0.015 L, よって
　　　　　　　　　　　　　　　　　　　　　　　　　ミリモル

$n = CV = 2.0 \text{ mol/L} \times 0.015 \text{ L} = 0.030 \text{ mol} = 0.030 \times 1000 \text{ mmol} = \underline{30 \text{ mmol}}$

(1 mol = 1000 mmol)

(2) 500 mL = 0.500 L　　$n = CV = \dfrac{0.234 \text{ μmol}}{1.000 \text{ L}} \times 0.500 \text{ L} = \underline{0.117 \text{ μmol}} = \underline{1.17 \times 10^{-7} \text{ mol}}$
　　　　　　　　　　　　　　　　　　　　　　　　　　　　　　　マイクロモル

(3) $n = CV = \dfrac{0.50 \text{ m mol}}{1.000 \text{ L}} \times 40 \text{ mL} = 20 \, (\text{m})^2 \text{mol} = 20 \text{ μmol}$　(m $= 10^{-3}$, m$^2 = 10^{-6} = $ μ)

または, 40 mL = 0.040 L, $n = CV = 0.50 \text{ mmol/L} \times 0.040 \text{ L} = \underline{0.020 \text{ mmol}} = 0.020 \times 10^{-3} \text{ mol} = (2.0 \times$
　　　　　　　　　　　　　　　　　　　　　　　　　　　　　　　ミリモル

$10^{-2}) \times 10^{-3} \text{ mol} = 2.0 \times 10^{-5} \text{ mol} = 2.0 \times (10^1 \times 10^{-6}) \text{ mol} = 20 \times 10^{-6} \text{ mol} = \underline{20 \text{ μmol}}$
　　　　　　　　　　　　　　　　　　　　　　　　　　　　　　　　　　　　　　マイクロモル

2-3 力価(ファクター,タイター titre ともいう)とは何か?また,その略号は?

> 真の濃度=?

　中和滴定など,様々な方法を用いて分析を行う際には,しばしば,分析値の標準となる濃度が正確にわかった溶液,**標準液**,を調製する必要がある.重さをはかるときのキログラム原器(重さの基準:フランスに保存)の役割と同じ理屈である.

　標準液として 0.1000 mol/L の NaCl 溶液を 100 mL つくる場合には,純度 100% の NaCl 結晶(式量 58.44)の 0.5844 g を正確にはかりとり,100 mL の**メスフラスコ**を用いて 100.0 mL に**メスアップ**する必要がある(右頁図を参照).しかし,0.5844 g の重さにぴったりと合うようにはかりとるのは容易ではない.このような場合には,約 0.6 g を 0.1 mg の桁まで精密に(たとえば 0.6085 g のように)はかりとって溶液を調製した後,この溶液の濃度を次のように計算で求めるのが普通である.

$$\frac{(0.6085/58.44)\,\mathrm{mol}}{(100.0/1000)\,\mathrm{L}} = \frac{0.01042\,\mathrm{mol}}{0.1000\,\mathrm{L}} = 0.1041\,\mathrm{mol/L}\,(=0.1000\times1.041)$$

　または,0.5844 g で 0.1000 mol/L となるので,0.6085 g では

$$0.1000\times(0.6085/0.5844) = 0.1000\times1.041 = 0.1041\,\mathrm{mol/L}$$

この方がずっと能率的であり,通常,濃度を 0.1000 mol/L のように厳密に合わせて調製することは不必要である.約 0.1 mol/L の溶液でかつ,濃度が正確に求まっていれば必要十分である.

　上の例で,調製した標準液の濃度を 0.1041 mol/L とそのまま表現してもよいが,0.1 mol/L の溶液を調製したが実は少しだけずれた濃度になってしまった,という示し方で,**0.1 mol/L ($F=1.041$)** と表現する場合が多い.この意味は,つくろうと思った濃度の 1.041 倍の溶液ができてしまった,4.1% だけ濃い液ができた,ということである(溶液の真の濃度は $0.1\times F = 0.1\times 1.041 = 0.1041$ mol/L).この **F を力価,ファクター**とよぶ.英語では,A と B で 10 倍,または 1/10 倍違うとき,両者は factor 10 違うという.つまるところ factor とは単純に「倍率」という意味である.

問題 2-19　0.2 mol/L の溶液をつくるつもりでいたが,実際には 0.1950 mol/L の濃度の溶液ができた.この溶液のファクターはいくつか.溶液の濃度は F を用いると,どう表されるか.

問題 2-20　0.05 mol/L の溶液をつくるつもりが 0.0535 mol/L の溶液ができた.溶液の濃度を F を用いて表せ.

> ファクターのたとえ話:18 歳の日本女性の平均身長が 160 cm,A 子さんは 150 cm,B 代さんは 160 cm,C 美さんは 170 cm とする.このとき,A 子さんの身長は平均値の $(150/160) = 0.94$ 倍,B 代は $(160/160) = 1.00$ 倍,C 美は $(170/160) = 1.06$ 倍と表現できる.この倍率を用いれば A 子,B 代,C 美の身長は,それぞれ平均値(160 cm)の 0.94,1.00,1.06 倍と比較できる.このことを A 子の身長 = 160 ($F=0.94$),B 代の身長 = 160 ($F=1.00$),C 美の身長 = 160 ($F=1.06$) と表すのがファクターである(倍率,つくろうと予定したもの=基準値の何倍かを示したもの).(右頁へ続く)

まとめ基礎確認テスト(記号の意味を完全に身につけること)
　問 1.　m,μ の読み方,意味,指数表示?
　問 2.　n,MW,w,C,V,F とは何を表す記号か?
　問 3.　$n = ?$　　$C = ?$　　? の箇所を埋めよ.
　　　さらにこの式を変形して → $w = ?$　　$n = ?$

答　2　mol(モル)，モル濃度，ファクター

力価(ファクター，タイター)，略号は F または f

　　　ファクターとは英語の factor，すなわち要因・要素・因数・因子・係数のことであり，ここでは補正係数・**補正倍率**を意味する．たとえば 0.1 mol/L の NaOH 溶液をつくるつもりでいたのに，実際できた溶液の濃度が 0.1123 mol/L，すなわち，0.1 mol/L の 1.123 倍であった場合，この NaOH 溶液の濃度を 0.1 mol/L NaOH(F=1.123) のように表す．また，実際の濃度が 0.0987 mol/L だった場合，この溶液の濃度は 0.1 mol/L NaOH(F=0.987) と表す．これは予定濃度 0.1 mol/L の 0.987 倍，98.7% のものが得られたということを意味する．すなわち，factor とは単に「倍率」のことである．(真の濃度 C) = (つくるつもりだった濃度 C_0) × (ファクター F)

$$\underbrace{0.0987}_{C}\text{mol/L} = \underbrace{0.1}_{=C_0\times} \times \underbrace{0.987}_{F}\text{mol/L}$$

　　　| 真の濃度 $C = C_0 \times F$,　$C = FC_0$,　$\dfrac{C}{C_0} = F$ |

C_0：つくるつもりだった濃度
F：ファクター，補正係数(補正倍率)
である．

＊ 実際に実験を行わないでファクターの概念について理解，納得することは難しいようだ．ここではすっきりしなくても気にしないこと．実験で体験すればわかる．

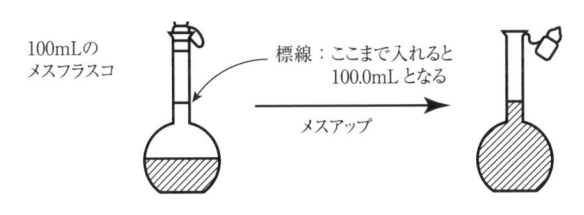

100mLのメスフラスコ　　標線：ここまで入れると 100.0mL となる　　メスアップ

液の表面(の底)を標線に合わせることを**メスアップ**という．メスフラスコのように容積をはかるガラス器を**測容器**という．

[浅田誠一，"定期量分析"，第2版，技報堂出版(1998)，p.19 の図を改変]

答 2-19　真の濃度 0.1950 mol/L = つくるつもりの濃度 0.2 mol/L × F　　よって，補正倍率 F = <u>0.975</u>
　　　溶液の濃度は <u>0.2 mol/L　(F = 0.975)</u> ⇒ 真の濃度 = (0.2×0.975) mol/L = <u>0.1950 mol/L</u>
　　　0.2 mol/L の 97.5% の濃度のものができた，という意味．この書き方は**約束事**である．

答 2-20　0.05 mol/L　(F = 1.07)．

　　　(左頁より) F を用いて A 子の身長は，$160 \times F = 160 \times 0.94 = 150$ cm，B 代は，$160 \times F = 160 \times 1.00 = 160$ cm，C 美は，$160 \times F = 160 \times 1.06 = 170$ cm と計算できる．仮に体重が身長に比例するなら，平均体重 54 kg では，A 子の体重 = $54 \times F = 54 \times 0.94 ≒ 51$ kg，C 美の体重 = $54 \times 1.06 ≒ 57$ kg と，F を用いると簡単に体重が計算できる．実際の分析への F のこのような利用例は p.113 の 2 行目，p.114 の 15 行目，下から 6 行目を参照のこと．

まとめ基礎確認テストの答

答 1.　m：ミリ，$1/1000 = 0.001 = 1 \times 10^{-3}$ (1 mg = 1×10^{-3} g，1 g = 1000 mg)
　　　　μ：マイクロ，$1/1\,000\,000 = 0.000\,001 = 10^{-6}$ (1 μg = 1×10^{-6} g，1 g = 1×10^{6} μg，1000 μg = 1 mg)

答 2.　n：mol 数，MW：分子量・式量，MW g/mol (分子量 g/mol)：モル質量，w：質量 g，
　　　　C：モル濃度 mol/L，V：体積 L，F：ファクター

答 3.　$n = \dfrac{w}{MW}$，$C = \dfrac{n}{V}$　この式を変形して → $w = MW \times n$，$n = C \times V$ ($w = MW \times CV$)
　　　　モル数 = 質量/モル質量 = 質量/分子量 g，モル濃度 = モル数/体積　　この式を変形して
　　　　→ 質量 = モル質量 × モル数 = 分子量 g × モル数，モル数 = モル濃度 × 体積

3 酸・塩基，価数，規定度と当量

　酸と塩基については，小・中・高校とすでにいろいろと学んできている．酸・塩基は，5章の酸化還元とともに，化学を学ぶうえで最も重要な概念のひとつであり，化学を基礎とした様々な学問分野を学ぶ上でも大切な基礎である．酸・塩基は日常生活や，食べ物，からだの仕組みから地球環境にまでかかわっている．ここでは酸塩基とその定義，酸塩基の価数について復習する．また，規定度（規定濃度），当量についても学ぶ．これらは高校では未修だが，実社会で中和滴定などの方法を用いた物質の分析（容量分析）を行う際に依然よく用いられている．pH（ピーエイチ）については8章で学ぶ．

＊ ペーハーとは pH のドイツ語読みである．現在では英語読みするのが約束である．

3-1 酸とは？

問題 3-1　(1) 酸とはいかなる性質をもったものか述べよ．
　　　　　　(2) 酸の性質をもたらしている実体・もの（酸の素）は何か．

問題 3-2　次の酸の化合物名と化学式を示せ．
　　　　　　(1) 食酢の主成分　(2) レモン中の酸（化合物名のみ）　(3) 代表的な強酸を二つあげよ．

3-2 塩基とは？

問題 3-3　(1) 塩基とはいかなる性質をもったものか述べよ．
　　　　　　(2) 塩基（アルカリ）の性質をもたらしている実体・もの（アルカリ性の素）は何か．

問題 3-4　以下の塩基の化合物名と化学式を示せ．
　　　　　　(1) 強アルカリの代表例
　　　　　　(2) 尿中の成分（尿素）が分解して生じるもの，虫刺され薬の成分

デモ　灰，石鹸，家庭用アルカリ洗剤の溶液の pH をフェノールフタレイン，万能 pH 紙で調べる，塩酸と固体 NaOH の回覧，希薄水溶液を指でさわる・なめる（すぐに手を洗うこと）．

3-3 酸と塩基の定義は？

(i) アレーニウスによる定義

問題 3-5　(1) アレーニウスによる酸と塩基の定義を述べよ．
　　　　　　(2) 塩酸，硫酸，酢酸，水酸化ナトリウムについて酸・塩基の根拠となるイオン解離反応式を示せ．

＊ スウェーデンのアレーニウスは1887年に「塩は水に溶けると構成イオンに解離（電離）する」という電離説を提案し1903年ノーベル賞を受賞した．当時は食塩 NaCl は水に溶けても NaCl のままであると考えられていた．NaCl は水中では Na^+ イオンと Cl^- イオンとに分かれるという，われわれにとって今では当り前と思っている考え方は100年前には当り前ではなかったのである．

酸

答 3-1 (1) すっぱい，青リトマス紙を赤くする，金属と反応して水素ガスを発生するなど．酸とは読んで字のごとく，なめると「すっぱい」ものである．酸を英語で acid というが，これは「酸っぱい acidus」が起源である．

(2) 酸っぱい素，酸の性質の素は水素イオン H^+（厳密にはオキソニウムイオン H_3O^+）である．O_2 を酸素（酸の素）とよぶのは，N, S, P などが酸化されると HNO_3, H_2SO_4, H_3PO_4 といった酸を生じることから，昔は O が酸の素であると考えられたことに由来している．

答 3-2 (1) 酢酸 CH_3COOH (acetic acid＝食酢の酸という意味)．CH_3COOH の $-COOH$（カルボキシ基）の H が H^+ としてはずれるので CH_3COOH は酸である．酢酸は弱酸である．
エタノールの酸化，穀物の発酵により生じる $CH_3CH_2OH \rightarrow CH_3CHO \rightarrow CH_3COOH$

(2) クエン酸（枸櫞酸 citric acid＝日本語も英語もミカン・かんきつ類の酸という意味）

(3) 塩酸 HCl (hydrochloric acid：塩化水素 HCl ガスの水溶液)
硫酸 H_2SO_4 (sulfuric acid：硫黄の酸という意味，硫黄が酸化されて生じた酸，
$S + O_2 \rightarrow SO_2$, $SO_2 + 1/2\,O_2 \rightarrow SO_3$, $SO_3 + H_2O \rightarrow H_2SO_4$)

塩基

答 3-3 (1) なめるとしぶい・にがい，赤リトマス紙を青くする，酸と反応してその性質を打ち消すなど．塩基とは読んで字のごとく塩の基となる（酸と反応して塩を生じる）ものである．

(2) 代表的な塩基であるアルカリの示す性質，アルカリ性，の素は水酸化物イオン OH^- である．
＊アルカリとは水溶性の塩基のことであり，もともとは植物灰を意味するアラビア語である．

答 3-4 (1) 水酸化ナトリウム NaOH．潮解性がある（固体が水を吸ってべたべたになる）．↔風解性 $Na_2CO_3 \cdot 10\,H_2O$

(2) アンモニア NH_3．常温で気体であり，水によく溶ける（アンモニア水）．特異臭（アンモニア臭）をもつ．

酸と塩基の定義

答 3-5 (1) **アレーニウスによる酸と塩基の定義**：「酸とは水に溶けるとイオンに分かれて H^+ を生じるもの，塩基とは水に溶けるとイオンに分かれて OH^- を生じるもの」．
この考えは彼が提案した電離説をもとにした考えである（左頁，および，下式参照）．

(2) 塩酸 $HCl \rightarrow H^+ + Cl^-$ （強電解質）
硫酸 $H_2SO_4 \rightarrow 2\,H^+ + SO_4^{2-}$（硫酸イオン：H が 2 個とれるから残りは SO_4^{2-}）（強電解質）
酢酸 $CH_3COOH \rightleftarrows CH_3COO^- + H^+$ （弱電解質）
水酸化ナトリウム $NaOH \rightarrow Na^+ + OH^-$ （強電解質）

＊水に溶かすと陽イオンと陰イオンに分かれその溶液が電気を通す．電気が流れるものを**電解質**，このような性質がないものを**非電解質**という．塩・強酸・強塩基は**強電解質**（ほぼすべてが陽イオンと陰イオンとに分かれる；反応は→で表示，反応は一方向にのみ進行），弱酸，弱塩基は**弱電解質**（一部分しかイオンに分かれない；反応は⇄で表示，反応は両方向に進行），糖やアルコールは非電解質である．

問題 3-6　アンモニア NH_3 は OH^- をもたないので，アレーニウスの定義（前頁）では塩基（アルカリ）ではないことになる．ところが実際にはアンモニアやトリエチルアミン Et_3N は水に溶かすと，塩基性（アルカリ性）を示す．この理由となる水との反応式を示せ．

デモ　Et_3N/H_2O ＋フェノールフタレイン（Et_3N の溶けた所のみがアルカリ性）

(ii) **ブレンステットとローリーの定義**

問題 3-7　ブレンステットとローリーの定義を示せ．

　　酢酸はすでに問題 3-5(2) の答で見たように水中では次式のようにイオンに解離する．
$$CH_3COOH \rightleftharpoons CH_3COO^- + H^+$$
　この式では，H^+ は独立に存在するように書き表してあるが，これはじつは正しくなく，酢酸の酸解離平衡式は厳密には次式で示される．すなわち H^+ は水分子に付加した形で H_3O^+ として存在する．
$$CH_3COOH + H_2O \rightleftharpoons CH_3COO^- + H_3O^+$$

　H^+ は水素原子の原子核であり，原子の大きさを野球場にたとえれば，原子核は二塁ベース上に置かれたゴマ粒の大きさしかない．そこに＋電荷が存在するために H^+ は単位体積あたり極端な高電荷をもっており，単独では存在しない．負電荷，もしくは非共有電子対にくっついてしまう．そこで，H_2O があればすぐに $H^+ + H-\ddot{O}-H \rightarrow H-\underset{H}{\overset{+}{\ddot{O}}}-H$ のように H_2O の O の非共有電子対に配位結合する．（「有機化学　基礎の基礎」参照）

問題 3-8　次の（　）の a～d には酸か塩基，A～D には H^+ を出すか受け取るかを入れよ．

① 　　（a）　　　（A）　　　　　　　　　（B）
　　　CH_3COOH ＋ H_2O ⇌ CH_3COO^- ＋ H_3O^+
　　　（C）　　　　　　　　　　（c）　　（d）
　　　　　　　　　　　（D）

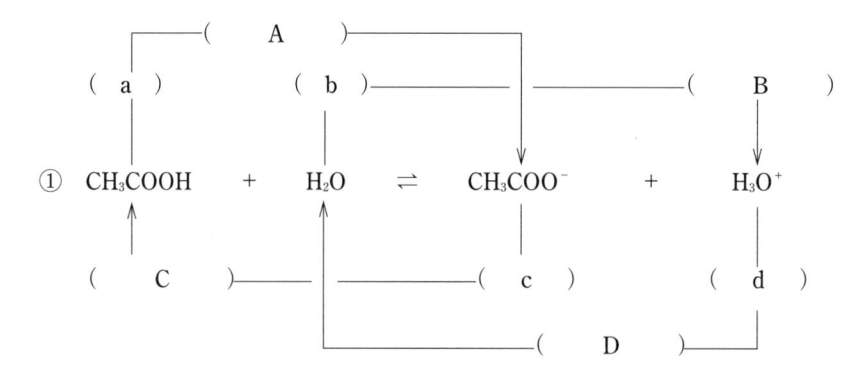

同様にアンモニア NH_3 を水に溶かした場合に起こる次の反応について考えると，

問題 3-9　次の（　）の a～d には酸か塩基，A～D には H^+ を出すか受け取るかを入れよ．

② 　　（a）　（A）（b）　　　　　　　（B）
　　　NH_3 ＋ H_2O ⇌ NH_4^+ ＋ OH^-
　　　（C）　　　　　　（c）　　（d）
　　　　　　　　　（D）

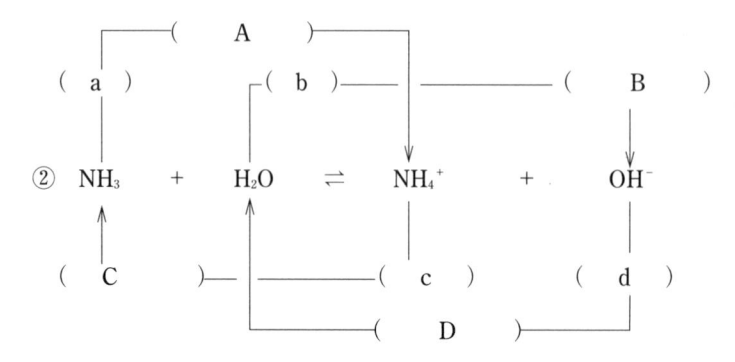

答 3-6 アンモニア NH_3，トリエチルアミン Et_3N は，水に溶かすと，

$$NH_3 + H_2O \rightleftarrows NH_4^+ + OH^-$$

$$Et_3N + H_2O \rightleftarrows Et_3NH^+ + OH^-$$

のように水と反応して OH^- を放出するためにアルカリ性となる．これは NH_3，Et_3N の N 原子上にある非共有電子対が水分子から H^+ を引き抜く（H^+ が $-\overset{..}{N}-$ に配位結合する）ためである．したがって，これらを塩基とするにはアレーニウスの定義では不十分である．

（配位結合については「有機化学　基礎の基礎」p.212 を参照）

$$\begin{array}{cc} \overset{\frown}{H)O-H} & H^+ \\ H-\overset{|}{\underset{H}{N}}-H & \rightarrow \quad H-\overset{|}{\underset{H}{\overset{..}{N}}}-H + OH^- \end{array}$$

答 3-7 <u>ブレンステッドとローリーの定義</u>：デンマーク人のブレンステッドと英国人のローリーは「酸とは <u>H^+ を放出するもの</u>，塩基とは <u>H^+ を受け取るもの</u>」と定義した．

答 3-8

```
         ┌──(A. H⁺を放出する)──────────────────┐
     (a. 酸)     (b. 塩基)─────────────(B. H⁺を受け取る)
①   CH₃COOH  +  H₂O   ⇌   CH₃COO⁻  +  H₃O⁺
     (C. H⁺を受け取る)─────(c. 塩基)    (d. 酸)
                  └────(D. H⁺を放出する)────┘
```

すなわち，ブレンステッドとローリーの定義に従えば，CH_3COOH だけでなく H_3O^+ も酸（H^+ を放出するもの）であり，溶媒である H_2O，および CH_3COO^- が塩基（H^+ を受け取るもの）として作用していることになる．CH_3COO^- は酸 CH_3COOH の**共役塩基**，H_3O^+ は塩基である H_2O の**共役酸**であるという．

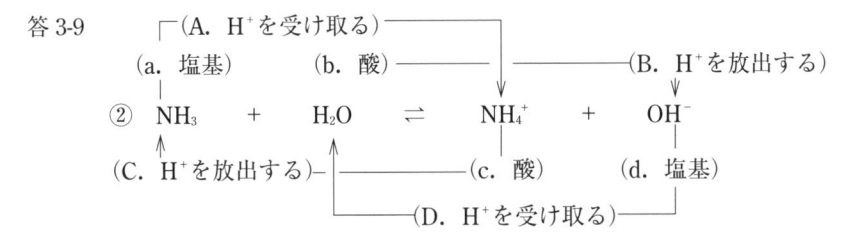

答 3-9

```
         ┌──(A. H⁺を受け取る)──────────────────┐
     (a. 塩基)   (b. 酸)─────────────(B. H⁺を放出する)
②   NH₃    +   H₂O    ⇌   NH₄⁺    +   OH⁻
     (C. H⁺を放出する)────(c. 酸)       (d. 塩基)
                  └────(D. H⁺を受け取る)────┘
```

すなわち，NH_4^+ は塩基である NH_3 の**共役酸**，OH^- は酸である H_2O の**共役塩基**である．①，②式から明らかなように H_2O 分子は酸にも塩基にもなる．

以上の議論から，$H_2O \rightleftarrows H^+ + OH^-$ なる水のイオン解離平衡も，厳密には，次式のように 2 分子の H_2O が酸・塩基として作用している自己イオン化反応（酸塩基反応のひとつ）であることがわかる．

$$\underset{\text{塩基}}{H_2O} + \underset{\text{酸}}{H_2O} \rightleftarrows \underset{\text{酸}}{H_3O^+} + \underset{\text{塩基}}{OH^-}$$

問題 3-10 以下の文中，a〜fの（ ）の中の二つの記述のうちで正しいものを選べ．
　水は酸・塩基両方の能力をもつのだから，水溶液中である物質を酸とか塩基とかよんでいるのは，そのものが「水よりも(a：強い・弱い)(b：酸・塩基)である，すなわち，水に対して酸として働く＝水は(c：酸・塩基)として作用する」か，「水より(d：強い・弱い)(e：酸・塩基)である，すなわち水に対し塩基として働く＝水は(f：酸・塩基)として作用する」かである．

ブレンステッド・ローリーの定義は水溶液以外でも成り立つ．たとえば気体であるアンモニアと塩化水素との次の反応も酸塩基反応と考えられる．

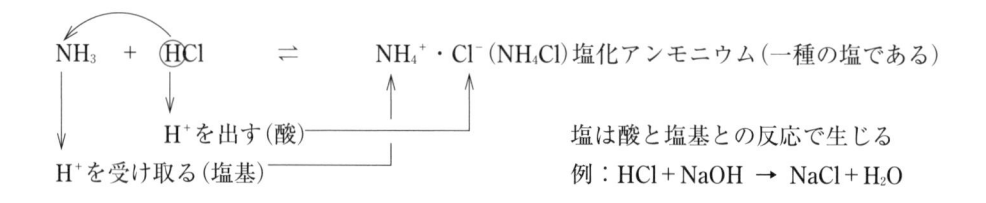

$$NH_3 + HCl \rightleftarrows NH_4^+ \cdot Cl^- (NH_4Cl) 塩化アンモニウム（一種の塩である）$$

　　　　　　H$^+$を出す（酸）　　　　　　　　　塩は酸と塩基との反応で生じる
H$^+$を受け取る（塩基）　　　　　　　　　　　例：HCl + NaOH → NaCl + H$_2$O

デモ　NH$_3$ ＋ HCl → 白煙（塩 NH$_4$Cl）　(H–N–H + H$^+$Cl$^-$：配位)
　　　気体　　気体　　　固体微粒子　　　　　　　　 H

* 煙は目に見えるのだから固体か液体の微粒子である（例：タバコの煙）．分子は小さすぎて目に見えない．同様に沸騰中のやかんの口から出ている湯気は水蒸気（気体）ではない．液体の微粒子である．
参考：溶媒による水平化効果・非水溶媒（CH$_3$COOH，NH$_3$）における自己イオン解離

3-4　酸・塩基の価数 m とは？

問題 3-11　酸の価数 m とは？　　　* 多価の酸・塩基として双頭の鷲（体一つに頭二つ，ロシア皇帝の紋章），八岐大蛇（やまたのおろち，体一つに頭尾八つ，：記紀神話）をイメージせよ．化合物分子が体，H$^+$・OH$^-$が頭である．

問題 3-12　塩基の価数 m とは？

問題 3-13　(1) 塩酸 HCl は何価の酸か．　根拠となるイオン解離式も書け．

(2) 硫酸 H$_2$SO$_4$ は何価の酸か．　根拠となるイオン解離式も書け．

* 硫酸は水に溶けると 2 段階で解離して，H$^+$を 2 個放出し得る，1 mol の H$_2$SO$_4$ から 2 mol の H$^+$を生じ得る→硫酸は 2 価の酸（より詳しくは，p.152 を参照））

(3) リン酸 H$_3$PO$_4$ は何価の酸か．　H$^+$となる H が何個あるか．
イオン解離式も書け．
* H はとれて H$^+$になると考える．H$_3$PO$_4$ は H が三つという意味．したがって，3 H$^+$，残りは PO$_4$ だが 3 H$^+$と電荷を合わせて 0 となる必要があるので PO$_4^{3-}$．

答 3 酸・塩基，価数，規定度と当量 41

答 3-10　a. 強い　b. 酸　c. 塩基　d. 強い　e. 塩基　f. 酸

酢酸を水に溶かすと次の反応が起こる：

$$CH_3COO\underline{H} + H_2O \rightleftharpoons CH_3COO^- + H_3O^+$$

酸，こちらが水より強い酸　　酸・塩基両方の能力をもつ　　　　　　　　　　H^+を受け取る塩基として作用

　反応が一部，左→右に進むのは，H_2O より強い酸である CH_3COOH が，無理矢理 H_2O に H^+ を与えた・押しつけたためである．すなわち H_2O は酸にも塩基にもなり得るが，ここでは強い CH_3COOH に命令されて水が仕方なく塩基としてふるまった．

　アンモニアを水に溶かすと次の反応が起こる：

$$NH_3 + \underline{H_2O} \rightleftharpoons NH_4^+ + OH^-$$

より強い塩基　　　　　　H^+を奪った受け取った　　H^+を放出酸として作用

　反応が一部，左→右に進むのは，H_2O より強い塩基である NH_3 が，無理矢理 H_2O から H^+ を奪った（受け取った）ためである．すなわち H_2O は酸にも塩基にもなり得るが，ここでは強い NH_3 に命令されて水が仕方なく酸としてふるまった．一組の化合物のうち H^+ を押し付ける力が強いものが酸，H^+ を受け取る力が強いものが塩基である．

　酸と塩基の反応は同時に起こる：自分が酸としてふるまうときは相手は塩基としてふるまい，H^+ を放出した結果，自分は（共役）塩基になり，受け取った相手は（共役）酸となる．酸塩基反応は H^+ のやりとりである．一方，後で学ぶ酸化と還元の反応も同時に起こる：自分が酸化剤として相手（還元剤）を酸化すれば，結果として自分は還元され（還元剤となり），相手は酸化される（酸化剤となる）．酸化還元反応は電子のやりとりである．

　このように比較すると，酸塩基反応と酸化還元反応はよく対応することがわかる．

酸・塩基の価数 m

答 3-11　1個の酸分子が放出することができる水素イオン H^+ の数をその酸の価数という．または，1 mol の酸が放出し得る H^+ の mol 数を酸の価数 m という．

答 3-12　1個の塩基分子が放出することができる水酸化物イオン OH^- の数（受け取ることができる H^+ の数）をその塩基の価数という．または，1 mol の塩基が放出し得る OH^- の mol 数（受け取り得る H^+ の mol 数）を塩基の価数 m という．

答 3-13　(1) $HCl \rightarrow H^+ + Cl^-$　　　　　　　　　　　1分子から 1 H^+ を生じ得るので <u>1価</u>

(2) $H_2SO_4 \rightarrow H^+ + HSO_4^-$

　　$HSO_4^- \rightleftharpoons H^+ + SO_4^{2-}$

　　（よって $H_2SO_4 \rightarrow 2H^+ + SO_4^{2-}$）

$$H-O-\underset{\underset{O}{\|}}{\overset{\overset{O}{\|}}{S}}-O-H \rightarrow 2H^+ + {}^-O-\underset{\underset{O}{\|}}{\overset{\overset{O}{\|}}{S}}-O^-$$

1分子 → 2 H^+　<u>2価</u>

(3) $H_3PO_4 \rightleftharpoons H^+ + H_2PO_4^-$

　　$H_2PO_4^- \rightleftharpoons H^+ + HPO_4^{2-}$

　　$HPO_4^{2-} \rightleftharpoons H^+ + PO_4^{3-}$

　　（$H_3PO_4 \rightarrow 3H^+ + PO_4^{3-}$）

$$H-O-\underset{\underset{O-H}{|}}{\overset{\overset{O}{\|}}{P}}-O-H \rightarrow 3H^+ + {}^-O-\underset{\underset{O^-}{|}}{\overset{\overset{O}{\|}}{P}}-O^-$$

1分子 → 3 H^+　<u>3価</u>

　　＊ リン酸は DNA（遺伝子本体），ATP（生体エネルギー物質），骨歯，細胞内のイオンなど，生体成分の構成要素として大変重要である．

(4) 酢酸 CH_3COOH は何価の酸か．（CH_3- などの C–H 結合は切れない，H^+ とならない）
酢酸の構造式，イオン解離式も示せ．

　　　＊ $RCOOH$ をカルボン酸といい，$-COOH$ から H^+ がとれる．弱い酸である．

(5) 硝酸 HNO_3 は何価の酸か．　イオン解離式も書け．

　　　＊ 爆薬，肥料，空中 N_2 の雷放電酸化 → NH_3 → アミノ酸 → たんぱく質，車の排ガス・酸性雨の原因．

(6) シュウ酸 $(COOH)_2$ は何価の酸か．シュウ酸の構造式，イオン解離式も書け．

　　　＊ $RCOOH$ の $COOH$ だけが 2 個つながったもの．したがって 1 mol から H^+ は 2 mol 生じる．
　　　　スカンポやホーレンソウなどに含まれる．漂白，染色，皮なめしなどに使用．

(7) 二酸化炭素（炭酸ガス）CO_2 は水に溶けて反応すると炭酸を生じる．炭酸は何価の酸か．
炭酸の化学式，イオン解離式も書け．　＊ 炭酸飲料，血液，雨水，鍾乳洞の成因．

(8) 水酸化ナトリウム $NaOH$ は何価の塩基か．　根拠となるイオン解離式も書け．
OH^- を水酸化物イオンといい，アルカリ性の素である．
$NaCl$ が水溶液中で $Na^+ + Cl^-$ となるのと同じ理屈で $NaOH$ は $Na^+ + OH^-$ となる．

(9) 水酸化カリウム KOH は何価の塩基か．　イオン解離式も書け．

　　　＊ 強塩基・$NaOH$ の親戚，カリガラス・軟せっけん，CO_2 の吸収剤．濃厚溶液は動植物を激しく腐食．

(10) 水酸化カルシウム $Ca(OH)_2$ は何価の塩基か．　イオン解離式も書け．

　　　＊ 消石灰：生石灰 CaO と水の反応，$CaO + H_2O \rightarrow Ca(OH)_2$（発熱，火事・カップ酒お燗），運動場白線．

(11) 水酸化バリウム $Ba(OH)_2$ は何価の塩基か．　イオン解離式も書け．

　　　＊ 強塩基．胃検診で飲むバリウムとは難溶性塩・硫酸バリウム $BaSO_4$．重元素 Ba は X 線を通さない．

(12) 水酸化アルミニウム $Al(OH)_3$ は何価の塩基か．　イオン解離式も書け．

(13) 水酸化鉄 $Fe(OH)_3$ は何価の塩基か．　イオン解離式も書け．

　　　$Fe(OH)_3$ は Fe 1 個に OH が 3 個という意味　⟷　H_2O は H が 2 個と O が 1 個という意味
　　　OH はかたまりで OH^- のことを意味する（暗記せよ）．$Fe(OH)_3$ は全体としては無電荷なので，OH^-
　　　が 3 個だから電荷を中和するには Fe は 3+（+3 のこと）となる必要がある．(10)〜(12)も同様の理
　　　屈で，Ca^{2+}，Ba^{2+}，Al^{3+} とわかる．$FeCl_3 + 3NaOH \rightarrow Fe(OH)_3 + 3NaCl$

(14) アンモニア NH_3 は水に溶けると何価の塩基となるか？（アンモニア水）

3-5　H^+，OH^- としての mol 数 n_H，n_{OH}（酸・塩基の当量数）とは？

　　　　　　　　　　　単にこういう記号を使っただけである（惑わされないこと）

問題 3-14　(1) 1 mol の硫酸 H_2SO_4 が放出し得る H^+ の mol 数 n_H はいくつか（何当量か）．

(2) 1 mol/L の硫酸 H_2SO_4 水溶液 1 L に含まれる H^+ の mol 数 n_H はいくつか（何当量か）．

(3) 2 mol/L の硫酸 H_2SO_4 水溶液 3 L に含まれる H^+ の mol 数 n_H はいくつか（何当量か）．

(4) 0.2 mol/L の H_2SO_4 2 L に含まれる H^+ の mol 数（n_H）を求めよ（何当量か）．

(5) C mol/L の硫酸 H_2SO_4 水溶液 V L に含まれる H^+ の mol 数 n_H はいくつか（何当量か）．

3 酸・塩基，価数，規定度と当量

(4) $CH_3COOH \rightleftharpoons CH_3COO^- + H^+$　　$CH_3-\underset{\underset{O}{\|}}{C}-O-H \rightarrow CH_3-\underset{\underset{O}{\|}}{C}-O^-$　　1分子→1H$^+$　　1価

(5) $HNO_3 \rightarrow H^+ + NO_3^-$　　$O\leftarrow\underset{\underset{O}{\|}}{N}-O-H \rightarrow O\leftarrow\underset{\underset{O}{\|}}{N}-O^-$　　1分子→1H$^+$　　1価

　＊硝酸は塩酸，硫酸と並ぶ強酸である．
　$O\leftarrow N$ は配位結合を意味している．

(6) $(COOH)_2 \rightleftharpoons (COO^-)_2 + 2H^+$; $H_2C_2O_4 \rightleftharpoons C_2O_4^{2-} + 2H^+$ とも書く．　1分子→2H$^+$　2価

$\begin{matrix}O=C-O-H\\O=C-O-H\end{matrix} \equiv \begin{matrix}COOH\\COOH\end{matrix} \rightarrow \begin{matrix}COO^-\\COOH\end{matrix} + H^+ \rightarrow \begin{matrix}COO^-\\COO^-\end{matrix} + 2H^+$

$\begin{matrix}O=C-O^-\\O=C-O^-\end{matrix} \equiv \begin{matrix}COO^-\\COO^-\end{matrix}$ を $(COO^-)_2$，または $C_2O_4^{2-}$ と書く

(7) $CO_2 + H_2O \rightarrow H_2CO_3$　　　　　$H-O-\underset{\underset{O}{\|}}{C}-O-H$　　1分子→2H$^+$　2価

$H_2CO_3 \rightleftharpoons H^+ + HCO_3^-$, $HCO_3^- \rightleftharpoons H^+ + CO_3^{2-}$　　$(H_2CO_3 \rightarrow 2H^+ + CO_3^{2-})$

(8) $NaOH \rightarrow Na^+ + OH^-$　　　　　1個のNaOHから1個のOH$^-$を生じるので　<u>1価</u>

(9) $KOH \rightarrow K^+ + OH^-$　　　　　　1個のKOH→1OH$^-$　<u>1価</u>

(10) $Ca(OH)_2 \rightarrow Ca^{2+} + 2OH^-$　　1個のCa(OH)$_2$→2OH$^-$　<u>2価</u>

(11) $Ba(OH)_2 \rightarrow Ba^{2+} + 2OH^-$　　1個のBa(OH)$_2$→2OH$^-$　<u>2価</u>

Ca, Ba → Ca^{2+}, Ba^{2+}（周期表から2価となることがわかる：2族元素）

(12) $Al(OH)_3 \rightleftharpoons Al^{3+} + 3OH^-$　　1個のAl(OH)$_3$→3OH$^-$　<u>3価</u>

(13) $Fe(OH)_3 \rightleftharpoons Fe^{3+} + 3OH^-$　　1個のFe(OH)$_3$→3OH$^-$　<u>3価</u>

(14) $NH_3 + H_2O \rightleftharpoons NH_4^+ + OH^-$　　　　　1個のNH$_3$→1OH$^-$　<u>1価</u>

$H-\underset{H}{\overset{}{N}}-H + H-O-H \rightarrow H-\underset{H}{\overset{H^+}{N}}-H + OH^-$　　（N上の非共有電子対が水分子からH$^+$を引き抜く（配位する）：「有機化学 基礎の基礎 p.85」）

H$^+$，OH$^-$としてのmol数 n_H，n_{OH}（当量数）　　　equivalent　eq.　当量
　　　　　　　　　　　　　　　　　　　　　　　　　（等価という意）meq.　ミリ当量

<u>H$^+$，OH$^-$としてのmol数 n_H，n_{OH} のことを酸・塩基の当量数という．</u>

答3-14　(1) 1分子のH$_2$SO$_4$から2個のH$^+$が生じるので（硫酸は2価），1 mol × 2 = 2 mol（2当量）

(2) 含まれる硫酸のmol数は 1 mol/L × 1 L = 1 mol（$CV = n$）だからH$^+$は 1 mol × 2 = 2 mol

(3) 含まれる硫酸のmol数は 2 mol/L × 3 L = 6 mol だから，H$^+$は 6 mol × 2 = 12 mol

(4) 硫酸のmol数は 0.2 mol/L × 2 L = 0.4 mol，ゆえにH$^+$は 0.4 mol × 2 = 0.8 mol　（0.8当量）

(5) 硫酸のmol数は C mol/L × V L = CV mol だから，H$^+$は CV mol × 2 = 2CV mol　（2CV当量）

問題 3-15　(1) 1.5 mol/L のリン酸の H_3PO_4 400 mL に含まれる H^+ の mol 数 n_H を求めよ.

(2) 0.05 mol/L の $Ba(OH)_2$ の 50 mL に含まれる OH^- の mol 数 n_{OH} を求めよ (何当量か).

(3) 価数 m でモル濃度 C mol/L の酸の水溶液 V L に含まれる H^+ の mol 数 n_H はいくつか.

問題 3-16　価数 m でモル濃度が C mol/L の酸の V L 中に含まれている H^+ の mol 数 n_H はどう表されるか (上問(3)と同一問題). (mol 数は物質の量, mol/L は濃度!)

(1) 酸(物質)の mol 数 n は m, C, V を用いてどう表されるか. 紅茶と砂糖の関係を思い出すこと
　　　　　↓
　　単にこういう記号を使っただけなので気にしない.

(2) 酸の mol 数 n をもとに, H^+ の mol 数 n_H (酸としての当量数) は m, C, V を用いてどう表されるか.
　　　　　↓
　　　　同上

例：3 mol の H_2SO_4 から生じる H^+ の mol 数は？

デモ　フタル酸水素カリウム (p.54, 式量 204) の 0.204 g, シュウ酸 $(COOH)_2 \cdot 2H_2O$ (式量 126) の 0.126 g のそのままを, または 2.00 mL の水に溶かしたものを試験管に入れ, フェノールフタレインを指示薬として駒込ピペットで 1.00 mol/L の NaOH を滴下, 中和滴定する. 水の有無にかかわらず, 中和に必要な NaOH 量は同一, 一方, 両化合物で量が 2 倍異なることを確認する.

酸の量 (mol) と濃度 (mol/L) を計算し, 化合物の分子構造をもとに, 2 倍の違いが H^+ の数 (価数) の違いにもとづくことを納得する. 1.00 mmol/2.00 mL = 0.50 mol/L, 1.00 mmol = 1.00 mol/L × V mL

(3) H^+ のモル濃度 C_H mol/L (= 後述の N) は m, C, V を用いてどう表されるか.
　　　　　↓
　　　　同上

例：3 mol/L の H_2SO_4 中には何 mol/L の H^+ があるか？

(4) H^+ のモル濃度 C_H をもとに, H^+ の mol 数 n_H (酸としての当量数) は m, C, V を用いてどのように表されるか.

例：2 mol/L の H^+ (= 1 mol/L の硫酸) が 3 L あると H^+ の mol 数はいくつか.

問題 3-17　(1) n とは何か？　また, n はいかなる式で表されるか？

(2) n_H, n_{OH} とは何か？　また, n_H, n_{OH} はいかなる式で表されるか？

答 3-15 (1) リン酸の mol 数は $1.5\,\text{mol/L} \times (400/1000)\,\text{L} = 0.6\,\text{mol}$. 1分子のリン酸から3個の H^+ が生じるので(リン酸は3価だから), H^+ は $n_{H^+} = 0.6\,\text{mol} \times 3 = \underline{1.8\,\text{mol}}$ （1.8 当量）

(2) 水酸化バリウム $Ba(OH)_2$ の mol 数は $0.05\,\text{mol/L} \times (50/1000)\,\text{L} = 0.0025\,\text{mol}$.

水酸化バリウムは2価，1個から2個の OH^- が生じるので OH^- は $n_{OH^-} = 0.0025\,\text{mol} \times 2 = \underline{0.005\,\text{mol}}$ （0.005 当量）

(3) この酸の mol 数は $C\,\text{mol/L} \times V\,\text{L} = CV\,\text{mol}$, ゆえに H^+ は $n_{H^+} = CV\,\text{mol} \times m = \underline{mCV\,\text{mol}}$ （mCV 当量）

答 3-16 以下の答(4)，または上問(3)の答を見よ．

(1) 物質の量・mol 数 n はモル濃度 ($C\,\text{mol/L}$)×体積 ($V\,\text{L}$) だから (2 章で勉強した)，
$$\underline{n\,\text{mol}} = C\,\text{mol/L} \times V\,\text{L} = \underline{CV\,\text{mol}}$$

(単位を計算すると $\text{mol/L} \times \text{L} = \dfrac{\text{mol}}{\text{L}} \times \text{L} = \text{mol}$: 物質量)

(2) 価数 = m だから 1 個の酸から m 個の H^+, 1 mol の酸から m mol の H^+ を生じる.
$$\underline{n_H\,\text{mol}} = m \times n\,\text{mol} = m \times \underline{CV}\,\text{mol} = \underline{mCV\,\text{mol}}$$
(1)より

物質の量 $n = CV$ を先に考えてから H^+ の量 n_H を考えた

例：1 mol の硫酸 H_2SO_4 を考える．H_2SO_4 は $H_2SO_4 \rightarrow 2H^+ + SO_4^{2-}$ と 1 個あたり 2 個の H^+ を出す (2 価とよぶ．$m = 2$). 1 mol の H_2SO_4 から 2 mol の H^+ が生ずることになるから，3 mol の H_2SO_4 から生じる H^+ の mol 数 $n_H = m \times n = 2 \times 3\,\text{mol} = 6\,\text{mol}$

$C\,\text{mol/L}$ の溶液 $V\,\text{L}$ 中には硫酸が $CV\,\text{mol}$ ある．H_2SO_4 が 2 個の H^+ を出すので，H^+ の mol 数 n_H は $2CV$ である．一般に m 価の酸ならば $n_H = mCV$ となる.

(3) 1 個の酸から m 個の H^+ を生じるので，$C\,\text{mol/L}$ の溶液からはその m 倍濃度の H^+ が得られる．したがって，H^+ のモル濃度 $\underline{C_H\,\text{mol/L}\,(N)} = m \times C\,\text{mol/L} = \underline{mC\,\text{mol/L}}$

例：H_2SO_4 を例に考えれば，H_2SO_4 は 2 価 ($m = 2$) であり，$2H^+$ を出すから，3 mol/L の H_2SO_4 中には $2 \times 3\,\text{mol/L} = 6\,\text{mol/L}$ の H^+ がある．すなわち，H^+ の濃度 C_H = 価数 m × 酸の濃度 C, $C_H = m \times C$ (= 後述の N).

(4) mol 数はモル濃度 (mol/L)×体積 (L) だから，$C_H\,\text{mol/L}$ の濃度の H^+ 溶液 $V\,\text{L}$ 中に含まれる H^+ の mol 数 n_H は，
$$\underline{n_H}\,\text{mol} = C_H \times V = \underline{mC}\,\text{mol/L} \times V\,\text{L} = \underline{mCV\,\text{mol}}$$
(3)より

H^+ の濃度 $C_H = m \times C$ を先に考えてから H^+ の量 n_H を考えた

例：2 mol/L の H^+ が 3 L あると H^+ の mol 数は $n_H = \overset{(m \times C) \times V}{C_H \times V} = 2\,\text{mol/L} \times 3\,\text{L} = 6\,\text{mol}$

答 3-17 (1) 物質量，物質の mol 数 $\underline{n\,(\text{mol})} = C\,(\text{mol/L}) \times V\,\text{L}$　　　濃度×体積 = モル数

(2) H^+, OH^- の mol 数 (酸，塩基の当量数) のことである
$$\underline{n_H}, \underline{n_{OH}} = m \times n = \underline{mCV} \quad (H^+, OH^-\text{ の mol 数} = \text{価数} \times \text{モル数} = \text{価数} \times \text{濃度} \times \text{体積})$$

$$\boxed{n_H = ?,\ n_{OH} = ?}$$

* なぜわかりにくいか？記号だから？記号だとなぜわからない？→記号の意味を思い出し，記号に数値を入れ(紅茶と砂糖・硫酸を例に)具体的に考えること．
* 当量数とは H^+，OH^- としての mol 数のことである．物質の 1 mol あたりの質量であるモル質量(分子量 g/mol) molar mass に対応するものとして，H^+，OH^- の 1 mol あたりの質量を当量質量 equivalent mass という．1 当量 = MW/m(分子量/価数)g = モル質量/価数，または当量質量 = (MW/m)g/当量である．p.40 の双頭の鷲，八岐大蛇のたとえでいえば，当量質量とは頭一つあたりの体重のことである．当量については p.62 参照

3-6 酸・塩基の規定度 normality(N：規定)とは？　H^+，OH^- のモル濃度(mol/L)

(この節は省略可．規定度は便利な概念であるが，日本ではだんだん用いられなくなってきている．)

* 新しい言葉に惑わされないこと．規定度とは H^+，OH^- のモル濃度 mol/L のこと，いわば規格化濃度，H^+，OH^- を単位として表したモル濃度のことである．(H^+，OH^- の mol のことを当量と表現するので H^+，OH^- のモル濃度 mol/L ≡ 当量/L のこと，すなわち，規定度 N ≡ H^+，OH^- の mol/L ≡ H^+，OH^- の当量/L, のことである．)

　　酸が酸としての性質を示す(なめるとすっぱい，他)のは H^+ のせいであり，塩基が水溶液中でアルカリとしての性質を示すのは OH^- のせいである．また，酸と塩基の反応である中和反応も $H^+ + OH^- \rightarrow H_2O$ で示されるように，H^+ と OH^- とを単位とした反応である．よって，酸，塩基を化合物(硫酸，リン酸など)のモル濃度で表す代わりに H^+，OH^- のモル濃度(mol/L)で表すことが便利なことも多い．酸・塩基の濃度を，酸塩基化合物の種類に依存しないように，この H^+，OH^- のモル濃度(mol/L)で規格化して表す表示法を規定度(N)という．規定度とは規格化濃度 = 規定濃度のことである．

化合物としての酸のモル濃度を C mol/L，H^+・OH^- のモル濃度を N mol/L = N 規定とすると，H^+・OH^- の濃度・規定度 N = 価数 m × 酸の濃度 C，$N = mC$，と表される．たとえば，硫酸 H_2SO_4 の濃度が 1.0 mol/L のとき，H^+ の濃度は $N = mC = 2.0$ mol/L = 2.0 N (2.0 規定) である．

* 規定度は，硫酸を例にとり，1 mol/L = 2 規定(2N)，と頭に入れておくこと．規定度を用いるときは，いつもこの硫酸の例を思い出すとよい．
硫酸の 1 mol = 2 当量(硫酸の 1 mol は H^+ の 2 mol，硫酸の 1 mol/L = 2 規定)

問題 3-18　(1) 0.5 mol/L の塩酸 HCl の規定度(H^+ の mol 濃度)はいくつか．
　　　　　　(2) 0.3 mol/L の硫酸 H_2SO_4 水溶液は何規定(N)か(H^+ の mol 濃度はいくつか)．
　　　　　　(3) 0.2 mol/L のリン酸 H_3PO_4 は何規定(N)か．
　　　　　　(4) C mol/L の硫酸 H_2SO_4 水溶液は何規定(N)か．
　　　　　　(5) 価数 m でモル濃度 C mol/L の酸の水溶液の規定度(N)はいくつか．
　　　　　　(6) n mol の硫酸 H_2SO_4 を水で V L とした溶液の規定度はいくつか．

$$\boxed{\text{規定度} = ? = \text{酸についての規定度}? = \text{塩基についての規定度}?}$$

答 3 酸・塩基，価数，規定度と当量

$$\underline{n_H = m \times n = mCV}_{H^+ \text{の mol 数}}, \quad \underline{n_{OH} = m \times n = mCV}_{OH^- \text{の mol 数}} \text{ または } m\underline{C_0F}_{C}V \ (F：\text{ファクター}), \quad C = C_0F$$

例：2 mol/L（1 L に 2 mol 含まれる）を 3 L もってきたら，その中には
2 mol/L×3 L＝6 mol 含まれている．すなわち，CV mol.

規定度 normality（略号 **N**：規定） 酸，塩基の溶液の濃度の表し方のひとつ．酸・塩基の化合物としての mol/L（酸・塩基の分子の数）ではなく，<u>H^+，OH^- としての mol/L（H^+，OH^- の数/L）</u>を示す．H^+，OH^- のモル濃度 C_H，C_{OH} mol/L を C_H，C_{OH} 規定（C_HN，C_{OH}N と書く），たとえば H^+ の 0.1 mol/L を 0.1 規定といい，0.1 N とも書く．

なお，規定のことをノルマルともいう．これは normal のことであり，規定を N と書くのはこの言葉にもとづいている．normal とは「標準，規準，正常，正規」の意味であり，ここでは標準化，規格化（normalize）された濃度を意味する．

「（H^+，OH^- で）規格化された濃度」の意味を，塩酸・硫酸・リン酸を例にとり，以下に示す．

A. HCl   1.0 mol/L   A，B，C の三者は化合物としてのモル濃度は皆同じである．しかし，
B. H_2SO_4 〃 H^+ としての濃度は異なる．すなわち，化合物濃度に価数を掛けて，
C. H_3PO_4 〃 H^+ としての濃度（規定度）を求めると，

化合物濃度×価数＝規格化濃度（H^+ の mol/L≡規定度 N）
HCl   1.0 mol/L×1 ＝ 1.0 mol/L の H^+（≡1.0 規定，1.0 N）
H_2SO_4 1.0 mol/L×2 ＝ 2.0 mol/L の H^+（≡2.0 規定，2.0 N）
H_3PO_4 1.0 mol/L×3 ＝ 3.0 mol/L の H^+（≡3.0 規定，3.0 N）

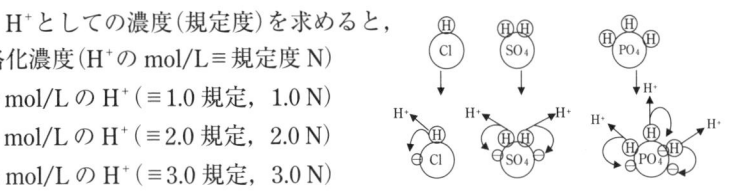

すなわち，同じ物質濃度 1.0 mol/L であっても，<u>H^+ の濃度で規格化する（規定度を求める）</u>と，B と C は，それぞれ A の 2 倍，3 倍濃度であることがわかる．つまり，$N = mC$．（p.40 双頭の鷲，八岐大蛇のたとえでは，体一つにそれぞれ頭二つ，八つだから，頭の数は体の数の 2 倍，8 倍となる．）

答 3-18 (1) HCl の価数 $m = 1$ だから，$N = mC = 1 \times 0.5 = 0.5$ 規定（0.5 N）

(2) H_2SO_4 の価数 $m = 2$ だから，$N = mC = 2 \times 0.3 = 0.6$ 規定（0.6 N）

(3) H_3PO_4 の価数 $m = 3$ だから，$N = mC = 3 \times 0.2 = 0.6$ 規定（0.6 N）

(4) H_2SO_4 の価数 $m = 2$ だから，$N = mC = 2 \times C = 2C$ 規定（$2C$ N）

(5) 価数 m，濃度 C mol/L だから，$N = mC = mC$ 規定（mC N）

(6) H_2SO_4 の $m = 2$，濃度は（n mol/VL）だから，$N = mC = 2 \times n/V = 2n/V$ 規定（$2n/V$ N）

$$\begin{aligned}
\text{規定度（N）} &= (H^+ \text{の mol 数/L，} OH^- \text{の mol 数/L}) \\
&= \frac{\text{溶かした } H^+（OH^-）\text{ の mol 数，} n_H(n_{OH})}{\text{溶かした体積を L で表す，} V\text{L}} \\
&= \frac{\text{価数}(m) \times \left(\dfrac{\text{ものの重さ（g 数）}}{\text{モル質量（分子量 g）}}\right) \text{ mol 数}(n)}{\text{溶かした体積}(V\text{L})} \\
&= m \times C \text{ mol/L の } H^+（OH^-） \quad \left(\dfrac{n \text{ mol}}{V\text{L}} = C \text{ mol/L とする}\right) \\
&= mC \text{ 規定}（mC \text{ N と書く}）
\end{aligned}$$

$$\boxed{\text{規定度 } N = ?}$$

問題 3-19 (1) 0.2 N(規定)の硫酸水溶液 1 L 中に含まれる H^+ の mol 数 (n_H),H_2SO_4 の mol 数 (n) を求めよ.

(2) 3 N(3 規定)の硫酸は何 mol/L の溶液か.この溶液 200 ml 中に何モル(何当量)の H^+ が存在するか.また,何モルの H_2SO_4 が存在するか.

(3) 1.5 N(規定)のリン酸は何 mol/L の溶液か.また,この溶液 400 mL 中に含まれる H^+ の mol 数,H_3PO_4 の mol 数を求めよ.

(4) 0.06 N(規定)の水酸化バリウム $Ba(OH)_2$ は何 mol/L の溶液か.また,この溶液 100 mL 中に含まれる OH^- の mol 数,$Ba(OH)_2$ の mol 数を求めよ.

(5) N 規定の硫酸 H_2SO_4 水溶液 V L 中に含まれる H^+ の mol 数,H_2SO_4 の mol 数を求めよ.

(6) 価数 m で規定度 N の酸水溶液 V L 中に含まれる H^+ の mol 数,酸の mol 数を求めよ.

N 規定の H^+, OH^- ($\equiv N$ mol/L の H^+, OH^-) × 体積 V(L) = NV mol の H^+, OH^- ($\equiv n_H$, n_{OH})
(規定度×体積) = その溶液 V L 中に含まれる H^+,OH^- の mol 数 n_H,n_{OH} となる.

豆テスト 以下の問いに答えよ.＊記号が出てきたら,いつもその意味を考えよ.

(1) 以下の記号は何を表すものか.単位をつけて説明せよ.
n,n_H,n_{OH},C,C_H,C_{OH},(N,)MW,V,w,m

(2) mol 数を表す記号？
mol 数と,物質の質量とモル質量・分子量との関係,濃度と体積の関係？

(3) モル濃度とは？　その単位は？　モル濃度を表す記号は？

((4) 規定度とは？　規定度を表す記号は？　化合物の濃度との関係式は？)

(5) 物質の質量を表す記号？　質量＝？（モル質量・分子量,mol 数,濃度,体積との関係）

> 規定度 $N=mC$(価数×モル濃度)規定　または $N=m\times C_0 F$(F：ファクター)

答 3-19　(1) 0.2 規定とは H^+ の 0.2 mol/L のことだから，H^+ の mol 数 $n_H=C_H\times V=0.2$ mol/L×1 L $=\underline{0.2\text{ mol}}$．$H_2SO_4$ の mol 数 n とすれば $n_H=m\times n$．また $m=2$ だから $\underset{\sim}{n}=n_H/m=n_H/2$ $=0.2$ mol/2$=\underline{0.1\text{ mol}}$．

　　　　　または，$n=C\times V=N/m\times V=0.2/2\times 1=\underline{0.1\text{ mol}}$．

　　　　　($N=mC$ より，$N=0.2$ N なら $\underset{\sim}{C}=N/m=0.1$ mol/L，これが 1 L あるので $n=\underline{0.1\text{ mol}}$)．
　　　　　p.40 の双頭の鷲，八岐大蛇のたとえなら，頭の総数(H^+, N 個)が 80 個あれば，鷲(H_2SO_4)は 80/2 $=40$ 羽，大蛇なら 80/8$=10$ 匹となる．つまり，頭の総数 N を 1 分子あたりの頭の数 m で割りつければ，C が求まる．

(2) 硫酸は $m=2$．$N=mC$ より，$3=2C$，硫酸の濃度は $C=3/2=\underline{1.5\text{ mol/L}}$．3 N は H^+ の 3 mol/L のことなので，H^+ は $\underset{\sim}{n_H}=C_H\times V=3$ mol/L×(200/1000)L$=\underline{0.6\text{ mol}}$．$H_2SO_4$ の mol 数 $\underset{\sim}{n}=n_H/m=n_H/2=0.6$ mol/2$=\underline{0.3\text{ mol}}$．

(3) リン酸は $m=3$．$N=mC$ より，$1.5=3C$，リン酸の濃度は $C=1.5/3=\underline{0.5\text{ mol/L}}$．1.5 N は H^+ の 1.5 mol/L のことなので，H^+ は $\underset{\sim}{n_H}=C_H\times V=1.5$ mol/L×(400/1000)L$=\underline{0.6\text{ mol}}$．$H_3PO_4$ の mol 数 $\underset{\sim}{n}=n_H/m=n_H/3=0.6$ mol/3$=\underline{0.2\text{ mol}}$．

(4) 水酸化バリウムは $m=2$．$N=mC$ より，$0.06=2C$，濃度は $C=0.06/2=\underline{0.03\text{ mol/L}}$．0.06 N は OH^- の 0.06 mol/L，ゆえに OH^- は $\underset{\sim}{n_{OH}}=C_{OH}\times V=0.06$ mol/L×(100/1000)L$=\underline{0.006\text{ mol}}$．$Ba(OH)_2$ の mol 数 $\underset{\sim}{n}=n_{OH}/m=n_{OH}/2=0.006$ mol/2$=\underline{0.003\text{ mol}}$．

(5) N 規定とは H^+ の N mol/L のことだから，H^+ の mol 数 $\underset{\sim}{n_H}=C_H\times V=N$ mol/L×V L$=\underline{NV\text{ mol}}$．　　$m=2$ だから，H_2SO_4 の mol 数 $\underset{\sim}{n}=n_H/m=n_H/2=NV$ mol/2$=\underline{NV/2\text{ mol}}$．

(6) 規定度 N とは H^+ の N mol/L のことだから，H^+ の mol 数 $\underset{\sim}{n_H}=C_H\times V=N$ mol/L×V L$=\underline{NV\text{ mol}}$．　　価数 m だから，酸の mol 数 $\underset{\sim}{n}=n_H/m=NV$ mol/$m=\underline{NV/m\text{ mol}}$．

豆テスト：答　(1)　n：モル数 mol　　n_H：H^+ のモル数 mol(当量)　　n_{OH}：OH^- のモル数 mol(当量)
　　　　　　　　C：モル濃度 mol/L　　C_H：H^+ のモル濃度 mol/L≡N(規定度)
　　　　　　　　C_{OH}：OH^- のモル濃度 mol/L≡N(規定度)　　(N：規定度 N(当量/L))
　　　　　　　　MW：分子量，MW g/mol：モル質量　　V：体積 L　　w：重さ g　　m：価数

(2) n：mol 数　　$n=w/MW=C\times V$　　　(mol 数＝物質の質量/モル質量＝モル濃度×体積)
　　($n_H=C_H\times V\equiv N\times V=mC\times V$，$n_{OH}=C_{OH}\times V\equiv N\times V=mC\times V$)　　モル質量＝分子量 g/mol

(3) 1 L 中に何 mol の物質が溶けているか示したもの．mol/L　　C mol/L

(4) H^+，OH^- としての mol/L(H^+ のモル濃度，OH^- のモル濃度，規格化濃度)
　　規定は N で表す．$N=m\times C$ 規定．(価数×物質のモル濃度)→$C=N/m$(鷲，大蛇と頭の数)

(5) w g，$w=MW\times n$　　　　　　　　　　(物質の質量＝モル質量(分子量 g/mol)×mol 数)
　　　　　$=MW\times C\times V$　　　　　　　　　(＝モル質量(分子量 g/mol)×モル濃度×体積)
　　　($=MW\times N/m\times V=MW/m\times N\times V$)　(＝当量×規定度×体積)
　　　　　　　　　　　　　　　　　　　　　$MW/m\equiv$ 当量，いわば，頭一つあたりの体重．

| ものの重さ $w\,(\mathrm{g}) = ?$ | 紅茶と砂糖の例を考える．
記号に具体的数値を入れる． |

1当量 $\equiv MW\mathrm{g}/m$　当量質量 $= (MW/m)\mathrm{g}/$当量 $=$ H$^+$, OH$^-$ の 1 mol（1当量）あたりの化合物質量．

N 規定の溶液 V L 中に含まれる化合物の質量は，$w\mathrm{g} = MW/m \dfrac{\mathrm{g}}{\text{当量}} \times N \dfrac{\text{当量}}{\mathrm{L}} \times V\mathrm{L}$

問題 3-20　0.40 N（規定）の H$_2$SO$_4$ は何 mol/L の H$_2$SO$_4$ 溶液か．この H$_2$SO$_4$ 溶液 300 mL には何 g の H$_2$SO$_4$ が含まれているか（H$_2$SO$_4$ の式量 = 98）．

問題 3-21　(1) 価数 m でモル濃度が C mol/L の酸溶液の規定度を求めよ．
(2) H$^+$ の mol 数 n_H を，規定度 N（H$^+$ の mol/L）を用いて表せ．

$$C\dfrac{\mathrm{mol}}{\mathrm{L}} \times V\mathrm{L} = CV\,\mathrm{mol} \equiv n\,\mathrm{mol}\ \text{とは,}$$

$$\dfrac{\text{スプーン〇〇杯分の砂糖}}{1\,\text{カップ}} \times \triangle\triangle\text{カップ} = \square\square\text{杯数の砂糖のこと}$$

記号がわかりにくいときには記号に 1, 2, 3, 10, 100 といった，具体的な数字を入れて考えよ．

| $n_\mathrm{H} = ?$ | ＊「まとめ」として示してある，枠で囲んだ，アルファベットの記号だけで表した式を記憶するときは，たとえば，「$N = mC$」と記憶することはよいことだが，読むときは常に「規定度は価数×モル濃度」と読み，また記憶した式をこのように声に出せるようにするべきである． |

問題 3-22 (1)　0.1000 規定のシュウ酸 (COOH)$_2$ (H$_2$C$_2$O$_4$ とも書く) の溶液 100.0 mL をつくるには，結晶シュウ酸 (COOH)$_2\cdot$2H$_2$O の何 g が必要か．(COOH)$_2\cdot$2H$_2$O の 2H$_2$O を結晶水という．

(2)　0.1000 mol/L のシュウ酸溶液 100.0 mL をつくるには，結晶シュウ酸 (COOH)$_2\cdot$2H$_2$O の何 g が必要か．（答は答 3-22(1) の 2 倍の値．計算法は②以降に同じ．）

デモ　結晶水の説明として，(COOH)$_2\cdot$2H$_2$O の固体を試験管中で加熱，観察する．

結晶水：水に溶けたシュウ酸が結晶として析出するときには，シュウ酸は常に (COOH)$_2\cdot$2H$_2$O の形で得られる．結晶中にはシュウ酸がいつも (COOH)$_2\cdot$2H$_2$O の形で入っている．母親と子供にたとえれば，母親に子供 2 人がいつも離れずにくっついているとする．体重をはかるときも，子供が母親と一緒に体重計に乗ってしまい，子供ごとしか母親の体重ははかれない．しかし，この体重の分量をはかりとれば，その中には必ず母親 1 人が入っているように，結晶水ごとの式量 g をとって水に溶かして 1 L とすれば，この中にシュウ酸が必ず 1 mol 溶けているはずである．遊園地では子供は母親から離れ，他の子供達と一緒になって遊ぶように，水に溶かすと結晶水はシュウ酸分子から離れて，溶媒の水と混じり合い，溶媒と区別がつかなくなる（溶媒 1 L の一部分となる）．

[右頁の別解]　または，②③をまとめて，$w = MW \times C \times V$ だから，

$$w = \dfrac{126.06\,\mathrm{g}}{\mathrm{mol}} \times 0.0500\,\dfrac{\mathrm{mol}}{\mathrm{L}} \times 0.1000\,\mathrm{L} = 0.630\,\mathrm{g}$$

または，$N = mC$ より $C = N/m$, $m = 2$, $N = 0.1000$ N だから
モル濃度 $C = N/m = 0.1000$ N/2，よって $C = $ mol/L $= (w/MW)$ mol/(100.0/1000) L $= 0.1000$ N/2
たすき掛けして，$w/MW = 0.01000/2$　$w = 0.01000 \times MW/2 = 0.01000 \times 126.06/2 = \underline{0.630\,\mathrm{g}}$

答　3　酸・塩基，価数，規定度と当量

$$\begin{aligned}
\text{ものの重さ } w(\text{g 数}) &= \text{モル質量 } MW\text{g/mol} \times \text{モル数 } n\text{mol} \quad (=MW \times n\text{ g}) \quad MW: \text{分子量} \\
&= \text{モル質量 } MW\text{g/mol} \times \text{モル濃度 } C\text{mol/L} \times \text{体積 } V\text{L} \quad (=MW \times CV\text{ g}) \\
N=mC \text{ を代入} &= \text{モル質量 } MW\text{g/mol} \times \left(\frac{\text{規定度 } N}{\text{価数 } m}\right)\text{mol/L} \times \text{体積 } V\text{L} \quad (=MW \times NV/m\text{ g})
\end{aligned}$$

$\left(\text{規定度 } N = \text{価数 } m \times \text{モル濃度 } C，\text{よって，モル濃度 } C = \dfrac{\text{規定度 } N}{\text{価数 } m}\right)$　鷲・大蛇の数と頭の数の関係

$$\underline{w = MW \times n} = MW \times C \times V = MW \times N/m \times V \ (= MW/m \times N \times V \equiv \text{当量質量} \times N \times V)$$
左頁参照

答 3-20 0.4 N → 0.2 mol/L ($N = mc$，$m = 2$ よって $C = N/m = N/2 = 0.40/2 = \underline{0.20 \text{ mol/L}}$)
これが 300 mL，この中の硫酸は $n = C \times V = 0.20 \text{ mol/L} \times (300/1000)\text{L} = 0.060 \text{ mol}$
よって重さは $w = MW \times n = 98 \times 0.060 = 5.88 \fallingdotseq \underline{5.9 \text{ g}}$.
（または，当量 MW/m・規定度を用いて $w = MW/m \times N \times V = 98/2 \times 0.40 \times 0.30 \text{ L} = \underline{5.9 \text{ g}}$）

答 3-21 (1) 規定度は H^+ の mol/L だから
　　規定度 = H^+ のモル濃度 $\equiv C_H$ mol/L の $H^+ \equiv C_H$ N (規定；H^+，OH^- の mol/L を表す記号)
　　　　　= $m \times C$ mol/L の $H^+ \equiv m \times C$ N (規定)
　　規定度 C_H N $= n_H$mol の H^+/VL $= m \times CV/V = m \times C$ N (n_H は H^+ の mol 数)
　　規定度 N は（価数 $m \times$ モル濃度 C）と表される（規定度 $N = m \times C$）．

(2) 規定度とは H^+ の mol/L だから，H^+ の mol 数 n_H は，
　　$\underbrace{n_H}_{} = \underbrace{\text{規定度}(H^+ \text{の mol/L})}_{N \text{ 規定}} \times \underbrace{\text{体積}(L)}_{VL} = N \times V\text{mol} = NV = \dfrac{mC}{N} \times V$ となる．
　　n_H のことを酸の当量数（$\equiv H^+$ のモル数）という．$\underline{n_H = NV = mCV \text{ 当量}}$
　　したがって N 規定の酸溶液 VL 中には NV 当量の酸（NVmol の H^+）が存在する．

$\boxed{n_H = mCV = NV}$ 　$n_H \to H^+$ の mol 数というふうに必ず言葉に置き換えて読むこと．
　　　　　　　　　　　　m：価数，C：濃度，V：体積

答 3-22 (1) $(COOH)_2 \cdot 2H_2O$ の式量 = 126.06（結晶水を含んだ値），シュウ酸は 2 価 ($m = 2$)，
すなわちシュウ酸は $(COOH)_2 \to 2H^+ + (COO^-)_2$ ($C_2O_4^{2-}$ とも書く，p.43 参照）
① 0.1000 規定は何 mol/L かを考える．$N = m \times C = mC$，よって $C = (N/m)$ mol/L
　0.1000 N (規定) = $m \times C$，シュウ酸は 2 価 $m = 2$（体一つに頭二つ）だから，
シュウ酸のモル濃度は $C = N/m = 0.1000 \text{ N}/2 = 0.0500 \text{ mol/L}$（体の数 = 頭の数/2）

　　　0.1000 N = 0.1000 mol/L の H^+
　　シュウ酸 1 分子で 2 個の H^+ が出てくるので，H^+ が 0.1000 mol/L ならば
　　シュウ酸の濃度はその半分となる．$0.1000/m = 0.1000/2 = 0.0500 \text{ mol/L}$

② 0.0500 mol/L の 100.0 mL 中には何 mol のシュウ酸が入っているか．
　0.0500 mol/L × (100.0/1000) L = 0.005 00 mol ($n = C \times V$)
③ 試薬結晶シュウ酸の 0.005 00 mol は何 g か．($w = MW \times n =$ モル質量 × モル数)
　126.06 g/mol × 0.005 00 mol = $\underline{0.630 \text{ g}}$ ($w = MW \times n$)　　または，左頁の別解参照．

問　題

問題 3-23 次の溶液中に溶質は何 mol 含まれているか．また，これを，(1)では mmol（ミリ mol），(2)では μmol，(3)では mmol，μmol の両方の単位で表せ．(2)，(3)については，その重さも，(2)μg，(3)mg，μg 単位で求めよ．

(1) 2.0 N（規定）H_2SO_4　　　15 mL

(2) 0.50 μN（規定）NaOH　　　40 mL

(3) 0.50 mN（規定）$Ca(OH)_2$　　　40 mL

問題 3-24　0.1234 N のシュウ酸 100.0 mL 中にシュウ酸分子$(COOH)_2$は何 g 含まれているか．

補充 1：イオンの濃度を表す規定度と当量（**イオン当量**：生理学，臨床栄養学で学ぶ）

　酸塩基の規定度 N とは H^+，OH^- の mol/L のことであり，$N = mC$，m は酸塩基の価数，C は酸塩基化合物のモル濃度 mol/L である．H^+，OH^- の mol 数を酸塩基の当量数という．したがって規定度は当量数/L のことである．すなわち mol に対応する言葉は当量であり，1 mol の質量＝モル質量＝分子量 g に対応するものを**当量質量**＝モル質量/m = MW/m という（p. 62 参照）．

　一方，沈殿滴定法という，$Ag^+ + Cl^- \rightarrow AgCl\downarrow$（沈殿）のような難溶性の沈殿の生成反応を利用する容量分析法では，イオンの電荷数を価数 m としてイオンの規定度（当量/L≡Eq/L）と当量を定義する．たとえば Ca^{2+} イオンの 1 mol/L は 2 規定＝2 当量/L（Eq/L）である．

　Eq とは当量 Equivalent の略語である．医学，生理学，臨床栄養学では<u>イオンの当量，当量/L（Eq/L）</u>なる言葉を用い，規定とはいわない．Ca^{2+} イオンの 1 mol は 40 g（原子量）であるが，<u>Ca^{2+} イオンの 1 当量は MW/m = 40/2 = 20 g</u> となる．したがって 2 g/L の Ca^{2+} イオンの濃度は 2 g/20 g = 0.1 Eq/L となる．または，2 g/L は 2 g/40 g = 0.05 mol/L だから，N（規定）≡N（当量/<u>L</u>）≡N（Eq/L）= <u>m</u> × C = 2 × 0.05 mol/L = 0.1 Eq/L．

　イオン当量の概念は生体の細胞内液，外液の陽イオンと陰イオンの組成やバランスを扱う際に用いられる．溶液中では正電荷と負電荷の数は同一（電気的に中性）でなければならないから，この場合，イオンの数でなく，±1 の電荷を単位として電荷数，電荷のモル数を数えるのが便利である．これがイオン当量である．

補充 2：**オスモル**（Osm：<u>osmotic mol</u>，浸透圧モル　浸透圧＝osmotic pressure）

　血液中の赤血球を水の中に入れると血球（細胞）が水を吸ってついには破裂する．これを溶血という．逆に濃い食塩水の中に入れると血球は内部の水を吐き出して萎んでしまう．これはナメクジに塩をかけたときと同じ現象であり，これらは細胞内と外の液で**浸透圧**が異なるために起こる．浸透圧とは細胞膜のように水分子は通すが，糖やイオンは通さない浸透膜（タンパクなどの大きい分子を通さないのは半透膜）の両側に溶液と純粋な溶媒とをおいたとき，溶液の濃度の違いによって両側の溶媒分子がそれぞれ膜の反対側に浸透する際に示す圧力の差をいう．上の例から浸透圧が異なると水の移動が起こることが理解できよう．生体では細胞の内外で浸透圧を一定に保つことが必要になる．生理食塩水（約 0.9％溶液）とは体液と浸透圧が等しい溶液のことであり，これを等張（isotonic）液という．読者はスポーツドリンクの宣伝でアイソトニックドリンクなる言葉を聞いたことがあるかもしれない．　浸透圧は溶液に溶けている粒子の数（溶質の濃度）に比例している．そこで，溶液中の溶質濃度を粒子の数で表したもの，**オスモル**を定義する．ブドウ糖（非電解質，p.37）の 1 mol（分子量 180）は 1 オスモル，NaCl（式量 58.5）は溶けると Na^+，Cl^- の二つのイオン（粒子）に分かれるので（電解質，p.37）1 mol は 2 オスモル，$CaCl_2$ ならば Ca^{2+} と 2 Cl^- となるので 1 mol は 3 オスモルとなる．細胞の内液と外液は浸透圧を等しくするために等しいオスモル濃度になっている．

答 3-23 (1) H_2SO_4 は 2 価の酸(価数 $m=2$)，15 mL $= (15/1000)$ L $= 0.015$ L，したがって，

$N = mC$ より $C = (N/m)$ mol/L　n (mol 数) $= C$ (mol/L) $\times VL = (N/m \times V)$ mol より，

$n = (2.0\, N/2 \times 0.015)$ mol $= 0.015$ mol $= 15 \times 0.001 = 15 \times 10^{-3} = \underline{15\,\text{mmol}}$ (ミリ mol)

(2) $0.50\,\mu N$ (マイクロ N) $= 0.50 \times 10^{-6} N$，$N = mC$，NaOH は 1 価の塩基($m=1$)，

$C = N/m = 0.50\,\mu/1 = 0.50\,\mu\text{mol/L}$　$(C = 0.50 \times 10^{-6}/1 = 0.50 \times 10^{-6}\,\text{mol/L})$

n (mol) $= CV = 0.50\,\mu\text{mol/L} \times (40/1000)$ L $= \underline{0.020\,\mu\text{mol}}$

(または，$n = 0.50 \times 10^{-6}\,\text{mol/L} \times (40/1000)$ L $= 0.020 \times 10^{-6}$ mol $= 0.020\,\mu$mol)

$(0.020 \times 10^{-6} = (2.0 \times 0.01) \times 10^{-6} = (2.0 \times 10^{-2}) \times 10^{-6} = 2.0 \times 10^{-8}$ mol)

質量 wg $=$ モル質量 g/mol $\times$ mol 数 $= MW \times n$ g　(NaOH の式量 $= 40.0$)

$= 40.0$ g/mol $\times 0.020\,\mu$mol $= \underline{0.80\,\mu\text{g}}$

$(w\text{g} = 40.0 \times 2.0 \times 10^{-8} = 80 \times 10^{-8} = 8.0 \times 10^{-7}$g $(= 0.80 \times 10^{-6}$g $\equiv 0.80\,\mu$g$))$

(3) 0.50 mN (ミリ N) $= 0.50 \times 10^{-3} N$，$N = mC$，$Ca(OH)_2$ は 2 価の塩基($m=2$)，

よって，$C = N/m = 0.50$ mN$/2 = 0.25$ mmol/L

(または，$C = 0.50 \times 10^{-3}/2 = 0.25 \times 10^{-3} = 2.5 \times 10^{-4}$ mol/L)

n (mol) $= CV = 0.25$ mmol/L $\times (40/1000)$ L $= \underline{0.010\,\text{mmol}} = 10 \times 10^{-3}$ mmol

$= 10 \times 10^{-6}$ mol $= \underline{10\,\mu\text{mol}}$

(または，$n = 2.5 \times 10^{-4}$ mol/L $\times (40/1000)$ L $= 0.10 \times 10^{-4}$ mol $= 1.0 \times 10^{-5}$ mol $= 10\,\mu$mol)

$w = MW \times n = 74.1$ g/mol $\times 10\,\mu$mol $= \underline{741\,\mu\text{g}} = \underline{0.74\,\text{mg}}$　($Ca(OH)_2$ 式量 $= 74.1$)

$(w\text{g} = 74.1 \times 1.0 \times 10^{-5} = 7.4 \times 10^{-4}$g $(= 0.74$ mg$))$

答 3-24 シュウ酸分子 $(COOH)_2$ の式量 $= 90.04$，シュウ酸は 2 価の酸 $m=2$，$N = mC$ だから，

$C = N/m = 0.1234/2 = 0.0617$ mol/L

$n = CV = 0.0617$ mol/L $\times (100.0/1000)$ L $= 0.006\,17$ mol $(= 6.17$ mmol$)$

$w = MW \times n = 90.04 \times 0.006\,17 = \underline{0.556\,\text{g}}$

例題：Na^+，Ca^{2+} の $\underline{1\,\text{m}(\text{ミリ})\text{Eq.}(\text{当量})}$ は何 mg か？(電荷 $+1$ mmol あたりの質量は Na^+，Ca^{2+} でそれぞれいくつか，という質問である)

答：Na^+，Ca^{2+} の式量(原子量)は 23 と 40 だから，1 当量(1 gEq)は MW/m より，$23/1 = 23$ g, $40/2 = 20$ g．したがって 1 mEq はそれぞれ $\underline{23\,\text{mg}}$, $\underline{20\,\text{mg}}$ (電荷 $+1$ mmol あたりの質量は Na^+ と Ca^{2+} で 23 mg と 20 mg になるという意味である)．または，Ca^{2+} は $m=2$ だから 1 mEq を mol 数で表すと mol $=$ 当量$/m = 1/2 = 0.5$ mmol, 0.5 mmol $\times 40$ g/mol $= 20$ mg．

例題：血漿(血液の液状成分)組成をもとに，血漿のオスモル濃度(280〜295 mOsm)を求めよ．

成分濃度 (mEq/L)	Na^+	K^+	Ca^{2+}	Mg^{2+}	Cl^-	HCO_3^-	ブドウ糖(mg/dL)	ブドウ糖の分子量 $= 180$
	140	4.0	5.0	2.0	100	24	100	(dL $= 0.1$ L)　$C = N/m = (\text{Eq/L})/m$

答：Osm(mmol/L) $= 140 + 4.0 + 5.0/2 + 2.0/2 + 100 + 24 + (100/180)$ mmol$/0.100$ L $= 277$ mOsm

生理食塩水は約 $0.9\% w/w$ であり，Na^+ と Cl^- となるから($NaCl = 58.5$，$0.9\% w/w \fallingdotseq 0.9$ g$/0.1$ L)，

Osm $= 2C = 2 \times \{(0.9$ g$/58.5)$mol$/0.100$ L$(100$ mL$)\} = 0.308$ mol/L $= 308$ mOsm

問題

4 中和反応と濃度計算

中和とは，一般的には，異なる性質のものが融合しておのおのがその性質を失うことをいう．ここでは酸とアルカリの溶液を当量混合するとき，おのおのがその特性を失うことをいう．からだの中では胃液の希塩酸 HCl は十二指腸で膵液の炭酸水素ナトリウム $NaHCO_3$ によって中和される．

問題 4-1 (1) 硫酸の 1 mol から何 mol の H^+ を生じるか．0.3 mol は何 mol の H^+ を与えるか．
(2) 水酸化ナトリウムの 1 mol から何 mol の OH^- を生じるか．0.5 mol は OH^- 何 mol を与えるか．

問題 4-2 以下の問いに答えよ．
(1) フタル酸水素カリウム（下記の構造式を参照：式量 204.2）の 2.042 g は何 mol か．また，H^+ の mol 数（当量数）n_H はいくつか（有効数字を適切に扱うこと）．

(2) (1) で求めた mol 数 (2.042 g) のフタル酸水素カリウムを水に溶かして 1.000 L とした溶液のモル濃度は何 mol/L か．また，H^+ の濃度は何 mol/L か（何規定≡何当量/L か）．

(3) (1) で求めた mol 数 (2.042 g) のフタル酸水素カリウムを水に溶かして 100.0 mL とした溶液の濃度は何 mol/L か．また，H^+ の濃度は何 mol/L（何規定，何 N）か．

(4) 純度 100% のフタル酸水素カリウム* の 2.042 g をはかりとり，水に溶かして 100.0 mL とした溶液のモル濃度を求めよ（この物質の酸としての規定度も求めよ）．

* 後述の中和滴定の際の標準物質として用いられる．この場合の標準物質とは，滴定によって未知物質の濃度を決める際に，基準として用いられる濃度が精密かつ正確に定められた溶液のことである．純度 99.99% 以上の高純度物質を正確にはかりとり，これを溶かして正確に一定の体積とすることにより得られる．この問題のように，厳密に調製した標準溶液の濃度を計算により正確に求めるわけである．

（mol/L は溶液の濃度であり，mol は物質の量（g で表すことも可能）である．mol/L のことを以前は M (mol/L≡M：モル) とも表した．現在でも非公式に用いられることがある．）

4-1 中和反応とは何か？

問題 4-3 次の酸と塩基の間で起こる反応の反応式を書け．
(1) 塩酸と水酸化ナトリウム　　＊塩酸，水酸化ナトリウムの化学式は覚えること．

答　4　中和反応と濃度計算

答 4-1　(1) H_2SO_4 は 2 価の酸なので，その 1 mol（98 g）から 2 mol の H^+ を生じる．$m=2$, $n_H = m \times n$ だから，0.3 mol からは $2 \times 0.3 =$ 0.6 mol の H^+ を生じる．
　　　　(2) NaOH は 1 価の塩基なので，その 1 mol（40 g）から 1 mol，0.5 mol から 0.5 mol の OH^- を生じる．

答 4-2　(1) フタル酸水素カリウムは 1 mol が 204.2 g なので，2.042 g は $2.042/204.2 =$ 0.010 00 mol．（モル数 $n =$ ものの重さ w g/(モル質量 MW g/mol(= 分子量 g/mol))，$n = (w/MW)$ mol．）
　　　フタル酸水素カリウムは分子中に H^+ として放出できる水素原子を一つもつ（1 価の酸 $m = 1$ である．左頁の図を見て理解・納得せよ：COOH が一つ）．すなわち，フタル酸水素カリウムの 1 mol から 1 mol の H^+ を生じる．1 mol/L の酸 = 1 mol/L の H^+．したがって，
　　　　　H^+ の mol 数 $n_H =$ 0.010 00 mol（0.010 00 当量）（$n_H = m \times n = 1 \times n = 0.010 00$ mol）
　　*　答を 0.01 としてはだめである．何のために 2.042 と有効数字四つで精密に重さをはかった（測定した）のか！もし，答を 0.01 mol とするくらいなら，測定値は「2.042 g」でなく「2 g」で十分である．このことは，「今，何時何分何秒ですか？」という質問の答として「12 時 01 分 36 秒」と答えるのではなく，「12 時」と大雑把な・あいまいな・いいかげんな答をしたことと同じことであり甚だ不適切である．

　(2) 1 mol の物質を溶かして 1 L としたもの，1 mol/1 L が濃度 1 mol/L（これを 1 M とも書く）の溶液であるから，0.010 00 mol を溶かして 1 L とした溶液は 0.010 00 mol/L（$C = n/V$）
　　フタル酸水素カリウムは 1 価の酸 $m = 1$ なので，H^+ の濃度 $C_H = mC = 1 \times C =$ 0.010 00 mol/L
　　（= 0.010 00 規定（当量/L）≡ 0.010 00 N ≡ 0.010 00 mol の H^+/L と同じ意味．）

　(3) 0.010 00 mol を溶かして 100.0 mL = (100.0/1000) L = 0.1000 L にしたから $C = n/V$ より，
$$C \text{ mol/L} = \frac{0.010\ 00 \text{ mol}}{0.1000 \text{ L}} = 0.1000 \text{ mol/L}, \quad m = 1 \text{ だから } N = m \times C = 0.1000 \text{ 規定 (N)}.$$
　　　　　　　　　　　　（液体の体積を mL ではなく常に L で表すよう習慣づけるとよい．）

　(4) $C = \dfrac{(\text{重さ } w \text{ g})/(\text{モル質量 } MW \text{ g/mol})}{\text{体積 } V \text{ L}} = \dfrac{(2.042/204.2) \text{ mol}}{0.1000 \text{ L}} = 0.1000$ mol/L
　　フタル酸水素カリウムは 1 価の酸なので $m = 1$，H^+ の濃度 $C_H = mC = 1 \times C = 0.1000$ mol/L
　　（= 0.1000 規定 ≡ 0.1000 N ≡ 0.1000 mol の H^+/L．（常に，記号，式の意味を考えよ．））
　　（このフタル酸水素カリウム溶液は，0.1000 規定の酸である，という．）

中和反応とは　$H^+ + OH^- \rightarrow H_2O$ なる基本反応で示される，酸中の H^+ イオン（酸性のもと）と，塩基中の OH^- イオン（アルカリ性のもと）とが反応して，水分子 H_2O を生じる反応のことである．
　この反応の平衡定数は $10^{15.7}$ と大変大きく（p.127，答 8-10 の解離反応の逆），反応が H_2O の生成の方に大きく片寄っているので，出会った H^+ と OH^- とは $H^+ + OH^- \rightarrow H_2O$ へとほぼ完全に反応してしまう．

答 4-3　(1) $HCl + NaOH \rightarrow H_2O + NaCl$
　　　考え方：① HCl と NaOH はともに 1 価（$m = 1$）の酸と塩基，すなわち 1 個の H^+ と 1 個の OH^- を放出する．中和反応では $H^+ + OH^- \rightarrow H_2O$ が基本反応なので，HCl の 1 個と NaOH の 1 個とが反応することがわかる．②反応式の左辺 = 1 HCl + 1 NaOH = HCl + NaOH をイオンに分けて考えると，$HCl + NaOH = H^+ + Cl^- + Na^+ + OH^- = H^+ + OH^- + Na^+ + Cl^-$．$H^+ + OH^- = H_2O$ だから左辺 = $H_2O + Na^+ + Cl^-$．残った Na^+ と Cl^- とをくっつけて NaCl とすると，$HCl + NaOH \rightarrow H_2O + NaCl$．このように，中和反応では水分子と塩（えん）*を生じる．または，p.22～23 の (6) のようにして解く方法もある．
　　*　塩とはアルカリの陽イオンと酸の陰イオンとが結びついた物質のことである．

Na 原子の数：左辺 = 1 NaOH ⇒ 1, 右辺 = cNaCl ⇒ c, よって $c=1$ となり，
HCl + NaOH → H$_2$O + NaCl が得られる．

デモ 中和前後の味見をする

(2) 硫酸と水酸化ナトリウム
 * 硫酸の化学式は覚えること．

(3) 酢酸と水酸化カルシウム(消石灰)
 * 酢酸の化学式(示性式)は覚えること．
   カルシウムの価数は周期表中の位置からわかる．

(4) シュウ酸 (COOH)$_2$ ≡ H$_2$C$_2$O$_4$ と水酸化鉄 Fe(OH)$_3$

問題 4-4 硫酸と水酸化ナトリウムとの反応式 H$_2$SO$_4$ + 2 NaOH → 2 H$_2$O + Na$_2$SO$_4$ が示す意味を述べよ．
 * Na$_2$SO$_4$ の Na$_2$ は (Na)$_2$ のこと．Na が 2 個の意．化学式を 2 NaSO$_4$ と書けば，式自体が正しくないが，それは 2(NaSO$_4$)，または (Na)$_2$(SO$_4$)$_2$ の意である．

$$\text{H-O-S(=O)(=O)-O-H} \quad \rightarrow \quad {}^-\text{O-S(=O)(=O)-O}^- \quad + \quad 2\text{H}^+$$
(H$_2$SO$_4$) (SO$_4^{2-}$)

$$2\text{NaOH} \quad \rightarrow \quad 2\text{Na}^+ \quad + \quad 2\text{OH}^-$$
└→ Na$_2$SO$_4$ └→ 2H$_2$O

4-2 中和滴定法による濃度の求め方？(中和反応の化学量論)

問題 4-5 (1) 水酸化ナトリウムを用いて塩酸を滴定した．この中和反応の反応式を示せ．
また，この式が示す意味を述べよ．中和反応の一般反応式を書け．また，この式が示す意味を述べよ．

(2) 濃度がわかっている水酸化ナトリウムを用いて中和反応を行うと，なぜ未知であった塩酸の濃度を知ることができるのか．その理由，原理，を述べよ．
 * 記号が全然頭に入らない人は p.34, 48 の豆テストの記号がすっとわかるようになるまでトレーニングせよ！

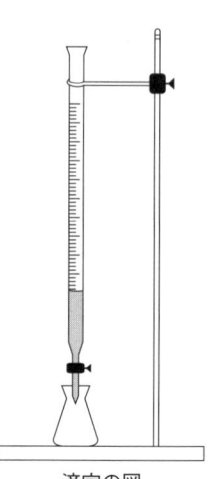

(3) 0.1000 mol/L の NaOH 12.34 mL 中に含まれる NaOH の mol 数はいくらか．また，OH$^-$ の mol 数はいくらか．

滴定の図

4 中和反応と濃度計算　57

(2) $H_2SO_4 + 2\,NaOH \rightarrow 2\,H_2O + Na_2SO_4$　　H_2SO_4 は 2 価の酸，NaOH は 1 価の塩基であり，それぞれ 2 個の H^+ と 1 個の OH^- を放出するので H_2SO_4 の 1 個と NaOH の 2 個とが反応する．$H_2SO_4 + 2\,NaOH = 2\,H^+ + SO_4^{2-} + 2\,Na^+ + 2\,OH^- = 2\,H_2O + 2\,Na^+ + SO_4^{2-} = 2\,H_2O + Na_2SO_4$

(3) $2\,CH_3COOH + Ca(OH)_2 \rightarrow 2\,H_2O + Ca(CH_3COO)_2$　　CH_3COOH と $Ca(OH)_2$ はそれぞれ 1 価の酸と 2 価の塩基だから，酢酸 2 個と水酸化カルシウム 1 個とが反応する．
　　$2\,CH_3COOH + Ca(OH)_2 = 2\,CH_3COO^- + 2\,H^+ + Ca^{2+} + 2\,OH^- = 2\,H_2O + Ca^{2+} + 2\,CH_3COO^-$
　　$= 2\,H_2O + Ca(CH_3COO)_2$

(4) $3\,H_2C_2O_4 + 2\,Fe(OH)_3 \rightarrow Fe_2(C_2O_4)_3 + 6\,H_2O$　　$H_2C_2O_4$ は 2 価の酸，$Fe(OH)_3$ は 3 価の塩基である．$2\,H^+$ を出す酸と $3\,OH^-$ を出す塩基を中和させるには，酸 1 分子 $2\,H^+$ につき塩基 2/3 分子 $3\,OH^- \times 2/3 = 2\,OH^-$ あればよい．これを整数比になおすには 3 倍すればよいから，左辺は $3\,H_2C_2O_4 + 2\,Fe(OH)_3$ となる．以上は $2\,H^+$ と $3\,OH^-$ の最小公倍数 $6\,H^+$ と $6\,OH^-$ を考えるのに等しい．$6\,H^+$ だから $3\,H_2C_2O_4$，$6\,OH^-$ だから $2\,Fe(OH)_3$ となる．

答 4-4　$H_2SO_4 + 2\,NaOH \rightarrow 2\,H_2O + Na_2SO_4$ なる反応式は，すでに 1 章で学んだように <u>1 個の H_2SO_4 (2 個の H^+) と 2 個の NaOH (2 個の OH^-) とが反応して 2 個の H_2O と 1 個の Na_2SO_4 を生じることを意味する</u>．換言すれば，100 個の H_2SO_4 (200 個の H^+) と 200 個の NaOH (200 個の OH^-) とが反応，または，10000 個の H_2SO_4 (20000 個の H^+) と 20000 個の NaOH (20000 個の OH^-)，したがって，6×10^{23} 個の H_2SO_4 ($2 \times 6 \times 10^{23}$ 個の H^+) と $2 \times 6 \times 10^{23}$ 個の NaOH ($2 \times 6 \times 10^{23}$ 個の OH^-)，すなわち，<u>ひと山 ≡ 1 mol の H_2SO_4 と，ふた山 ≡ 2 mol の NaOH (2 mol の H^+ と 2 mol の OH^-) とが反応することを意味している</u>．
　　<u>中和反応では 1 個の H^+ と 1 個の OH^-，1 mol の H^+ と 1 mol の OH^- とが反応する．すなわち，同じ mol 数 (等 mol，当量) の H^+ と OH^- との間で起こる</u>．

答 4-5　(1) $HCl + NaOH \rightarrow H_2O + NaCl$　　この式は 1 個の塩化水素と 1 個の水酸化ナトリウムが反応する．したがって，1 mol の HCl (1 mol = 6×10^{23} 個の H^+) と 1 mol の NaOH (1 mol = 6×10^{23} 個の OH^-) とが反応することを意味する．
　　中和反応は一般的には $H^+ + OH^- \rightarrow H_2O$ と書ける．この式は，1 個の水素イオンと 1 個の水酸化物イオンとが反応して 1 個の H_2O ができる，したがって，6×10^{23} 個と 6×10^{23} 個，すなわち，1 mol の H^+ と 1 mol の OH^- とが反応することを意味する．

(2) 1 mol の H^+ と 1 mol の OH^-，同じ mol 数の H^+ と OH^- とが反応するのだから，H^+, または OH^- の一方の mol 数がわかれば，もう一方の mol 数もわかる (H^+ 数 = OH^- の数，H^+ の mol 数 = OH^- の mol 数)．1 個の H^+ と 1 個の OH^-，100 個の H^+ と 100 個の OH^- とが反応する．したがって，99 個の H^+ と 100 個の OH^- とが反応すれば OH^- が 1 個余る，また 101 個の H^+ と 100 個の OH^- とが反応すれば H^+ が 1 個余る．→ 完全に中和していないことになる．
　　すなわち <u>H^+ の数 = OH^- の数，H^+ の mol 数 = OH^- の mol 数</u> が中和の必須条件である．

(3) mol 数 n = 濃度 C mol/L × OH 体積 V L = $C \times V$ mol = 0.1000 mol/L × (12.34/1000) L = 0.1000 mol/L × 0.01234 L = <u>0.001234 mol</u>．(1 L 中に 0.1000 mol 溶けた溶液を 0.01234 L もってくると，その中には 0.001234 mol の NaOH が含まれる．) または比例式 0.1000 mol/1 L = x mol/0.01234 L，たすき掛けして，$x = (0.1000\,\text{mol} \times 0.01234\,\text{L})/1\,\text{L} = 0.01234$ mol
　　NaOH は 1 価の塩基 ($m = 1$) だから，NaOH の 1 mol = OH^- の 1 mol．OH^- の mol 数 n_{OH^-} = $m \times n$ (NaOH の mol 数) = $1 \times n = 1 \times 0.001234$ mol = <u>0.001234 mol</u>．

(4) OH^- の濃度 C_{OH} mol/L の溶液 V L 中に含まれる NaOH の mol 数 n_{OH} はいくらか.

(5) 塩酸とは塩化水素 HCl の水溶液である.塩酸のモル濃度を C mol/L とすると,この 15.00 mL 中には何 mol の HCl が含まれているか.(また,この塩酸溶液の規定度 C_H は何 N か.)この 15.00 mL 中には何 mol の H^+ (何当量の酸)が含まれているか.

(6) 0.1000 mol/L の NaOH を用いて濃度未知の塩酸 15.00 mL を滴定したところ,NaOH の量 12.34 mL で中和点(滴定終点)となった.この塩酸の濃度をモル濃度(と規定度)で求めよ.
 ヒント:中和点では 0.1000 mol/L の NaOH 12.34 mL に含まれる NaOH 中の OH^- の mol 数(OH^- の数)は C_H 規定の塩酸 15.00 mL 中に含まれる HCl 中の H^+ の mol 数(H^+ の数)と同じである.

デモ シュウ酸溶液とシュウ酸固体を NaOH 溶液で滴定する(フェノールフタレイン)

* 記号だとわからない,答えられない人がいるが,これは,まず記号の意味がわかっていないためである.記号の意味を頭にたたき込むこと.そのうえで,記号に 1,2 といった簡単な具体的数値を代入して考えればわかるようになるものである.
 まずは,$\underline{n = CV}$,を式の意味をきちんと理解したうえで,記憶せよ.
* ≡ は,このように定義します・表します,という意味.
* 数字をすべて 1000 前後の数値(有効数字三~四つ)で示しているということは,数値の最後の数字が 1 だけ誤差をもつ,すなわち,0.1% の測定精度であることを表している.

問題 4-6 酸の価数,濃度,体積を m, C (mol/L), V (L) とし,塩基の価数,濃度,体積を m', C', V' とする.

(1) $m \times C = mC$ は H^+ 濃度(mol/L), $m' \times C' = m'C'$ は OH^- 濃度(mol/L) に等しい.酸と塩基が中和する条件下では m, C, V, m', C', V' の間にいかなる関係が成立するか.

(2) H^+ の mol/L, OH^- の mol/L を規定(濃)度という.規定度を N (H^+), N' (OH^-) で表したとき,中和条件下では,N, V, N', V' にはどういう関係が成り立つか.また,この関係式はどういうことを意味するのか.

中和反応の濃度の計算式は?

$NV = ?$
$m \cdot C \cdot V = ?$

問題 4-7 (1) 0.1 mol/L の NaOH ($F = 1.121$) を用いて,約 0.1 mol/L の HCl 15.00 mL を滴定したところ,NaOH の量 12.34 mL で中和点となった.この塩酸のモル濃度を求めよ.また,ファクター(F)を用いて表せ(この塩酸の濃度を規定度で表せ).

(4) OH^-の濃度C_{OH}mol/Lの溶液VL中に含まれるOH^-のmol数$n_{OH}=OH^-$のmol/L×体積L= C_{OH}mol/L×VL=$C_{OH}V$mol(OH^-のmol数，$\underline{n_{OH}=C_{OH}V}$)ということになる．または，比例式 C_{OH}mol/1L=$x$mol/VL，たすき掛けして，$x=C_{OH}V$mol．

(5) Cmol/Lの塩酸中のHClのmol数$n=CV=C$mol/L×(15.00/1000)L=Cmol×0.01500= 0.01500×Cmol=$\underline{0.01500\,C\text{mol}}$．塩酸は1価の酸($m=1$)だから，塩酸のモル濃度=$H^+$のモル濃度≡規定度=$C$N，塩酸のmol数=$H^+$のmol数=$\underline{0.01500\,C\text{mol}}$．

（または，$C_H$mol/L(≡規定度，規定，N，H^+の濃度mol/L)≡C_HN=酸の価数×酸の濃度 $m×C=1×C=C$mol/L=CN(規定))．15.00 mL中のH^+のmol数は，$n_H=C_HV$mol=mCV =1×Cmol/L×(15.00/1000)L=Cmol/L×0.01500 L=0.01500×Cmol=0.01500 Cmol．

(6) 中和反応は1個のH^+と1個のOH^-とが反応して1個のH_2Oを生じる反応，すなわち1mol のH^+と1molのOH^-，または等molのH^+とOH^-とで起こるから，問題では(3)のn_{OH}= 0.001234 molと，濃度未知の塩酸15.00 mL中のH^+のmol数，(5)の0.01500 Cmolとが等しいことになる．

OH^-のmol数$n_{OH}=C_{OH}V=0.1000$ mol/L×0.01234 L=0.001234 mol，H^+のmol数n_H= C_HV=0.01500 Cmol，中和条件はn_H(H^+のmol数)=n_{OH}(OH^-のmol数)だから， 0.01500 Cmol=0.001234 mol．C=0.001234/0.01500(mol/L)=0.08227≒$\underline{0.0823}$ mol/L (≡0.0823 N(H^+についてのmol/L濃度を規定度(N)という．))（左頁の*も見よ）

答4-6 (1) 酸のモル濃度C，価数mなら，H^+のモル濃度=$m×C=mC$mol/L，同様に，OH^-のモ ル濃度=$m'C'$mol/L．H^+のモル濃度mC(mol/L)×体積V(L)=mCVmol=H^+のmol数 n_H，$mCV=n_H$，OH^-のモル濃度$m'C'$×体積$V'=m'C'V'=OH^-$のmol数n_{OH}，$m'C'V'$ =n_{OH}．中和点では$n_H=n_{OH}$だから，$m×C×V=m'×C'×V'$($mCV=m'C'V'$) （反応の当量関係$n_H=n_{OH}$がわからない人は問題3-21(2)，4-5(2)を復習のこと．）

$$\boxed{mCV=m'C'V' \quad \text{または} \quad mC_0FV=m'C_0'\,F'V' \\ (C=C_0F \quad F：\text{ファクター} \quad C_0：\text{切りのいい値})}$$

(2) 規定度(規格化濃度)≡H^+，OH^-のモル濃度mol/L(≡当量/L)．酸価数m，モル濃度C， 規定度をN(H^+のmol/L，$N=mC$)，塩基も同様にm'，C'，N'(OH^-のmol/L，$N'=m'C'$) とすると，規定度N(H^+のmol/L)×体積VL=NVmol=H^+のmol数n_H(当量数)，$n_H=NV$． 規定度N'(OH^-のmol/L)×体積V'L=$N'V'$mol=OH^-のmol数n_{OH}，$n_{OH}=N'V'$．中和点 では$n_H=n_{OH}$だから，$N×V=N'×V'$($NV=N'V'$)．または$N=mC$より$mCV=m'C'V'$．

$$\boxed{NV=N'V' \quad \text{または} \quad N_0FV=N_0'\,F'V'\,(N=N_0F,\ F：\text{ファクター})}$$

答4-7 (1) 塩酸のモル濃度をCmol/Lとする．HClの価数$m=1$，NaOHの価数$m'=1$，また，一 般に，$C=C_0×F$だから，H^+のmol数=mCV=1×Cmol/L×(15.00/1000)L．

OH^-のmol数=$m'C'V'$=1×(0.1×1.121)mol/L×(12.34/1000)L．

中和とはH^+のmol数=OH^-のmol数のことだから，$mCV=m'C'V'$．

よって，1×$x$mol/L×(15.00/1000)L=1×(0.1×1.121)mol/L×(12.34/1000)L

$x=0.1121$ mol/L×0.01234 L/0.01500 L=$\underline{0.0922\text{ mol/L}}$

ファクター*を用いて表せば，$x=0.1×0.922=\underline{0.1\text{ mol/L}(F=0.922)}$

（規定度で表せば$\underline{\text{HClの濃度}=0.0922\text{ N}=0.1\text{ N}(F=0.922)}$）

(2) 0.1 mol/L の NaOH($F = 1.121$)を用いて約 0.1 mol/L の HCl 15.00 mL を滴定したところ，NaOH の量 12.34 mL で中和点となった．この塩酸のファクター(F)を求めよ．

* N は規定度(H^+，OH^- の mol/L ≡ 当量/L)を表す単位である．たとえば，HCl の 0.512 mol/L 溶液は H^+ の 0.512 mol/L 溶液であるから，この HCl 濃度 = 0.512 N(規定)と書き，H_2SO_4 の 0.512 mol/L 溶液なら H^+ の 1.024 mol/L であるから 1.024 N と書く．
　一方，濃度未知の溶液の濃度を規定度で求めたいときには，この未知濃度を N で表し，未知数("x" と同じもの)として扱う．たとえば N 規定(NN)の HCl 10.00 mL が 0.2000 N の NaOH 5.00 mL で中和されたとすると，濃度未知の溶液の濃度 N = 0.1000 N(= 0.1000 規定)のように書く．一般に，N のように斜体の字は(未知の)測定値，数値であることを意味している．

問題 4-8　(省略可)(1) 0.1 規定(0.1 N)の NaOH($F = 1.121$)を用いて約 0.1 規定(0.1 N)の HCl 15.00 mL を滴定したところ，NaOH の量 12.34 mL で中和点となった．この塩酸の規定度を求めよ．また，この濃度をファクター(F)を用いて表せ．

(2) 0.1 規定(0.1 N)の NaOH($F = 1.121$)を用いて約 0.1 規定(0.1 N)の HCl 15.00 mL を滴定したところ，NaOH 12.34 mL で中和した．この塩酸のファクター(F)を求めよ．

問題 4-9　(1) H_2SO_4 の 1 mol は何 mol の H^+ に相当するか(H_2SO_4 は何価の酸か)．

(2) NaOH の 1 mol は何 mol の OH^- を出すか(NaOH は何価の塩基か)．

(3) 0.0600 mol/L の H_2SO_4 は H^+ の何 mol/L(何規定)か．また，0.1000 mol/L の NaOH は OH^- の何 mol/L(何規定)か．

(4) 0.0600 mol/L の H_2SO_4 10.00 mL 中には何 mol の H^+ が含まれているか．

(5) NaOH の体積を V L とするとき，0.1000 mol/L の NaOH V L 中には何 mol の OH^- が含まれているか．

(6) 0.0600 mol/L の H_2SO_4 10.00 mL は 0.1000 mol/L の NaOH 何 mL で中和されるか．
　ヒント：中和点では 0.0600 mol/L の H_2SO_4 10.00 mL 中の H^+ の mol 数(=H^+ の個数)と 0.1000 mol/L の NaOH V L 中の OH^- の mol 数(=OH^- の個数)とは等しくなる．

問題 4-10　(省略可) 0.0600 規定(0.0600 N)の H_2SO_4 10.00 mL は 0.1000 規定(0.1000 N)の NaOH 何 mL で中和されるか．

* 規定とは H^+ の mol/L のことである．これと化合物の mol/L とをきちんと区別すること．なお，N は規定度を表す単位である．H_2SO_4 は，いわば双頭の鷲(ロシア皇帝の紋章)である．1 羽(1 mol の H_2SO_4)で二つの頭(2 mol，2 当量，の H^+)をもつ．1 mol/L の H_2SO_4(1 羽/L)から 2 mol/L(2 規定，2 N)の H^+(二つの頭/L)を生じる．

(2) $mC_0FV = m'C_0'F'V'$ にそれぞれの値を代入すると，

$1 \times (0.1 \times 1.121) \, \text{mol/L} \times (12.34/1000) \, \text{L} = 1 \times (0.1 \times F') \, \text{mol/L} \times (15.00/1000) \, \text{L}$ より $\underline{F' = 0.922}$．

（濃度は $C = C_0F = 0.1 \times 0.922 = 0.0922 \, \text{mol/L}$ となる）

＊ ファクター＝補正倍率．この場合，予定濃度 0.1 mol/L の 92.2% の薄い溶液ができたということを示している．

答 4-8 (1) $NV = N'V'$ だから，$NV = (N_0 \times F) \times V = (0.1 \times 1.121) \times (12.34/1000)$
$= N' \times (15.00/1000)$，$N' = 0.0922$ 規定（N）

よって塩酸の濃度は $\underline{0.0922 \text{ 規定}(0.0922 \text{ N})}$，$0.1 \times 0.922$ だから $\underline{0.1 \text{ N}(F = 0.922)}$

(2) $\boxed{N_0FV = N_0'F'V'}$ だから，$0.1 \times 1.121 \times (12.34/1000) = 0.1 \times F \times (15.00/1000)$
$\underline{F = 0.922}$

答 4-9 (1) H_2SO_4 の 1 mol は $\underline{2 \text{ mol}}$ の H^+ を出す（2 価の酸である：$m = 2$）．

$H_2SO_4 \rightarrow H^+ + HSO_4^-$，$HSO_4^- \rightarrow H^+ + SO_4^{2-}$

(2) NaOH の 1 mol は $\underline{1 \text{ mol}}$ の OH^- を出す（1 価の塩基である：$m' = 1$）．

$NaOH \rightarrow Na^+ + OH^-$

(3) 0.0600 mol/L の H_2SO_4 は，H^+ としてのモル濃度 C_H（規定度 N）は，

$C_H \equiv N = mC$ より，$2 \times 0.0600 \, \text{mol/L} = 0.1200 \, \text{mol/L} = \underline{0.1200 \text{ 規定}(N)}$．

また，0.1000 mol/L の NaOH は，$C_{OH} \equiv N' = m'C' = 1 \times 0.1000 \, \text{mol/L} = \underline{0.1000 \text{ 規定}(N)}$．

(4) H^+ としてのモル濃度 $C_H = m \times C = N = 2 \times 0.0600 \, \text{mol/L} = 0.1200 \, \text{mol/L}(\equiv \text{規定}, 0.1200 \text{ N})$，

H^+ の mol 数（≡酸の当量数）$\underline{n_H} = C_H V = \underline{mCV} (= NV) = 0.1200 \, \text{mol/L} \times (10.00/1000) \, \text{L}$

$= 0.1200 \, \text{mol/L} \times 0.01000 \, \text{L} = \underline{0.001200 \text{ mol}}$

(5) OH^- としてのモル濃度 $C_{OH} = m' \times C' = N' = 1 \times 0.1000 \, \text{mol/L} = 0.1000 \, \text{mol/L}(\equiv$ 規定, 0.1000 N），OH^- の mol 数（≡塩基の当量数）$\underline{n_{OH}} = C_{OH}V = \underline{m'C'V'} (= N'V') = 0.1000 \, \text{mol/L}$

$\times V \, \text{L} = \underline{0.1000 V \text{ mol}}$

(6) 0.0600 mol/L の H_2SO_4 10.00 mL 中の H^+ の mol 数 $n_H = C_H V = mCV = 2 \times 0.0600 \, \text{mol/L} \times$

$(10.00/1000) \, \text{L} = 0.1200 \, \text{mol/L} \times 0.01000 \, \text{L} = 0.001200 \, \text{mol}$．NaOH の体積を V L とすると，

$n_{OH} = C_{OH}V = m'C'V' = 1 \times 0.1000 \, \text{mol/L} \times V \, \text{L} = 0.1000 \, \text{mol/L} \times V \, \text{L} = 0.1000 V \, \text{mol}$．

硫酸の中の H^+ の mol 数＝NaOH 中の OH^- の mol 数，すなわち $n_H = n_{OH}$，$mCV = m'C'V'$

より $n_H = 0.001200 \, \text{mol} = 0.1000 V \, \text{mol} = n_{OH}$，$V \, \text{L} = 0.001200 \, \text{mol}/0.1000 \, \text{mol} = 0.01200 \, \text{L}$，

$V = \underline{12.00 \text{ mL}}$，または単純に $mCV = m'C'V'$ に代入するとよい．

答 4-10 $NV = N'V' (mCV = m'C'V', \, mC = N, \, m'C' = N')$ より $NV = 0.0600 \times 10.00/1000 =$

$0.1000 \times V' \, \text{L} = N'V'$．$V' = 0.0600 \times (10.00/1000)/0.1000 = 0.00600 \, \text{L} = \underline{6.00 \text{ mL}}$

0.0600 mol/L の $H^+ \equiv 0.0600$ 規定（0.0600 N）

→ 0.0600 mol/L の $\underline{H_2SO_4}$ ではない！ H_2SO_4 の 2 価を気にして 0.0600 N に $\times 2$ しようとする人がいる！物質のモル濃度 mol/L と $\underline{H^+}$ のモル濃度 mol/L（規定）とは異なる！

0.0600 mol/L の $\underline{H_2SO_4}$ なら $H_2SO_4 \rightarrow 2 H^+ + SO_4^{2-}$ より，$0.0600 \times 2 = 0.1200 \, \text{mol/L}$ の H^+ となるが，ここは $\underline{H^+}$ の mol/L．すでに 2 価であることを考慮した値である．規定度 $N \equiv H^+$ の mol/L $= \underline{m \times C} = $ 価数×物質の mol/L $= \underline{2 \times 0.0300 = 0.0600}$ のことである．

（中和滴定の応用）

問題 4-11　台所の食酢中の酢酸量を知るために，食酢を 10.00 倍に薄めた後，この 10.00 mL を採取し，0.1 mol/L(F = 0.982)の NaOH で滴定したところ，中和に 6.54 mL を要した．もとの食酢中の酢酸のモル濃度，および，この食酢 100.0 mL 中に含まれる酢酸の質量を求めよ．

問題 4-12　レモンの果汁中のクエン酸（右の構造式）濃度を知るために，果汁の 5.00 mL を採取し，これを水で薄めて全体で 100.0 mL の溶液とした．この 10.00 mL を 0.1 mol/L(F = 0.982)の NaOH で滴定したところ，中和に 6.54 mL を要した．レモン果汁中のクエン酸のモル濃度を求めよ．

```
      H
      |
  H—C—COOH
      |
 HO—C—COOH
      |
  H—C—COOH
      |
      H
```

問題 4-13　（省略可）ある化学工場において，酸性の廃液に NaOH を加えて中和処理することとした．そこで，加えるべき NaOH 量を知るために，廃液の 10.00 mL を採取し，これを 0.1 mol/L(F = 0.982)の NaOH で滴定したところ，6.54 mL で中和した．この廃液の 1 m³ を中和するのに何 kg の NaOH が必要か．

＊ 4 章がよく理解できない人は 2，3 章の消化が不十分な人である．もとに戻って，くり返し勉強すること（表紙ページの勉強法を必ず参照のこと）．

当量 equivalent とは？（ここは省略可）

1. **当量質量　equivalent mass**：1 当量（＝ H⁺，OH⁻，電子の 1 mol）あたりの物質の重さ(g)．

   　　　当量 = ?　　　　　当量質量 = ?

   例題 1　硫酸 H_2SO_4 の 1 当量（H⁺ の 1 mol）は何 g か．また，水酸化ナトリウム NaOH の 1 当量（OH⁻ の 1 mol）は何 g か．硫酸の分子量＝98，NaOH の式量＝40 である．

   例題 2　（5 章を学んだ後で取り組むこと）過マンガン酸カリウム $KMnO_4$ は 5 価の酸化剤（5 e⁻ を受け取る）である．また，シュウ酸 $H_2C_2O_4$ は 2 価の還元剤（2 e⁻ を放出）である．$KMnO_4$，$H_2C_2O_4 \cdot 2H_2O$ の 1 当量（電子の 1 mol）はそれぞれ何 g か．$KMnO_4$ の式量＝158，$H_2C_2O_4 \cdot 2H_2O$ の式量＝126 である．

   例題 3　(1) H_2SO_4 の 10 g は何当量か（H⁺ の何 mol か）．
   　　　　(2) $KMnO_4$ の 10 g は何当量か（電子の何 mol か）（5 章を済ませてから解くこと）．

2. **当量とは**：お互いに過不足なく反応する量・対応する量．中和反応では 1 当量の酸（1 mol の H⁺）49 g の H_2SO_4 と 1 当量の塩基（1 mol の OH⁻）40 g の NaOH とが反応．したがって，H_2SO_4 の 49 g と NaOH の 40 g とは当量（対応する量）である．酸化還元反応では 1 当量（1 mol 電子）の酸化剤 $KMnO_4$ の 31.6 g と 1 当量（1 mol 電子）の還元剤 $H_2C_2O_4 \cdot 2H_2O$ の 63 g とが反応．つまり，$KMnO_4$ の 31.6 g と $H_2C_2O_4 \cdot 2H_2O$ の 63 g とが当量となる．

3. **当量の歴史**：$H_2 + 1/2\,O_2 \rightarrow H_2O$：水素の 2 g と酸素の 16 g とが反応 → 1 g と 8 g とが反応．→H の 1 g と O の 8 g は（反応の）当量（＝お互いに対応する量）である．
   一方，H_2 の 2 体積と O_2 の 1 体積とが反応することから，H の 2 個と O の 1 個とが反応＝H の 1 個と O の 0.5 個とが反応することがわかった（同一体積中には同数の分子を含む：アボガドロの法則）．したがって，H の原子量＝1 とすると，O の原子量は，O の重さ 0.5 個で 8 だから 1 個分の O としては 8×2＝16 が得られる．
   このように，じつは反応の当量関係をもとにして原子量・分子量が求められたのである．

答 4-11 酢酸のモル濃度を C とすれば，10.00 倍に希釈した食酢の濃度は $(C/10.00)$ となる．
中和条件の式（H^+ の mol 数＝OH^- の mol 数），$mCV = m'C'V'$ で，$m = m' = 1$ だから，
$1 \times (C/10.00)\,\mathrm{mol/L} \times (10.00/1000)\,\mathrm{L} = 1 \times (0.1 \times 0.982)\,\mathrm{mol/L} \times (6.54/1000)\,\mathrm{L}$ を解いて，
$C = \underline{0.642\,\mathrm{mol/L}}$．薄めた液の濃度を C として計算して，後で 10.00 倍してもよい．
酢酸 CH_3COOH の分子量 $MW = 12.01 \times 2 + 1.01 \times 4 + 16.00 \times 2 = 60.06$．モル質量＝60.06 g/mol．
食酢 100.0 mL 中に含まれる酢酸の質量 w は，$w =$ モル質量 × モル数 $= MW \times n = MW \times C \times V = 60.06\,\mathrm{g/mol} \times 0.642\,\mathrm{mol/L} \times (100.0/1000)\,\mathrm{L} = 3.856\,\mathrm{g} \fallingdotseq \underline{3.86\,\mathrm{g}}$

答 4-12 クエン酸のモル濃度を C とすれば，5.00 mL を 100.0 mL に希釈した果汁中のクエン酸濃度は $C \times (5.00/100.0)$ となる．$mCV = m'C'V'$ で，クエン酸の価数 $m = 3$ だから，
$3 \times \{C \times (5.00/100.0)\} \times (10.00/1000) = 1 \times (0.1 \times 0.982) \times (6.54/1000)$ を解いて，
$C = \underline{0.428\,\mathrm{mol/L}}$．薄めた液の濃度を C として計算して，後で (100.0/5.00) 倍してもよい．
  ＊ クエン酸にはカルボキシル基（カルボン酸のもと，$-COOH \rightarrow -COO^- + H^+$，p.42, 43）が 3 組あるので 3 価の酸である．$-C-OH$ はアルコール $R-OH$ の OH（ヒドロキシ基）であり，$-OH \rightarrow -O^- + H^+$ とはならない．

答 4-13 廃液の酸の種類はわからないので，この酸の価数もわからない．そこで，酸の濃度を $\underline{H^+}$ のモル濃度 mol/L，すなわち規定度 N で表し，$mCV = m'C'V'$ の代わりに $NV = N'V'$ を用いればよい．NaOH の $m' = 1$ なので，$N' = m'C' = 1 \times C' = 1 \times (0.1 \times 0.982)$．$NV = N'V'$ に代入すると $N \times (10.00/1000) = 1 \times (0.1 \times 0.982) \times (6.54/1000)$．これを解いて，$\underline{H^+}$ のモル濃度 mol/L（規定度 N）＝ 0.0642 規定（≡当量/L ≡ H^+ の mol/L）＝ 0.0642 N．
　 NaOH は 1 価の塩基だから 0.0642 規定（≡当量/L ≡ H^+ の mol/L）の酸と等価な NaOH の規定度＝0.0642 N に対応する NaOH のモル濃度 C は 0.0642 mol/L（$N = mC = 1 \times C = C$）．
　 NaOH の式量 $= MW = 22.99 + 16.00 + 1.01 = 40.00$．NaOH のモル質量＝40.00 g/mol．また，$1\,\mathrm{m}^3 = 100 \times 100 \times 100\,\mathrm{cm}^3 = 1000 \times 1000\,\mathrm{cm}^3 = 1000\,\mathrm{L}$．よって，必要とされる NaOH の質量 w は，
$w = MW \times n = MW \times C \times V = 40.00\,\mathrm{g/mol} \times 0.0642\,\mathrm{mol/L} \times 1000\,\mathrm{L} = 2568\,\mathrm{g} \fallingdotseq \underline{2.57\,\mathrm{kg}}$

$$\text{当量} = \frac{\text{分子量（式量）}MW}{\text{価数 } m} \qquad \text{当量質量} = \frac{\text{モル質量 } MW\,\mathrm{g/mol}}{\text{価数 } m} = \text{当量 g}$$

答 1 硫酸は 2 価（1 mol より 2 mol の H^+ を出す）ので，硫酸 1 mol ＝ 2 当量（体 H_2SO_4 一つに頭 H^+ 二つ）．
したがって，硫酸の 1 当量（H^+ の 1 mol）（頭 H^+ 一つあたりの体重）は $98/2 = \underline{49\,\mathrm{g}}$．
硫酸の H^+ 1 mol 分の重さ ≡ 1 当量質量＝49 g/当量．NaOH は 1 価の塩基で 1 mol より 1 mol の OH^- を出す＝体一つに頭一つだから，1 mol ＝ 1 当量．1 当量質量 ＝ 40 g/1 ＝ $\underline{40\,\mathrm{g/当量}}$．

答 2 $KMnO_4$ は 5 価（体 $KMnO_4$ 一つに頭 e^- 五つ）だから，1 mol の $KMnO_4$ ＝ 5 当量（電子の 5 mol）．
したがって，$KMnO_4$ の 1 当量（電子の 1 mol），つまり頭 e^- 一つあたりの体重は $158/5 = 31.6\,\mathrm{g}$．
$\underline{KMnO_4}$ の電子 1 mol 分の重さ ≡ 1 当量質量 ＝ $\underline{31.6\,\mathrm{g/当量}}$．
$\underline{シュウ酸 H_2C_2O_4}$ は 2 価（頭二つ）だから，1 mol ＝ 2 当量．1 当量質量 ＝ $126/2 = \underline{63\,\mathrm{g/当量}}$．

答 3 (1) 1 当量 ＝ モル質量/価数 ＝ 分子量 g/価数 ＝ 98 g/2 ＝ 49 g．つまり，1 当量質量 ＝ 49 g/当量．
よって，$10\,\mathrm{g}/(49\,\mathrm{g/当量}) = \underline{0.20\,\text{当量}}$，または，比例式 49 g/1 当量 ＝ 10 g/x 当量をたすき掛けすると，x ＝ 重さ/当量質量 ＝ 10 g/(49 g/当量) ＝ 0.20 当量．

(2) 1 当量 ＝ モル質量/価数 ＝ 分子量 g/価数 ＝ 158 g/5 ＝ 31.6 g．1 当量質量 ＝ 31.6 g/当量．
よって，10 g の当量数 ＝ 重さ/当量質量 ＝ 10 g/(31.6 g/当量) ＝ 0.316 ≒ $\underline{0.32\,\text{当量}}$．

5 酸化還元

酸化還元は，前章で学んだ酸塩基とともに，化学を学ぶうえで最も重要な概念のひとつであり，他の学問分野を学ぶうえでも大切な基礎である．台所のガスの燃焼，鉄の錆びといった(右頁へ続く)

問題5-1　酸化還元とは何か，その3種類の定義を述べよ．

5-1　酸化とは，還元とは？

定義(i)…そもそもの定義

問題5-2　(1)酸化とは何か，そもそもの定義（「酸化」なる言葉の意味）を述べよ．

問題5-3　次の酸化反応の反応式を示せ．必要ならp.16～23参照．
- (1) 銅の酸化*
- (2) 鉄の酸化（酸化鉄(Ⅱ)，酸化鉄(Ⅲ)）*
- (3) 炭素の酸化（木炭の燃焼：完全燃焼と不完全燃焼の場合）
- (4) 水素の酸化
- (5) メタンの酸化（台所のガスの燃焼）

デモ　紙，木炭，鉄粉，マグネシウムリボンの燃焼，使い捨てカイロ，ローソクの科学（鉄釘の酸化，煤(スス)・アルコールランプとの差）

問題5-4　還元とは何か，そもそもの定義（「還元」なる言葉の意味）を述べよ．

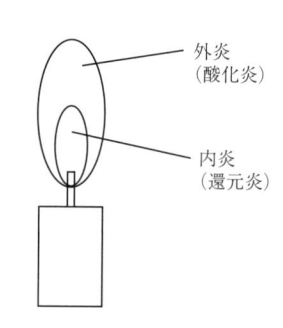

問題5-5　次の還元反応の反応式を示せ．
- (1) 酸化銅の水素による還元
- (2) 酸化鉄(Ⅲ)の一酸化炭素（木炭・コークスの不完全燃焼，$C + O_2 \rightarrow CO_2$，$CO_2 + C \rightarrow 2\,CO$）による還元（製鉄法：$Fe_2O_3 \rightarrow Fe_3O_4 \rightarrow FeO \rightarrow Fe$）
- (3) 炭酸ガスの金属マグネシウムによる還元
- (4) 水の金属ナトリウムによる還元

＊ 銅は通常+2価Cu^{2+}，Oは-2価なので，酸化銅は酸化銅(Ⅱ)，CuOとなる．糖の検出反応であるフェーリング反応の赤色沈殿は酸化銅(Ⅰ)，Cu_2Oである．鉄は+2価と+3価の両方，Fe^{2+}とFe^{3+}とが存在する．前者をFe(Ⅱ)イオン(第一鉄イオン)，後者をFe(Ⅲ)イオン(第二鉄イオン)という．したがって，酸化鉄(Ⅱ)(酸化第一鉄)はFeO，酸化鉄(Ⅲ)(酸化第二鉄)はFe_2O_3と表される．(p.18参照)

外炎（酸化炎）
内炎（還元炎）

煤と明るさ

ローソクの炎が赤く明るいのは，高温の炎の中で分解したローソクの成分が酸素不足で不完全燃焼し，生じた炭素の微粒子(煤)が炎の中で赤熱されて光っているためである．したがって，赤い炎からは必ず大量の煤を生じる

(左頁から続く)身近な現象から，植物が行う光合成，すなわち炭酸ガスと水を原料とするブドウ糖(グルコース)の合成(動物の生存は光合成による物質生産に支えられている)，空気中の窒素がNO_3^-，NH_3，アミノ酸へと変化し，さらには体を構成するタンパク質成分へと変化する過程，生きるためのエネルギー生産である代謝・呼吸といったことまで，すべて酸化・還元反応が関与している．この章では酸化還元反応とその定義，酸化数，酸化還元反応の価数，酸化還元滴定について復習する．前章で学んだ酸・塩基の規定度，当量，中和滴定の濃度計算についての考えが，酸化還元反応においても成り立つことを学ぶ．

答 5-1　酸素のやりとり，水素のやりとり，電子のやりとり
　　　　(O, H, e^- を得る・失うのいずれが酸化・還元か記憶せよ)

酸化と還元

　　定義(i)……そもそもの定義　→　**酸素原子の出入り・着脱**(ラボアジェの考え方)

答 5-2　酸化とは，そもそも，「酸素化」からきた言葉である．ある物質が**酸素と化合**したとき，その物質は**酸化された**という．ある元素が酸素と結合して酸化物になるのが酸化．

答 5-3　(1) $2\,Cu + O_2 \rightarrow 2\,CuO$　　酸化銅(II)
　　　　(2) $2\,Fe + O_2 \rightarrow 2\,FeO$
　　　　　　$4\,Fe + 3\,O_2 \rightarrow 2\,Fe_2O_3$
　　　　(3) $C + O_2 \rightarrow CO_2$ (完全燃焼)　　二酸化炭素
　　　　　　$2\,C + O_2 \rightarrow 2\,CO$ (不完全燃焼：COは猛毒)　　一酸化炭素
　　　　(4) $2\,H_2 + O_2 \rightarrow 2\,H_2O$
　　　　(5) $CH_4 + 2\,O_2 \rightarrow CO_2 + 2\,H_2O$

答 5-4　還元とは，そもそも，酸化(酸素化)されたものが酸素を失い元に還るということからきた言葉である．ある物質が**酸素を失った**とき，その物質は**還元された**という．

答 5-5　(1) $CuO + H_2 \rightarrow Cu + H_2O$
　　　　(2) $Fe_2O_3 + 3\,CO \rightarrow 2\,Fe + 3\,CO_2$ (厳密には，$3\,Fe_2O_3 + CO \rightarrow 2\,Fe_3O_4 + CO_2$, $Fe_3O_4 + CO \rightarrow 3\,FeO + CO_2$, $FeO + CO \rightarrow Fe + CO_2$. 以上はできなくても可)
　　　　(3) $CO_2 + 2\,Mg \rightarrow C + 2\,MgO$
　　　　(4) $2\,H_2O + 2\,Na \rightarrow H_2 + 2\,NaOH$

　　　＊ コークスとは石炭を乾留(蒸し焼き：空気を遮断して加熱)することにより生じるほぼ純粋な炭素の塊．このとき生成するのが石炭ガス，ベンゼン他の各種の芳香族化合物，コールタールである．

問題 5-6 下記の(1)式の酸化反応と反応形は同じだが，酸素が関与しない類似反応(2), (3)が存在する．

(1) $2\,Cu + O_2 \rightarrow 2\,CuO$　　　　　$2\,Fe + O_2 \rightarrow 2\,FeO$
(2) $Cu + S \rightarrow CuS$　　　　　　　　$Fe + S \rightarrow FeS$
(3) $Cu + Cl_2 \rightarrow CuCl_2$　　　　　　$Fe + Cl_2 \rightarrow FeCl_2$

これらの化合物の生成反応は，(1)の O が(2)では S，(3)では Cl に置き換わってはいるものの，反応形は同じパターンであり，類似反応であることが推定される．
では，(1)の反応で生成した酸化物 CuO, FeO の中の Cu, Fe は，原子の状態の Cu, Fe に比べて何が異なっているのだろうか．また，(1)の CuO, FeO と(2)における CuS, FeS, (3)の $CuCl_2$, $FeCl_2$ 間の異同を電子の出入りに着目して述べよ．(酸化物・硫化物・塩化物) O^{2-} 酸化物イオン，S^{2-} 硫化物イオン

定義(ii) ……一般化された定義

問題 5-7 酸化とは何か，鉄 Fe を例に示して，一般化された定義，を述べよ．

問題 5-8 還元とは何か，鉄イオンを例に示して，一般化された定義，を述べよ．
 　＊電子を得ることと失うことのどちらが酸化で，どちらが還元かを混同してしまいやすいので自分用の基準を覚えておくと便利である(答 5-7 の Fe の例 $Fe \rightarrow Fe^{2+} \rightarrow Fe^{3+}$ は著者式)．

問題 5-9 一般化された定義の立場からは，酸素原子を失うと，なぜ，還元された，といえるのかを説明せよ．

定義(iii) ……水素の出入り

問題 5-10 酸化とは何か，エタノールを例にして，水素原子の出入りで示される定義を述べよ．

 　＊生体内で起こる酸化還元反応(生化学反応)の多くは水素原子のやりとりである．NAD^+ と NADH，FAD と $FADH_2$ など(「有機化学　基礎の基礎」を参照)．

問題 5-11 一般化された定義の立場からは，水素原子を失うと，なぜ，酸化された，といえるのかを説明せよ．

問題 5-12 還元とは何か，アセトアルデヒドを例に示して，水素原子の出入りで示される定義を述べよ．

 　＊H が結合した原子は，電気的陽性の H から電子を奪うと考えて，還元されたとする．

答 5-6 電気陰性度の小さい元素・陽性元素(電子を失って陽イオンになりやすい元素)である金属元素の Cu, Fe が, 電気陰性度の大きい陰性元素(電子を獲得して陰イオンになりやすい元素)である酸素原子と化合した場合には, 酸素原子は相手原子から電子を奪って O^{2-} になっていると考える. したがって, 相手原子は電子を奪われた状態・失った状態 Cu^{2+}, Fe^{2+} である.

  * 電気陰性度は「有機化学　基礎の基礎」参照.

  酸素以外の陰性元素も O と同様の働きをもつ. S は O と同族の陰性元素であるし, Cl は O と同様に電気陰性度の大きい元素である. したがって, 電子の出入りに着目すると, Cu, Fe は, (1), (2), (3) のいずれの反応でも, $Cu \rightarrow Cu^{2+} + 2e^-$, $Fe \rightarrow Fe^{2+} + 2e^-$ のように電子を放出し(失い), 相手方の O, S, Cl は, いずれも $1/2\,O_2 + 2e^- \rightarrow O^{2-}$, $S + 2e^- \rightarrow S^{2-}$, $Cl_2 + 2e^- \rightarrow 2\,Cl^-$ と電子を獲得している. つまり, (1), (2), (3) は同タイプの反応といえる.

  そこで, 「O と化合する」のが酸化とする定義を拡張して, 「電子を失う」のが酸化であると考える. すると, (2), (3) の反応も等しく酸化反応として扱うことができる.

定義(ii) …一般化された定義　→　**電子の出入り**

答 5-7 ある物質が**電子を失った・奪われた**とき, その物質は**酸化**されたという.「酸化されるということは電子を奪われる(失う)ことである」. たとえば, 金属鉄は $\underline{Fe \rightarrow Fe^{2+} \rightarrow Fe^{3+}}$ のように順次**酸化**されていく(錆びて FeO, Fe_2O_3*). $Fe \rightarrow Fe^{2+}$ は, より厳密には $Fe \rightarrow Fe^{2+} + 2e^-$, Fe は2個の電子を失い Fe^{2+} となり, $Fe^{2+} \rightarrow Fe^{3+}$ は, $Fe^{2+} \rightarrow Fe^{3+} + e^-$, Fe^{2+} は電子を1個失い Fe^{3+} となる.(答 5-14 の図参照) e^-:電子 electron の略. * Fe_2O_3 は $Fe_1O_{1.5}$ ゆえ FeO より酸化されている.

答 5-8 ある物質が**電子を獲得**したとき($Fe^{3+} \rightarrow Fe^{2+} \rightarrow Fe$), その物質は**還元**されたという ($Fe^{3+} + e^- \rightarrow Fe^{2+}$, $Fe^{2+} + 2e^- \rightarrow Fe$). 酸化の逆である.

答 5-9 酸素原子と化合した原子は, 電気陰性度の大きい酸素原子によって, 電子を奪われた状態になっていると考える. その状態から酸素原子が O^{2-} としてではなく O 原子として失われる場合, 酸素原子は今まで自分の方に奪い取っていた電子(O^{2-} になっていると考えている)を相手原子に返すことになる. すなわち, 酸素原子が失われることにより, 相手原子は奪われていた電子を奪還・獲得することになる. つまり還元されたことになる.

定義(iii) …**水素原子の出入り**　(H^+ ではない:水素の原子核ごと電子が出入りしていると考える)

答 5-10 ある物質が**水素原子を失った**とき, その物質は**酸化**されたという.

$\underline{CH_3CH_2OH} \rightarrow \underline{CH_3CHO} + H_2$ 　($CH_3CHO \equiv CH_3-\underset{\underset{O}{\|}}{C}-H$, アセトアルデヒド)

(H 原子を2個失っている. $2H \rightarrow H_2$)

  エタノールはお酒の主成分. 体中でこのように酸化される. このアルデヒドが悪酔いのもとである.

答 5-11 ある化合物に水素原子が結合している場合, 電気陰性度のより小さい(陽性の)水素原子は H^+ となり相手原子に電子を与えていると考える(電気陰性度のより大きい原子 X が水素原子から電子を獲て X^- となっている)が, 水素原子を失うときには, 水素原子は H^+ としてではなく, H としてその電子ごと相手原子から離れる. したがって, X^- となっていた相手の原子は水素原子を失うと同時に電子をも失い, X に戻ると考える. つまり酸化されたことになる.

答 5-12 ある物質が**水素原子を獲得**したとき, その物質は**還元**されたという.

$\underline{CH_3CHO} + H_2 \rightarrow \underline{CH_3CH_2OH}$(エタノール)

(この場合, H 原子を2個獲得している. H_2(2H)が付加している. O は手が2本だから, H なら2個分.)

アルデヒドが還元された→厳密にはアルデヒドの CO(カルボニル基)の C が還元されたのである.

反応式を構造式で書いてみよ.(「有機化学　基礎の基礎」p.111, 114)

酸化還元反応 ひとつの反応において酸化が起こっていれば，同時に必ず還元も起こっている．なぜなら，酸化還元反応は電子のやりとりであり，電子を与える(酸化される)側があれば必ず電子を受け取る(還元される)側も存在する．すなわち，酸化と還元はワンセット(表裏の関係)である．酸化される物質のことを還元剤(相手の物質を還元している)，還元される物質のことを酸化剤(相手の物質を酸化している)という．酸化数が増加する変化は酸化，減少する変化は還元である(酸化数については後述)．やりとりであるから，酸化還元に伴う電子の数の出と入りは同じ数である．お金のやりとり・貸し借りと同じである．

問題 5-13 中和反応は $H^+ + OH^- \rightarrow H_2O$(酸の H^+ と塩基の OH^- が等量反応して水ができる，酸から塩基への水素イオン H^+ の移動，酸・塩基間の H^+ のやりとり)と定義される．これに対し，酸化還元反応はどう定義されるか．

問題 5-14 電子の授受，どちらが酸化，還元か．どちらがどちらかを混同しやすいので，一つだけ，自分の基準を頭に入れておく．Fe を例として酸化還元を説明せよ．

問題 5-15 金属鉄が水素を発生して塩酸に溶けた．この反応式を書き，この反応が酸化還元反応であること，このとき何が酸化されて，何が還元されたかを述べよ．また酸化剤は何か述べよ．

酸化剤と還元剤

問題 5-16 酸化剤とは何か，還元剤とは何か．

問題 5-17 酸化剤，還元剤とは相対的なものであり，二つの化合物の組の間で，電子を押しつける力が強い化合物が押しつけ役(還元剤)になるし，電子を受け取る力が強い化合物が受け取り役(酸化剤)になる．相手が強いか弱いか相手次第．

H_2O_2(過酸化水素)は酸化剤としても，還元剤としても反応する．以下の三つの反応では，H_2O_2 は酸化剤として働いているか，還元剤として作用しているか．

(1) $H_2O_2 + H_2S \rightarrow S + 2H_2O$ （H_2S：硫化水素，温泉・火山ガス，S：硫黄）

(2) $H_2O_2 + 2H^+ + 2Fe^{2+} \rightarrow 2Fe^{3+} + 2H_2O$

(3) $5H_2O_2 + 2MnO_4^- + 6H^+ \rightarrow 5O_2 + 2Mn^{2+} + 8H_2O$

5-2 酸化数とは？

化学反応が起こる前後の酸化された原子，還元された原子をはっきりさせるため，電子の足跡を追うために電子の出入りを記帳する方法として，酸化数が工夫された．

酸化数の考え方により酸化還元反応における電子のやりとりを明示することが可能．

例：H_2O(H:Ö:H) $\rightarrow$ H :Ö: H，原子は H・，・Ö・ だから，H は電子が 1 個不足し H^+，ゆえに酸化数 = +1，O は電子 2 個余分で O^{2-}，酸化数 = -2. * 右頁の「酸化数の考え方」を参照のこと

したがって，**酸化数は原子の状態に比べて，電子がどれだけ足りないか，余分か，を示したもの**である．酸化数は酸化または還元の程度を表す尺度となる．たとえば +7 のように正の値が大きい(酸化数が大きい)ほど酸化の程度(原子の状態に比べて電子が奪われている程度，電子不足度→電子を欲しがる程度)は大きい．

(例)　　Cl^-,　　ClO^-,　　ClO_2^-,　　ClO_2,　　ClO_3^-,　　ClO_4^-　（Cl：$-1 \sim +7$）

酸化数：　　-1　　　+1　　　+3　　　+4　　　+5　　　+7　　（O を -2 としたときの値）

ClO_4^-：Cl の酸化数 x，-2 の O が 4 個．全体は -1(ClO_4^-) だから，$x + (-2) \times 4 = -1$ より $x = +7$．

水道水の塩素消毒は $Cl_2 + H_2O \rightarrow HClO + HCl$ で生じる HClO(次亜塩素酸)の殺菌力による．NaClO の次亜塩素酸ナトリウムは台所の塩素系漂白剤・殺菌剤である．

酸化還元反応

答 5-13 酸化還元反応は，たとえば A → A$^+$+e$^-$, B+e$^-$ → B$^-$. したがって，A+B → A$^+$(酸化)+B$^-$(還元)のように酸化剤と還元剤との間の**1個の電子のやりとり**，**1 mol の電子のやりとり**(還元剤が 1 mol の電子を放出し，酸化剤が 1 mol の電子を受け取る)として定義される．

A$^+$ + boxed{e$^-$} + B → A$^+$ + B$^-$

Fe + 2 H$^+$ → (Fe^{2+} + 2 e$^-$) + 2 H$^+$ → Fe^{2+} + 2 H → Fe^{2+} + H$_2$

答 5-14 Fe → FeO (Fe$_2$O$_3$)
　　　　　(Fe^0)　　Fe^{2+} (Fe^{3+})
　　　　　↓
　　電子を失う・酸化数が
　　増すのが酸化．その逆が還元．

Fe^0 ≡ (26+ 原子核(陽子26個), 26- 電子殻(電子26個)) $\xrightarrow{-2e^-}$ (26+, 24-) ≡ Fe^{2+}
(電子2個を失った)

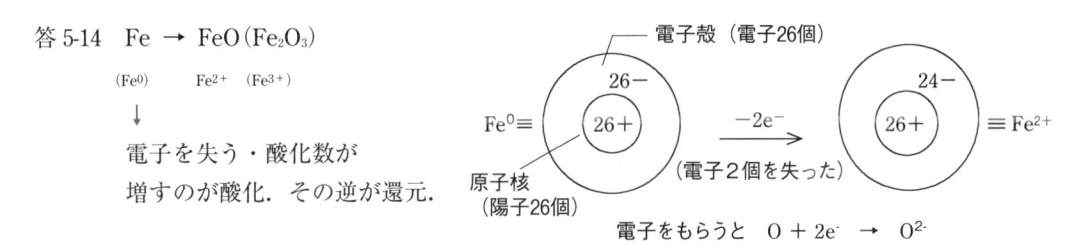

電子をもらうと　O + 2e$^-$ → O^{2-}

答 5-15 Fe + 2 HCl (H$^+$ + Cl$^-$) → FeCl$_2$ + H$_2$ (FeCl$_2$ は塩の一種であるから FeCl$_2$ とは Fe^{2+} + 2 Cl$^-$ のことを意味する)　Fe が Fe^{2+} に酸化されて，2 H$^+$ が H$_2$ に還元された．酸化剤は H$^+$(HCl)．

酸化剤と還元剤

答 5-16 相手を酸化する(電子を奪う)働きの強い物質を酸化剤という(自分自身は還元される)．一方，相手を還元する(電子を与える)働きの強い物質を還元剤という(自身は酸化される)．

答 5-17 (1)酸化剤：H$_2$O$_2$ は酸素がとれたので還元された(相手を酸化した，酸化剤)．H$_2$S は酸化された(水素がとれた，H$_2$S は還元剤)．

(2)酸化剤：理由は同上．Fe^{2+} は正電荷が増えて(電子を失って)Fe^{3+} となったので酸化された(Fe^{2+} は還元剤)．

(3)還元剤：反応式より　5 H$_2$O$_2$ → 5 O$_2$　であり H$_2$O$_2$ は水素を失ったので酸化された(相手を還元した，還元剤)．反応式より　MnO$_4^-$ → Mn^{2+} + 4 H$_2$O であり MnO$_4^-$ は酸素を失ったので還元された(MnO$_4^-$ は酸化剤)．　＊ MnO$_4^-$：過マンガン酸イオン，Mn^{2+}：マンガン(II)イオン．過酸化水素 H$_2$O$_2$ の 3% 水溶液がオキシドールである(消毒・殺菌・漂白に利用)．

酸化数

酸化数の考え方：まず，結合をすべて共有結合的に考える(二組の原子が電子を一つずつ出し合って電子対をつくる＝化学結合形成)．次に，この結合電子対を電気陰性度の大きい原子が引っこ抜いたとする．すると，共有結合は切れて陽イオンと陰イオンを生じる．このときに各々の原子がもつ電荷(イオンの価数，たとえば +1, +2, -1, -2 など)を酸化数と定義する．つまり，共有結合における電子の綱引きの極限として電子対が電気陰性度の大きい原子に移動したときの各々の原子の電荷数．　＊酸化数の概念は，共有結合，電子式，イオンの電子式，電気陰性度を勉強してないと理解しにくい．「有機化学　基礎の基礎」8章を勉強のこと．酸化数は電気陰性度で例外なしに理解できる．

＊ ひとつの反応における各成分の酸化数の増加数と減少数の総和は等しい．酸化と還元は同時に起こる，電子のやりとりであるから当然である

問題 5-18　酸化数が増えたとき，その原子・原子を含む化合物は酸化されたのか，還元されたのか．また電子は増えたのか減ったのか．Fe の例で説明せよ．酸化数が減ったときはどうか．
　　ヒント：自分用の基準（問題 5-8 の下の ＊ ）をもとに考えよ．

酸化数を求めるための規則①〜⑥

問題 5-19　化合物中に含まれる酸素 O，水素 H，Na，K の酸化数はいくつか．

　　規則①：右頁①参照．
　　（右頁①より続き）H，Na，K は原子より電子が 1 個減って（酸化されて）H⁺，Na⁺，K⁺となっていることを意味する．化合物中のある元素の酸化数を求めるときは，通常，化合物中の O を -2，H，Na，K を $+1$ として計算する．これは，じつは電気陰性度の小さい元素 H，Na，K は陽イオンになる，電気陰性度の大きい元素 O は陰イオンになる，電気陰性度の小さい元素は電子を失う・電気陰性度の大きい元素は電子を得る，という前提で酸化数を考えるということを意味している（したがって，フッ素原子 F や Cl は酸化数 -1 である）．

問題 5-20　H_2，O_2，Cl_2，S_8 中の H，O，Cl，S の酸化数はいくつか．

　　規則②：単体，O_2，H_2，…では，酸化数はゼロ．単体（複数個の同一元素原子のみよりなる分子）では原子の，電子を綱引きする力は同じなので，綱引きは引き分け．つまり，その原子の酸化数は 0（電子はどちらにも移動しない）とする．

問題 5-21　H_2O_2（H–O–O–H）の酸素原子の酸化数はいくつか．また H_2O（H–O–H）の酸素原子の酸化数はいくつか．

　　規則③：同一元素原子が結合している場合はその結合についての電子のやりとりは 0 とする．
　　　　　②と同じ理屈である．

問題 5-22　Na^+，K^+，Ca^{2+}，Fe^{2+}，Fe^{3+}，Cl^- の各元素の酸化数はいくつか．

　　規則④：単独イオンの場合はイオン電荷（原子と比べたときの電子の増減数）を酸化数とする．

問題 5-23　MnO_4^- 中の Mn の酸化数はいくつか．$KMnO_4$ の中の Mn の酸化数はいくつか．

　　規則⑤　多原子よりなるイオンの場合，イオンを構成する全原子の酸化数の合計がその多原子イオンの電荷に等しい．

問題 5-24　$KMnO_4$ の中の Mn の酸化数はいくつか．また，$FeCl_3$，H_2O，H_2O_2，NaH（水素化ナトリウム），KH，CaH_2，OF_2（フッ化酸素）中のすべての元素の酸化数は，それぞれいくつか．

　　規則⑥：電気的に中性の無電荷化合物の場合は，化合物中のすべての原子の酸化数の合計はゼロである．

　＊（右項）原子の酸化数は，すべて（例外なく）共有結合の両端の原子で電気陰性度の大小を比較すればわかる．電気陰性度大の方が共有電子対を 2 個とも奪う（相手から電子を 1 個もらう），小さい方は電子を 1 個失う．

答 5-18　酸化数が増えた(電子を失った) → 酸化された．たとえば Fe → Fe^{2+} → Fe^{3+}
　　　　　　　(Fe → FeO)　　　(Fe → $Fe^{2+}+2e^-$, Fe^{2+} → $Fe^{3+}+e^-$)
　　　　酸化数が減った(電子を得た) → 還元された．たとえば Fe^{3+} → Fe^{2+} → Fe
　　　　　　　　　　　　　　　　　($Fe^{3+}+e^-$ → Fe^{2+}, $Fe^{2+}+2e^-$ → Fe)

酸化数を求めるための規則①〜⑥

答 5-19　規則①：O の酸化数は -2, H, Na, K の酸化数は $+1$ である(O, H ともに例外あり)．つまり，O は原子より電子が 2 個増えて(還元されて)O^{2-} となっており，(左頁へ続く)

答 5-20　規則②：左頁②参照．
H_2(H–H), O_2(O=O), Cl_2(Cl–Cl), S_8(環状構造)ではすべて酸化数 0．
　左右の結合原子は同一種類なので綱引きの力(電気陰性度)が同じであり，電子の奪い合いは引き分け，元のまま．
　　　　　原子 H・ + ・H　→　H:H　→　H・ + ・H
　　　　　　　　　　　　H_2 中の H：原子と同じ電子数なので，酸化数 0

　　　　　原子 ・Ö・ + ・Ö・　→　Ö::Ö　→　Ö: + :Ö　　(・Ö・ + ・Ö・と同じ)

互いに同一元素の結合 → 電気陰性度同じ → 結合は真半分に切れる → 対の電子を半分ずつ受けとる(取り戻す)
→ 酸化数 0(電子の数は原子の状態と同じ．H では 1 個，O では 6 個)

答 5-21　H_2O_2(H–O–O–H)中の O は酸素原子 ・Ö・ より電子 1 個多い 7 個だから，酸化数は -1．
　　H:Ö:Ö:H → H^+ + ・Ö:$^-$ + ・Ö:$^-$ + H^+　　H_2O(H–O–H)では O は -2(:Ö:$^{2-}$ + 2H^+)．
　　　規則③：左頁③参照．同一元素の(O–O)結合は中央で切断される(電気陰性度が同一)．H–O では電気陰性度大の O が H の電子を奪う．

答 5-22　規則④：左頁④参照．
　Na, K, Ca といったアルカリ金属，アルカリ土類金属は陽性元素であり，電気陰性度は小さいので，これらは通常は陽イオン，Na^+, K^+, Ca^{2+} と考える → $+1$, $+1$, $+2$ (p.16〜19)．
　Fe^{2+}, Fe^{3+} → $+2$, $+3$(原子に比べて電子が 2 個，3 個減った)．ハロゲン元素 F, Cl, Br, I は通常陰イオン，F^-, Cl^-, Br^-, I^- と考える → -1(電子が 1 個増えた, p.16〜19)．

答 5-23　規則⑤：左頁⑤参照．Mn の酸化数を x とすると MnO_4^- → x(Mn) + $(-2) \times 4$(O_4) = -1 (O の 4 個分)
(イオンの電荷数)．よって，$x=+7$．過マンガン酸カリウム $KMnO_4$ は NaCl と同じ塩の一種 → $K^+ + MnO_4^-$．MnO_4^- は SO_4^{2-} と同じ多原子イオン(Mn を S に替えれば SO_4)．$KMnO_4$ の中の Mn の酸化数は $+7$．

答 5-24　規則⑥：左頁⑥参照．Mn の酸化数を x とすると $KMnO_4$ → $K^+ + Mn^x + 4\,O^{2-}$,
$(+1) + x + (-2) \times 4 = 0$, Mn の酸化数 $x = +7$(Mn^{7+})．
$FeCl_3$ → $Fe^{3+} + 3\,Cl^-$, Cl $=-1$(答 5-22)を前提に，Fe の酸化数 $x + (-1) \times 3 = 0$, $x = +3$
H_2O → $O^{2-} + 2H^+$　　　　$O=-2$, $H=+1$(答 5-19)よって，$(-2) \times 1 + (+1) \times 2 = 0$

H:Ö:H → H:Ö:H → $H^+ + O^{2-} + H^+$　原子に比べ O では電子 2 個増，H では 1 個減
通常の H の酸化数は $+1$ であり，O の酸化数は -2 である．以下は例外*．(左頁参照)

H:Ö:Ö:H → H:Ö:Ö:H → H^+ + ・Ö:$^-$ + ・Ö:$^-$ + H^+ = $2\,O^- + 2H^+$．O の酸化数 -1

* 共有結合では共有電子対は二つの結合原子間で電気陰性度の大きい元素の方に完全に移動しているとして酸化数を計算する．すなわち，一つの結合に関して，電気陰性度の小さい元素は電子を1個失うので酸化数+1，電気陰性度の大きい元素は電子を1個獲得するので酸化数−1である．

問題 5-25 以下の化学式で示された物質中のすべての元素の酸化数を示せ．

(1) H_2　　水素（分子，ガス）

(2) O_2　　酸素（分子，ガス）

(3) Cl_2　　塩素（分子，ガス）　黄緑色気体，有毒，酸化・漂白・消毒剤として利用．

(4) H_2O　　水

(5) H_2O_2　　過酸化水素（消毒・殺菌・漂白に用いるオキシドールはこの約3%水溶液）

(6) Mn^{2+}　　マンガンイオン

(7) MnO_4^-　過マンガン酸イオン　$KMnO_4$ 過マンガン酸カリウム

* $KMnO_4$ 紫黒色の結晶．$KMnO_4$ は塩の一種であり水に溶かすと $K^+ + MnO_4^-$ に分かれる．濃い紫色の溶液を与える．この紫色は MnO_4^- の色である．強力な酸化剤であり，容量分析（酸化還元滴定）・有機合成・殺菌・漂白などに用いる．$KMnO_4$ が分解して生じる MnO_2 は乾電池の成分である（黒褐色の粉）．デモの「火山」に用いた酸化剤（$KMnO_4$ + グリセリン→火山）

(8) Fe^{2+} 鉄(II)イオン　$FeSO_4$ 硫酸鉄

　　SO_4 はかたまり，多原子イオンという（SO_4^{2-}；H_2SO_4）（または S は+6価）

(9) Fe^{3+} 鉄(III)イオン　　$KFe(SO_4)_2 \cdot 12 H_2O$ 鉄ミョウバン（淡紫色結晶）

　　K_2SO_4 と $Fe_2(SO_4)_3$ とが同居する形の結晶．NaClのような普通の塩（単純塩）に対し複塩という．$12 H_2O$ は結晶水（固体中で $KFe(SO_4)_2$ が結晶として規則正しく配列する際に必要な水分子．1組の $KFe(SO_4)_2$ あたり12個の H_2O を含む）．結晶水の説明は p.50 参照．ミョウバン（明礬）は $KAl(SO_4)_2 \cdot 12 H_2O$，媒染剤・収歛剤・製革・製紙などに用いる．鉄明礬は媒染剤（染料と繊維を媒介して固着させる物質）．

(10) NaCl（Na^+，Cl^-）　食塩

(11) K_2CrO_4　　純クロム酸カリウム（黄色結晶）　皮なめし剤・媒染剤・酸化剤・分析試薬．

(12) $K_2Cr_2O_7$　　二クロム酸カリウム（橙色結晶）　強力な酸化剤，化学分析・電池・染料・爆発物．

デモ　$KMnO_4$，$FeSO_4$，$KFe(SO_4)_2 \cdot 12 H_2O$，$K_2CrO_4$，$K_2Cr_2O_7$ の回覧

問題 5-26 次の各化合物中の元素の酸化数を示せ．

(1) Fe_2O_3　　　　(2) KH（水素化カリウム）

(3) NO（一酸化窒素），NO_2（二酸化窒素），NO_3^-（硝酸イオン）

(4) SO_2（二酸化硫黄，亜硫酸ガス），H_2SO_3（亜硫酸），SO_3（三酸化硫黄，無水硫酸），H_2SO_4

* Fe_2O_3 は黄赤色顔料（水不溶性色素）のベンガラ，塗料・化粧品・磁気材料・窯業剤・研磨剤．

* NO_2 は自動車の排気ガス中に含まれる大気汚染物質の一つ．水に溶けて硝酸 HNO_3 と亜硝酸 HNO_2 とになる．SO_2 は火山ガス，工場の廃ガスなどに含まれる大気汚染物質．還元性が強く，絹・羊毛の漂白に用いる．

答   5 酸化還元

NaH → Na : H → Na :H → Na$^+$ + H$^-$, KH → K$^+$ + H$^-$.   Hの酸化数 −1
電気陰性度 Na＜H，より陰性の原子 H が共有電子対を受け取り H$^-$ となる．
電気陰性度が小さいもの（陽性のもの）ほど電子を失いやすい．

CaH$_2$ → H : Ca : H → H : Ca : H → Ca^{2+} + 2H$^-$.   Hの酸化数 −1

OF$_2$ → :F̈ : Ö : F̈: → :F̈ : Ö : F̈: → F$^-$ + O^{2+} + F$^-$ → O^{2+} + 2F$^-$.   Oの酸化数 +2

答 5-25　(1) H の酸化数 = 0　　(2) O の酸化数 = 0　　(3) Cl の酸化数 = 0

(1)〜(3)は同じ元素同士で共有結合電子を引き合うから引き分けということになり，共有電子対を 1 個ずつ分け合う．元の原子の電子数と同じ．H : H → H・・H　酸化数 = 0．

(4) H の酸化数 = +1，O の酸化数 = −2（p.71 の規則①，答 5-21 を参照）

(5) H の酸化数 = +1，　H : Ö : Ö : H　Hの電子をOが奪う（電気陰性度 H＜O）
　　O の酸化数 = −1　　　　　　　　ここの電子は 1 個ずつ分け合う（同じ O 原子
　　　　　　　　　　　　　　　　　　同士で引き合う力が同じため，引き分け）．

(6) Mn^{2+} の酸化数 = +2（p.71 の規則④を参照）

(7) Mn の酸化数 = +7，O の酸化数 = −2　　(+7) + (−2)×4 = −1
　　Mn の酸化数を x とすると，O は −2，イオン全体としては −1 だから（MnO$_4^-$），
　　$x + (-2)\times4 = -1$　よって，$x = +7$．

(8) Fe^{2+} の酸化数 = +2（p.71 の規則④を参照）
　　H$_2$SO$_4$ → 2H$^+$ + SO$_4^{2-}$：2H$^+$ となるためには SO$_4^{2-}$ でないと分子全体の電荷がゼロとならない．SO$_4^{2-}$ の電荷を計算するためには S = +6，O = −2 → +6 + (−2)×4 = −2
　　　　　　　　　　　　　　　　　　　　　　　　　　　　　　　　　　16族元素

(9) Fe^{3+} の酸化数 = +3（p.71 の規則④を参照）

(10) Na$^+$ の酸化数 = +1，Cl$^-$ の酸化数 = −1（p.71 の規則④を参照）

(11) Cr の酸化数 = +6，K は Na 同様 K$^+$（Na$^+$）となるので，K$^+$ の酸化数 = +1，O の酸化数 = −2，K$_2$CrO$_4$ 全体としては無電荷なので，陽(+) + 陰(−) = 0．Cr の酸化数を x とすると，$(+1)\times2 + x + (-2)\times4 = 0$　よって，$x = +6$．

(12) Cr の酸化数 = +6　　K$_2$Cr$_2$O$_7$ → 2K$^+$ + 2Cr^x + 7O^{2-}
　　$(+1)\times2 + x\times2 + (-2)\times7 = 0$　よって，$x = +6$（Cr^{6+}）．
　　または，K$_2$Cr$_2$O$_7$ → 2K$^+$ + Cr$_2$O$_7^{2-}$：二クロム酸イオンは
　　$x\times2 + (-2)\times7 = -2$

答 5-26　(1) Fe +3, O −2　　　　　(2) K +1, H −1

(3) N +2, O −2；N +4, O −2；N +5, O −2

(4) S +4, O −2；H +1, S +4, O −2；S +6, O −2；H +1, S +6, O −2

問題

有機化合物の酸化数(省略可)

有機物の酸化数の考え方：考え方・原理はアメリカの大統領選挙の仕組みと同じである：投票された票の過半数51%を獲得すれば選挙人を全部ぶん取る(2000年ゴアとブッシュのフロリダ票).

つまり，共有結合の共有電子対(電子2個)は，二つの結合原子間で電気陰性度の大きい元素の方が全部占有している，として酸化数を計算する．したがって，一つの結合に関して，電気陰性度の小さい元素は電子を1個失うので酸化数+1，電気陰性度の大きい元素は電子を1個獲得するので酸化数-1である．同一元素の原子同士が結合している場合には電子の偏りはないので，その結合に関しては酸化数0ということになる．それぞれの原子について，すべての結合についてこれを計算し，この酸化数を足し合わせたものが，その原子の酸化数となる．

＊「有機化学 基礎の基礎」などで電子式を勉強しないと，有機物の酸化数は理解しにくい．

電気陰性度はO(3.5)＞C(2.5)＞H(2.1)なので，C–H結合(C：H)の共有電子対はC原子がもらう．この電子対は，そもそもCとHが1個ずつ出し合ったものだから，C原子はHの電子を1個奪ったことになり，Hは電子を1個奪われた・失ったことになる．すると，この結合に関しては，原子の状態に比べて，Cは電子1個増で酸化数は-1，Hは電子1個減で酸化数は+1となる．C–O結合では，電気陰性度O＞Cより，O：Cの結合電子対はO原子がもらう．つまり，この結合だけについていえば，Oの酸化数は-1，Cの酸化数は+1となる．

問題5-27 電気陰性度の大小関係をもとにして以下の有機化合物中のすべての原子の酸化数を述べよ．

(1) CH_4　メタン(都市ガス，おならの成分)

(2) CH_3Cl, CH_2Cl_2, $CHCl_3$, CCl_4　クロロメタン，ジクロロメタン(塩化メチレン)，トリクロロメタン(クロロホルム)，テトラクロロメタン(四塩化炭素)：溶剤に利用

(3) C_2H_6　エタン(石油ガスの一成分)

(4) $CH_2=CH_2$, $CH≡CH$　エチレン(エテン，石油化学基礎原料・ポリエチレン・植物ホルモンの一つ)，アセチレン(エチン，有機合成基礎原料・溶接用ガス)

(5) メタン分子CH_4の酸化反応生成物：メタン→？→？→？→炭酸ガス(二酸化炭素)

(右頁の答(5)の続き)：の反応で，Cは-4，-2，0，+2，+4と順次酸化されていることがわかる(酸素化・脱水素化と酸化=電子の減少が対応)．通常，有機化合物の酸化還元は，酸化数の変化で判断することはほとんどなく，HかOの授受で考えることが多い(メタン→メタノールではOが付加，メタノール→ホルムアルデヒドではH_2が脱離，ホルムアルデヒド→ギ酸ではOが付加，ギ酸→二酸化炭素ではH_2が脱離しているので，それぞれの反応は酸化反応である)．

答　5 酸化還元

答 5-27　(1) 電気陰性度 C>H より，C–H 結合の共有電子対は C 原子がもらう．

$$4\,\text{H}\cdot + \cdot\ddot{\text{C}}\cdot \rightarrow \text{H}:\overset{\text{H}}{\underset{\text{H}}{\ddot{\text{C}}}}:\text{H} \rightarrow \text{H}\;\overset{\text{H}}{\underset{\text{H}}{:\ddot{\text{C}}:}}\;\text{H} \rightarrow \text{C}^{4-} + 4\,\text{H}^{+}$$

（原子）　　　　　　　　　　　　　　　　　　　　　　C は H の電子 4 個をすべて得て −4
　　　　　　　　　　　　　　　　　　　　　　　　　　　H は自分の電子を 1 個失い +1

CH₄ 中の C は炭素原子より電子が 4 個多いので，<u>C の酸化数 = −4</u>，<u>H の酸化数 = +1</u>

(2) 電気陰性度 Cl>C より C:Cl 結合の共有電子対は Cl 原子がもらう（Cl の酸化数 = −1）．H:C の電子対は C がもらう（H の酸化数 = +1）．

$$\text{H}:\overset{\text{H}}{\underset{\text{H}}{\ddot{\text{C}}}}:\text{Cl} \qquad \text{H}:\overset{\ddot{\text{Cl}}}{\underset{\text{H}}{\ddot{\text{C}}}}:\text{Cl} \qquad \text{H}:\overset{\ddot{\text{Cl}}}{\underset{\ddot{\text{Cl}}}{\ddot{\text{C}}}}:\text{Cl} \qquad \text{Cl}:\overset{\ddot{\text{Cl}}}{\underset{\ddot{\text{Cl}}}{\ddot{\text{C}}}}:\text{Cl}$$

C の電子数：	6	4	2	0
C の酸化数：	<u>−2</u>	<u>0</u>	<u>+2</u>	<u>+4</u>　（Cl 置換は酸化反応である）

* または，C の酸化数を x とすると，規則①より H は +1，規則④より Cl は −1，分子全体の電荷は 0 なので，CH₃Cl では $3+x-1=0$，CH₂Cl₂ では $2+x-2=0$，CHCl₃ では $1+x-3=0$，CCl₄ では $-4+x=0$

(3)
$$\text{H}:\overset{\text{H}\;\text{H}}{\underset{\text{H}\;\text{H}}{\ddot{\text{C}}:\ddot{\text{C}}}}:\text{H} \rightarrow \text{H}\;\overset{\text{H}}{\underset{\text{H}}{:\ddot{\text{C}}\cdot}}\;\;\overset{\text{H}}{\underset{\text{H}}{\cdot\ddot{\text{C}}:}}\;\text{H} \rightarrow 6\,\text{H}^{+} + 2\,:\ddot{\text{C}}\cdot$$

C の電子数は 7，H の電子数は 0，炭素原子 ·C· より電子 3 個多い，<u>C の酸化数 = −3</u>，<u>H の酸化数 = +1</u>

C–C 結合は同一原子の結合だから電子のやり取りなし，C:C 結合は真半分 C··C に切ること可．

(4)
$$\text{H}:\overset{\text{H}}{\underset{\text{}}{\ddot{\text{C}}::\ddot{\text{C}}}}:\text{H} \rightarrow 4\,\text{H}^{+} + 2\,:\ddot{\text{C}}: \qquad \text{H}:\text{C}:::\text{C}:\text{H} \rightarrow 2\,\text{H}^{+} + 2\,:\ddot{\text{C}}\cdot$$

C₂H₄（H₂C=CH₂）の <u>C の酸化数は −2</u>（C の電子数 6，C 原子より電子が 2 個多い），
C₂H₂（HC≡CH）の <u>C の酸化数は −1</u>（C の電子数 5，C 原子より電子が 1 個多い）

* C₂H₄→C₂H₂ では C の酸化数が −2 から −1 へ増大したので酸化反応である．または，水素原子を失ったので酸化反応．

(5) メタン分子の酸化反応　$\text{CH}_4 \xrightarrow{(+\text{O})} \text{CH}_3\text{OH} \xrightarrow{(-2\text{H})} \text{HCHO} \xrightarrow{(+\text{O})} \text{HCOOH} \xrightarrow{(-2\text{H})} \text{CO}_2$

　　　　　　　　　　　　　　メタン　　　メタノール　　ホルムアルデヒド　　ギ酸　　　二酸化炭素

$$\text{H}:\overset{\text{H}}{\underset{\text{H}}{\ddot{\text{C}}}}:\text{H} \rightarrow \text{H}:\overset{\text{H}}{\underset{\text{H}}{\ddot{\text{C}}}}:\ddot{\text{O}}:\text{H} \rightarrow \text{H}:\overset{\text{H}}{\underset{}{\ddot{\text{C}}}}::\ddot{\text{O}} \rightarrow \text{H}:\overset{\ddot{\text{O}}}{\underset{}{\ddot{\text{C}}}}:\ddot{\text{O}}:\text{H} \rightarrow \ddot{\text{O}}::\text{C}::\ddot{\text{O}}$$

酸化数	H = <u>+1</u>	H = <u>+1</u>	H = <u>+1</u>	H = <u>+1</u>	
酸化数	C = <u>−4</u>・電子数 8	C = <u>−2</u>・電子数 6	C = <u>0</u>・電子数 4	C = <u>+2</u>・電子数 2	C = <u>+4</u>・電子数 0
		O = −2	O = <u>−2</u>	O = <u>−2</u>	O = <u>−2</u>

このように，メタン，メタノール，ホルムアルデヒド，ギ酸，二酸化炭素（炭酸ガス）
（左頁に続く）

問題

問題5-28：p.70, 71の規則を利用して，以下の化合物中のH，C，Oの酸化数を示せ．

(1) CH_4　　メタン

(2) C_2H_6　　エタン

(3) C_2H_4　　エチレン(エテン)

(4) C_2H_2　　アセチレン(エチン)

(5) CH_3OH　　メタノール(最も簡単なアルコール・木精, メタノール改質燃料電池の燃料)

(6) $H-\underset{\underset{O}{\|}}{C}-H$ (CH_2O)　　ホルムアルデヒド(殺菌・消毒・防腐剤のホルマリンはこのものの水溶液)

(7) $H-\underset{\underset{O}{\|}}{C}-O-H$ (CH_2O_2)　　ギ酸(蟻酸)(蟻やハチの出す毒素)

(8) CO_2　　二酸化炭素(炭酸ガス，我々の呼気中に多量に存在する)

(9) $CH_3-\underset{\underset{O}{\|}}{C}-CH_3$　　アセトン(最も簡単なケトン，ケトン体・アセトン体，この問題はわかりにくいのでパスしても可)

ヒント：分子中には2種類のCがあるので，これらのCを分けて考える必要がある．C–C–Cは同じ元素同士の結合なので電気陰性度は同じである．したがって，C–C(C：C)結合の共有電子対：を両側の炭素原子Cが同じ強さで引き合っているから，この電子対のぶん取り合戦は引き分け，電子対は2個ともどちらかのCに属するのではなく，両側のCがそれぞれ1個ずつ電子を分け合う．一方，この共有電子対は両側のCが電子を1個ずつ出し合ってつくったものであるから，もともと電子は1個ずつが各々のCのもの．したがって，この共有電子対を折半すれば，それぞれのC原子に属する電子数はC–C結合をつくる前後で変化しない(元通り)．C・ + ・C → C：C → C・ + ・C つまり，C–C結合のC, C間では電子の出入りはなく，この結合については電子の増減なし．したがって，この結合に関する酸化数は0である(C原子の酸化数を考えるとき，この結合の寄与は考えなくてよい)：p.70 規則③．そこで，CH_3–CO–CH_3のC–C–CのC–Cの所で三つに切って，分けて考えてよい(2種類のCがあるので別々に考える)．

(10) $CH_3-\underset{\underset{O}{\|}}{C}-OH$ (CH_3COOH)　　酢酸(食酢の主成分，この問題もアセトンと同様に，2種類のCを分けて考える必要がある．パスしても可．)

(右頁より) $-\underset{\underset{O}{\|}}{C}-OH$ではO = −2, H = +1 (p.71の規則①参照), COOH全体で0だから，このCの酸化数*は，$x + (-2) \times 2 + (+1) \times 1 = 0$, $x = +3$. カルボキシル基のCの酸化数 = +3.

* CH_3COOHには2種類のCがあるから，分子全体を$C_2H_4O_2$と考えて，$2x + (+1) \times 4 + (-2) \times 2 = 0$としてxを求めてもCの正しい酸化数とはならない．

答 5-28 (1) Cの酸化数 = −4，Hの酸化数 = +1．Cの酸化数を x とすると，Hは+1(p.71の規則①参照)，分子全体で0だから，CH_4 では，$x+(+1)\times 4=0$．よって，$x=-4$．

(2) C = −3，H = +1．Cの酸化数を x とすると，C_2H_6 では2個のCは等価だから，$2x+(+1)\times 6=0$．$x=-3$．または，C−C結合は同一原子の結合だから電子のやり取りなし，結合は真半分に切ること可．Hは+1(規則①)だから，$C_2H_6(H_3C-CH_3)$ の CH_3- のCの酸化数は $x+(+1)\times 3=0$，$x=-3$．

(3) C = −2，H = +1．C_2H_4 では2個のCは等価だから，$2x+(+1)\times 4=0$，$x=-2$．または，結合を真半分に切って，CH_2 より $C=-2$．

(4) C = −1，H = +1．C_2H_2 では2個のCは等価だから，$2x+(+1)\times 2=0$，$x=-1$．または，結合を真半分に切って，CH より $C=-1$．

(5) C = −2，H = +1．Oの酸化数 = −2(p.71の規則①参照)．分子全体で0だから，Cの酸化数を x とすると，CH_3OH では，$x+(+1)\times 3+(-2)\times 1+(+1)\times 1=0$．$x=-2$．

(6) C = 0，H = +1，O = −2．分子全体で0だから，Cの酸化数を x とすると，HCHO では，$(+1)\times 1+x+(+1)\times 1+(-2)\times 1=0$．よって，$x=0$．

(7) C = +2，H = +1，O = −2．Cの酸化数を x とすると，HCOOH では，$(+1)\times 1+x+(-2)\times 2+(+1)\times 1=0$．よって，$x=+2$．

(8) C = +4，O = −2．Cの酸化数を x とすると，CO_2 では，$x+(-2)\times 2=0$．よって，$x=+4$．

(9) CH_3 では，Hの酸化数 = +1．C−C(CH_3-CO-)では電子の出入り0．したがって，CH_3 部分のCの酸化数を x とすると，$x+(+1)\times 3+0=0$，$x=-3$．Cの酸化数 = −3．

H
H:C ..C
H

CH_3 の部分については，電気陰性度H<Cだから，H:Cの共有電子対の電子はCが引き抜き，2個ともCのものとなる(2個のうち1個はもともとCのものだから，Hの分だけ1個余分に電子を取ったことになる)．3本のH:C結合があるから，中央のCは3つのHから計3個の電子をもらうことになる．原子状態のC(·C·)に比べて電子が3個多いので，酸化数は−3となる．よって，CH_3 部分のCの酸化数は−3．

CO($CH_3-CO-CH_3$) のC−C−CのC，Cの間では電子のやりとりはないので0(上述)，Oの酸化数 = −2，CO部分のCの酸化数を x' とすると，$x'+0+0+(-2)\times 1=0$．よって，$x'=+2$．カルボニル基COのCの酸化数 = +2．

C:C:C   C··C··C   この部分の中央のC(COのC)は，Cよりも電気陰性度の大きいOが
 ::   ::   結合電子を引き抜くので，原子の4個の電子のうち2個がなくなる．
 O   O   すなわち，酸化数は+2となる．

           O
           ‖
(10) アセトンの場合と同様の議論で，CH_3-C-OH のメチル基 CH_3- のCの酸化数 = −3 (Hの酸化数 = +1，$x+(+1)\times 3=0$，$x=-3$)．(左頁に続く)

問題 5-29 生化学で学ぶ，タンパク質の高次構造の形成にかかわる –S–S– 結合は酸化還元反応により –S–H 結合へと相互変換する．つまり，R–S–S–R ⇌ 2 R–S–H

（R はタンパク質の分子鎖……C– を表す）．右向き反応→，左向き反応←はそれぞれ酸化反応か，還元反応か．両者の S 原子の酸化数も示せ．また，タンパク質の高次構造を壊すには酸化剤と還元剤のどちらで処理するとよいか（頭髪のパーマネントウェーブの原理）．

5-3 酸化剤・還元剤の価数

問題 5-30 酸，塩基の価数は，1 分子の酸が出す H^+ の個数，または 1 mol の酸が出す H^+ の mol 数，および 1 分子の塩基が出す OH^- の個数，または，1 mol の塩基が出す OH^- の mol 数と定義された．たとえば，H_2SO_4 1 mol（1 個）は 2 mol（2 個）の H^+ を出すので H_2SO_4 は 2 価，NaOH の 1 mol（1 個）は 1 mol（1 個）の OH^- を出すので，NaOH は 1 価の塩基である．では，酸化剤，還元剤の価数はどう定義されるか？

問題 5-31 以下の問いに答えよ．
(1)　Fe^{2+} は何価の還元剤か．

　　（$Fe^{2+} \rightarrow Fe^{3+}$：これは実験事実である．このことを知識として知らないと Fe^{2+} が何価の還元剤かはわからない．ここでは $Fe^{2+} \rightarrow Fe^{3+}$ と示してあるので，それをもとにわかればよい．覚えなくともよい．）

(2)　シュウ酸 $(COOH)_2$ は何価の還元剤か．$(COOH)_2 \rightarrow 2 CO_2 + 2 H^+ + 2 e^-$ の反応式を見れば，シュウ酸の 1 分子は 2 個の電子を出すことがわかる．一方，生成物が CO_2 であることを知識として知っていないと，この反応式は書けないし，$+2 e^-$ となることもわからない．（覚えなくても与えてある上記の式をもとに何価の還元剤か解ければよい．）

(3)　過マンガン酸カリウム $KMnO_4$ は何価の酸化剤か．（この解答は下述）

　　（$KMnO_4 \rightarrow Mn^{2+} + \cdots$：実験事実である（覚えなくてもよい））

* $KMnO_4$ は酸化還元反応によく用いられる酸化剤である（$KMnO_4$ は NaCl と同じ塩の一種なので，水中では $K^+ + MnO_4^-$ とイオンに分かれる：K^+ は酸化還元に関係ないので，除いて考えてよい）．
* 過マンガン酸イオン（覚えること）MnO_4^- は SO_4^{2-} と同じようにひとかたまりの多原子イオンである．

答 5-31 （答(1)，(2) は右頁）

(3) 最低限，下記の反応式を見て何価の酸化剤かわかればよい．以下の理屈は省略可：

$KMnO_4$ は次のように反応する：MnO_4^- の Mn の酸化数は $+7$ であり（p.72, 73），生成物は Mn^{2+} である．したがって $+7 + 5 e^- (-5) = +2$ ということで電子 5 個が出入りするので <u>5 価の酸化剤</u>．MnO_4^- の O 原子をすべて水分子に変えるには $8 H^+$ が必要となるので，下の反応式が導かれる．反応で電子 5 個をやりとりする $(7 - 2 = 5)$ → 酸化還元の 5 価である．

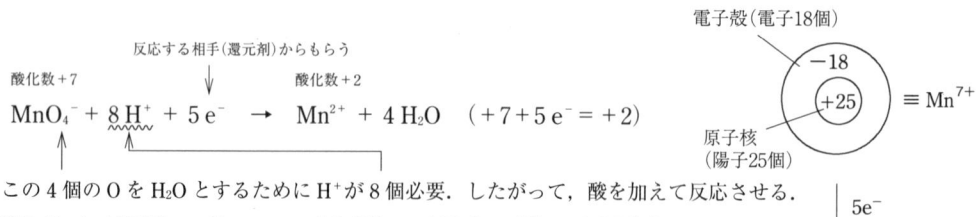

　　　　　　　反応する相手（還元剤）からもらう
　酸化数 +7　　　　　↓　　　　　酸化数 +2
　$MnO_4^- + 8 H^+ + 5 e^- \rightarrow Mn^{2+} + 4 H_2O$　　$(+7 + 5 e^- = +2)$

この 4 個の O を H_2O とするために H^+ が 8 個必要．したがって，酸を加えて反応させる．

$(KMnO_4 + 4 H_2SO_4 + 5 e^- \rightarrow MnSO_4 + 4 H_2O + K^+ + 3 SO_4^{2-})$

　　硫酸が最適　（HNO_3 には酸化作用，HCl には還元作用がある）

（この答は右頁の(3)へと続く）

* <u>酸化数</u>と<u>酸化剤としての価数</u>（酸化数の<u>差</u>）をきちんと区別すること．

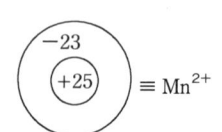

電子殻（電子18個）
$\begin{pmatrix} -18 \\ +25 \end{pmatrix}$ ≡ Mn^{7+}
原子核（陽子25個）

↓ $5e^-$

$\begin{pmatrix} -23 \\ +25 \end{pmatrix}$ ≡ Mn^{2+}

5 酸化還元

答 5-29 電気陰性度はS＝Cだから，C–S–S–C（C：S：S：C）で，C：Sの電子対：はSとCで分け合い，S：Sの：もS原子同士で折半するので，Sの電子数は増減なし，すなわち酸化数＝0．一方，C–S–H（C：S：H）ではS：Hの：をSがぶん取るので（電気陰性度はS＞H），Sの電子数は1個増加，すなわち酸化数＝−1．したがって→は還元（酸化数が減少），←は酸化である．または→ではHが付加することからも還元反応であると判断できる．タンパク質を還元剤で処理するとS–S結合が切断され高次構造が破壊される．

酸化剤・還元剤の価数

答 5-30 酸化剤，還元剤の価数は，1分子の物質（酸化剤，還元剤）が出す（出し入れする）電子の個数，または1 molの物質が出し入れする電子のmol数と定義される．

* 酸化数と酸化還元反応の価数（酸化数の差）とを混同しないこと（重要！）．

答 5-31 (1) $Fe^{2+} \to Fe^{3+} + e^-$（$e^-$は電子 electronを表す）なる反応が起こる場合，Fe^{2+}は電子を放出した（失った），Fe^{2+}はFe^{3+}になり+2 → +3と酸化数が増した，のでFe^{2+}は酸化されており，したがってFe^{2+}は還元剤である（相手を還元できる，相手に電子を与えることができる）．

ここで，1個のFe^{2+}は1個の電子を出す（失う），1 molのFe^{2+}は1 molの電子を出すので，Fe^{2+}は1価の還元剤である．$Fe^{2+} \to Fe^{3+}$，酸化数+2 → +3，その差+1 ⇒ 1価の還元剤（自身は酸化された）．

(2) 酸化還元反応では，$(COOH)_2$は $(COOH)_2 \to 2CO_2 + 2H^+ + 2e^-$

のような反応を起こすので，1 molの$(COOH)_2$が2 molの電子を放出することになる．したがって，$(COOH)_2$は2価の還元剤である．

以下は省略可：$(COOH)_2$の中のCの酸化数xは，H＝+1，O＝−2だから，
$(+1) + (-2) \times 2 + x = 0$，または，$(+1) \times 2 + (-2) \times 4 + x \times 2 = 0$，よって，$x = +3$．
CO_2中のCの酸化数xは，$x + (-2) \times 2 = 0$，$x = +4$．

$(COOH) \to CO_2$なる反応により，Cの酸化数は，+3 → +4 となる（差は+1，または電子を1個出す）．これが2個あるから $(COOH)_2 \to 2CO_2$，反応前後の酸化数の差は+2（電子を2個出す）⇒ $(COOH)_2$は2価の還元剤である．

(3) （この答は左頁の中央から続く）

1 molのMnO_4^-が5 molの電子を反応する相手（還元剤）から受け取ることになる．したがって$KMnO_4$は5価の酸化剤である．または，MnO_4^-の中のMn（酸化数+7）がMn^{2+}（酸化数+2）に変化するから，反応の前後の酸化数の差は−5（5個の電子を受け取る）⇒ $KMnO_4$は5価の酸化剤である（自身は還元される）．

$(+7) + (-5) = +2$　$Mn^{7+} \to Mn^{2+}$　（左頁の原子構造図参照）
　　5個の電子　　　　+5e^-

以上のように**酸化還元剤の価数**は反応の前後でその物質1個（1 mol）が放出，または受け取る電子の個数（mol数），または**反応の前後での酸化数の変化量**に等しい．

$Fe^{2+} \to Fe^{3+}$：酸化数+2 → +3，差＝+1（電子1個を放出）⇒ 1価（還元剤）
$MnO_4^- \to Mn^{2+}$：酸化数+7 → +2，差＝−5（電子5個を獲得）⇒ 5価（酸化剤）

問題

問題 5-32 H_2O_2 は，$H_2O_2 + 2e^- \rightarrow 2OH^-$ のように反応する．H_2O_2 は何価の酸化剤か．

問題 5-33 H_2O_2 は，$H_2O_2 \rightarrow 2H^+ + O_2 + 2e^-$ のようにも反応する．H_2O_2 は何価の還元剤か．

* 「差」を表すには，到着点から出発点(終わりから初め)を引くのが習慣である．
  例：東京を 10:00 に出発して大阪に 12:00 に着いた．したがって東京から大阪までの所要時間は 12:00 $-$ 10:00 = 2:00，2 時間ちょうどである．到着時間から出発時間を差し引く．10:00 $-$ 12:00 = $-$2:00 とは計算しない．H_2O_2(酸化数 -1) $\rightarrow$ O_2(酸化数 0)の差は 0 $-$ (-1) = $+1$．

問題 5-34 シュウ酸$(COOH)_2$ は(酸化還元の)何価か．またその理由(根拠となる反応式)を示せ．
ヒント：生成物は CO_2 と H^+ である．

問題 5-35 シュウ酸$(COOH)_2$ は 2 価の還元剤である(1 mol が 2 mol の電子を出す)ことを反応の前後における各元素の酸化数の変化より示せ．ただし，反応式は $(COOH)_2 \rightarrow 2CO_2 + 2H^+$

問題 5-36 過マンガン酸イオンは酸性条件下では(酸化還元の)何価か．またその理由(根拠となる反応式)を示せ($MnO_4^- \rightarrow Mn^{2+} + \cdots$ なる反応が起こる)．$\rightarrow$ 難しいので，できなくても可．

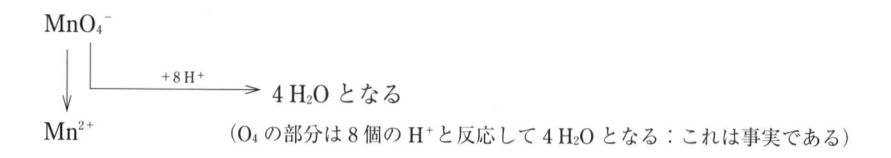

MnO_4^-
$\downarrow$ $\xrightarrow{+8H^+}$ 4 H_2O となる
Mn^{2+} （O_4 の部分は 8 個の H^+ と反応して 4 H_2O となる：これは事実である）

* アルカリ性条件下では $MnO_4^- \rightarrow MnO_2$ の反応が起こる．この場合 $+7 \rightarrow +4$ なので 3 価の酸化剤．

5-4 電子の mol 数(当量数) n_e eq. 当量

問題 5-37 H_2O_2 の酸化剤としての価数は 2 である(問題 5-32)．1 mol/L の過酸化水素水 H_2O_2 がある．この 3 L 中に H_2O_2 は何 mol 存在するか．この中に含まれる電子の mol 数(当量数)はいくつか．この溶液の電子のモル濃度はいくつか．

答

答 5-32 H_2O_2 の 1 分子が 2 個の電子を受け取る(1 mol が 2 mol の電子を受け取る)ので H_2O_2 は 2 価の酸化剤.

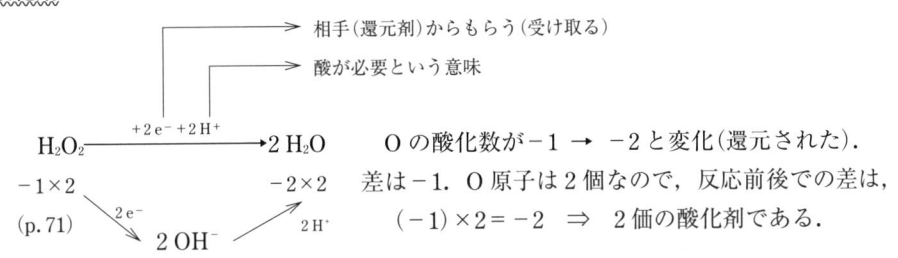

$$H_2O_2 \xrightarrow{+2e^- +2H^+} 2H_2O$$

矢印の説明：
- 相手(還元剤)からもらう(受け取る)
- 酸が必要という意味

$-1 \times 2 \qquad -2 \times 2$
(p.71)
$\xrightarrow{2e^-} 2OH^- \xrightarrow{2H^+}$

O の酸化数が $-1 \to -2$ と変化(還元された).
差は -1. O 原子は 2 個なので，反応前後での差は，$(-1) \times 2 = -2$ ⇒ 2 価の酸化剤である.

答 5-33 反応式を見れば $2e^-$ と書いてあるので 2 価の還元剤

$$\begin{array}{cc} H-O-O-H & O-O \\ H_2O_2 \to & O_2 \\ -1 & 0 \end{array}$$

O の酸化数が $-1 \to 0$ と変化(酸化された).
差は $0-(-1)=+1$. (左頁「差」参照) O 原子 2 個なので，反応前後での差 $=(+1) \times 2=+2$ ⇒ 2 価の還元剤.

答 5-34 シュウ酸は $(COOH)_2 \to 2CO_2 + 2H^+ + 2e^-$ のように 1 分子で 2 個, 1 mol で 2 mol の電子を出すので，2 価の還元剤である. (問題 5-31(2)参照)

考え方：炭素の酸化数：$(COOH)_2$ では

$$H-O-\underset{\underset{O}{\parallel}}{C}-\underset{\underset{O}{\parallel}}{C}-O-H$$

のように結合しているから

$$\overset{+1}{H}-\overset{-2}{O}-\overset{+3}{\underset{\underset{O}{\parallel}_{-2}}{C}}-C-O-H$$

O は -2, H は $+1$, よって C は $+3$ となる（C を x：$+1-2-2+x=0$）CO_2 では $O=C=O$ より，C は $+4$ となる. したがって $+3 \to +4$ となる. つまり 1 個の C は $+3 = +4 + e^-(-1)$ のように電子 1 個を放出していることになる. $(COOH)_2$ にはこの C が 2 個あるから電子 2 個を放出することになる. よって $(COOH)_2 \to 2CO_2 + 2H^+$ なる反応では電子が 2 個出る. すなわち，$(COOH)_2 \to 2CO_2 + 2H^+ + 2e^-$

答 5-35 答 5-34 の「考え方」に同じ.

答 5-36 過マンガン酸イオンでは，$MnO_4^- + 5e^- + 8H^+ \to Mn^{2+} + 4H_2O$ のように 1 分子で 5 個の電子, 1 mol で 5 mol の電子を受け取るので，5 価の酸化剤である. p.95 に反応式の導出の説明あり (p.78 問題 5-31(3)とその答にコメントあり)

考え方：$KMnO_4$ で K は $+1$, O は -2 だから，Mn の酸化数を x とすると，$+1+x+(-2) \times 4=0$ より，$KMnO_4$ 中の Mn の酸化数 x は $+7$ である. 水中では $KMnO_4 \to K^+ + MnO_4^-$ のようにイオンに解離する. MnO_4^- の Mn の酸化数は $+7$（Mn $+(-2) \times 4 = -1$）. Mn^{2+} の酸化数は $+2$, よって，$MnO_4^- \to Mn^{2+}$ なる反応では MnO_4^- は電子を 5 個 $(+7-5=+2)$ ほかからもらう必要がある. または，$MnO_4^- + 5e^- \to Mn^{2+}$ (反応式をきちんと完成させるには，$8H^+$ を加えて，$MnO_4^- + 5e^- + 8H^+ \to Mn^{2+} + 4H_2O$)

電子の mol 数(当量数) n_e

答 5-37 H_2O_2 の mol 数 $n = 1 \text{ mol/L} \times 3 \text{ L} = 3 \text{ mol}$. 2 価 $(H_2O_2 + 2e^- \to 2OH^-)$ だから，電子の mol 数 $n_e = 2 \times 3 \text{ mol} = 6 \text{ mol}$. 電子のモル濃度 $C_e = 2 \times 1 \text{ mol/L} = 2 \text{ mol/L}$.

問題 5-38 価数 m でモル濃度が C mol/L の酸化剤(または還元剤)が V L ある.
(1-1) 酸化剤(または還元剤)の mol 数 n は m, C, V を用いてどう表されるか.
(1-2) 電子 e^- の mol 数 n_e は n, m, C, V を用いてどう表されるか.
　　* H^+ の mol 数 (n_H) (当量数) p.42 3-5節と同じ考え方である.
(2-1) 電子 e^- のモル濃度 C_e mol/L は m, C, V を用いてどう表されるか.
(2-2) 電子 e^- の mol 数 n_e は C_e, m, C, V を用いてどう表されるか.
　　* (1-1,2)と(2-1,2)との違いは, (1-1,2)酸化剤(還元剤)の mol 数を先に考えるか, (2-1,2)電子のモル濃度を先に考えるか, である. すなわち, 両者は考える順序が異なっている. 考え方は, 中和滴定とまったく同じである.

5-5 酸化剤・還元剤の規定度(N：規定)とは？(ここは省略可)

問題 5-39 規定度とは酸化剤, 還元剤の溶液の濃度を表す表し方の一つである.
　中和滴定では, $H^+ + OH^- \to H_2O$ が中和反応の基本であるから, 濃度を表す基本として, 酸, 塩基(たとえば H_2SO_4, NaOH)の mol/L ではなく, H^+ の mol/L, OH^- の mol/L を考えた. この H^+, OH^- としての mol/L を規定度とよんだ. では, 酸化還元の規定度はどのように表されるか？

問題 5-40 H_2O_2 の酸化剤としての価数は 2 である. 1 mol/L の過酸化水素水 H_2O_2 がある. この溶液の酸化剤としての規定度(電子のモル濃度)はいくつか. この溶液 3 L 中に含まれる H_2O_2 の酸化剤としての当量数(電子の mol 数)はいくつか.

問題 5-41 (1)価数 m でモル濃度が C mol/L の酸化剤(還元剤)が V L ある. この溶液の規定度(N)を求めよ.

(2)電子 e^- の mol 数 n_e を, 規定度(電子 e^- の mol/L)を用いて表せ.

問題 5-42 0.1000 規定のシュウ酸溶液 100.0 mL をつくるには, 結晶シュウ酸 $(COOH)_2 \cdot 2H_2O$ の何 g が必要か. ただし, シュウ酸の反応式は $(COOH)_2 \to 2CO_2 + 2H^+ + 2e^-$ と表される.

答

答 5-38 * 酸化還元の価数と酸化数の違いを確認すること！

(1-1) mol 数はモル濃度(mol/L)×体積(L)だから $n\,\text{mol} = C\,\text{mol/L} \times V\,\text{L} = \underline{CV\,\text{mol}}$

(1-2) 1 mol の酸化剤(還元剤)が m mol の電子 e^-(1 個の酸化剤(還元剤)分子が m 個の e^-)を受け取る(放出する)ので，n mol の酸化剤(還元剤)では

電子の mol 数 $n_e\,\text{mol} = m \times n = m \times CV\,\text{mol} = \underline{mCV\,\text{mol}}$

(2-1) 1 mol/L の酸化剤(還元剤)が m mol/L の電子 e^-(1 個の分子から m 個の e^-) を受け取る(放出する)ので，C mol/L の酸化剤(還元剤)では

電子のモル濃度 $C_e\,\text{mol/L} = m \times C\,\text{mol/L} = \underline{mC\,\text{mol/L}}$

(2-2) mol 数はモル濃度(mol/L)×体積(L)だから，V L 中には

電子の mol 数 $n_e\,\text{mol} = C_e\,\text{mol/L} \times V\,\text{L} = mC\,\text{mol/L} \times V\,\text{L} = \underline{mCV\,\text{mol}}$

酸化剤・還元剤の規定度(N：規定)

答 5-39 酸化還元では A → $A^+ + e^-$(電子を出す)，$B + e^- \to B^-$(電子をもらう)，全体として $A + B \to A^+ + B^-$(電子の授受)のように，1 個の電子のやりとりが反応の基本だから，濃度を表す基本として，酸化剤，還元剤(H_2O_2，$KMnO_4$，$(COOH)_2$ など)の mol/L ではなく，それが放出することができる，または，受け取ることができる電子 e^- の数としての mol/L を考える．この**電子 e^- のモル濃度 C_e(たとえば 0.1)mol/L** を C_e (0.1)規定(C_e N，たとえば 0.1 N)という．よって，考え方は中和滴定の規定度とまったく同じであり，したがって取り扱い方も中和滴定の場合とまったく同じである．C_e は酸・塩基の C_H，C_{OH} と同様に，通常は規定度を示す記号 N で表す．すなわち，$C_e \equiv N$ (C_e N = N N (N 規定と読む，N は規定を示す単位である).

答 5-40 2 価($H_2O_2 + 2\,e^- \to 2\,OH^-$)，つまり一つの分子が 2 個の電子をもらうから，

規定度 N = 電子のモル濃度 C_e(N) = 2 × 1 mol/L = $\underline{2\,\text{N}}$(2 規定，2 mol/L の電子)

当量数(電子の mol 数) n_e = 2 N(2 mol/L の電子) × 3 L = $\underline{6\,\text{当量}}$(6 mol の電子)

答 5-41 (1) 規定度 N は電子 e^- の mol/L だから，e^- のモル濃度 $C_e \equiv N$ と書くとすると，

規定度 $N = C_e\,\text{mol/L} = C_e\,\text{N}$(規定) = N N($N$ 規定) = $m \times C\,\text{mol/L} = mC\,\text{mol/L} = mC\,\text{N}$

電子の mol 数を n_e と書くと，電子の mol 数 $n_e = N \times V = mCV$ ($CV = n\,\text{mol}$ ものの mol 数)

$$N = \frac{n_e\,\text{mol}}{V\,\text{L}} = \frac{mCV}{V} = mC$$

N N $= mC$ 規定度 N は mC(価数×モル濃度)と表される．

$\underline{mCV} = n_e\,\text{mol}$ 電子の mol 数 ↕ H_2SO_4 での H^+ の mol 数

$$\boxed{N = mC}$$

(2) $n_e\,\text{mol} = \underset{(N)}{mC}$(電子 e^- の mol/L)規定 × $V\,\text{L} = \underset{(N)}{mCV\,\text{mol}} = NV\,\text{mol}$ (中和反応の場合とまったく同じ式である)

答 5-42 $(COOH)_2 \cdot 2\,H_2O$ の式量 = 126.07，シュウ酸は 2 価($m = 2$)

$(COOH)_2 \to 2\,CO_2 + 2\,H^+ + 2\,e^-$

0.1000 N $= m \times C$，$m = 2$ だから，C = 0.1000 N/2 = 0.0500 mol/L

100.0 mL = 0.1000 L したがって，必要な重さ w g は，

$w = MW \times n = MW \times (C \times V) = 126.07\,\text{g/mol} \times 0.0500\,\text{mol/L} \times 0.100\,\text{L} = \underline{0.630\,\text{g}}$

$C = (w\,\text{g}/126.07\,\text{g})\,\text{mol}/0.1000\,\text{L} = 0.0500\,\text{mol/L}$ として w を求めてもよい．

問題 5-43　0.1000 N KMnO₄溶液 20.0 mL 中に溶質は何 mol 含まれているか．また，これをミリ mol 単位(mmol)で表せ．その重さ(g)も求めよ．

問題 5-44　0.1234 N のシュウ酸 100.0 mL 中にシュウ酸(COOH)₂は何 g 含まれているか．

5-6　酸化還元滴定と濃度計算

問題 5-45　中和反応では酸の H^+ と塩基の OH^- とが 1：1 で反応する．したがって 1 mol の H^+ と 1 mol の OH^- とで反応する，同じ H^+ と OH^- の mol 数で反応する，ということから，$mCV = m'C'V'$ と書けた．酸化還元反応ではこのような関係はどのように書くことができるか．また，なぜそういう関係が成り立つのか説明せよ．

* 沈殿滴定(p.162)，キレート滴定(p.160)

　　沈殿滴定は $AgNO_3 + NaCl \rightarrow AgCl$(沈殿)，$2AgNO_3 + CaCl_2 \rightarrow 2AgCl$(沈殿)なる反応を利用した濃度決定法である．基本反応は $Ag^+ + Cl^- \rightarrow AgCl$．これを銀滴定といい，たとえば醤油中の NaCl 量の定量に用いる．この場合，$AgNO_3$ は 1 個の Ag^+ を出すから銀滴定では 1 価，NaCl は 1 個の Cl^- を出すから 1 価，$CaCl_2$ は 2 個の Cl^- を出すから 2 価である．

例題：(1)沈殿滴定の場合の規定度はどのように定義されるだろうか．
　　　(2)沈殿滴定，他の滴定法では濃度計算はどのように行うか．

答：(1)沈殿滴定の場合の規定度：(規定濃度，normality)は，沈殿滴定の基本物質である Cl^- を基準すると(中和の H^+，酸化還元の e^- に対応)，$CaCl_2$ の 1 mol/L は Cl^- の 2 mol/L→2 規定(N)，NaCl の 1 mol/L は Cl^- の 1 mol/L→1 規定(N)，AgCl の 1 mol/L は Ag^+ の 1 mol/L→1 規定(N)ということになる．
(2)濃度計算法は，$mCV = m'C'V'$．または，$NV = N'V'$ ($N = mC$)．つまり，他の滴定法でも，酸化還元の場合と同様に，中和反応とまったく同じ扱いが可能である．

問題 5-46　過マンガン酸カリウムの 0.1000 N 溶液を 500 mL 調製するときの KMnO₄ の必要量を計算せよ．ただし，用いる結晶の純度は 100% であるとする(用いる結晶の純度が 100% であるとする→これは特別何も考えなくて計算してもよい，という意味)．

(別解)または，電子の mol 数 n_e，価数 m，KMnO₄ の mol 数 n とすると

$$n_e = mn, \quad n = \frac{n_e}{m} \quad \text{(ここでは } m = 5\text{)} \quad \text{だから}$$

$$n = \frac{n_e}{m} = \frac{0.0500 \text{ mol}}{5} = 0.01000 \text{ mol} \quad \text{よって，KMnO}_4\text{の質量は}$$

$w \text{g} = $ モル質量 $MW \text{g/mol} \times$ mol 数 n mol $= 158.0$ g/mol $\times 0.01000$ mol $= 1.580$ g

答 5-43　$N = mC$，$KMnO_4$ は5価（+7→+2）の酸化剤，よって，$m = 5$（p.78 問題 5-31(3)）

$C = \dfrac{N}{m} = \dfrac{0.1000\,\text{N}}{5} = 0.0200\,\text{mol/L}$　　　$V = 20.0\,\text{mL} = 0.0200\,\text{L}$

$n\,\text{mol} = C\,\text{mol/L} \times V\,\text{L} = 0.0200\,\text{mol/L} \times 0.0200\,\text{L} = \underline{0.000\,400\,\text{mol}} = \underline{0.400\,\text{mmol}}$

$KMnO_4$ の式量 $= 39.10 + 54.94 + 16.00 \times 4 = 158.04$

$w = MW \times n = 158.0\,\text{g/mol} \times 0.000\,400\,\text{mol} = \underline{0.0632\,\text{g}}$

答 5-44　シュウ酸 $(COOH)_2$ の式量 $= 90.04$，シュウ酸は2価の還元剤（$m = 2$）

　　　$(COOH)_2 \rightarrow 2\,CO_2 + 2\,H^+ + 2\,e^-$　　　（→ p.78 問題 5-31(2)が前提）

　　　$N = mC$ だから，$C = \dfrac{N}{m} = \dfrac{0.1234}{2} = 0.0617\,\text{mol/L}$

　　　$n = CV = 0.0617\,\text{mol/L} \times 0.1000\,\text{L} = 0.006\,17\,\text{mol} = 6.17\,\text{mmol}$

　　　$w = MW \times n = 90.04\,\text{g/mol} \times 0.006\,17\,\text{mol} = \underline{0.556\,\text{g}}$

酸化還元滴定と濃度計算

答 5-45　中和滴定と同様に，やはり 1 mol の電子 e^- を受け取る物質（酸化剤：自身は還元される）と，1 mol の電子 e^- を放出する物質（還元剤：自身は酸化される）とが反応する．換言すれば，酸化剤と還元剤との間で同じ mol 数の電子，同じ数の電子をやりとりする．n_e（酸化剤）$= n_e'$（還元剤）．たとえていえば，お金の貸し借りと同じである．金を貸す．その金を借りる（貸した金＝借りた金，金額は同じ）．

よって，$n_e = \overset{\text{酸化}}{mCV} = m'\,C'\,V' = \overset{\text{還元}}{n_e'}$　　（$NV = N'V'$）と書ける．　$N = mC$，$N' = m'C'$
　　　　　　　　　　　　　　　　　　　　　　　　　　　　　　　　　電子の mol/L $=$ 規定度

つまり，規定度の考え，およびそれを用いた滴定にもとづく濃度決定法は，中和，酸化還元といった反応の違いを問わず，共通してまったく同様に用いることができる．（左頁も参照）

$$\boxed{mCV = m'\,C'\,V'}\quad \text{または}\quad \boxed{NV = N'V'}$$

答 5-46　$KMnO_4$ の式量は，答 5-43 より，158.04，1 mol の $KMnO_4$ は 5 mol の電子を受け取るので（$KMnO_4$ は 5 価の酸化剤），0.1000 N（規定）$= 0.1000$ mol/L の電子 e^- を受け取るのに必要な $KMnO_4$ の濃度 C (mol/L) は，C_e（電子の mol/L）$= N = 0.1000 = mC = 5 \times C$．よって，$C = 0.1000/5 = 0.0200$ mol/L．または $KMnO_4$ は 5 価だから，$0.1000\,\text{N}/5 = 0.0200$ mol/L．500 mL $= 0.500$ L つくるのだから $KMnO_4$ の量は，$n = CV = 0.0200\,\text{mol/L} \times 0.500\,\text{L} = 0.010\,00$ mol．よって，$158.0 \times 0.010\,00 = \underline{1.580\,\text{g}}$．

　　または，$n_e = mCV = NV = 0.1000 \times (500/1000)\,\text{L} = 0.0500$ mol の電子
　　→ $KMnO_4$ の 1 mol は 5 mol の電子に対応するから　$\dfrac{5\,\text{mol}}{158.0\,\text{g}} = \dfrac{0.0500\,\text{mol}}{x\,\text{g}}$　　$x = 1.580$ g

（別解は左頁）

問題

問題 5-47 シュウ酸ナトリウム $(COONa)_2 = Na_2C_2O_4$ は $(COOH)_2$ と同様に，還元剤である．すなわち，H_2SO_4 を加えて酸性とした溶液中では $(COONa)_2 \rightarrow (COOH)_2 + 2Na^+$ となり，さらに $(COOH)_2 \rightarrow 2CO_2 + 2H^+ + 2e^-$ のように，1分子で2個の電子，1 mol で 2 mol の電子を放出するので，2価の還元剤である．

$$\begin{matrix} O=C-O^-Na^+ \\ | \\ O=C-O^-Na^+ \end{matrix}$$

(1) シュウ酸ナトリウムの 1 mol は何 g か．

(2) シュウ酸ナトリウム 0.1000 N は C mol/L である．C を求めよ．
　　（シュウ酸ナトリウムの 0.1000 N は何 mol/L か）

(3) C mol/L の溶液 100.0 mL 中にはシュウ酸ナトリウム n mol がある．n を求めよ．
　　（(2)で求めた C mol/L 溶液 100.0 mL 中にシュウ酸ナトリウムは何 mol 含まれるか）

(4) シュウ酸ナトリウムの n mol は何 g か．
　　（(3)で求めた n mol のシュウ酸ナトリウムは何 g か）

(5) 0.1000 N のシュウ酸ナトリウム水溶液を 100.0 mL つくりたい．何 g が必要か．

問題 5-48 0.1000 N のシュウ酸ナトリウム溶液 10.00 mL を酸性下，過マンガン酸カリウム溶液で滴定したところ 12.34 mL で終点となった．

(1) 0.1000 N のシュウ酸ナトリウム溶液 10.00 mL 中には n_e mol（当量）の電子がある．n_e を求めよ．0.1000 N シュウ酸ナトリウム溶液 10.00 mL は何当量か（何 mol 電子に相当するか）．

(2) $KMnO_4$ の濃度を x N とすると，この 12.34 mL 中には n_e' mol の電子がある．n_e' を求めよ．12.34 mL の x N（規定）$KMnO_4$ は何当量か（何 mol の電子に相当するか）．

(3) この $KMnO_4$ は何 mol か．

(4) $KMnO_4$ の濃度 x N（規定度）の値を求めよ．またモル濃度 mol/L でも表せ．

＊ 酸化還元＝電子のやりとり→金の貸し借りと同じ→貸した金＝借りた金→酸化剤が獲得した電子の数＝還元剤が放出した電子の数

反応の種類		当量（当量/L が規定度）	物質量（モル濃度は mol/L）	価数
中和反応	（酸）	H_2SO_4 の H^+ の mol 数 と	H_2SO_4 の mol 数　1 mol ＝ 2 当量	2
	（塩基）	NaOH の OH^- の mol 数 と	NaOH の mol 数　1 mol ＝ 1 当量	1
酸化還元反応	（酸化剤）	$KMnO_4$ の e^- の mol 数 と	$KMnO_4$ の mol 数　1 mol ＝ 5 当量	5
	（還元剤）	$(COOH)_2$ の e^- の mol 数 と	$(COOH)_2$ の mol 数　1 mol ＝ 2 当量	2

(5) 0.1000 N のシュウ酸ナトリウム溶液 10.00 mL を酸性下，過マンガン酸カリウム溶液で滴定したところ 12.34 mL で終点となった．この $KMnO_4$ 溶液の規定度とモル濃度を求めよ．

問題 5-49 0.1 mol/L（F ＝ 1.036）のシュウ酸溶液 10.00 mL を酸性下，$KMnO_4$ 溶液で滴定したところ，10.69 mL で終点となった．$KMnO_4$ 溶液のモル濃度を求めよ．ただし，$(COOH)_2 \rightarrow 2CO_2 + 2H^+ + 2e^-$，$MnO_4^- + 8H^+ + 5e^- \rightarrow Mn^{2+} + 4H_2O$．

答　　5　酸化還元

答 5-47　(1) 分子量は $Na_2C_2O_4 = 12.01 \times 2 + 16.00 \times 4 + 22.99 \times 2 = 134.0$　よって，1 mol は <u>134.0</u> g

(2) シュウ酸ナトリウムの濃度を C mol/L とすると，$N = mC$ より $C = N/m$
よって，$C = 0.1000/2 = $ <u>0.0500 mol/L</u>．

(3) この 100.0 mL 中には，$n = CV = 0.0500$ mol/L $\times (100.0/1000)$ L = <u>0.00500 mol</u>
（別解）価数を m とすると，電子のモル数は $n_e = mCV = NV = 0.1 \times (100.0/1000) = 0.01$ mol の電子．$(COONa)_2$ の 1 mol は 2 mol の電子に対応するから（2 価），$((COONa)_2$ のモル数を n とすると，$n_e = mn$，$n = n_e/m$，$m = 2$ だから）0.01000 mol の電子は $(0.01000/2)$ mol $= 0.00500$ mol のシュウ酸ナトリウムに等しい．

(4) 質量 $w = MW \times n$（モル質量 g/mol × mol 数），$w = 134.0$ g/mol $\times 0.00500$ mol $= $ <u>0.670 g</u>

(5) $w = MW \times n = MW \times CV$　（$n = C$ mol/L $\times V$ L $= CV$ mol，C：化合物のモル濃度）
$= MW \times C_e/m \times V$　（$C_e = mC \rightarrow C = C_e/m$，$C_e$：電子のモル濃度，$m$：価数）
$= MW \times N/m \times V$（$C_e/m = N/m \leftarrow C_e \equiv N$，$N$：規定度）
よって，$w = 134.0 \times 0.1000/2 \times 100.0/1000 = $ <u>0.670 g</u>

$$w = MW \times n = MW \times C \times V = MW \times N/m \times V\, (= (MW/m) \times N \times V \equiv 当量質量 \times 当量数)$$

答 5-48　(1) $n_e = mn = mCV = NV = 0.1000$ mol の電子/L $\times (10.00/1000)$ L

　　　　　n_e：電子の mol 数　　n：物質の mol 数　　N：規定，電子の mol/L

$= $ <u>0.001000 mol</u> の電子（シュウ酸ナトリウムが出す電子の mol 数）$= $ <u>0.001000</u> 当量

＊ mol というと化合物（物質）の mol を思ってしまい，どうして m で割らないか，という質問がよく出る．物質の mol なら m で割るべきだが，ここでは電子の mol を考えているので，m で割る必要はない．

(2) x N(mol/L の電子)$\times (12.34/1000)$ L $= (12.34\,x/1000)$ mol
電子の mol 数 $n_e' = m'C'V' = N'V' = x \times (12.34/1000) = (12.34\,x/1000)$ mol
$= $ <u>0.01234 x mol</u> $= $ <u>0.01234 x</u> 当量　（$KMnO_4$ が受け取る電子の mol 数）

(3) $KMnO_4$ の 1 mol は 5 mol の電子（$KMnO_4$ は 5 価の酸化剤），$n_e = mn$，$n = n_e/m$
　（n_e：電子の mol 数，n：$KMnO_4$ の mol 数，m：価数（$=5$））だから，
$n = n_e/5 = 0.01234\,x/5 = $ <u>0.002468 x mol</u>（$KMnO_4$ の mol 数）

(4) 0.1000 N のシュウ酸ナトリウム（還元剤）10.00 mL 中の電子の mol 数 n_e が x N の $KMnO_4$（酸化剤）12.34 mL 中の電子の mol 数 n_e' に等しいので（酸化還元では，やりとりする電子の mol 数が同じなので），$n_e = mCV = m'C'V' = n_e'$ ($NV = N'V'$)．
n_e（シュウ酸ナトリウム）$= NV = 0.1000$ N $\times (10.00/1000)$ L $= 0.001000$ mol の電子
$= x$ N $\times (12.34/1000)$ L $= N'V' = n_e'$ ($KMnO_4$)

$x = \dfrac{0.1000 \text{ N} \times (10.00/1000)\text{ L}}{(12.34/1000)\text{ L}} = $ <u>0.0810 N</u>　mol で表すと $n = x/5 = $ <u>0.01620 mol/L</u>

(5) (4) と同じ．$NV = N'V'$ ($mCV = m'C'V'$，$N = mC$) より，
0.1000 N $\times (10.00/1000)$ L $= x$ N $\times (12.34/1000)$ L より，$x = $ <u>0.0810 N</u>
$KMnO_4$ は $m = 5$ だから，0.0810 N$/5 = $ <u>0.01620 mol/L</u>．
または，$mCV = NV = 0.1000$ N $\times (10.00/1000)$ L $= m'C'V' = 5 \times x \times (12.34/1000)$ L
$x = 0.1000 \times 10.00/(5 \times 12.34) = 0.01620$ mol/L

答 5-49　$mCV = 2 \times (0.1 \times 1.036) \times (10.00/1000) = 5 \times x \times (10.69/1000) = m'C'V'$．　（答：<u>0.03877 mol/L</u>）

問題

問題 5-50 シュウ酸ナトリウム 0.1000 N 溶液 10.00 mL に水 150 mL を加え，さらに濃硫酸 4 mL を加えて酸性とし（濃硫酸は酸化還元には関係なし．反応を進めるために必要），70℃ に温めて，過マンガン酸カリウム溶液で滴定したところ，12.34 mL で終点となった．この $KMnO_4$ 溶液の規定度とモル濃度とを求めよ．

* 通常は計算問題では実験条件を省略して書いていないが，この問題ではその条件を書いただけである．p.78 の答 5-31，p.80 の問題 5-36 の反応式中の H^+ が H_2SO_4 に対応する．

* 中和反応のデモ：0.126 g $(COOH)_2 \cdot 2H_2O$ を溶かした水溶液，および，固体のままを，それぞれ 1 N NaOH で中和しても滴定体積は不変であったことを思い出すこと！

デモ 滴定終点（当量点）のイメージを与える．試験管中の $(COONa)_2$ 溶液/H_2SO_4/加熱に駒込ピペットで $KMnO_4$ 溶液を滴下する．色の変化を観察する．

問題 5-51 さる池の水を 50.0 mL 採取し，0.1000 N の $KMnO_4$ で滴定したところ，1.00 mL で滴定終点となった．この池の水の COD* は何 ppm* か（この問題は省略可）．

* COD は chemical oxygen demand（化学的酸素要求量）の略であり，BOD（biochemical oxygen demand，生物化学的酸素要求量）の代わりに用いられることが多い．BOD とは，水中の汚れ（有機物）の程度を示す尺度である．

 水中の有機物を好気性の微生物が食べる（生化学的に酸化して CO_2 と H_2O に変えてしまう）には，その有機物の量に応じた酸素が必要である．したがって，この酸素の量を測定すれば，汚れの程度（有機物量）がわかる．ただし，BOD の測定は生き物を用いるために時間を要する．そこで，生物が有機物を CO_2 と H_2O へ酸化する代りに，化学的酸化剤 $KMnO_4$，K_2CrO_4 などを用いて有機物を CO_2 と H_2O へ酸化し，その際に消費される酸化剤の量を酸素 O_2 に換算して，汚れの程度を知る，のが COD である．
 COD → 酸化剤の量 → 電子の量を酸素 O の重さに換算したものである．
 BOD 測定の際には，微生物の生体内では複雑な反応が起こっているが，全体として観察している現象は，有機物 + O_2 → CO_2 + H_2O なる反応である．この際に，酸素原子 O の酸化数は 0 → −2 と変化しているから，1 mol の酸素原子は 2 mol の電子を受け取る．すなわち，酸素原子は 2 価の酸化剤である．酸素分子は O 原子が 2 個あるから，1 mol の O_2 は 4 mol の電子を受け取る．すなわち，O_2 分子は 4 価の酸化剤である．

* ppm：(p.104 参照) ppm とは parts per million，百万分率（百万分のいくつか，$\times 10^6$）のことである．16 ppm とは百万分の 16，百万の重さのうちの 16 の重さだけある，という意味．したがって，1 kg 中に 1 mg の特定物質が含まれていれば，含有率 (p.106) は 1 mg/1 kg = 1 mg/1000 g = 1 mg/(1000 × 1000 mg) = 1 mg/10^6 mg = 1/10^6 = 1 ppm：1 part/(per) million となる．または，$(1/10^6) \times 10^6 = 1$ ppm.

余談：我々は毎日食事しているから，ひと月に摂取した食べ物の量は膨大である．にもかかわらず，摂取した質量分だけ体重が増えることはない．なぜだろうか．これは食べたもの（有機物）は体内で代謝され，最終的には CO_2 と H_2O となり，呼気，汗，尿として体外に排出されるために体重は増加しないのである（有機物 + O_2 → ・・・→ ・・・→ CO_2, H_2O）．摂取した食品は，結局，燃やしているのと同じである．したがって，生体内酸化であれ，空気中で燃焼するのであれ，試験管中での $KMnO_4$ による酸化であれ，有機物は酸化されて（電子を奪われて）CO_2 と H_2O とに変化するという意味で違いはない（ただし，O_2 は 1 mol で 4 e^- をやりとりするが，MnO_4^- 1 mol では 5 e^- である）．

答　　　　　　　　　　　　　　　　　　　　　　5　酸化還元　　89

答 5-50 水を 150 mL 加えても，加えなくても，その中にあるシュウ酸ナトリウムの量は同じである．したがって，この答は問題 5-48 の答とまったく同じである（実際の酸化還元滴定では，この問題に述べた方法で実験を行う）．150 mL にしてもメスアップしたわけではなく，体積は不正確であり，濃度も薄まっている．元の液は濃度・体積ともに正確にわかっている．$CV = C'V'$ だから薄める前と後で，ものの量は不変．よって 150 mL で考えるのはナンセンス，不都合．10.00 mL で考えるべきである．

　　＊　水 10 mL 中に砂糖 1 g が溶けていたとする．これに水を加えて 1 L に薄めても，当然，この中には 1 g の砂糖が溶けている．水が増減しても，物質の量は不変．1 L に薄めたら濃度 C は低く（元の 1/100 に）なるが，その分，体積 V は（100 倍に）増す．$n = CV = $ 一定，である（C が小さくなっても V が大きくなる）．上の問題でも，反応する物質の総量 n は同じである．

答 5-51 この水に溶けている還元剤（有機物）の濃度を N' 規定とすると，

$$n_e = NV = 0.1000 \times (1.00/1000) = N'V' = N' \times (50.0/1000)$$

$$N' = 0.1000/50.0 = 0.00200 \text{ 規定（mol/L の電子）}$$

物質がわずかしか溶けていない，薄い濃度の水溶液 1 L の質量はほぼ 1 kg（水の密度 = 1.00 g/cm³）と見なすことができるので，1 mg/1 L ≒ 1 mg/1 kg = 1 ppm と近似できる．以下，この近似で議論する．すなわち，物質（この場合は COD だから酸素 O_2）が 1 L 中に何 mg 溶けているか（約何 ppm か）を考える．

上の計算から，還元剤の濃度は $N' = 0.00200$ 規定（mol/L の電子）．したがって，1 L 中には $n_e = N'V' = 0.00200$ mol/L × 1 L = 0.00200 mol の電子を与える物質が含まれている．

O_2 の 1 mol は 4 mol の電子を受け取るので（$O_2 + 4e^- \to 2O^{2-}$，または，$O + 2e^- \to O^{2-}$（O は 2 価），O_2 はこの O が 2 個である），酸素 1 mol = 16.00 × 2 = 32.00 g が 4 mol の電子に等しい（1 mol の電子 = 8.00 g の O に等しい）．したがって，0.00200 mol の電子を受け取る O_2 の量 w は，

$$\frac{0.00200 \text{ mol}}{w \text{ g}} = \frac{4.00 \text{ mol}}{32.00 \text{ g}} \qquad w = 0.0160 \text{ g，または，} 8.00 \text{ g/mol} \times 0.00200 \text{ mol} = 0.0160 \text{ g．}$$

これだけの酸素（酸化剤）が 1 L 中にあるのだから，1 L ≒ 1000 g とみなせば

$$\frac{0.0160 \text{ g}}{1000 \text{ g}} = \frac{16.0 \text{ mg}}{1\,000\,000 \text{ mg}} = \underline{16.0 \text{ ppm}} \text{（parts per million）となる．}$$

COD では，有機物 + $KMnO_4$ → $\cdots CO_2 + H_2O + Mn^{2+} \cdots$ であるから，Mn の酸化数は +7 → +2．よって，$KMnO_4$ は 5 価である．$KMnO_4$ の 1 mol は，5 mol の電子を受け取る，O_2 の 1 mol は 4 mol の電子を受け取るので，$KMnO_4$ の 1/5 mol（1 mol の電子を受け取る）と，O_2 の 1/4 mol（1 mol の電子を受け取る）とが等しいことになる．すなわち，$KMnO_4$ の 158/5 = 31.6 g（0.2 mol = 電子の 1 mol）と，O_2 の 32/4 = 8 g（0.25 mol，または O 原子の 0.5 mol = 電子の 1 mol）とが等しい（これを当量という）ことになる．よって $KMnO_4$ の消費量（g）に 8/31.6 = 0.253 を掛けたものが酸素の消費量（g）．$KMnO_4$ の 1 mol/L = 158 g/L ≒ 158 g/1000 g．酸素の重さに換算すると，158 × 0.253/1000 = 40.0 g/1000 g = 40000/1 000 000 = 40000 ppm．1 規定（1 N）の $KMnO_4$ = 1/5 = 0.2 mol/L = 0.2 × 40 000 = 8000 ppm．上の問題では 0.002 N だから，0.002 × 8000 = 16 ppm となる．

問題

6 化学反応式を用いた計算

3〜5章の規定度，価数を知らなくても，実験書，または実験指導者により反応式が与えられれば*，2章のmol, mol/L の知識だけで濃度計算(量論の計算)をすることができる．以下に，その考え方と例を示す．*反応式の係数の中に価数の概念が含まれている(価数と係数は逆の関係)．

6-1 様々な反応

問題 6-1 $H_2SO_4 + 2\,NaOH \rightarrow Na_2SO_4 + 2\,H_2O$ なる反応式は 1 個の H_2SO_4 と 2 個の NaOH とが反応し，1 個の Na_2SO_4 と 2 個の H_2O を生じるという意味．1 mol の H_2SO_4 と 2 mol の NaOH とが反応するから $\dfrac{\text{NaOH の mol 数}}{H_2SO_4 \text{ の mol 数}} = \dfrac{x\,\text{mol}}{y\,\text{mol}}$ なる比例式が成立する．x, y の値はいくつか．

問題 6-2 $aA + bB \rightarrow \cdots\cdots\cdots$ なる反応における A, B の mol 数と a, b の関係式を示せ．

> 計算の公式？

A, B の濃度と体積 C_A, C_B, V_A, V_B との関係式を示せ．

問題 6-3 $5(COOH)_2 + 2\,KMnO_4 \rightarrow \cdots\cdots\cdots$ における反応する $(COOH)_2$ と $KMnO_4$ の mol 数と，反応式中の係数との関係式を示せ．

問題 6-4 ベンゼンに過剰の濃硝酸を作用させてニトロベンゼンを合成した．
$$\underset{\text{ベンゼン}}{C_6H_6} + HNO_3 \rightarrow \underset{\text{ニトロベンゼン}}{C_6H_5NO_2} + H_2O$$
反応が完全に進行したとすると，10.0 g のベンゼンから何 g のニトロベンゼンが得られるか(反応が 100% 進行したと仮定したときの得られる量 g(収量)を理論収量という)．また，10.0 g のベンゼンから 9.0 g のニトロベンゼンが得られたときの反応の収率(得られる率)を求めよ．ただし，反応の収率＝(行った反応の収量／理論収量)×100% と定義される．

問題 6-5 食品中のシュウ酸イオン$(COO^-)_2$*の定量法の一つとして，溶液に過剰の塩化カルシウムを加えてシュウ酸カルシウム(難溶性)の沈殿を生じさせ，これを秤量する方法(重量分析法)がある．$(COO^-)_2 + Ca^{2+} \rightarrow Ca(COO)_2\downarrow$*．シュウ酸イオンを含む 100.0 mL の溶液からシュウ酸カルシウムが 1.000 g 得られたとすると，溶液中にはもともと何 mol/L のシュウ酸イオンが含まれていたか．実験では溶液中のシュウ酸イオンはすべて沈殿したとする．

* $(COO^-)_2 = C_2O_4^{2-}$ (p.35)   * 化学反応式中の↓は沈殿生成，↑は気体発生を意味する．

デモ $(COONa)_2 + CaCl_2 \rightarrow Ca(COO)_2\downarrow + 2\,NaCl$

* $(COOH)_2, (COONa)_2, Ca(COO)_2$ はそれぞれ $H_2C_2O_4, Na_2C_2O_4, CaC_2O_4$ とも表現する．

6 化学反応式を用いた計算

答 6-1 $H_2SO_4 + 2NaOH \rightarrow Na_2SO_4 + 2H_2O$ なる反応式では

$$\frac{NaOH の mol 数}{H_2SO_4 の mol 数} = \frac{2 \text{ mol}}{1 \text{ mol}}$$ なる関係式(比例式)が成立する．

分数式の意味：反応する H_2SO_4 と NaOH の mol 比が 1：2，1 mol の H_2SO_4 と 2 mol の NaOH とが反応．

答 6-2 同様に，$aA + bB \rightarrow \cdots\cdots$ では

$$\boxed{\frac{B の mol 数 n_B(分子の数)}{A の mol 数 n_A(分子の数)} = \frac{b}{a}}$$ つまり，$\dfrac{n_B}{n_A} = \dfrac{C_B \times V_B}{C_A \times V_A} = \dfrac{b}{a}$

(この式は，A 分子の a 個と B 分子の b 個とが反応する，換言すれば，a mol の A 分子と b mol の B 分子とが反応することを意味する．分数の分子と分母が逆でも結果は同じである．)

答 6-3 $\dfrac{KMnO_4 の mol 数}{(COOH)_2 の mol 数} = \dfrac{2}{5}$

または，たすき掛けで $2 \times \{(COOH)_2 の mol 数\} = 5 \times \{KMnO_4 の mol 数\}$

この式を吟味すると，$(COOH)_2$ は 2 価だから，左辺は $(COOH)_2$ の電子数 mn，$KMnO_4$ は 5 価だから右辺は $KMnO_4$ の電子数 $m'n'$，つまり，4，5 章で学んだ $mn = mCV = m'n' = m'C'V'$ となっていることがわかる．

答 6-4 C_6H_6 の分子量 $= 12 \times 6 + 1 \times 6 = 78$，$C_6H_5NO_2$ の分子量 $= 12 \times 6 + 1 \times 5 + 14 \times 1 + 16 \times 2 = 123$

1 mol のベンゼンから 1 mol のニトロベンゼンが得られる(左頁の反応式の係数なし＝係数はすべて 1 を意味する)．したがって，ニトロベンゼンの理論収量を x g とすると，

$$\frac{C_6H_6 の mol 数}{C_6H_5NO_2 の mol 数} = \frac{\frac{10.0}{78} \text{ mol}}{\frac{x}{123} \text{ mol}} = \frac{1}{1}$$ なる関係式が成立する．たすき掛けを 2 回して

$x = 15.77 \fallingdotseq \underline{15.8 \text{ g}}$　　収率 $= \dfrac{反応の収量(得られた量)}{理論収量} \times 100 \text{(\%)} = \dfrac{9.0 \text{ g}}{15.8 \text{ g}} \times 100 = \underline{57\%}$

デモ ベンゼンとヘキサンを触る，燃やす．ニトロベンゼンの匂い．ベンゼン，シクロヘキサン，ブドウ糖の分子模型．世間ではベンゼンの構造式を「亀の甲」(かめのこ(う))とよぶ

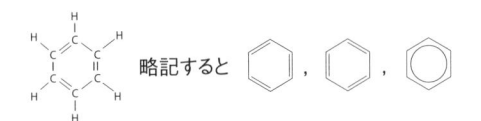

ベンゼンの構造式(亀の甲)　　　略記すると　　　　　　　　　　シクロヘキサン　　略記すると

答 6-5 シュウ酸イオンの濃度を x mol/L とすると，この溶液 100.0 mL 中には

$$CV = \frac{x \text{ mol}}{L} \times \frac{100.0}{1000} \text{ L} = 0.1000 \, x \text{ mol}$$ のシュウ酸イオンが含まれている．

また，$Ca(COO)_2$ の式量 $= 40.08 + 12.01 \times 2 + 16.00 \times 4 = 128.10$，

1 mol のシュウ酸イオンから 1 mol の $Ca(COO)_2$ が得られるから，

$$\frac{Ca(COO)_2}{(COO^-)_2} = \frac{\frac{1.000}{128.1} \text{ mol}}{0.1000 \, x \text{ mol}} = \frac{1}{1}$$ たすき掛けすると，$\dfrac{1.000}{128.1} = 0.1000 \, x = \dfrac{0.1000 \, x}{1}$

たすき掛け，または 10 倍すると，$\underline{x = 0.0781 \text{ mol/L}}$

問題 6-6 シュウ酸イオンとカルシウムイオンとは難溶性の塩, シュウ酸カルシウム Ca(COO)$_2$ を生成する. このため食品に含まれている Ca はシュウ酸が存在すると, その分が沈殿してしまい, 栄養素として体に吸収されなくなる.

* 難溶性とは水に溶けにくい, 水に対する溶解度(p.167)が小さいという意味である.

(1) Ca^{2+} を過剰に加えることにより, シュウ酸イオンを含む 100.0 mL の溶液からシュウ酸カルシウム Ca(COO)$_2$ の沈殿 1.000 g が得られたとする. Ca^{2+} + (COO$^-$)$_2$ → Ca(COO)$_2$↓. この沈殿 1.000 g 中に含まれているシュウ酸イオン (COO$^-$)$_2$ の量(g)を求めよ.

(2) 食品中に含まれるシュウ酸 100 mg あたり, 何 mg の Ca^{2+} が吸収されないか.
  Ca^{2+} + (COOH)$_2$ → Ca(COO)$_2$↓ + 2 H$^+$
  * 生のほうれん草 100 g に含まれるシュウ酸は 7〜700 mg, Ca は 49 mg である.

問題 6-7 鉄粉 Fe が酸化されて酸化鉄 Fe$_2$O$_3$ となった.

(1) この酸化反応の反応式を示せ.
  ヒント: Fe$_2$O$_3$ とは Fe 原子が 2 個と O 原子が 3 個よりできていることを示している.

(2) 鉄粉 2.345 g が完全に反応したとすると何 g の酸化鉄を生じるか.
  さびのこと

デモ Fe, Mg の酸化反応

* 使い捨てカイロ(ホカロンなど)は, この, 鉄の酸化反応によって生じる反応熱を利用した商品である. また, 菓子袋中の脱酸素剤は鉄粉であり, 鉄の酸化反応によって食品劣化のもととなる袋中の酸素を除去する.

6-2 中和反応

問題 6-8 (問題 4-5(6)) 0.1000 mol/L の NaOH を用いて濃度未知の塩酸 15.00 mL を滴定したところ, NaOH の量 12.34 mL で中和点(滴定終点)となった.

(1) この滴定の際に起こる反応の反応式を書け.

(2) この塩酸の濃度を求めよ. ただし $NV = N'V'$, $mCV = m'C'V'$ の式を用いないで, 化学反応式の係数と反応物の mol 数との関係式(反応における量的関係を示す式)を用いて解け.

問題 6-9 (問題 4-9(6)) 0.0600 mol/L の H$_2$SO$_4$ 10.00 mL を 0.1000 mol/L の NaOH で滴定した.

(1) この滴定の際に起こる反応の反応式を書け.

答 6-6 (1) 沈殿の質量から目的成分の質量(含有量)を求める．$Ca(COO)_2$ の 1.000 g 中に含まれている $(COO)_2$ の量(重さ)を x g とすると，

$$\frac{(COO)_2 \text{のモル質量}}{Ca(COO)_2 \text{のモル質量}} = \frac{88.02 \text{ g/mol}}{128.10 \text{ g/mol}} = \frac{x \text{ g}}{1.000 \text{ g}} \quad \text{または，} \quad \frac{\frac{x}{88.02} \text{ mol}}{\frac{1.000}{128.10} \text{ mol}} = \frac{1}{1} \quad \text{たすき掛け} \quad \underline{x = 0.687 \text{ g}}$$

(2) Ca^{2+} の質量 x g は，

$$\frac{Ca \text{のモル質量}}{(COOH)_2 \text{のモル質量}} = \frac{40.08 \text{ g/mol}}{90.04 \text{ g/mol}} = \frac{x \text{ mg}}{100 \text{ mg}} \quad \text{または，} \quad \frac{\frac{x \text{ mg}}{40.08} \text{ mol}}{\frac{100 \text{ mg}}{90.04} \text{ mol}} = \frac{1}{1} \quad \underline{x = 44.5 \text{ mg}}$$

* Ca の式量＝Ca^{2+} の式量と考えてよい（電子の質量は 0.0005）．
* 若い女性の Ca の栄養所要量(厚生労働省が定めた，健康を維持するための基準摂取量)は 600 mg/day．

答 6-7 (1) aFe ＋ bO$_2$ → cFe$_2$O$_3$　Fe：左辺＝a，右辺＝$2c$ だから $a = 2c$ (Fe_2O_3 の中には Fe は 2 個あるので cFe$_2$O$_3$ では $2c$ 個の Fe がある)，O：左辺＝$2b$，右辺＝$3c$ だから $2b = 3c$．$c = 1$ とすると $b = 3/2$，$a = 2$．全体を 2 倍すると $a = 4$，$b = 3$，$c = 2$．したがって，$\underline{4\text{Fe} + 3\text{O}_2 \rightarrow 2\text{Fe}_2\text{O}_3}$（4 mol の Fe から 2 mol の Fe_2O_3 を生ずる）　* Fe_2O_3 は p.23 交差法参照．
　a，b，c なる変数を用いず，同一原子数が一番多い Fe_2O_3 の係数を 1 として，式の左右を比較すれば，左辺は 2 Fe と 1.5 O_2 となる．全体を 2 倍して整数とする．

(2) 反応式より 4 mol の Fe から 2 mol の Fe_2O_3 が得られることがわかる．生成する Fe_2O_3 の重さを x g とすると，Fe の原子量 55.85，Fe_2O_3 の式量 $55.85 \times 2 + 16.00 \times 3 = 159.7$ だから，

$$\frac{\text{Fe の mol 数}}{\text{Fe}_2\text{O}_3 \text{ の mol 数}} = \frac{\frac{2.345}{55.85} \text{ mol}}{\frac{x}{159.7} \text{ mol}} = \frac{4}{2} \quad \left(\frac{\text{Fe}_2\text{O}_3 \text{ の mol 数}}{\text{Fe の mol 数}} = \frac{2}{4} \quad \text{として考えても可} \right)$$

たすき掛けを 2 回繰り返すと，$2 \times \frac{2.345}{55.85} = 4 \times \frac{x}{159.7}$ → $2 \times 2.345 \times 159.7 = 55.85 \times 4x$
→ $\underline{x = 3.353 \text{ g}}$

答 6-8 (1) HCl ＋ NaOH → NaCl ＋ H$_2$O　NaOH と HCl とは 1：1 で反応することがわかる．（この反応式では係数がない＝係数がすべて 1 であることを意味する）

(2) 0.1000 mol/L の NaOH 12.34 mL 中に含まれる NaOH の絶対量(分子数→mol 数)は $CV = 0.1000 \text{ mol/L} \times (12.34/1000) \text{ L} = 0.001\,234 \text{ mol}$．塩酸の濃度を x mol/L とすると，この塩酸 15.00 mL 中に含まれる HCl の mol 数は
$C'V' = x \text{ mol/L} \times (15.00/1000) \text{ L} = 0.015\,x \text{ mol}$．よって，

$$\frac{\text{NaOH の mol 数}}{\text{HCl の mol 数}} = \frac{0.1000 \text{ mol/L} \times (12.34/1000) \text{ L}}{x \text{ mol/L} \times (15.00/1000) \text{ L}} = \frac{0.001\,234 \text{ mol}}{0.015\,00\,x \text{ mol}} = \frac{1}{1}$$

よって，$\underline{x = (0.001\,234/0.015\,00) \text{ mol/L} = 0.082\,27 \doteqdot 0.0823 \text{ mol/L}}$

答 6-9 (1) $H_2SO_4 \rightarrow 2H^+ + SO_4^{2-}$；$NaOH \rightarrow Na^+ + OH^-$ であるから中和するためには H_2SO_4 1 個に対し 2 個の NaOH が必要($H^+ + OH^- \rightarrow H_2O$)．つまり，$\underline{H_2SO_4 + 2\,NaOH \rightarrow Na_2SO_4 + 2\,H_2O}$ (Na_2SO_4 の Na_2 とは Na が 2 個のこと)．この式の係数は H_2SO_4 と NaOH が 1 mol と 2 mol とで反応することを示している．

(2) この硫酸は NaOH の何 mL で中和されるか.
　　ただし $NV=N'V'$, $mCV=m'C'V'$ の式を用いないで，化学反応式の係数と反応物の mol 数との関係式(反応における量的関係を示す式)を用いて解け.

* 反応の係数を用いる場合は $C_AV_A/C_BV_B=a/b$, すなわち, $bC_AV_A=aC_BV_B$. 一方, $mCV=m'C'V'$ より, $m_AC_AV_A=m_BC_BV_B$. したがって, a, b と m_A, m_B の関係は逆になる. 即ち, $a=m_B$, $b=m_A$. この例では $a=b=m_A=m_B$ だから, 両者の計算法で見かけ上は違いがない(問題 6-10 では違ってくる).

6-3 酸化還元反応

問題 6-10(問題 5-48)　0.0500 mol/L シュウ酸ナトリウム標準溶液 10.00 mL を硫酸酸性下，過マンガン酸カリウム溶液で滴定したところ 12.34 mL で終点となった.

(1) 硫酸酸性下でのシュウ酸と過マンガン酸カリウムとの反応の反応式は，
　　　$5(COOH)_2+2KMnO_4+3H_2SO_4 \rightarrow 10CO_2+2MnSO_4+K_2SO_4+8H_2O$
　　また，上記の滴定の際に起こる反応，すなわち，シュウ酸ナトリウムを硫酸酸性下，過マンガン酸カリウムと反応させる際の反応式は，
　　　$5(COONa)_2+2KMnO_4+8H_2SO_4 \rightarrow 10CO_2+2MnSO_4+K_2SO_4+5Na_2SO_4+8H_2O$ である.
　　これら二つの反応式を導き出せ(この問題は解かないで，すぐに答を見てもよい．反応式の導出は大変面倒である).

* これらの反応式を考えるには，生成物が CO_2 と Mn^{2+} であること, $KMnO_4$ の O は H^+ と反応して H_2O となることを知っておく必要がある.
* 右頁に示したように，これらの反応式を書くのは大変な作業である．したがって，これらの反応式は書けなくてもよい.「大変である」ことがわかればよい. 次の(2)の問題のように, 反応式が与えられている場合に, 問題が解ければよい.

(2) 上記の反応式, $5(COONa)_2+2KMnO_4+8H_2SO_4 \rightarrow 10CO_2+2MnSO_4+K_2SO_4+5Na_2SO_4+8H_2O$ が与えられているとして(学生実験ではこの反応式は教員に教わればよい), 滴定に用いた $KMnO_4$ 溶液の濃度を求めよ. ただし $NV=N'V'$, $mCV=m'C'V'$ の式を用いないで, 化学反応式の係数と反応物の mol 数との関係式(反応における量的関係を示す式)を用いて解け.

* (右頁より続き) この(2)の解き方は, 反応式が与えられていないと用いることができない. 一方, $mCV=m'C'V'$ を用いる方法では, m, m' がいくつかを教われば, 反応式のことはまったくわからなくても簡単に濃度が計算できる. ここの場合では, シュウ酸は 2 価(1 mol = 2 mol の電子), 過マンガン酸カリウムは 5 価(1 mol = 5 mol の電子)という知識さえあれば濃度が計算できる. ただし, これらがなぜ 2 価, 5 価かを理解するには酸化数の概念のほか, 上記の生成物の知識も必要である.

(2) 0.0600 mol/L の H_2SO_4 10.00 mL 中に含まれる H_2SO_4 の mol 数(物質量)は

$$CV = 0.0600 \text{ mol/L} \times (10.00/1000) \text{ L} = 0.000\,600 \text{ mol}$$

NaOH の体積を V mL とすると，この 0.1000 mol/L の NaOH V mL に含まれる NaOH の mol 数は $C'V' = 0.1000 \text{ mol/L} \times (V/1000) \text{ L}$ よって，

$$\frac{\text{NaOH の mol 数}}{H_2SO_4 \text{ の mol 数}} = \frac{0.1000 \text{ mol/L} \times (V/1000) \text{ L}}{0.0600 \text{ mol/L} \times (10.00/1000) \text{ L}} = \frac{0.0001 V \text{ mol}}{0.000\,600 \text{ mol}} = \frac{2}{1}$$

よって，$V = (0.000\,600 \times 2/0.0001)$ mL $= \underline{12.00 \text{ mL}}$

答 6-10 (1) 硫酸酸性下での過マンガン酸カリウムとシュウ酸との反応式は，

$$a(\text{COOH})_2 + b\text{KMnO}_4 + c\text{H}_2\text{SO}_4 \rightarrow d\text{CO}_2 + e\text{MnSO}_4 + f\text{K}_2\text{SO}_4 + g\text{H}_2\text{O}$$

* $(\text{COOH})_2$ は $2\text{CO}_2 + 2\text{H}^+$ となる，KMnO_4 中の K^+ は K_2SO_4 となり，$\text{Mn}(\text{Mn}^{7+})$ は $\text{MnSO}_4(\text{Mn}^{2+})$，O は H^+ と反応して H_2O となることを知らなければ上式は書くことができない(これらを覚える必要はない).

反応式の左辺と右辺を比較すると，C：$2a = d$，O：$4a + 4b = 2d + g$(この式では SO_4 中の O は除く)，H：$2a + 2c = 2g$，K：$b = 2f$，Mn：$b = e$，SO_4(SO_4 はひとかたまりのイオンだからひとかたまりで扱う)：$c = e + f$．よって $a = 1$ とおけば $d = 2$，$4b = g$，$2 + 2c = 2g$，($b = 2f$，$b = e$ と $c = e + f$ より) $c = 3f$，($b = 2f$ と $4b = g$ より) $8f = g$，($c = 3f$，$8f = g$ と $2 + 2c = 2g$ より) $f = 1/5$，したがって，$b = 2f = 2/5$，$c = 3f = 3/5$，$e = b = 2/5$，$g = 8f = 8/5$．全体を 5 倍すると $a = 5$，$b = 2$，$c = 3$，$d = 10$，$e = 2$，$f = 1$，$g = 8$ が得られる．

$$5(\text{COOH})_2 + 2\text{KMnO}_4 + 3\text{H}_2\text{SO}_4 \rightarrow 10\text{CO}_2 + 2\text{MnSO}_4 + \text{K}_2\text{SO}_4 + 8\text{H}_2\text{O}$$

(別解 1) KMnO_4 の係数を 1 として考えると，MnSO_4 の係数も 1，K_2SO_4 の係数は 1/2，H_2SO_4 は MnSO_4 と K_2SO_4 を合わせて 3/2 となる．KMnO_4 の O は H_2O となるので H_2O の係数は 4．H の数は右辺では 4 H_2O より 8 個，左辺では H_2SO_4 から 3 個，すると $(\text{COOH})_2$ から 5 個のみが必要．つまり $(\text{COOH})_2$ の係数は 5/2．すると CO_2 の係数は $(\text{COOH})_2$ をもとに 5 となる．全体を 2 倍して整数にすると目的の式が得られる．

(別解 2) シュウ酸の価数は 2 価 ($(\text{COOH})_2 \rightarrow 2\text{CO}_2 + 2\text{H}^+ + 2\text{e}^-$)，$\text{KMnO}_4$ の価数は 5 価だから ($\text{KMnO}_4 + 8\text{H}^+ + 5\text{e}^- \rightarrow \text{K}^+ + \text{Mn}^{2+} + 4\text{H}_2\text{O}$；$8\text{H}^+$ は KMnO_4 の O を H_2O とするのに必要) 両者でやりとりする電子 e^- の数を同じにするために，両式をそれぞれ 5 倍と 2 倍する必要がある (5 と 2 の最小公倍数，つまり 10 個の電子をやりとりする)．そこで，

$$5(\text{COOH})_2 + 2\text{KMnO}_4 + 16\text{H}^+ + 10\text{e}^- \rightarrow 10\text{CO}_2 + 10\text{H}^+ + 10\text{e}^- + 2\text{K}^+ + 2\text{Mn}^{2+} + 8\text{H}_2\text{O}$$

この式を整頓したうえで，H^+ を硫酸 H_2SO_4($\text{H}_2\text{SO}_4 \rightarrow 2\text{H}^+ + \text{SO}_4^{2-}$)，$\text{K}^+$，$\text{Mn}^{2+}$ は硫酸塩に換えて整頓すると，目的の式が得られる．

シュウ酸ナトリウムは硫酸酸性下でシュウ酸となる．

$$(\text{COONa})_2 + \text{H}_2\text{SO}_4 \rightarrow (\text{COOH})_2 + \text{Na}_2\text{SO}_4$$

そこで，上式を移項して整頓すると $(\text{COOH})_2 = (\text{COONa})_2 + \text{H}_2\text{SO}_4 - \text{Na}_2\text{SO}_4$

この式をシュウ酸の反応式に代入して整頓すると，

$$5(\text{COONa})_2 + 2\text{KMnO}_4 + 8\text{H}_2\text{SO}_4 \rightarrow 10\text{CO}_2 + 2\text{MnSO}_4 + \text{K}_2\text{SO}_4 + 5\text{Na}_2\text{SO}_4 + 8\text{H}_2\text{O}$$

(2) 過マンガン酸カリウムの濃度を x mol/L とすると，反応式の係数を用いて，

$$\frac{CV}{C'V'} = \frac{\text{KMnO}_4 \text{ の mol 数}}{(\text{COONa})_2 \text{ の mol 数}} = \frac{x \text{ mol/L} \times (12.34/1000) \text{ L}}{0.0500 \text{ mol/L} \times (10.00/1000) \text{ L}} = \frac{0.012\,34\,x \text{ mol}}{0.000\,500 \text{ mol}} = \frac{2}{5}$$

よって，$x = 0.000\,500 \times 2/(0.012\,34 \times 5)$ mol/L $= \underline{0.016\,21 \text{ mol/L}}$

(左頁へ続く)

問 題

7 パーセント，密度，含有率，希釈

7-1 パーセント(%)

問題 7-1 パーセントとは何か．パーセント(%)の定義は？ → $\boxed{\% = ?}$

問題 7-2 ある小学校では児童 450 人のうち 81 人が朝食を欠食していた．この小学校における欠食児は全児童の何%か．また，あるクラスでは 36 人中 6 人が欠食児であった．クラスの中の欠食児は何%か．このクラスで欠食率が 25% のとき，欠食児は何人か．

問題 7-3 溶液，溶媒，溶質とは何か．例をあげて説明せよ．

問題 7-4 砂糖 50 g を水 150 g に溶かした．この砂糖水中の砂糖の含有率(質量%濃度)を求めよ．

問題 7-4-2 脂質を 19% 含む大豆から脂質 55 g を摂取するには大豆何 g が必要か．

7-2 密度(比重)とは？

問題 7-5 綿 1 kg と鉄 1 kg とはどちらが重たいか．両者は何が異なるか．

問題 7-6 (1)密度とは何か，言葉の意味(定義)を述べよ．また，単位も示せ．

(2)水の密度はいくつか．　(3)比重とは何か．

問題 7-7

(1)液体の有機物(一種の油)，ヘキサン C_6H_{14}，クロロホルム $CHCl_3$ は水に浮くか，沈むか．
ヘキサンはガソリンの一成分，クロロホルムは小動物の麻酔剤，トリハロメタンの一種．

(2)25℃ の水 500 mL は何グラムか．水の密度(25℃) d = 0.9970 g/cm³ $\boxed{重さ = ?}$

(3)ヘキサン 500 mL は 390 g，クロロホルム 500 mL は 645 g，水銀 500 mL は 6800 g である．これらの物質の密度(g/cm³) を求めよ．この結果から(1)の答を納得せよ． $\boxed{密度 = ?}$

デモ ヘキサン，クロロホルム，塩・砂糖水(着色)の水に対する浮沈のデモと回覧．薬ビン．

＊ 密度：アイスコーヒーに加えるガムシロップとクリープ・ミルク・クリームの浮沈を思い浮かべよ．

問題 7-8 比重 1.23 の溶液 1 mL の重さは何 g か．この溶液の 1 L の重さは何 g か．

問題 7-9 密度 1.29 g/cm³ のクロロホルム 100 g の体積は何 mL か．

ヒント：体積は 100 mL より大きいか小さいか直感的に考える．→ 掛けるか割るかがわかる．
また，米国式計算法のように単位をもとに考える方法もある．以下にこの方法を示す．

100 g を mL に変換するには，100 g に換算係数(ここでは密度とその逆数)$\frac{1.29\ g}{1\ mL}$，$\frac{1\ mL}{1.29\ g}$ のいずれか，g 単位が消去される方，を掛けるとよい．100 g の g を消すには，分母に g がある方を掛ければよいので，$100\ g \times \frac{1\ mL}{1.29\ g} = 77.5\ mL$ が得られる．

パーセント，密度，含有率，希釈　言葉の定義をきちんと頭に入れること．イメージをもつ．演習．

パーセント

答 7-1　百分率のこと．百に分けたときの割合(率)．つまり，全体を 100 としたとき，その部分がいくつにあたるか．→100 分の何個．何個/100．　$\boxed{\dfrac{部分}{全体} = \dfrac{x}{100}}$ より，$x\% = \dfrac{部分}{全体} \times 100$

答 7-2　$(81/450) \times 100 = 18\%$（100 人あたり 18 人が欠食児）．$\dfrac{81}{450} = \dfrac{x}{100}$（これは比例式：百分率＝450 人を 100 としたとき，81 人がいくつに対応するか）．たすき掛けして，$x = (81/450) \times 100 = 18\%$.
　　　　$(6/36) \times 100 = 16.7 \doteqdot 17\%$（100 人あたり 17 人が欠食児である）　$36\text{人} \times (25/100) = 9$ 人

答 7-3　たとえば食塩水を例にとると，**溶質**(溶ける物質)とは NaCl，**溶媒**(溶質を溶かし込む媒体)は水，**溶液**(溶質を溶媒に溶かしたもの全体)は食塩水溶液，ということになる．

答 7-4　全体＝砂糖＋水＝200 g のうち 50 g が砂糖だから，砂糖の含有率は $(50/200) \times 100 = 25\%$．含有率とは全体を 100 g としたときの砂糖の g 数，つまり質量%濃度(p.98)そのものである．

答 7-4-2　大豆の必要量を x g とすると，$19\,\text{g}/100\,\text{g} = 55\,\text{g}/x\,\text{g}$ より，$x = 289 \doteqdot 290$ g

密度(比重)とは，体積 mL と質量 g の相互変換に用いる換算係数．

答 7-5　もちろん同じ重さである．両者は体積が異なる．したがって，一定体積あたりの質量($1\,\text{L}$，$1\,\text{mL}(1\,\text{cm}^3 = 1\,\text{cc})$ あたりの質量)，すなわち，密度が異なる．

答 7-6　(1)密度とは $1\,\text{cm}^3(1\,\text{cc}) = 1\,\text{mL}$ の重さを g 単位で表したもの．**1 mL あたりの重さ**．単位は **g/cm^3 = g/mL**．なお，1 cc とは 1 cubic(立方)centimeter(cm)，つまり $1\,\text{cm}^3$ のこと．
　　(2)水の密度は $1.000\,\text{g/mL}$（4℃ の値）．
　　(3)比重：普通は 4℃ の水の密度に対する他の物質の密度比．したがって単位はない(無名数)．

答 7-7　(1)ヘキサンは油の一種であり水に浮くが，クロロホルムは水に沈む．これはクロロホルムでは H，O より重たい Cl が一つの炭素に 3 個も付いているためである．
　　(2)水 $1\,\text{mL} = 1\,\text{cm}^3$ の重さは $d = 0.9970\,\text{g/mL}$．したがって，500 mL の重さは，
　　$\boxed{\text{重さ g} = \text{体積 mL} \times \text{密度 g/mL}}$
　　$= 500\,\text{mL} \times 0.9970\,\text{g/mL} = 498.5\,\text{g}$（mL を g に変換，密度がこの時の変換係数）
　　(3)密度＝重さ g/体積 mL　ヘキサン，クロロホルム，水銀の密度は，それぞれ $390\,\text{g}/500\,\text{mL} = 0.78\,\text{g/mL}(\text{cm}^3)$，$645\,\text{g}/500\,\text{mL} = 1.29\,\text{g/mL}(\text{cm}^3)$，$6800\,\text{g}/500\,\text{mL} = 13.6\,\text{g/mL}(\text{cm}^3)$.

答 7-8　比重 1.23 は実質的に密度 $1.23\,\text{g/cm}^3$ と同じである．つまり，溶液 1 mL の重さは $\underline{1.23\,\text{g}}$．密度が $1.23\,\text{g/cm}^3$ の溶液 $1\,\text{L}(=1000\,\text{mL})$ の重さは $1000\,\text{mL} \times \dfrac{1.23\,\text{g}}{1\,\text{mL}} = \underline{1230\,\text{g}}$．密度は mL と g との換算係数．体積 mL を重さ g に変換するには mL を消去するように換算係数を掛ける．

答 7-9　求める体積を x mL とすると，重さ＝体積×密度＝$x\,\text{mL} \times 1.29\,\text{g}/1\,\text{mL} = 1.29\,x\,\text{g} = 100\,\text{g}$．$x = 100\,\text{g}/1.29\,\text{g} = \underline{77.5\,(\text{mL})}$．または，密度の定義のままで表現(密度＝重さ g/体積 mL)すると，$1.29\,\text{g}/1\,\text{mL} = 100\,\text{g}/x\,\text{mL}$（比例式の分数表示形）より $x = 100\,\text{g}/(1.29\,\text{g/mL}) = \underline{77.5\,\text{mL}}$．
　　＊体積が 100 mL より少ないことは直感的にわかる　→　1 より小さい値を掛けるか，1 より大きい値で割ればよい（化学計算の多くは×か÷のどちらかである）　→　1.29 で割ればよい．

問題 7-10 (1)密度 2.28 g/mL のジヨードメタン CH_2I_2 の 10 mL は何 g か.

(2)CH_2I_2 の 10.0 g は何 mL か.

米国式計算法：(1)mL が消えるように分母に mL のある換算係数 $\dfrac{2.28\,g}{1\,mL}$ か $\dfrac{1\,mL}{2.28\,g}$ を掛ける．

(2)g が消えるように分母に g がある換算係数を掛ける．

問題 7-11 含有率 99.5% エタノール(残り 0.5% は水)の密度は 0.79 g/mL である．このエタノール 100 mL と水 100 mL (密度 1.00 g/cm³) とを混合したら，液量が全体で 192.7 mL となった．
(1)この溶液のエタノール含有率(w/w%)を求めよ．　　(2)この溶液の密度を求めよ．

7-3 様々なパーセント濃度

パーセント%濃度には様々な種類があり，目的に合わせて区別して用いられる．**質量%**(w/w%)は小中高校で学んだ%のことであり，%といえば通常この%を指す．**体積%**(**容量%**, v/v%)は液体について用いる．一方，この両者を混ぜこぜにした**質量/体積%**(**重量/容積%**, **重容%**)がある．このものは分子が質量(重さ g)で分母が体積(mL)として定義される．(本来，分子と分母は同じ単位でなければ「百分率」とはいえないので奇妙な定義ではあるが，) この重容%はモル濃度に換算できることもあり，食品学，生化学といった化学の応用分野ではよく用いられている．このほかに，微量しか含まれていないものの濃度を表すときに食品学，医療関係分野などでよく用いられる**ミリグラム%**(mg%≒mg/dL)，調理の分野で用いられる**調味%**がある．

問題 7-12 食塩 3.0 g を水 50 mL に溶かした．食塩水の濃度(%)(食塩の含有率(%)) はいくつか．ただし，水の密度(1 mL あたりの質量)は 1.0 g/mL である．

| w/w%濃度とは？　定義？ | 質量%, 重量% |

問題 7-13 w/w 5% 食塩水溶液を 100 g つくるには食塩，水のそれぞれ何 g が必要か．

問題 7-14 食塩(NaCl)の 10% 水溶液(w/w)を 100 g つくるには水，および，NaCl の何 g が必要か．この食塩水の密度は 1.07 g/cm³ である．モル濃度を求めよ(NaCl の式量＝58.4)．

問題 7-15 醤油の塩分濃度は 15%(w/w)である．以下の x, y, z の値を求めよ．
(1)醤油 20 g 中には食塩は x g 含まれている．

(2)y g の醤油中に食塩 1.0 g が含まれる．

(3)醤油の密度を 1.2 g/mL(比重 1.2)とすると，y g の醤油は z mL である．

問題 7-16 パウンドケーキをつくるのに小麦粉は 2.0%(w/w)のベーキングパウダーを含む必要がある．1 パウンド(＝ポンド＝454 g)の小麦粉に対し何 g のベーキングパウダーが必要か．

答　7　パーセント，密度，含有率，希釈

答 7-10　(1) $\dfrac{2.28\,\text{g}}{1\,\text{mL}} = \dfrac{x}{10\,\text{mL}}$（比例式），$x = 10\,\text{mL} \times 2.28\,\text{g/mL} = \underline{22.8\,\text{g}}$．重さ＝体積×密度＝$\underline{22.8\,\text{g}}$

(2) 密度 2.28 g/1 mL＝10.0 g/xmL（比例式），または，重さ＝体積×密度＝$x\,\text{mL} \times 2.28\,\text{g/mL} = 10.0\,\text{g}$ より，

$x = 10.0\,\text{g}/(2.28\,\text{g/mL}) = 4.385 \doteq 4.39\,\text{mL}$．直感的に，10.0 mL より少ない → 2.28 で割る．
$10.0\,\text{g}/(2.28\,\text{g/mL}) = \underline{4.39\,\text{mL}}$．

米国式計算法：(1) $10.0\,\text{mL} \times \dfrac{2.28\,\text{g}}{1\,\text{mL}} = \underline{22.8\,\text{g}}$，　(2) $10.0\,\text{g} \times \dfrac{1\,\text{mL}}{2.28\,\text{g}} = \underline{4.39\,\text{mL}}$　　　（求め方は左頁）

答 7-11　(1) 100 mL のエタノールの質量は，$0.79\,\text{g/mL} \times 100\,\text{mL} = 79\,\text{g}(0.79\,\text{g}/1\,\text{mL} = x\,\text{g}/100\,\text{mL})$．含有率が99.5%だから，$79\,\text{g} \times 0.995 = 78.6\,\text{g}$ がエタノール，残りの0.5%，$79\,\text{g} \times 0.005 = 0.4\,\text{g}$ は水．水 100 mL は $1.00\,\text{g/mL} \times 100\,\text{mL} = 100\,\text{g}$．したがって，

$w/w\% = \dfrac{\text{溶質の質量 g}}{(\text{溶質＋溶媒})\text{の質量 g}} \times 100 = \dfrac{79\,\text{g} \times 0.995\ \text{純エタノール}}{79\,\text{g} \times 0.995\ \text{純エタノール} + (79 \times 0.005 + 100\,\text{g})\ \text{水}} \times 100 = \underline{43.9\%}$

(2) 密度＝$\dfrac{\text{全体の質量 g}}{\text{全体の体積 mL}} = \dfrac{(100+79)\,\text{g}}{192.7\,\text{mL}} = 0.929 \doteq \underline{0.93\,\text{g/mL}}$

様々なパーセント濃度

答 7-12　水 50 mL は 50 g だから全体で 53 g．食塩は $3.0\,\text{g}/53\,\text{g} \times 100 = 5.66 \doteq \underline{5.7\%}(w/w:\text{g/g}\ \text{のこと})$．これは質量%濃度である．高校までに学んだ%濃度は質量パーセント($w/w\%$)である．

$w/w\%$：固体，液体を問わず，単に%というときは，通常，質量%＝w/w

（weight/weight＝質量 g/質量 g)%である．全体100 g 中の g 数，すなわち

$\boxed{\dfrac{\text{部分 g}}{\text{全体 g}} = \dfrac{x\,\text{g}}{100\,\text{g}}}$　　$\boxed{x = \dfrac{\text{特定物の質量 g}}{\text{全体の質量 g}} \times 100\% = \dfrac{\text{溶質の質量 g}}{(\text{溶質＋溶媒})\text{の質量 g}} \times 100\%}$

答 7-13　w/w 5% 食塩水溶液は（NaCl 5 g/全体100 g；全体＝$\underline{\text{NaCl 5 g}} + \underline{\text{水 95 g}}$）．$x/100 = 5\,\text{g}/100\,\text{g}$

答 7-14　必要な NaCl を $x\,\text{g}$，水を $y\,\text{g}$ とすると質量%の定義より，$\dfrac{x\,\text{g}}{x\,\text{g}+y\,\text{g}} \times 100 = 10\%$，

また，全体＝$x\,\text{g}+y\,\text{g}=100\,\text{g}$ だから，$x = 10\,\text{g}$, $y = 100-x = 90\,\text{g}$．

モル濃度は mol/L だから 1 L で考える．その質量は $1000\,\text{mL} \times 1.07\,\text{g/mL} = 1070\,\text{g}$．この10%が NaCl だから 1 L 中の NaCl は $1070\,\text{g/L} \times 0.10 = 107\,\text{g/L}$．$(107\,\text{g/L})/(58.4\,\text{g/mol}) = \underline{1.83\,\text{mol/L}}$．

答 7-15　これは通常の質量%濃度であるから，

(1) 15%とは15 g/100 g のことなので 15 g/100 g＝$x\,\text{g}/20\,\text{g}$（比例式）が成立，たすき掛け →
$x = \underline{3\,\text{g}}$．または $x = 20\,\text{g} \times (15/100) = \underline{3\,\text{g}}$（米国式：醤油20 g ×（塩 15 g/醤油100 g）＝塩 $\underline{3\,\text{g}}$）

(2) 15g/100g＝1.0g/y g より $y = 6.67 \doteq \underline{6.7\,\text{g}}$（米国式：塩 1.0 g ×（醤油100 g/塩 15 g）＝醤油 $\underline{6.7\,\text{g}}$）

(3) $z\,\text{mL} \times 1.2\,\text{g/mL} = 6.7\,\text{g}$ または $1.2\,\text{g}/1\,\text{mL} = y\,\text{g}/z\,\text{mL} = 6.7\,\text{g}/z\,\text{mL}$ より $z = \underline{5.6\,\text{mL}}$．

（米国式：醤油 6.7 g ×（醤油 1.0 mL/醤油 1.2 g）＝醤油 $\underline{5.6\,\text{mL}}$）

答 7-16

$\dfrac{\text{溶質の質量 g}}{(\text{溶質＋溶媒})\text{の質量 g}} \times 100\% = \dfrac{x\,\text{g}}{(x+454)\,\text{g}} \times 100 = 2.0\%$　$\dfrac{x}{x+454} = 0.020 = \dfrac{0.020}{1}$，たすき掛けして

$x = 0.020 \times (x+454) = 0.020x + 9.08$, $x - 0.020x = 0.98x = 9.08$, $x = 9.08/0.98 = 9.26\,\text{g} \doteq \underline{9.3\,\text{g}}$

または，比例式 2 g/100 g＝$x\,\text{g}/(x+454)\,\text{g}$ を解く

| $v/v\%$濃度とは？　定義？ | 容量% |

問題 7-17　v/v 10% エタノール水溶液 100 mL をつくるには，純エタノール何 mL に水を加えて 100 mL とすればよいか．

問題 7-18　エタノール 10% 水溶液(v/v)を 500 mL つくるには，純度 100% のエタノールが何 mL 必要か．

デモ　問題 7-17, 18 で，それぞれ水 90 mL, 450 mL を加えて混ぜる，ではなぜだめなのか．
→ 水 5 mL + エタノール 5 mL = 9.65 mL/10 mL メスシリンダー．水は水素結合によるかさ高い(隙間の多い) 3 次元網目構造をもつ．この水に塩や他の溶媒が溶けると水構造の一部が変化するため，たとえばエタノール 10 mL + 水 90 mL = 100 mL とはならない．(大豆 100 mL + 塩 100 mL ≠ 200 mL をイメージせよ　大豆 100 g + 塩 100 g = 200 g，質量は二液の混合前後で保存されるが体積は保存されない．問題 7-11 の問題文も参照のこと．)

| $w/v\%$濃度とは？　定義？ | 質量/体積%　重容%(重量/容積%) |

問題 7-19

(1) w/v 15% NaCl 水溶液 100 mL をつくるには食塩何 g を溶かして 100 mL とすればよいか．

(2) 0.15 g, 15 mg がそれぞれ 1 mL に溶けているとすると，溶液の濃度を $w/v\%$ で表せ．

問題 7-20　砂糖 20% 水溶液(w/v)を 200 mL つくりたい．砂糖(＝ショ糖＝スクロース，分子量＝342)の何 g を用いて 200 mL とすればよいか．また，この溶液のモル濃度を求めよ．

問題 7-20-2　グルコース(MW＝180) 7.2 g を水 100 mL (d＝1.0 g/cm^3)に溶かすと，溶液の密度は 1.04 g/cm^3 となった．① 水溶液の体積は何 mL か．② 溶液のグルコース濃度を $w/w\%$, $w/v\%$, mol/L で表せ．w/w＝g/g, w/v＝g/mL, v/v＝mL/mL である．

| ミリグラム%とは何か？　定義？ |

問題 7-21　1.5 kg の米の中に 70 mg の脂質が含まれている．この米の脂質濃度は何 mg% か．

以上の%は，w/w, w/v, v/v と表示単位は異なるが，定義式はすべて同形である．

| 一般に%の定義式はどのような形をしているか？これは**要暗記**！ |

これに対して，次の調味%は右頁上式の定義と異なっている．

| 調味%とは何か？　定義？ | (調理学，調理実習で用いる) |

v/v%：液体では体積%＝*v/v*%(volume/volume＝体積 mL/体積 mL)%を用いることも多い．すなわち，

$$\frac{溶質の体積\ mL}{(溶質＋溶媒)の体積\ mL}\times 100\% = \frac{特定物の体積\ mL}{全体の体積\ mL}\times 100\%$$ （＝全体 100 mL 中の mL 数）

答 7-17 *v/v* 10%エタノール水溶液は(エタノール 10 mL/全体 100 mL)．エタノール 10 mL に水を加えて 100 mL とするが正解．水 90 mL 加えても 100 mL とはならない(左頁の「デモ」参照)．

答 7-18 $\frac{溶質の体積\ mL}{(溶質＋溶媒)の体積\ mL}\times 100\% = \frac{x\ mL}{500\ mL}\times 100 = 10\%,\quad \frac{x\ mL}{500\ mL} = 0.10 = \frac{0.10}{1},\ x = \underline{50\ mL}$

純度 100%のエタノール 50 mL に水を加えて全体を 500 mL とする．「水 450 mL を加える」は誤り．左頁の「デモ」参照．

w/v%：溶液では *w/v*(weight/volume＝質量/体積)%を用いることも多い．すなわち，

$$\frac{溶質の質量\ g}{(溶質＋溶媒)の体積\ mL}\times 100\%$$ （全体 100 mL 中に何 g 溶けているかを意味する．分子と分母で単位が異なる奇妙な%である．）

答 7-19 (1) NaCl の 15 g を水に溶かして，水溶液全体を 100 mL とする(左頁の「デモ」参照)．
(2) $0.15\ g/1\ mL\times 100 = \underline{15\%},$ （比例式 $0.15\ g/1\ mL = x\ g/100\ mL$ (*w/v*%の定義))
$15\ mg/1\ mL\times 100 = 0.015\ g/1\ mL\times 100 = \underline{1.5\%}$ （$0.015\ g/1\ mL = x\ g/100\ mL$)

答 7-20 $\frac{w}{v}\% = \frac{x}{200\ mL}\times 100 = 20\%$，または，$\frac{x\ g}{200\ mL} = \frac{20\ g}{100\ mL}$ （比例式）より，$x = \underline{40\ g}$．よって，砂糖 40 g に水を加えて全体の体積を 200 mL とする．$(40/342)\ mol/0.200\ L = \underline{0.58\ mol/L}$．

mg%：食品や血液などに微量しか含まれていない成分の濃度を表すときに用いられる．

$$(溶質(mg)/全体(g))\times 100\ mg\%$$ （100 g 中に何 mg 含まれているかを意味する．分子と分母の単位が異なる奇妙な%である．）

答 7-20-2 全体の重さ $7.2\ g + 100\ mL\times 1.0\ g/mL = 107.2\ g$．① $107.2\ g/1.04\ g/mL = \underline{103\ mL}$，② $(7.2\ g/107.2\ g)\times 100 = \underline{6.7\ w/w\%}$，$(7.2\ g/103\ mL)\times 100 = 7.0\ w/v\%$，$7.0\ g/100\ mL$ だから，$(70\ g/180\ g/mol)/L = \underline{0.39\ mol/L}$．＊溶かして 100 mL とする：全体積 100 mL，加えた水量・質量不明．密度 g/mL より全質量計算．100 mL の水・100 g の水に溶かす：全質量は(溶質＋水)の重さ．全体積不明．全体積は密度から計算．

答 7-21 $(70\ mg/1500\ g)\times 100 ≒ \underline{4.7\ mg\%}$　$(70\ mg/1500\ g = x\ mg/100\ g,\ x = 4.7,\ 4.7\ mg/100\ g)$

<u>%の定義式</u>の一般形：$\boxed{\dfrac{部分}{全体} = \dfrac{x\%}{100}}$　$\boxed{x = \dfrac{部分}{全体}\times 100 = \dfrac{溶質}{溶質＋溶媒}\times 100\%}$　要暗記！

$$\boxed{調味\% = \frac{溶質(g)}{溶媒(g)}\times 100\% = \frac{調味料(塩，砂糖，油)(g)}{水，食材(g)}\times 100\%}\quad （外割り\%）$$

＊**通常の%**は，溶質が%を計算する分数の分母(溶液全体の)中に含まれていることから，調理の分野では，これを「内割り%」ともいう．これが本当の意味の%濃度(百分率濃度，**全体の何%を占めるか**)である．これに対して，**調味%**は，水，小麦粉，肉など，調理する食材の重量に対して，加えるべき調味料(塩，砂糖)などの重量を，**調理する食材**の重量の何%(何割何分何厘)に**対応する**かを，割合(%)で示したものであり，本当の意味の%(百分率)ではない．溶質が%を計算する分数の分母に含まれていないことから，これを「外割り%」ともいう．

問題 7-22　食塩の 120 g を 2 L の水に溶かした．この水の塩分濃度(調味%)はいくつか．

問題 7-23　500 mL の汁に 1.5% 濃度(調味%)の塩を加えた．加えた塩の重量は何 g か．
(この「1.5% 濃度の塩」意味は，「汁の重さの 1.5% にあたる重さの塩」という意味である．)

問題 7-24　肉 300 g を調理するのに塩分 2%，酒 5%，油 7% を用いるとする(% はすべて調味%)．
塩分は醤油で調味する．醤油の塩分濃度は 15%(w/w)，密度 1.2 g/mL とすると，
(1) 醤油は何 mL 必要か．この醤油は 1 杯が 15 mL の計量スプーンで何杯に相当するか．

(2) 酒の密度は 1.1 g/mL である．酒はスプーン何杯分が必要か．スプーン 1 杯は 15 mL．

(3) 油の密度は 0.8 g/mL である．油はスプーン何杯分が必要か．スプーン 1 杯は 15 mL．

問題 7-25　パウンドケーキをつくるには，小麦粉に対して，調味% で 100% の砂糖，100% のバター，100% の卵と 2.0% のベーキングパウダーが必要である．1 パウンド(= 1 ポンド = 454 g)の小麦粉に対し，何 g の砂糖，バター，卵，ベーキングパウダーが必要か．

7-4　その他の濃度表示法

溶液の濃度の表示にはモル濃度，規定度(規定濃度)，% 濃度のほかに，1 mL，1 L 中に目的物質がどれだけの重さ含まれているかを表す単位として，mg/mL，mg/dL，mg/L，μg/mL，μg/L といった単位で表される**質量濃度**(重容濃度？)も分析化学，環境化学，生化学分野などで用いられる．
また，水俣病の Hg，イタイイタイ病の Cd などの環境汚染，公害病の原因物質の濃度単位 **ppm** や，母乳中のダイオキシン，内分泌撹乱物質(環境ホルモン)などの濃度単位 **ppb，ppt** といった，微量，極微量しか存在しない物質の**含有率**(≡ 全体の質量に占める特定物質の質量の比率)として表す濃度表示法もある．これらの単位表示は食品衛生学，環境衛生学などの授業においても頻出する．

問題 7-26　指数計算に慣れていない人は付録(p.226)を勉強のこと．

問題 7-27　(1) 1 mg，1 μg，1 ng は何 g か，1 g は何 mg か，何 μg か，何 ng か，指数表示せよ．

(2) 1 kg は何 g，何 mg か．指数表示せよ．

(3) 1 t は何 kg か，何 g か，何 mg か．

質量濃度：(% 表示ではない)

> **質量濃度**，重容(w/v)濃度，質量/体積(w/v)濃度の定義？

質量濃度について：血液中のタンパク質の量は mg/mL，グルコースの量は mg/dL(≒ mg%)，溶液中の DNA は μg/mL，水道中の塩素量は mg/L といったふうに，様々な形で用いられる．

問題 7-28　1.5 g の NaCl が 10 mL 水溶液に溶けている．質量濃度(重容濃度)はいくつか．

問題 7-29　1.5 g の NaCl が 1 L の水溶液に溶けている．質量濃度(/L, /mL)はいくつか．

問題 7-30　1.5 mg の NaCl が 1 L の水溶液に溶けている．質量濃度(/L, /mL)はいくつか．

問題 7-31　NaCl の質量濃度 0.15 g/mL 水溶液は何パーセント w/v 濃度か．モル濃度はいくつか(NaCl の式量 58.4)．密度を 1.1 g/cm³ とすると w/w では何% か．

答 7-22　1 L ≒ 1000 g（水 1 mL = 1.0 g；水の密度 = 1.0 g/mL）．よって 120 g/2000 g × 100 = 6.0%．
　　　　または，120 g/2000 g = x g/100 g（比例式）（加えた塩分量が元の水の重さの何%にあたるか）

答 7-23　500 mL ≒ 500 g．加えた塩分量は 500 g の 1.5% という意味だから，500 × (1.5/100) = 7.5 g．
　　　　または，x/500 mL = 1.5/100，たすき掛けして 100x = 1.5 × 500，x = 7.5 g

答 7-24　肉の 2% だから 300 g × 0.02 = 6 g の塩分，300 g × 0.05 = 15 g 酒，300 g × 0.07 = 21 g 油．
　　　　(1) 15 g/100 g = 6 g/x g．x = 40 g 醤油．40 g/1.2 (g/mL) = 33.3 mL 醤油．
　　　　33.3 mL/15 mL = 2.2 杯 ≒ 2 杯強．

　　　　米国式：6 g 塩 → 醤油（何杯か）：6 g 塩 × $\frac{100 \text{ g 醤油}}{15 \text{ g 塩}}$ × $\frac{1 \text{ mL 醤油}}{1.2 \text{ g 醤油}}$ × $\frac{\text{スプーン 1 杯}}{15 \text{ mL}}$ = 醤油スプーン 2.2 杯

　　　　(2) 15 g/(1.1 g/mL) = 13.6 mL（または，1.1 g/1.0 mL = 15 g/y mL）．13.6 mL/15 mL = 0.9 杯 ≒ 1 杯
　　　　弱．　米国式：15 g 酒 → 酒（何杯か）：15 g 酒 × $\frac{1 \text{ mL 酒}}{1.1 \text{ g 酒}}$ × $\frac{\text{スプーン 1 杯}}{15 \text{ mL}}$ = 酒スプーン 0.9 杯

　　　　(3) 21 g/(0.8 g/mL) = 26.25 mL（または，0.8 g/1.0 mL = 21 g/z mL）．26.25 mL/15 mL = 1.75 杯
　　　　≒ 2 杯弱　　米国式：21 g 油 → 油（何杯か）：21 g 油 × $\frac{1 \text{ mL 油}}{0.8 \text{ g 油}}$ × $\frac{\text{スプーン一杯}}{15 \text{ mL}}$ = 油 1.75 杯

答 7-25　砂糖，バター，卵は 454 × 1.00 (100%) = 454 g，ベーキングパウダーは 454 × 0.02 (2%) =
　　　　9.1 g．パウンドケーキの名称は，これらの材料を 1 ポンドずつ用いることに由来．

その他の濃度表示法

答 7-27　(1) 1 mg = 1 × 10^{-3} g，1 μg = 1 × 10^{-6} g，1 ng = 1 × 10^{-9} g，
　　　　1 g = 1 × 10^3 mg，1 g = 1 × 10^6 μg，1 g = 1 × 10^9 ng

　　　　(2) 1 kg = 1000 g = 1 × 10^3 g = 1 × 10^3 × 10^3 mg = 1 × 10^6 mg

　　　　(3) 1 t（トン）≡ 1000 kg = 1 × 10^3 kg = 10^3 × (10^3 × g) = 1 × 10^6 g = 10^6 × (10^3 mg) = 1 × 10^9 mg
　　　　　例：5 t 積みトラック
　　　　　1 m^3 の水 = 1 t，1 m^3 = 100 cm × 100 cm × 100 cm = 1 × 10^6 cm^3．1 × 10^6 cm^3 (1.00 g/mL) = 10^6 g = 10^3 kg = 1 t

質量濃度：(%表示ではない)

$$\text{質量濃度} = \frac{\text{質量 (g，または mg, μg)}}{\text{体積 (mL，または L)}}$$

（重容濃度ともいう）
質量濃度 (g/mL) × 100 = w/v% である．

答 7-28　1.5 g/10 mL = 0.15 g/1 mL．質量濃度は 0.15 g/mL．

答 7-29　1.5 g/L = 1.5 g/1000 mL = 1.5 mg/mL．質量濃度は 1.5 g/L，または 1.5 mg/mL．

答 7-30　1.5 mg/L = 1.5 mg/1000 mL = 1.5 μg/mL．質量濃度は 1.5 mg/L，または 1.5 μg/mL．

答 7-31　0.15 g/mL = 0.15 g × 100/100 mL = 15 g/100 mL，つまり w/v 15%．
　　　　または，0.15 g/mL × 100 = 15%
　　　　　15 w/v% では 1 L 中の NaCl 量は，(15 g/100 mL) × 1000 mL = 150 g．
　　　　モル濃度は，(150 g/L)/(58.4 g/mol) = 2.6 mol/L．　100 mL の質量は 100 mL × (1.1 g/1 mL) = 110 g．
　　　　したがって，w/w%濃度は (15 g/110 g) × 100 = 13.6 w/w%．

ppm, ppb, ppt：含有率

問題 7-32 ppm, ppb, ppt とは何か．それぞれの定義と 1 kg 中の含有量を示せ．

> 含有率(≡全体の質量に占める特定物質の質量の比率)の表示法の一種である．
> ％・百分率は，全体を100個に分けた内の何個にあたるか，という意味であり，いわば parts per hundred である(pph：ただし，こういう言い方はしない)．
> これに対して，ppm＝parts per million＝何個/10^6(ミリオン)＝百万分率，百万個のうちの何個にあたるか，ppb＝何個/10^9(ビリオン)＝10億分率，ppt＝何個/10^{12}(トリリオン)＝1兆分率である．％では比の値×100，同様に ppm では ×10^6，ppb では ×10^9 となる．
>
> * 食品学で用いる mg％は mg/100 g＝mg/(100×10^3)mg＝1/10^5 だから10万分率である．mg％＝10 ppm 血液の成分，たとえば血糖値は，mg/dL(＝mg/100 mL＝mg％(w/v)) で表す．

問題 7-33 200 g の米の中に 50 mg の脂質が含まれている．この米の脂質含有率は何 mg％か．

問題 7-34 200 g の米の中に 50 mg の脂質が含まれている．この米の脂質含有率は何 ppm か．

問題 7-35 200 kg の米の中に 50 mg の脂質が含まれている．
この米の脂質含有率(濃度)は何 ppm，何 ppb，何 ppt か．

```
1 | 000 | 000 | 000 | 000
kg    g    mg   µg   ng
           ppm  ppb  ppt

      1 | 000 | 000 | 000
          g    mg   µg   ng
               ppm  ppb
```

問題 7-36 以下のものの含有率はそれぞれ何 ppm, ppb, ppt と表されるか．

(1) 1.5 kg の米の中に 3 mg の亜鉛が含まれていた．

(2) 150 kg の鉄塊の中に 3 mg のセレンが含まれていた．（Se：S と同族元素，必須元素）

(3) 1.5 t の海水の中に 3 mg のクロムが含まれていた．（Cr：必須元素）

(4) 150 t の海水の中に 3 mg のモリブデンが含まれていた．（Mo：必須元素）

問題 7-37 食塩 NaCl の 0.10 g が 1 L に溶けた食塩水溶液(比重1.0)の濃度を以下の表し方で示せ．

(1) ％(w/v, w/w)　　(2) mg/L, µg/mL　　(3) ミリグラムパーセント mg％

(4) ppm　　　　　　　(5) mol/L　　　　　　(6) Na^+のイオン当量/L

問題 7-37-2 母乳中のダイオキシンの含有率が 200 ppb であった．母乳 200 g 中のダイオキシンの含有量を求めよ．

ppm, ppb, ppt

答 7-32

$$\frac{\text{目的物の質量(g)}}{\text{全体の質量(g)}} \equiv \frac{\text{いくつか}}{100}(\%) = \frac{\text{いくつか}}{10^6}(\text{ppm}) = \frac{\text{いくつか}}{10^9}(\text{ppb}) = \frac{\text{いくつか}}{10^{12}}(\text{ppt})$$

$$16\,\text{ppm} \equiv \frac{16}{10^6} \leftarrow \frac{16\,\text{parts}}{\text{million}} \leftarrow \text{per} = \text{百万分の}\,16$$

よって，$\%=\dfrac{\text{目的物}}{\text{全体}}\times 100$，$\text{ppm}=\dfrac{\text{目的物}}{\text{全体}}\times 10^6$，$\text{ppb}=\dfrac{\text{目的物}}{\text{全体}}\times 10^9$，$\text{ppt}=\dfrac{\text{目的物}}{\text{全体}}\times 10^{12}$

ppm $=$ mg/kg（$1\,\text{kg}=1000\,\text{g}=10^6\,\text{mg}$ だから 1 kg 中の 1 mg が 1 ppm），$1\,\text{mg/L}\fallingdotseq 1\,\text{ppm}$.
ppb $=$ μg/kg（$1\,\text{kg}=1000\,\text{g}=10^6\,\text{mg}=10^9\,\text{μg}$ だから 1 kg 中の 1 μg が 1 ppb），$1\,\text{μg/L}\fallingdotseq 1\,\text{ppb}$.
ppt $=$ ng/kg，$1\,\text{ng/L}\fallingdotseq 1\,\text{ppt}$．または，$1\,\text{ppm}=1\,\text{μg}/1\,\text{g}$．$1\,\text{ppb}=1\,\text{ng}/1\,\text{g}$．$1\,\text{pg}/1\,\text{g}$．

答 7-33 $\dfrac{50\,\text{mg}}{200\,\text{g}}=\dfrac{x\,\text{mg}}{100\,\text{g}}$（比例式の分数形．$\dfrac{x\,\text{mg}}{100\,\text{g}}$ が $x\,\text{mg}\%$ の定義）より，$x=\dfrac{50\,\text{mg}}{200\,\text{g}}\times 100\,\text{g}=\underline{25\,\text{mg}\%}$

答 7-34 $\dfrac{50\,\text{mg}}{200\,\text{g}}=\dfrac{x\,\text{ppm}}{10^6}$ が ppm の定義．$x=\dfrac{50\,\text{mg}}{200\,\text{g}}\times 10^6=\dfrac{50\,\text{mg}\times 10^6}{200\times 1000\,\text{mg}}=\dfrac{5\times 10^7}{2\times 10^5}=\dfrac{500}{2}=\underline{250\,\text{ppm}}$

答 7-35 $\dfrac{50\,\text{mg}}{200\,\text{kg}}=\dfrac{x\,\text{ppm}}{10^6}=\dfrac{y\,\text{ppb}}{10^9}=\dfrac{z\,\text{ppt}}{10^{12}}$ が ppm, ppb, ppt の定義．よって，

$$x=\frac{50\,\text{mg}}{200\,\text{kg}}\times 10^6\,\text{ppm}=\frac{50\,\text{mg}\times 10^6\,\text{ppm}}{200\times 1000\times 1000\,\text{mg}}=\frac{5\times 10^7}{2\times 10^8}\,\text{ppm}=\frac{5}{20}\,\text{ppm}=\underline{0.25\,\text{ppm}}$$

$1\,\text{ppm}=1000\,\text{ppb}$ よって，$0.25\,\text{ppm}=0.25\times 1000\,\text{ppb}=\underline{250\,\text{ppb}}$

$1\,\text{ppb}=1000\,\text{ppt}$ よって，$250\,\text{ppb}=250\times 1000\,\text{ppt}=\underline{250\,000\,\text{ppt}}$

答 7-36 (1) $\dfrac{3\,\text{mg}}{1.5\,\text{kg}}=\dfrac{3\,\text{mg}}{1.5\times 10^3\times 10^3\,\text{mg}}=\dfrac{3}{1.5\times 10^6}=\dfrac{2}{10^6}=\dfrac{x\,\text{ppm}}{10^6}=\dfrac{y\,\text{ppb}}{10^9}=\dfrac{z\,\text{ppt}}{10^{12}}$ たすき掛けする $\quad\begin{array}{l}x=\underline{2\,\text{ppm}}\\ y=\underline{2000\,\text{ppb}}\\ z=\underline{2\times 10^6\,\text{ppt}}\end{array}$

(2) $3\,\text{mg}/150\,\text{kg}=3\,\text{mg}/(1.5\times 100\,\text{kg})=(3\,\text{mg}/1.5)/(100\times 10^6)\,\text{mg}=2/10^8=20/10^9=20\,\text{ppb}$
$=20\,000\,\text{ppt}=2\times 10^4/10^{12}=2\times 10^4\times 10^{-6}/(10^{12}\times 10^{-6})=2\times 10^{-2}/10^6=0.02\,\text{ppm}$

(3) $3\,\text{mg}/1.5\,\text{t}=3\,\text{mg}/(1.5\times 1000\,\text{kg})=(3/1.5)\,\text{mg}/(10^3\times 10^6\,\text{mg})=2/10^9=2\,\text{ppb}=2000\,\text{ppt}$
$=0.002\,\text{ppm}$

(4) $3\,\text{mg}/150\,\text{t}=3\,\text{mg}/(1.5\times 100\times 10^9)\,\text{mg}=2/10^{11}=20/10^{12}=20\,\text{ppt}=0.02\,\text{ppb}=0.000\,02\,\text{ppm}$

答 7-37 (1) $0.10\,\text{g}/1000\,\text{mL}\times 100=\underline{0.010\%\,(w/v)}$（$0.010\,\text{g}/100\,\text{mL}$ ということ）比重1.0だから $1\,\text{mL}=1\,\text{g}$
$1\,\text{L}=1000\,\text{g}$ だから，$0.10\,\text{g}/1000\,\text{g}\times 100=\underline{0.010\%\,(w/w)}$（$0.010\,\text{g}/100\,\text{g}$ ということ）
または，$0.10/1000=x/100$（比例式，%の定義）より $x=0.010\%$

(2) $0.10\,\text{g/L}=\underline{100\,\text{mg/L}}$，$100\,\text{mg/L}=100\,\text{mg}/1000\,\text{mL}=0.10\,\text{mg/mL}=\underline{100\,\text{μg/mL}}$

(3) $1\,\text{L}=1000\,\text{g}$ だから $0.10\,\text{g/L}=100\,\text{mg}/1000\,\text{g}$．$(100\,\text{mg}/1000\,\text{g})\times 100=\underline{10\,\text{mg}\%\,(w/w)}$．
または，$100\,\text{mg}/1000\,\text{g}=x\,\text{mg}/100\,\text{g}$（mg%，mg%の定義），$\underline{x=10\,\text{mg}\%}$

(4) $0.10\,\text{g/L}=0.10\,\text{g}/1000\,\text{g}$．$0.10/1000=x\,\text{ppm}/10^6$（ppm定義）．$x=0.10/1000\times 10^6=\underline{100\,\text{ppm}}$

(5) $0.10\,(\text{g/L})/58.4\,(\text{g/mol})=0.001712\,\text{mol/L}\fallingdotseq \underline{0.0017\,\text{mol/L}\,(1.7\times 10^{-3}\,\text{mol/L})}$

(6) $\underline{0.0017\,\text{当量/L}}$（1 個の NaCl 中に Na は 1 個だから Na のモル濃度は(5)と同じ）．
$0.10\,\text{gNaCl}\times (23.0\,\text{gNa}/58.4\,\text{gNaCl})=0.039\,\text{g}$ が Na$^+$ の量．

Na$^+$ のイオン当量は，イオン当量=イオンの式量/イオンの荷数(価数)=23.0/1=23.0(g/当量)．よって $0.10\,\text{g/L}$ の NaCl 水溶液中の Na$^+$ の濃度，イオン当量/L={0.10 gNaCl/L× (23.0 gNa/58.4 gNaCl)}/(23.0 gNa/当量) = (0.039 gNa/L)/(23.0 gNa/当量) = 0.0017 当量/L．

答 7-37-2 $200\,\text{g}\times (200/10^9)=4/10^5=40/10^6\,\text{g}=\underline{40\,\text{μg}}$

7-5 含有率%と含有量

純金のことを24金という．純金は軟らかすぎるので，装飾用には18金が用いられる．これは全体の質量の18/24が金，残りは銀と銅である．したがって18金中の純金の比率は18/24×100＝75%である．この比率のことを含有率(＝質量%)といい，18金中の金の含有率＝75%と表現する．18金の指輪の質量を12gとすると，金の含有率は75%であるから，この指輪に含まれる純金の含有量は12g×0.75＝9gということになる．

お酒はエタノールの水溶液であり，アルコール含有率はビールで約5%，ワイン12%，日本酒15%，ウイスキーやブランデーは約40%，ウオッカでは60%のものもある．この含有率＝15℃における酒類100mL中のエタノールの容積，と日本国の酒税法で規定されている．すなわち，この場合は含有率＝容積%である．（以下，右頁へ続く）

> 含有量＝？　　（含有率との関係を述べよ）

問題 7-38 砂糖菓子20g中の砂糖の含有率は35%であった．砂糖の含有量を求めよ．

> 溶液の質量＝？　　（体積mLを質量gに変換する方法？）

問題 7-39 90%エタノール水溶液の200mL中には何mLの純エタノールが含まれるか．

問題 7-40 90%エタノール水溶液の何mLをとれば，その中に100mL純エタノールが含まれるか．

問題 7-41 含有率(純度)95%のエタノール溶液を用いて10%(v/v)エタノール水溶液を100mL調製するときの方法を述べよ．

> ものの純量？

問題 7-42 (1)塩分濃度0.8%(w/v)の味噌汁を1Lつくりたい．味噌の何gを溶かして1Lとすればよいか．ただし，味噌の塩分含有率は12.4%(w/w)である．

含有率と含有量

(左頁から続く)醤油中の食塩の含有率は100gの醤油における食塩のg数，すなわち質量%として表される．濃塩酸中のHCl含有率といった薬品の含有率も質量%表示である．食品成分表には100gあたりの様々な成分の含有量，すなわち，含有率が表記されている．このように**全体に対する特定成分の比率**を**含有率**といい，通常は**質量%**で表す．含有率が小さい場合は先に述べた mg%，ppm，ppb，ppt といった表し方もする．(含有率≡質量%(w/w%))

$$\text{含有量 } wg = \underbrace{\text{溶液の重さ}}_{\text{全体の重さ g}} \times \underbrace{\text{含有率}}_{\text{目的物の重さ(含有量 }w\text{)g/全体の重さ(}V\times d\text{)g}} = (\text{溶液の体積 }V \times \text{密度 }d) \times \text{含有率}$$

答 7-38 この35%は何も断っていないので，かつ固体であるから通常の%，w/w%である．
 $20\,\text{g} \times 0.35 = 7\,\text{g}$．または，100gに砂糖35gが含まれるので $35/100 = x/20$（比例式），$x = 7\,\text{g}$．

$$\text{溶液の重さ g} = \text{溶液の体積 mL} \times \text{密度 g/mL}$$

1 mL あたりの質量(g/mL)だから，密度 1.1 g/mL の液体 100 mL は 110 g (100 mL × 1.1 g/mL = 110 g)，密度 0.9 g/mL では 90 g (100 mL × 0.9 g/mL = 90 g)．すなわち，密度×体積が重さである．

答 7-39 この90%は何も断っていないが，エタノールは液体であるからv/v%である．
 $200\,\text{mL} \times 0.90 = \underline{180\,\text{mL}}$．または，純エタノール/エタノール水溶液 = 90 mL/100 mL
 $= x\,\text{mL}/200\,\text{mL}$（比例式），$x = 180\,\text{mL}$．
 米国式：エタノール水溶液 200 mL ×（純エタノール 90 mL/エタノール水溶液 100 mL）= 純エタノール 180 mL

答 7-40 摂取する90%エタノールの液量をxmLとすると，その90%が純エタノールだから，
 純エタノール量は $(x \times 0.90)$ mL．純エタノール量 = 100 mL としたいのだから
   $x \times 0.90 = 100$ → $x = 100/0.90 = \underline{111\,\text{mL}}$
 または，純エタノール/エタノール水溶液 = 90 mL/100 mL = 100 mL/x mL より，$\underline{x = 111\,\text{mL}}$．
 米国式：純エタノール 100 mL ×（エタノール水溶液 100 mL/純エタノール 90 mL）= エタノール水溶液 111 mL

答 7-41 <u>10.5 mL のエタノールをメスピペットでとり，水を加えて 100 mL とする．</u>
 10% 溶液 100 mL をつくるのに必要な純エタノール量は 100 mL × 0.10 = 10 mL．使用するエタノールは含有率が95%なので，10 mL とっても実際は 9.5 mL の純エタノールしかない．必要な95%エタノールの体積をx mLとすると，この95%が純エタノールだから，純エタノール量 = $(x \times 0.95)$ mL．よって，$x \times 0.95 = 10$ mL → $x = 10/0.95 = \underline{10.5\,\text{mL}}$．
 または，95 mL/100 mL = 10 mL/x mL．または，10 mL より多いということは直感的にわかる．だったら直感的に $10/0.95 = 10.5$ だと推定できる（掛けるか割るかである．掛ければ10より小さくなるので割る）．

| 純量 = 含有率で割る |

米国式：10% エタノール 100 mL × $\dfrac{\text{純エタノール 10 mL}}{10\%\text{エタノール 100 mL}}$ × $\dfrac{95\%\text{エタノール 100 mL}}{\text{純エタノール 95 mL}}$ = 95% エタノール 10.5 mL

答 7-42 (1) 味噌中の食塩量をx g とすると，
 $w/v = x\,\text{g}/1\,\text{L} = x\,\text{g}/1000\,\text{mL} = 0.8\,\text{g}/100\,\text{mL}$ (0.8% (w/v))　たすき掛けで $x = 8.0\,\text{g}$，
 味噌をy g とすると，$y\,\text{g} \times 0.124 = 8.0\,\text{g}$，$y = 8/0.124 = 64.5\,\text{g} \fallingdotseq \underline{65\,\text{g}}$ (12.4 g/100 g = 8 g/y g)．
 米国式：0.8% 味噌汁 1000 mL ×（塩 0.8 g/0.8% 味噌汁 100 mL）×（味噌 100 g/塩 12.4 g）= 味噌 64.5 g

(2) もし，塩分濃度 0.8%(w/w)の味噌汁を 1000 g つくるとしたら，味噌と水は，それぞれ何 g が必要か．

(3) 塩分濃度 0.8%(w/w)の味噌汁(密度は 1.05 g/mL)を 1 L つくるには味噌何 g が必要か．

(4) 調味%で塩分濃度 0.8%の味噌汁をつくりたい．水 1 L に対し味噌何 g が必要か．

問題 7-43 シュウ酸イオンを含む 100.0 mL 溶液に充分量の Ca^{2+} を加えることにより，溶液中のシュウ酸イオンを実質的にすべて(100%)シュウ酸カルシウム $Ca(COO)_2$ の沈殿として得た．この沈殿の質量は 1.000 g であった．

(1) この沈殿 1.000 g 中に含まれているシュウ酸イオン $(COO^-)_2$ の含有量(g)を求めよ．
　　ヒント：シュウ酸イオン，シュウ酸カルシウムの式量をまず求めよ．

(2) (1)の値をもとに，この 100 mL の溶液中に含まれている $(COO^-)_2$ の含有率を質量%(w/w)で表せ．ただし，この溶液の密度(1 mL あたりの質量)は 1.10 g/mL とする．また含有率を ppm で表せ．

(3) この溶液の濃度は 0.0781 mol/L であった．この値をもとに，この溶液中に含まれている $(COO^-)_2$ の含有率(質量%)を求めよ．

7-6　実際の化学分析への応用（学生実験テーマの例）

(1) 重量分析

問題 7-44 試薬特級 塩化バリウム 2 水和物結晶 $BaCl_2 \cdot 2H_2O$ ($MW = 244.26$) の 1.2642 g 中の Ba，Cl，および H_2O の含有量，含有率を求めるために以下の実験を行った．
　　(1)，(2)，(3)の結果をもとに $BaCl_2 \cdot 2H_2O$ の 1.2642 g 中の Ba，Cl，H_2O の含有量，含有率の実験値を求めよ．また，$BaCl_2 \cdot 2H_2O$ 中の Ba，Cl，H_2O の含有率の理論値(原子量，式量(分子量)をもとに計算した値)を求めよ．

(1) $BaCl_2 \cdot 2H_2O$ を 130℃ で 1 時間加熱することにより，無水塩化バリウム $BaCl_2$ ($MW = 208.27$) 1.0752 g を得た．この重さの減少量が，含まれていた結晶水の重さである．

(2) (1)の無水物(または，元の 2 水和物)を水に溶かし，これに硫酸ナトリウム Na_2SO_4 を過剰量加えることにより Ba^{2+} をすべて(99.99% 以上) $BaSO_4$ (水に難溶)の沈殿として回収した．
$$Ba^{2+} + SO_4^{2-} \rightarrow BaSO_4 \downarrow$$
これを洗浄，乾燥した $BaSO_4$ の秤量値は 1.2112 g であった．Ba の重さを計算で求めた．

(2) $w/w =$ 塩 x g/味噌汁 1000 g $= 0.80$ g/100 g $(0.80\%(w/w))$

塩の重さ $x = 8.0$ g, (1)より, 味噌は 65 g, 水は, $1000 - 65 = 935$ g 必要である.

(3) 1 L $= 1000$ mL   1000 mL $\times 1.05$ g/mL $= 1050$ g

$w/w =$ 塩 x g/味噌汁 1050 g $= 0.80$ g/100 g $(0.80\%(w/w))$

$x = 8.4$ g, 味噌を y g とすると, y g $\times 0.124 = 8.4$ g より,

$y = 8.4/0.124 = 67.7 \fallingdotseq 68$ g   よって, 68 g の味噌を溶かして 1 L とする.

または, 塩/味噌 $= 12.4$ g/100 g $= 8.4$ g/y g (比例式) より, $y = 68$ g

米国式：0.8% 味噌汁 1000 mL $\times \dfrac{\text{味噌汁 1.05 g}}{\text{0.8\% 味噌汁 1 mL}} \times \dfrac{\text{塩 0.8 g}}{\text{味噌汁 100 g}} \times \dfrac{\text{味噌 100 g}}{\text{塩 12.4 g}} =$ 味噌 67.7 g

(4) 水 1 L $= 1000$ mL $\fallingdotseq 1000$ g とすると, この重さの 0.8% の塩分(食塩)が必要.

$1000 \times (0.8/100) = 8$ g. 味噌を x g とする. 塩分は $x \times 0.124 = 8$ g, よって, $x = 64.5 \fallingdotseq 65$ g

答 7-43 (1) 沈澱の質量から目的成分の質量(含有量), 含有率を求める.

$Ca(COO)_2$ の 1.000 g 中に含まれている $(COO^-)_2$ の重さ x は,

$\dfrac{(COO^-)_2 \text{の式量}}{Ca(COO)_2 \text{の式量}} = \dfrac{88.02}{128.10} = \dfrac{x \text{ g}}{1.000 \text{ g}}$ (比例式), $x = 1.000 \times \dfrac{88.02}{128.10} = 0.687$ g

(2) 100.0 mL 中に 0.687 g の $(COO^-)_2$ が含まれている. また, 溶液の密度 $= 1.10$ g/mL.

よって, この溶液中の $(COO^-)_2$ 含有率(比の値)は

$\dfrac{0.687 \text{ g}}{(1.10 \text{ g/mL} \times 100.0 \text{ mL})} = 0.006\,245 \fallingdotseq 0.00625$ 密度については p. 96, 97 参照

これを%(百分率＝百分のいくつかを示す値)で表すと, 0.687 g/110 g $= x/100$

$x = (0.687/110) \times 100 = 0.00\,625 \times 100 = 0.625\%(w/w)$

これを ppm (parts per million ＝百万分のいくつかを示す値, 百万分率)で表すと,

$0.00\,625 \times 10^6 = 6250$ ppm $(0.687$ g/110 g $= x$ ppm/10^6 (比例式), $x = 6250$ ppm)

(3) この溶液の $Ca(COO)_2$ 濃度は 0.0781 mol/L であるから, 100.0 mL 中の $(COO^-)_2$ 量 w は, $w = MW \times C \times V = 88.02$ g/mol $\times 0.0781$ mol/L $\times (100.0/1000)$ L $= 0.687$ g. したがって, 含有率(質量%)は, 0.687 g/$(1.10$ g/mL $\times 100.0$ mL$) = 0.00625 \rightarrow 0.625\%(w/w)$

重量分析・式量換算

答 7-44 (1)より, H_2O の質量 $= 1.2642 - 1.0752 = 0.1890$ g

(2) $BaCl_2 \cdot 2H_2O$ 中の Ba (Ba^{2+}) はすべて $BaSO_4$ になったと考える. $Ba^{2+} + SO_4^{2-} \rightarrow BaSO_4$

Ba の重さを w g とする. $BaSO_4$ の質量 $= 1.2112$ g. 反応式から 1 mol の Ba^{2+} から 1 mol の $BaSO_4$ が生じることがわかるので, 次式が成り立つ. ただし, Ba と $BaSO_4$ の式量はそれぞれ 137.33, 233.39 である.

$\dfrac{\text{Ba の mol 数}}{BaSO_4 \text{の mol 数}} = \dfrac{(w \text{ g}/137.33 \text{ g}) \text{mol}}{(1.211\,2 \text{ g}/233.39 \text{ g}) \text{mol}} = \dfrac{1}{1}$ たすき掛けすると, $\dfrac{w \text{ g}}{137.33 \text{ g}} = \dfrac{1.211\,2 \text{ g}}{233.39 \text{ g}}$

再度, たすき掛けして, $w = 1.211\,2$ g $\times (137.33/233.39) = 0.7127$ g

または, $\dfrac{\text{Ba の質量}}{BaSO_4 \text{の質量}} = \dfrac{\text{Ba の式量}}{BaSO_4 \text{の式量}}$ (比例式)をたすき掛けすると,

Ba の質量 $= BaSO_4$ の質量 $\times \dfrac{\text{Ba の式量}}{BaSO_4 \text{の式量}} = 1.2112$ g $\times \dfrac{137.33}{233.39} = 0.7127$ g

(3) 全体の重さから結晶水 H_2O の重さ，$Ba(Ba^{2+})$ の重さを計算し，差し引いたものを Cl イオン（Cl^-）の重さと考える．

理論値は，

H_2O の含有率 $= \dfrac{2\,H_2O(式量)}{BaCl_2 \cdot 2\,H_2O(式量)} \times 100 = \dfrac{2 \times 18.015}{244.26} \times 100 = \underline{14.75\%}$

Ba の含有率 $= \dfrac{Ba(式量)}{BaCl_2 \cdot 2\,H_2O(式量)} \times 100 = \dfrac{137.33}{244.26} \times 100 = \underline{56.22\%}$

Cl の含有率 $= \dfrac{2\,Cl(式量)}{BaCl_2 \cdot 2\,H_2O(式量)} \times 100 = \dfrac{2 \times 35.45}{244.26} \times 100 = \underline{29.03\%}$

問題 7-45 結晶硫酸銅 $CuSO_4 \cdot 5\,H_2O$ の 0.4957 g を溶かした水溶液に塩化バリウム $BaCl_2 \cdot 2\,H_2O$ の 0.7 g/50 mL 溶液を加えて，溶液中の SO_4^{2-} をすべて $BaSO_4$ として沈殿させた．

(1) 溶液中の SO_4^{2-} をすべて $BaSO_4$ として沈殿させるには，$BaCl_2 \cdot 2\,H_2O$ は何 g 以上必要か．

(2) 沈殿の質量は 0.4601 g であった．この $BaSO_4$ 沈殿中の SO_4^{2-} の質量は何 g か．

(3) 結晶硫酸銅中の硫酸イオンの含有率の理論値，実験値はそれぞれ何%(w/w)か．

(4) 分析値の，理論値に対する絶対誤差（=実測値−理論値），および，相対誤差（={(実測値−理論値)/理論値}×100%）を求めよ．

(2) 容量分析

問題 7-46 市販の食酢の 10 倍希釈液を 10.00 mL 採取し，0.1 mol/L（$F = 1.034$）の NaOH で中和滴定したところ，6.52 mL を要した．食酢 100 mL 中には酢酸何 g が含まれているか．含有率は何 $w/v\%$ か．また，この食酢の密度が 1.05 g/cm³ だとすると，含有率は何 $w/w\%$ か．

(別解 7-46-1)　H^+ mol 数 $=$ OH^- mol 数だから，

10 倍希釈の食酢 10.00 mL $= 10.00/10 = 1.00$ mL の非希釈の食酢中の酸（H^+）の量は，

H^+ の量 $=$ NaOH 量 $= mCV = 1 \times 0.1034$ mol/L $\times (6.52/1000)$ L $= 0.000674$ mol $= 0.674 \times 10^{-3}$ mol

酢酸は 1 価の酸，すなわち 1 mol の酢酸から 1 mol の H^+ を生じるから，H^+ 0.674×10^{-3} mol は酢酸の 0.674×10^{-3} mol．この値が食酢 1.00 mL 中に含まれる酢酸の mol 数．酢酸の 1 mol $= 60$ g（分子量）だから，食酢 1.00 mL 中に含まれる酢酸の質量 w は，$w = MW \times n = MW \times CV = MW \times (mCV/m) = 60$ g/mol $\times (0.674 \times 10^{-3}/1)$ mol $= 0.0404$ g．よって，食酢の 100 mL 中には，0.0404 g/1.00 mL $= x$ g/100 mL（比例式）をたすき掛けすると，$x = 4.04$ g の酢酸が含まれている．

w/v，w/w 含有率の計算は上に同じである．（別解 7-46-2, 3 は p. 112）

(3) Cl の質量 = 1.2642 − 0.1890 − 0.7127 = 0.3625 g

よって，含有量は H$_2$O = 0.1890 g，Ba = 0.7127 g，Cl = 0.3625 g

含有率 = $\frac{目的物の重さ}{全体の重さ} \times 100\%$ なので，$\left(\frac{x\%}{100} = \frac{目的物の重さ}{全体の重さ}\right.$，よって $\left. x = \frac{目的物}{全体} \times 100\right)$

$$H_2O の含有率 = \frac{2\ H_2O(重さ)}{BaCl_2 \cdot 2\ H_2O(重さ)} \times 100 = \frac{0.1890}{1.2642} \times 100 = \underline{14.95\%}$$

$$Ba の含有率 = \frac{Ba(重さ)}{BaCl_2 \cdot 2\ H_2O(重さ)} \times 100 = \frac{0.7127}{1.2642} \times 100 = \underline{56.38\%}$$

$$Cl の含有率 = \frac{2\ Cl(重さ)}{BaCl_2 \cdot 2\ H_2O(重さ)} \times 100 = \frac{0.3625}{1.2642} \times 100 = \underline{28.67\%}$$

(理論値は左頁)

答 7-45　BaSO$_4$ の式量 = 137.33 + 32.07 + 16.00 × 4 = 233.40 ≒ 233.4

SO$_4$ の式量 = 32.07 + 16.00 × 4 = 96.07

CuSO$_4$·5 H$_2$O の式量 = 63.55 + 96.07 + (1.008 × 2 + 16.00) × 5 = 249.7

BaCl$_2$·2 H$_2$O の式量 = 137.33 + 35.45 × 2 + (1.008 × 2 + 16.00) × 2 = 244.3

(1) CuSO$_4$·5 H$_2$O の 0.4957 g は　0.4957 g/249.7 g/mol = 0.001 985 mol = 1.985 mmol

SO$_4^{2-}$ + Ba^{2+} → BaSO$_4$↓（沈殿）のように 1 : 1 で反応するから，SO$_4^{2-}$ をすべて BaSO$_4$ として沈殿させるために必要な BaCl$_2$·2 H$_2$O は 1.985 mmol．

質量 w = 244.3 g/mol × 1.985 mmol = $\underline{484.9\ mg}$ (= 0.4849 g)

(2) SO$_4^{2-}$ の質量/BaSO$_4$ の質量 = x g/0.4601 g = SO$_4^{2-}$ の式量/BaSO$_4$ の式量 = 96.07/233.4．よって x = BaSO$_4$ の質量 0.4601 g × (SO$_4^{2-}$ の式量 96.07/BaSO$_4$ の式量 233.4) = SO$_4^{2-}$ の質量 $\underline{0.1894\ g}$

(3) 含有率の理論値 = (特定成分の質量/全体の質量) × 100% = (SO$_4^{2-}$ の式量 96.07/CuSO$_4$·5 H$_2$O の式量 249.7) × 100 = $\underline{38.47\%}$

含有率の実験値 = (SO$_4^{2-}$ の質量 0.1894 g/CuSO$_4$·5 H$_2$O の質量 0.4957 g) × 100 = $\underline{38.21\%}$

(4) 絶対誤差 = 実験値 − 理論値 = 38.21 − 38.47 = $\underline{-0.26\%}$

相対誤差 = {(実測値 − 理論値)/理論値} × 100% = (−0.26%/38.47%) × 100 = $\underline{-0.68\%}$

容量分析

答 7-46　食酢中の酢酸濃度を x mol/L とすると，滴定したものは 1/10 希釈だから，その濃度は x mol/L × 1/10 = (x/10) mol/L，また，$NV = N'V'$，$mCV = m'C'V'$ より，

$$1 \times \left(\frac{x}{10}\right) \frac{mol}{L} \times \left(\frac{10.00}{1000}\right) L = 1 \times (0.1 \times 1.034) \frac{mol}{L} \times \left(\frac{6.52}{1000}\right) L \quad よって，x = 0.674\ mol/L$$

酢酸 CH$_3$COOH の分子量は　C$_2$H$_4$O$_2$ = 12.0 × 2 + 1.0 × 4 + 16.0 × 2 = 60.0

したがって，100 mL の食酢中の CH$_3$COOH 量は　$w = MW \times n = MW \times CV$ より，

$60.0\ \frac{g}{mol} \times 0.674\ \frac{mol}{L} \times \frac{100.0}{1000}\ L = 4.04\ g$　→ 食酢 100 mL 中には酢酸 $\underline{4.04\ g}$ が含まれている．これが 100 mL に溶けているから，含有率は $\underline{4.04\ w/v\%}$

食酢 100 mL の質量は 100 mL × 1.05 g/mL = 105 g，含有率は (4.04 g/105 g) × 100 = $\underline{3.85\ w/w\%}$．

(別解 7-46-1 は左頁)

(別解 7-46-2) 反応式の係数を用いて求める方法

中和反応式は $CH_3COOH + NaOH \rightarrow CH_3COONa + H_2O$. この式より酢酸とNaOHは1:1で反応することがわかる．食酢の酢酸濃度をx mol/Lとすると，10倍希釈液は$(x/10)$ mol/L. 酢酸とNaOHのモル濃度，体積の間には次の関係が成立する．

$$\frac{NaOH の mol 数}{CH_3COOH の mol 数} = \frac{C'V'}{CV} = \frac{(0.1 \times 1.034)\,mol/L \times (6.52/1000)\,L}{(x/10)\,mol/L \times (10.00/1000)\,L} = \frac{1}{1}$$

たすき掛けして，xについて解くと，$x = 0.674$ mol/L. あとは，答7-46と同じである．

(別解 7-46-3) NaOHの1 mLがCH$_3$COOHの何gに対応するかを考える方法．

$mCV = m'C'V'$を用いてNaOHの1 mLに対応する酢酸の質量wgを求める．NaOHは価数$m = 1$だから，$N = mC = C = C_0F = (0.1 \times 1.034)$ mol/L. $mCV = 1 \times (0.1 \times 1.034)$ mol/L $\times (1.000$ mL$/1000$ mL$)$ L $= 0.1034$ mmol. CH$_3$COOHは価数$m' = 1$だから，$m'C'V' = C'V' = n'$ mol (CH$_3$COOHのmol数). $mCV = m'C'V'$より，n' mol (CH$_3$COOHのmol数) $= \underline{0.1034\,mmol}$. CH$_3$COOHの分子量60.0, 1 molは60.0 g/molだから，酢酸の質量wg $= n'$ mol $\times (60.0$ g/mol$)$ $= 0.1034$ mmol $\times (60.0$ g/mol$) = 6.204$ mg. つまり，NaOHの1 mLあたりの酢酸のg数は6.204 mg/mLとなる．（右頁に続く）

問題7-47 分析したサンプル量が3.65 gであった．このサンプル中のある成分の分析値が0.0482 gであるとすると，サンプル量100 gあたりではこの成分の分析値は何gか．また，サンプル量がS gのとき分析値がa gであった．100 gあたりの分析値yはどのように表されるか．

問題7-48 市販のレモン果汁の20倍希釈液を10.00 mL採取し，0.1 mol/L ($F = 0.986$) のNaOHで中和滴定したところ，5.64 mLを要した．中和された酸がすべてクエン酸だとすると，このレモン果汁100 mL中には何gのクエン酸が含まれているか．含有率は何w/v%か．また，レモン果汁の密度が1.10 g/mLだとすると，含有率は何w/w%か．

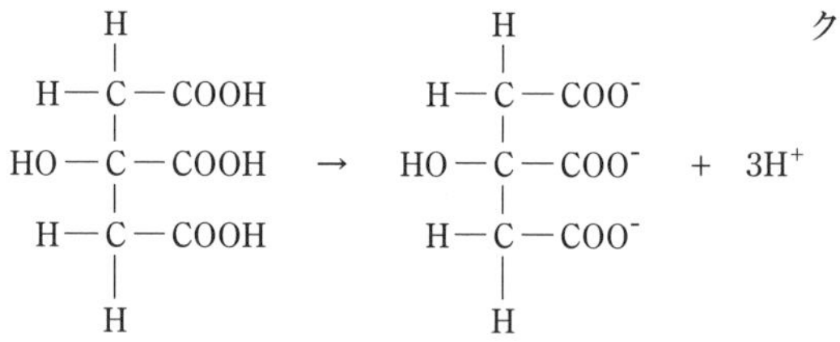

```
    H                    H
    |                    |
H — C — COOH         H — C — COO⁻
    |                    |
HO— C — COOH    →    HO— C — COO⁻    + 3H⁺
    |                    |
    H — C — COOH         H — C — COO⁻
    |                    |
    H                    H
```

クエン酸：$C_6H_8O_7$ ($= 192.1$)

−COOH (−C−O−H) が3個あるので，クエン酸は
     ‖
     O

3価 ($m = 3$) の酸 (酸の1 molはH$^+$の3 mol) である．
（体一つに頭三つ）

(左頁より続き) NaOH の濃度 0.1 N ($F=1.000$) で以上の計算をすれば 6.00 mg/mL. よって，任意の F の値に対する NaOH の 1 mL あたりの酢酸の g 数 = $(6.00 \times F)$ mg/mL である.

食酢の 10 倍希釈液の 10.00 mL (原液は 10.00 mL/10 = 1.000 mL に対応) を中和するのに NaOH 6.52 mL が必要だから，食酢原液 1.000 mL 中の酢酸の g 数は，6.52 mL の NaOH × (6.204 mg 酢酸/1 mL の NaOH) = 40.45 mg. 食酢 100 mL 中の酢酸は，100 mL の食酢 × (40.45 mg 酢酸/1 mL の食酢) = 4045 mg = 4.045 g. 含有率 = 4.045 w/v%. 食酢 100 mL の質量は 100 mL × 1.05 g/mL = 105 g だから，含有率は (4.045 g/105 g) × 100 = 3.85 w/w%.

反応式を用いる方法で，この計算をすると，

$$\frac{\text{NaOH の mol 数}}{\text{CH}_3\text{COOH の mol 数}} = \frac{CV \text{ mol}}{x \text{ mol}} = \frac{(0.1 \times 1.034) \text{ mol/L} \times (1.000/1000) \text{ L}}{x \text{ mol}} = \frac{0.1034 \text{ mmol}}{x \text{ mol}} = \frac{1}{1}$$

したがって，$x = 0.1034$ mmol. 以下は上と同様である.

答 7-47 0.0482 g/3.65 g = x g/100 g (比例式の分数形) が成り立つはずである. この式をたすき掛けして，$x = 0.0482 \times 100/3.65 = \underline{1.32}$ g.

同様にして，a g/S g = y g/100 g, $y = a \times (100/S) = \underline{(100\,a/S)}$ g

答 7-48 レモン果汁のクエン酸濃度を x mol/L とすると，$mCV = m'C'V'$ より

$$3 \times x \frac{\text{mol}}{\text{L}} \times \left(\frac{10.00}{1000} \times \frac{1}{20}\right) \text{L} = 1 \times (0.1 \times 0.986) \frac{\text{mol}}{\text{L}} \times \frac{5.64}{1000} \text{L}$$

この式を x について解くと，$x = 0.3707$ mol/L

100 mL 中のクエン酸量は，$w = MW \times CV$ より，$192.1 \frac{\text{g}}{\text{mol}} \times 0.3707 \frac{\text{mol}}{\text{L}} \times \frac{100}{1000} \text{L} = 7.121 ≒ 7.12$ g

すなわち，レモン果汁中のクエン酸の含有量は 7.12 g，100 mL に 7.12 g 含まれるから，含有率は 7.12 w/v%. このレモン果汁の密度は 1.10 g/mL なので，100 mL の質量は，100 mL × 1.10 g/mL = 110 g. したがって質量%濃度は，(7.12 g/110 g) × 100% = 6.47 w/w%.

(別解 7-48-1) 中和条件では H^+ の量 (mol 数) = OH^- の mol 数が成立する.

レモン果汁，1/20 希釈 10.00 mL = 1/20 × 10.00 = 0.500 mL のレモン果汁中に含まれる酸 (H^+) の量はこれを中和するのに要した OH^- の量だから，

H^+ の mol 数 = OH^- の mol 数 = $mCV = 1 \times (0.1 \times 0.986) \frac{\text{mol}}{\text{L}} \times \frac{5.64}{1000} \text{L}$

$= 0.000\,556 \text{ mol} = 5.66 \times 10^{-4}$ mol

クエン酸は 3 価 ($m = 3$，クエン酸の 1 mol = H^+ の 3 mol)，$N = mC$, $C = N/m$ だから H^+ の 5.56×10^{-4} mol はクエン酸の 5.56×10^{-4} mol/3 = 1.853×10^{-4} mol である. (双頭の鷲の体と頭の数の関係)

すなわち，このレモン果汁 0.5 mL 中に含まれるクエン酸量は，1.853×10^{-4} mol.

したがって，100 mL のレモン果汁中のクエン酸量 (分子量 = 192.1) は，$w = MW \times n$ より，

$$192.1 \frac{\text{g}}{\text{mol}} \times \frac{1.853 \times 10^{-4} \text{mol}}{0.500 \text{ mL}} \times 100 \text{ mL} = 7.119 \text{ g} ≒ \underline{7.12 \text{ g} \ (7.12\%(w/v)}$$

(1.853×10^{-4} mol/0.500 mL = x mol/100 mL (比例式) より，$x = 0.037\,06$ mol. $w = 192.1$ g/mol × 0.037 06 mol = 7.12 g)

以下は答 7-48 と同様である. (別解 7-48-2 は p.114 へ続く)

(別解 7-48-2) 反応式の係数を用いて求める方法

中和反応は $C_6H_8O_7 + 3\,NaOH \to Na_3C_6H_5O_7 + 3\,H_2O$ のようにクエン酸と NaOH が 1：3 で反応する．レモン果汁中のクエン酸濃度を x mol/L とすると，20 倍希釈液は $(x/20)$ mol/L．クエン酸と NaOH のモル濃度，体積の間には次の関係が成立する．

$$\frac{NaOH\,のmol数}{クエン酸\,のmol数} = \frac{C'V'}{CV} = \frac{(0.1\times 0.986)\,mol/L \times (5.64/1000)\,L}{(x/20)\,mol/L \times (10.00/1000)\,L} = \frac{3}{1}$$

たすき掛けして，x について解くと，$x = 0.3707$ mol/L，あとは，答 7-48 と同様である．

(別解 7-48-3) NaOH の 1 mL がクエン酸の何 g に対応するかを考える方法．

$mCV = m'C'V'$ を用いて NaOH の 1 mL に対応するクエン酸の質量 w g を求める．NaOH は価数 $m = 1$ だから，$N = mC = C = C_0F = (0.1 \times 0.986)$ mol/L．$mCV = 1 \times (0.1 \times 0.986)$ mol/L × $(1.000\,mL/1000\,mL)\,L = 0.0986$ mmol．クエン酸は価数 $m' = 3$ だから，$m'C'V' = 3\,C'V' = 3\,n'$ mol（n' はクエン酸の mol 数）．$mCV = m'C'V'$ より，$3\,n'$ mol $= \underline{0.0986\,mol}$．$n' = 0.032\,87$ mol $\fallingdotseq 0.0329$ mol．クエン酸の分子量 192.1，1 mol は 192.1 g/mol だから，クエン酸の質量 w g $= n'$ mol × (192.1 g/mol) $= 0.0329$ mol × (192.1 g/mol) $= 6.32$ mg．つまり，NaOH の 1 mL あたりのクエン酸の g 数は 6.32 mg/mL となる．

任意の F の値に対しては，NaOH の 1 mL あたりのクエン酸の g 数 $= (6.40 \times F)$ mg/mL．

(右頁に続く)

問題 7-49 市販のオキシドール（過酸化水素（H_2O_2）水溶液）の 15 倍希釈液を 10.00 mL 採取し，0.1 N (0.02 mol/L，$F = 1.124$) の過マンガン酸カリウム $KMnO_4$ で滴定したところ，10.54 mL を要した．オキシドール中の H_2O_2 のモル濃度，含有率（w/v%）を求めよ．また，密度が 1.05 g/cm³ だとすると，含有率は何 w/w% か．

(別解 7-49-2) 反応式の係数を用いて求める方法

$2\,KMnO_4 + 3\,H_2SO_4 + 5\,H_2O_2 \to 2\,MnSO_4 + K_2SO_4 + 8\,H_2O + 5\,O_2$

$$\frac{H_2O_2\,のmol数}{KMnO_4\,のmol数} = \frac{C'V'}{CV} = \frac{(x/15)\,mol/L \times (10.00/1000)\,L}{(0.1/5 \times 1.124)\,mol/L \times (10.54/1000)\,L} = \frac{5}{2}$$

($N = mC$ で $KMnO_4$ は $m = 5$，よって $C = N/5$)

$KMnO_4$ 1 mL に対応する H_2O_2 の g 数を求めるには，

$$\frac{C'V'}{CV} = \frac{x\,mol}{(0.1/5)\,mol/L \times (1/1000)\,L} = \frac{5}{2}$$

$x = 0.05$ mmol，$w = 34.0$ g/mol × 0.05 mmol $= 1.70$ mg
$F = 1.124$ だから w/mL $= 1.70$ mg × $1.124 = 1.911$ mg/mL　1.911 mg/mL × 10.54 mL $= 20.14$ mg
20.14 mg / (10.00 mL/15) $= 0.0201$ g/0.667 mL $= 0.0302$ g/mL　つまり $\underline{3.02\,w/v\%}$

問題 7-50 硫酸鉄(Ⅱ)の水溶液 10.00 mL を 0.02 mol/L ($F = 1.123$) の $KMnO_4$ 溶液で滴定すると，8.89 mL で終点となった．鉄(Ⅱ) は $Fe^{2+} \to Fe^{3+} + e^-$ のように反応する．

(1) この硫酸鉄溶液のモル濃度（mol/L）を求めよ．

(2) この溶液 100.0 mL 中に $FeSO_4 \cdot 7\,H_2O$，$FeSO_4$，Fe は何 g 含まれるか．

答　7　パーセント，密度，含有率，希釈

（左頁より続き）レモン果汁の20倍希釈液の10.00 mL（原液は10.00 mL/20＝0.500 mLに対応）を中和するのにNaOH 5.64 mLが必要だから，レモン果汁原液0.500 mL中のクエン酸のg数は，5.64 mLのNaOH×（6.32 mg/1 mLのNaOH）＝35.6 mg．

レモン果汁100 mL中のクエン酸は，（35.6 mg/0.5 mL）×100 mL＝7120 mg＝7.12 g．
以下は答7-48と同様である．

反応式を用いる方法は問題7-46の別解3の最下部のやり方に順ずる．

$$\frac{\text{NaOHのmol数}}{\text{クエン酸のmol数}} = \frac{CV}{x\text{mol}} = \frac{3}{1}$$

答 7-49 オキシドール中のH_2O_2は$H_2O_2 \rightarrow O_2 + 2H^+ + 2e^-$のように1 molで2 molの電子を出すので2価の還元剤（$m=2$）である．H_2O_2濃度をx mol/Lとすると，15倍希釈液の濃度は$(x/15)$ mol/L，H_2O_2が出す電子のmol数 $mCV = m'C'V' = N'V'$（$N' = m'C'$, $KMnO_4$が受け取る電子のmol数）より，$2 \times (x/15)$ mol/L $\times (10.00/1000)$ L $= (0.1 \times 1.124)$ mol/L $\times (10.54/1000)$ L．
　　$x = 0.8885$ mol/L ≒ 0.889 mol/L

w/v%を求める：オキシドール100 mL中のH_2O_2（分子量34.0）の質量（w g）を知る必要がある．

重さw g＝モル質量MW g/mol×モル数n mol＝$MW \times CV = 34.0 \dfrac{\text{g}}{\text{mol}} \times 0.889 \dfrac{\text{mol}}{\text{L}} \times \dfrac{100}{1000}$ L＝3.02 g

よって，（3.02 g/100 mL）×100%＝3.02 w/v%.
密度は1.05 g/cm³だから100 mL＝105 g．したがって，（3.02 g/105 g）×100＝2.88 w/w%

（別解 7-49-1）　酸化剤$KMnO_4$の電子のmol数＝還元剤H_2O_2の電子のmol数だから，
オキシドール15倍希釈液10.00 mL＝10.00/15＝0.667 mLの非希釈オキシドール中に含まれる電子のmol数は，これを酸化するのに要した$KMnO_4$の電子のmol数に等しい．

したがって，0.667 mLの非希釈オキシドール中の電子のmol数（当量数）＝$KMnO_4$の電子のmol数＝$NV = mCV$　　$NV = (0.1 \times 1.124)$ mol/L $\times (10.54/1000)$ L $= 1.185 \times 10^{-3}$ mol 電子（当量）

H_2O_2は2価（$m=2$）の還元剤，すなわち　$H_2O_2 \rightarrow O_2 + 2H^+ + 2e^-$のように1 molの$H_2O_2$が2 molの電子を出すから，$1.185 \times 10^{-3}$ mol 電子はH_2O_2の$1.185 \times 10^{-3}/2 = 0.593 \times 10^{-3}$ mol（頭の数と体の数との関係）（この値が0.667 mLオキシドール中のH_2O_2のmol数）．したがって，100 mLオキシドール中のH_2O_2（分子量34.0）の質量は，

$$34.0 \text{ g/mol} \times \frac{0.593 \times 10^{-3} \text{ mol}}{0.667 \text{ mL}} \times 100 \text{ mL} = 3.02 \text{ g}　\text{すなわち}　3.02 \text{ g}/100 \text{ mL} = 3.02\% (w/v).$$

$(0.593 \times 10^{-3}$ mol/0.667 mL $= x$ mol/100 mL, $x = 0.0889$ mol.　$w = 34.0$ g/mol $\times 0.0889$ mol $= 3.02$ g）

答 7-50　(1) 求めたい硫酸鉄のモル濃度をx mol/Lとすると，鉄(Ⅱ)の$m=1$，$KMnO_4$の$m'=5$，Feが出す電子の和＝$mCV = m'C'V' = KMnO_4$が受け取る電子の数より，
$1 \times x$ mol/L $\times (10.00/1000)$ L $= 5 \times (0.02 \times 1.123)$ mol/L $\times (8.89/1000)$ L
　　$x = (0.1123 \times 8.89)/10.00 = 0.0998$ mol/L

(2) $FeSO_4 \cdot 7H_2O$の$FW = 278.03$，$FeSO_4$の$FW = 151.92$，Feの原子量＝55.85
（式量＝FW＝formula weight，分子量＝MW＝molecular weight）

(1)よりこの溶液の濃度は0.0998 mol/Lだから，この溶液100 mL中には$FeSO_4 \cdot 7H_2O$として　278.03 g/mol $\times 0.0998$ mol/L $\times (100.0/1000)$ L＝2.775 g
$FeSO_4$として151.92 g/mol $\times 0.0998$ mol/L $\times (100.0/1000)$ L＝1.516 g
Feとして$55.85 \times 0.0998 \times (100.0/1000) = 0.557_4$ gが含まれている．

(3) この硫酸鉄溶液 1 L 中には鉄は何 mg 存在するか．また，この鉄溶液は何 ppm か．ただし，この溶液の密度 = 1.00 g/cm³ とする．

（1 L = 1 kg の場合，この中に x mg の鉄が存在すると，この溶液中の鉄濃度は

$$\frac{x\,\text{mg}}{1\,\text{kg}} = \frac{x\,\text{mg}}{1\,000\,\text{g}} = \frac{x\,\text{mg}}{1\,000\,000\,\text{mg}} = \frac{x\,\text{mg}}{10^6\,\text{mg}} = \frac{x}{10^6} = x\,\text{ppm} \quad (x\ \text{parts per million})$$

百万分の x となる．

(4) この硫酸鉄溶液は $FeSO_4 \cdot 7H_2O$（$FW = 278.03$）の 2.7843 g を溶かして 100.0 mL にしたものである．滴定より求めた結果をもとに試薬特級硫酸鉄 $FeSO_4 \cdot 7H_2O$ の純度を求めよ．
また，滴定値をもとに試薬特級結晶硫酸鉄中の Fe の含有率を求めよ．

7-7 溶液の希釈法

昼食に自宅でつけ麺を食べた．このとき用いた麺つゆは市販の濃縮つゆであり，「3 倍に薄めてご使用ください」とあったので，4 人分として，濃縮つゆを 100 mL とり，これに水を 300 mL 加えて，薄めて使用した．ところが，家族の皆が，つゆが薄いと文句をいった．さて，このメーカーのつゆの素は薄味だったのだろうか，皆が濃い味好みだったのだろうか．それとも・・・？

→ 濃縮つゆ 100 mL を水 300 mL で薄めたら，400 mL の薄まった液ができる．さて，これで元の液は 3 倍に薄まったのだろうか．

100 mL が 400 mL となったのだから，つゆの素は 4 倍に薄まったに違いない．3 倍に薄めるには，原液 100 mL × 3 = 300 mL と，全体が 300 mL になるように薄める必要がある．したがって加えるべき水の量は 300 mL − 100 mL = 200 mL である．油断をすると，つい，このような過ちを犯すことになりかねない．

大学で行う実験・実習では，たとえば濃塩酸から希塩酸をつくるとか，濃い％液から薄い％液をつくるといった希釈操作は日常茶飯事である．以下，希釈の際の計算法を学ぼう．

問題 7-51 スプーン 4 杯分の砂糖が溶けた紅茶カップ 1 杯分の紅茶があった．これを砂糖を加えていない紅茶で薄めてカップ 5 杯分とした．この薄めた紅茶の砂糖は 1 カップあたりスプーン何杯分の濃さの濃度となるか．また，この液は元の液の何倍（何分の一）に薄まったか．

問題 7-52 **希釈前の濃度 C（mol/L）と体積 V（L），希釈後の濃度 C' と体積 V' の関係式**を示せ．また，**濃度が C，C' %（w/v，v/v，w/w），体積が V，V' mL の場合の関係式**も示せ．

（mol/L 溶液の希釈）

問題 7-53 2 mol/L の NaOH 溶液 100 mL があった．これを水で薄めて 500 mL とした．この液のモル濃度 x はいくつか．

問題 7-54 2 mol/L の NaOH を薄めて 0.1 mol/L の溶液 50 mL をつくりたい．NaOH 溶液何 mL をとって 50 mL に薄めればよいか．

答 7-54 2 mol/L を 0.1 mol/L へと 20 倍に薄めるので，原液は 50 mL/20 = <u>2.5 mL</u> または，NaOH 溶液の必要量を x mL とすると $CV = C'V'$ より，

2 mol/L × (x/1000) L = 0.1 mol/L × (50/1000) L． x = <u>2.5 mL</u>

(3) (2)より Fe は 0.557_4 g/100 mL　よって，1 L 中には 0.557_4 g×(1000/100) = $\underline{5.57_4 \text{g}}$，
　　または，55.85 g/mol×0.0998 mol/L×1 L = 5.57₄ g が含まれている．
　　5.57₄ g/L = 557₄ mg/1 kg（1 L ≒ 1 kg）= 557₄ mg/10⁶ mg = $\underline{557_4 \text{ ppm}}$．

(4) (2)より FeSO₄・7 H₂O の質量 = 2.775 g，最初にはかりとった値が 2.7843 g だったので，
　　試薬特級 硫酸鉄七水和物の純度は，(2.775/2.7843)×100 = $\underline{99.7\%}$
　　鉄の含有率は②の結果をもとに，(0.557₄/2.7843)×100 = $\underline{20.0\%}$ となる．

(別解 7-50)　反応式の係数を用いて求める方法

$$10\ \text{FeSO}_4 + 2\ \text{KMnO}_4 + 8\ \text{H}_2\text{SO}_4 \rightarrow 5\ \text{Fe}_2(\text{SO}_4)_3 + 2\ \text{MnSO}_4 + \text{K}_2\text{SO}_4 + 8\ \text{H}_2\text{O}$$

(1) $\dfrac{\text{FeSO}_4\text{の mol 数}}{\text{KMnO}_4\text{の mol 数}} = \dfrac{x\,\text{mol/L}\times(10.00/1000)\,\text{L}}{(0.02\times1.123)\,\text{mol/L}\times(8.89/1000)\,\text{L}} = \dfrac{10}{2}$, $x = \underline{0.0998\ \text{mol/L}}$

溶液の希釈法

答 7-51　希釈倍率：1 杯分が 5 杯分になったのだから $\underline{5\text{倍}(1/5)}$ に薄まったことになる．
　　砂糖の濃度：スプーン 4 杯の砂糖/1 カップが 5 倍に薄まった，スプーン 4 杯の砂糖/5 カップ
　　= スプーン 4/5 杯の砂糖/1 カップ = $\underline{\text{スプーン 0.8 杯の砂糖/1 カップ}}$．
　　　砂糖量は希釈前後で不変，したがって次のように考えることもできる．スプーン 4 杯/1 カップの濃さのものが 1 カップあれば，その中には砂糖はスプーン 4 杯存在．つまり，
　　　物質の量 = 濃度 C × 体積 V =（スプーン 4 杯/カップ）× 1 カップ = スプーン 4 杯の砂糖．
　　　一方，薄まった方をスプーン x 杯の砂糖/1 カップとすると，これが 5 カップあるから，
　　$C'\times V'$ =（スプーン x 杯/1 カップ）× 5 カップ = 5x．砂糖の全量は，薄める前も後も同じ = スプーン 4 杯だから，5x = スプーン 4 杯の砂糖，x = スプーン 0.8 杯の砂糖（/1 カップ）

答 7-52　薄める前の液（モル濃度 C，体積 V）と薄めた後の液（モル濃度 C'，体積 V'）では，答 7-51 と同様に，溶液中に含まれる物質量（ものの量：mol 数）は同じ（一定）である．すなわち，$C\,\text{mol/L}\times V\,\text{L} = CV\,\text{mol} = C'V'\,\text{mol}$ が成立する．C, V と C', V' を同じ単位で表せば，上の例のように，mol/L だけでなく，**この式は常に成り立つ**．たとえば C が%濃度の場合，$w/v\%$ では $C\%(w/v) \equiv$ 溶質 C g/溶液 100 mL のことだ

$$\boxed{CV = C'V' \quad\text{または，}\quad CVd = C'V'd'}$$

から，溶液 V mL 中の溶質の g 数（含有量）=（溶質 C g/溶液 100 mL）× 溶液 V mL = 溶質$(CV/100)$ g．この値は希釈後の $C'\%(w/v)$ 溶液 V' mL 中の溶質の g 数 =（溶液 C' g/溶液 100 mL）× 溶液 V' mL = 溶質$(C'V'/100)$ g と等しいので，$CV = C'V'$ が成立する．また，$C\%(v/v)$ の場合も同様にして，（溶質 C mL/溶液 100 mL）× 溶液 V mL = 溶質$(CV/100)$ mL だから，$CV = C'V'$ が成立する．

　一方，$C\%(w/w) \equiv$ 溶質 C g/溶液 100 g だから，この場合は溶液量を V mL ではなく質量 g で表す必要がある．溶液の密度 d（g/cm³ = g/mL）を用いると，溶液の質量 = 体積 V (mL) × 密度 d (g/mL) = (Vd) g．すると，溶液 V mL 中の溶質の g 数 =（溶質 C g/溶液 100 g）× 溶液(Vd) g = 溶質$(CVd/100)$ g．したがって，C, C' が $\underline{w/w\%}$ のときは $\underline{CVd = C'V'd'}$（溶液密度 d を考慮）が成立．混合では $CV = C'V'd'$．

答 7-53　容積を 100→500 と 5 倍にしたので，濃度は 5 倍に薄まる．2 (mol/L)/5 = 0.4 mol/L または，
　　$CV = C'V'$ より，2 mol/L×(100/1000) L = x mol/L×(500/1000) L, $x = \underline{0.4\ \text{mol/L}}$
　　最初の液中に溶けている NaOH の mol 数は，2 mol/L×(100/1000) L = 0.2 mol．500 mL に薄めたときに含まれる NaOH の mol 数は，x mol/L×(500/1000) L = 0.5 x mol．薄める前後で NaOH 量は変わらないので，0.5 x mol = 0.2 mol（$CV = C'V'$），x = 0.2/0.5 = $\underline{0.4\ \text{mol/L}}$．

問題 7-55　11.5 mol/L の塩酸を薄めて 1 mol/L の溶液 200 mL をつくりたい．塩酸の何 mL をとって 200 mL に薄めればよいか．濃塩酸は約 12 mol/L(12 N)と覚えておくと便利．

問題 7-56　18.0 mol/L の硫酸を薄めて 1 規定(1 N)の溶液 500 mL をつくりたい．硫酸の何 mL をとって 500 mL に薄めればよいか．濃硫酸は約 18 mol/L(36 N)と覚えておくと便利．

問題 7-57　1.0 mol/L の NaCl 水溶液 10 mL を 5 倍に薄める(濃度 1/5)には，水何 mL を加えればよいか．また，濃度はいくつか．

(w/v%溶液の希釈)

問題 7-58　10%(w/v)の砂糖水 10 mL に水 100 mL を加えた(水を加えて 110 mL とした)．何倍に薄まったか．また，濃度は何%(w/v)か．

問題 7-59　含有率 25%(w/v)の濃アンモニア水を用いて，1%(w/v)のアンモニア水溶液を 100 mL 調製するには濃アンモニア水何 mL をとって 100 mL とすればよいか．

問題 7-60　(1) 10%(w/v)食塩水溶液を用いて 5%(w/v)水溶液を 100 mL つくるには，10% 水溶液の何 mL をとって 100 mL に薄めればよいか．
(2) 3%，
(3) 4%，　(4) 6%，ではどうか．
(5) 10% 液 100 mL から 7% は何 mL できるか．
(6) 9% 液から 8% 液を 100 mL つくるには 9% 液の何 mL が必要か．

問題 7-61　病院・学校医務室で以下の消毒薬を調製する場合，それぞれ何 mL の原液をとり，目的の体積まで水で希釈すればよいか．%はすべて w/v とする($w/w ≒ w/v$ とおけるとする)．
(1) 50% のクレゾール* を用いて 1.5% 希釈液を 500 mL 調整する．

(2) 5% のヒビテン(クロルヘキシジン*) 液を用いて 0.05% の創傷消毒薬を 400 mL 調製する．

(3) 4% の次亜塩素酸ナトリウム(NaClO)液を用いて 0.1% 血液汚染物消毒液を 2 L 調整する．
　* クレゾールとは，o-, m-, p-(オルト，メタ，パラ)メチルフェノール，ヒドロキシトルエン，C_6H_4(CH_3)OH；クロルヘキシジンとはグルコン酸クロルヘキシジン，$C_{22}H_{30}Cl_2N_{10}・2 C_6H_{12}O_7$, $ClC_6H_4NHC(=NH)NHC(=NH)NH(CH_2)_6NHC(=NH)NHC(=NH)NHC_6H_4Cl・2 CH_2(OH)(CHOH)_4COOH$.

　(別解) (1) 50%/1.5% = 33.3 倍希釈なので 500 mL/33.3 = 15 mL, (2) 5%/0.05% = 100 倍希釈なので 400 mL/100 = 4 mL, (3) 4%/0.1% = 40 倍希釈なので 2000 mL/40 = 50 mL

(v/v%溶液の希釈)

問題 7-62　含有率 99.5%(v/v)の試薬特級エタノールを用いて，消毒用エタノール(70%：v/v)を 200 mL 調製するには，特級エタノールを何 mL とって 200 mL とすればよいか．

問題 7-63　10%(v/v)エタノール水溶液から 3%(v/v)液を 100 mL つくるには，10% 液の何 mL が必要か．

答 7-55 11.5 倍に薄めるので 200 mL/11.5 ＝ 17.4 mL．または，塩酸の必要量を x mL とすると，$CV = C'V' =$ mol 数より，11.5 mol/L × (x/1000) L ＝ 1 mol/L × (200/1000) L．x ＝ 17.4 mL

答 7-56 硫酸は 2 価の酸だから，$N = mC$ より，1 規定 (1 N) の溶液は $C = N/m = 1/2 = 0.5$ mol/L である．硫酸の必要量を x mL とすると，$CV = C'V'$ より，18.0 × (x/1000) ＝ 0.5 × (500/1000)，x ＝ 13.9 mL．または，18.0 mol/L の硫酸は，$N = mC = 2 × 18.0 = 36.0$ 規定 (N)．$CV = C'V'$ より，36.0 N × (x/1000) ＝ 1 N × (500/1000)，x ＝ 13.9 mL (36 倍に薄めるので 500 mL/36 ＝ 13.9 mL)

答 7-57 5 倍に薄めるのだから濃度は 1/5 となる．また，体積は 5 倍となる．
(1.0 mol/L)/5 ＝ 0.2 mol/L　(1.0 mol/L × 1/5 ＝ 0.2 mol/L)　10 mL × 5 ＝ 50 mL，50 － 10 ＝ 40 mL
(厳密には，全体が 50 mL となるよう水を加える)

答 7-58 10 mL が 110 mL になったのだから，10 mL/110 mL ＝ 1/11．11 倍に薄まった．濃度は，10% × (10 mL/110 mL) ＝ 0.909 ≒ 0.91%．または，10% (w/v) ≡ (10 g/100 mL)，x% (w/v) ≡ (x g/100 mL)．$CV = C'V'$ より，(10 g/100 mL) × 10 mL ＝ (x g/100 mL) × 110 mL ＝ 溶質の g 数．

答 7-59 25 倍に薄めるので 100 mL/25 ＝ 4 mL．よって，濃アンモニア 4 mL をとって，水で 100 mL とすればよい．または，25% (w/v) ≡ (25 g/100 mL)，1% (w/v) ≡ (1 g/100 mL)，希釈の前後で溶質の g 数は不変なので，$CV = C'V'$ より，(25 g/100 mL) × x mL ＝ (1 g/100 mL) × 100 mL ＝ 溶質の g 数．

答 7-60 (1) 1/2 の濃度だから 2 倍に薄める，50 mL をとって水を加えて 100 mL とすればよい．
(2) ($CV = C'V'$) より，10 × x ＝ 3 × 100，x ＝ 30 mL をとって水を加えて 100 mL とする．
または，(10 g/100 mL) × x mL ＝ (3 g/100 mL) × 100 mL (＝ 3 g)，x ＝ 30 mL
(3) 10 × x ＝ 4 × 100，x ＝ 40 mL　　(4) 10 × x ＝ 6 × 100，x ＝ 60 mL
(5) 10 × 100 ＝ 7 × x，x ＝ 142.9 mL ≒ 143 mL　　(6) 9 × x ＝ 8 × 100，9% 液 x ＝ 88.9 mL ≒ 89 mL

答 7-61 (1) 50% とは 50 g/100 mL，1.5% とは 1.5 g/100 mL のこと．希釈の前後で，ものの総量 (g) は変化しないので，ものの量 (g) ＝ 濃度 × 体積 ＝ C (g/mL) × V (mL)，$CV = C'V'$ より，(50 g/100 mL) × V mL ＝ (1.5 g/100 mL) × 500 mL，0.50 V g ＝ 7.5 g，V ＝ 7.5 g/0.50 g ＝ 15 (mL)
または，上式を変形すると，V mL ＝ {(1.5 g/100 mL)/(50 g/100 mL)} × 500 mL ＝ (1.5/50) × 500 mL ＝ (希釈液の%)/(原液の%) × 調製する液量 (mL) ＝ 15 mL

(2) $CV = C'V'$ より (0.05 g/100 mL) × 400 mL ＝ (5 g/100 mL) × V mL，V ＝ 4 mL

(3) $CV = C'V'$ より (0.1 g/100 mL) × 2000 mL ＝ (4 g/100 mL) × V mL，V ＝ 50 mL

答 7-62 $CV = C'V' =$ 純エタノールの体積より，(70 mL/100 mL) × 200 mL ＝ (99.5 mL/100 mL) × x mL，x ＝ 140.7 mL．エタノール 140.7 mL に水を加えて 200 mL とする．

答 7-63 (10 mL/100 mL) × x mL ＝ (3 mL/100 mL) × 100 mL，x ＝ 30 mL，10% 液 30 mL

(w/w%溶液の希釈)

問題 7-64 含有率 25%(w/w)の濃アンモニア水(密度 0.91)を用いて,1%(w/w)のアンモニア水溶液(密度 0.99)を 100 mL 調製するには濃アンモニア水何 mL をとって 100 mL とすればよいか.

問題 7-65 10%(w/w)砂糖水溶液から 3%(w/w)液を 100 mL つくるには,10% 液の何 mL が必要か.ただし,それぞれの溶液の密度は 1.10 g/mL と 1.03 g/mL であるとする.

(別解)　必要な砂糖の重さ x は,w/w% = xg/(100 mL × 1.03 g/mL) = 3 g/100 g,x = 3.09 g.
必要な 10% 液の体積 y は,w/w% = 3.09 g/(ymL × 1.10 g/mL) = 10 g/100 g,または,(ymL × 1.10 g/mL) × 10/100 = 3.09 g,　y = 3.09/0.110 = <u>28.1 mL</u>

(w/w%溶液から w/v%溶液を作る)

問題 7-66 1.0%(w/v)塩酸(HCl 水溶液)を 100 mL 調製するには,濃塩酸の何 mL が必要か.ただし,市販の濃塩酸は 36%(w/w),密度 d = 1.20 g/mL とする.

　　* 36% は 35.5～36.5 の意味.一方,1% というときは 0.5～1.5% ではなく,約 0.9～1.1% という意味.

(別解 1)　必要な塩酸の重さ xg は,1% w/v = xg/100 mL = 1 g/100 mL　x = 1.0 g.
必要な濃塩酸 ymL は,36% w/w = 1.0 g/(ymL × 1.20 g/mL) = 36 g/100 g　y = <u>2.3 mL</u>.

(別解 2：換算係数法) $1.0 \text{ gHCl} \times \dfrac{100 \text{ g 塩酸}}{36 \text{ gHCl}} \times \dfrac{1.0 \text{ mL 塩酸}}{1.20 \text{ g 塩酸}} = 2.3 \text{ mL 塩酸}$,または,

$100 \text{ mL 1\% 塩酸} = 100 \text{ mL 1\% 塩酸} \times \dfrac{1 \text{ gHCl}}{100 \text{ mL 1\% 塩酸}} \times \dfrac{100 \text{ g 塩酸}}{36 \text{ gHCl}} \times \dfrac{1.0 \text{ mL 塩酸}}{1.20 \text{ g 塩酸}} = 2.3 \text{ mL 塩酸}$

(別解 3)　市販濃塩酸 1 mL 中に HCl が何 g 含まれるか.

$\dfrac{1.0 \text{ mL 塩酸}}{1 \text{ mL 塩酸}} \times \dfrac{1.20 \text{ g 塩酸}}{1 \text{ mL 塩酸}} \times \dfrac{36 \text{ gHCl}}{100 \text{ g 塩酸}} = 0.432 \text{ gHCl}$,1.0 gHCl を得るには何 mL の濃塩酸が必要か.

$1.0 \text{ gHCl} \times \dfrac{1 \text{ mL 塩酸}}{0.432 \text{ gHCl}} = 2.3 \text{ mL 塩酸}$

問題 7-67 硫酸の 5.0%(w/v)水溶液を 100 mL 調製するには濃硫酸何 mL が必要か.ただし濃硫酸(市販の試薬,硫酸)は H_2SO_4 含有率 97%(w/w),密度 1.84 g/cm³ である.
　　* 単位を用いて計算する.

問題 7-68 (結晶水を含む場合：この問題は必ずしも解かなくてもよい.省略可.)
塩化バリウムの 10%(w/v)水溶液を 10 mL 調整するときの方法を述べよ.ただし,用いる結晶は $BaCl_2 \cdot 2H_2O$ である.また,10%(w/w)水溶液 10 g をつくる場合についても答えよ(結晶を何 g はかりとる,純水の何 mL に溶かす,または純水に溶かして何 mL とする,と答えよ).

滴定実験の濃度計算上の注意

① $mCV = m'C'V'$ の価数 m,m' を落として計算しがちである.
②濃度をファクターを用いて表してある場合でも,$mCV = m'C'V'$ をそのまま使用し,$m(C_0F)V = m'(C_0'F')V'$ を用いない.ファクターを落として計算しがちである.
　　例：$mCV = m'C'V' = 2 \times (0.1 \times F) \text{ mol/L} \times 0.00500 \text{ L}$.ただし,$m'$ = 2,C_0' = 0.1,V' = 5.00 mL
この式で F はファクターであり,濃度ではない → $C = C_0F = 0.1 \times F = 0.1F$ が濃度である！

答 7-64 $25\%(w/w) \equiv (25\,\text{g}/100\,\text{g})$, $1\%(w/w) \equiv (1\,\text{g}/100\,\text{g})$. 濃アンモニア水の量を$x$mLとすると，この中の溶質量(アンモニアのg数)は $CVd = (25\,\text{g}/100\,\text{g}) \times (x\text{mL} \times 0.91\,\text{g/mL}) = 0.2275\,x\,\text{g}$ (xmLのアンモニア水の重さはxmL×0.91 g/mL=0.91xg，このうちの25%の重さがアンモニアなので，アンモニアの重さ=0.91xg×(25 g/100 g)=0.2275xg).

1%溶液の100 mLも同様に考えて，$C'V'd' = (1\,\text{g}/100\,\text{g}) \times (100\,\text{mL} \times 0.99\,\text{g/mL}) = 0.99\,\text{g}$.

25%アンモニア水xmL中のアンモニア量と1%アンモニア水100 mL中のアンモニア量は等しいので，$CVd = C'V'd'$より，アンモニアの重さ=0.2275xg=0.99 g. $x = 4.35 \approx \underline{4.4\,\text{mL}}$.

答 7-65 この溶液の濃度%(w/w)は重さg単位で表したものである．一方，この溶液を採取するときには何gという重量ではなく，体積 mLで採取することになる．重さと体積とでは単位が異なるので，重さと体積の換算(密度の値を使うこと)が必要である．

つまり，(砂糖10 g/10%水溶液100 g)×(10%水溶液xmL)≠(砂糖3 g/3%水溶液100 g)×(3%水溶液100 mL)(10%水溶液と3%水溶液とでは密度が異なる)．

C%(w/w)のときには，溶液の量は体積VmLではなく，重さgで表す必要がある．溶液の濃度をd(g/mL)とすると，溶液の重さは，VmL×d(g/mL)=(Vd)gとなる．溶液の重さVdのうちC%((Vd)g×(Cg/100 g))が砂糖である．砂糖の重さは希釈の前後で変化しないので，以下の式が得られる．必要とする10%液の体積をymLとすると，

$CVd = (10\,\text{g}/100\,\text{g}) \times (y\,\text{mL} \times 1.10\,\text{g/mL}) = \text{g数} = (3\,\text{g}/100\,\text{g}) \times (100\,\text{mL} \times 1.03\,\text{g/mL}) = C'V'd'$.

$y = \underline{28.1\,\text{mL}}$

答 7-66 濃塩酸の必要量をxmLとすると，$CV = (1.0\,\text{g}/100\,\text{mL}) \times 100\,\text{mL} = 1.0\,\text{g} = \text{HCl のg数}$
$= C'V'd' = (36\,\text{g}/100\,\text{g}) \times (x\,\text{mL} \times 1.20\,\text{g/mL}) = 0.432\,x\,\text{g}$, $x = 1.0/0.432 = 2.31\,\text{mL} \approx \underline{2.3\,\text{mL}}$

解説：必要なHClの質量を考える．1.0%(w/v)≡(1.0 g/100 mL)のこと．1.0%(w/v)塩酸を100 mL調製するのに必要なHClは $CV = (1.0\,\text{g}/100\,\text{mL}) \times 100\,\text{mL} = \underline{1.0\,\text{g}}$ である．

一方，このために必要な36%(w/w)塩酸の体積をxmLとすると，その質量は，xmL×1.20 g/mL=1.20xg．この中には 1.20xg×0.36=$\underline{0.432\,x\,\text{g}}$ のHClが存在．

したがって，$\underline{0.432\,x = 1.0\,\text{g}}$ より $x = 1.0/0.432 = \underline{2.3\,\text{mL}}$.

答 7-67 5.0%(w/v)を100 mL調製するのでH_2SO_4は100×0.05=5.0 g必要となる．

必要な硫酸の体積をxmLとすると，その重さは$(1.84 \times x)$g．この97%が純硫酸なので，純硫酸量=$((1.84 \times x) \times 0.97)$g．よって，1.84$x$×0.97 g=5.0 g → $x = 5.0/(1.84 \times 0.97)$
$= \underline{2.8\,\text{mL}}$ の濃硫酸が必要．または，$CV = (5.0\,\text{g}/100\,\text{mL}) \times 100\,\text{mL} = \text{H}_2\text{SO}_4\text{のg数} = \underline{C'V'd'}$
$= (97\,\text{g}/100\,\text{g}) \times (x\,\text{mL} \times 1.84\,\text{g/mL})$, $x = 2.80 \approx 2.8\,\text{mL}$

答 7-68 $\text{BaCl}_2 \cdot 2\text{H}_2\text{O}$ の式量=137.3+35.44×2+18.016×2=244.21，BaCl_2 の式量=208.18.

BaCl_2として$\underline{10\%(w/v)}$を10 mLつくるので，BaCl_2は10×0.10=1.0 g必要．

実際は$\text{BaCl}_2 \cdot 2\text{H}_2\text{O}$を用いるので必要な$\text{BaCl}_2 \cdot 2\text{H}_2\text{O}$は，$\text{BaCl}_2/\text{BaCl}_2 \cdot 2\text{H}_2\text{O} = 1.0\,\text{g}/x\,\text{g}$

$x = \text{BaCl}_2\ 1.0\,\text{g} \times \dfrac{\text{BaCl}_2 \cdot 2\text{H}_2\text{O}}{\text{BaCl}_2} = 1.0\,\text{g} \times \dfrac{244}{208} = \underline{1.17\,\text{g}}$ となる(必要なら，答7-44, 45参照)．これを純水に溶かして$\underline{10\,\text{mL}}$とする．

$\underline{10\%(w/w)}$の溶液をつくる場合には，溶質1.0 gを溶媒9.0 gに溶かす必要がある．上で見たように1.17 gの$\text{BaCl}_2 \cdot 2\text{H}_2\text{O}$中に1.00 gの$\text{BaCl}_2$が含まれている．

また，この結晶の中に水が1.17−1.00=0.17 g含まれているので10%(w/w)の溶液をつくるためには純水 9.00−0.17=$\underline{8.83\,\text{mL}}$ に $\underline{1.17\,\text{g}}$ の$\text{BaCl}_2 \cdot 2\text{H}_2\text{O}$結晶を溶かせばよい．

問 題

(w/w%溶液から mol/L 溶液を作る)

問題 7-69 濃塩酸は塩化水素 HCl の 36%(w/w)水溶液であり，その密度(1 mL の重さ，g 数)は 1.19 g/cm³ である．この溶液のモル濃度(mol/L)を求めよ．　　単位で考えよ(確認のため)
* mol/L とは「濃度」であり物質量(何個の分子といった分子数を表すもの)ではない．液量(L)を指定すると，その中に存在する物質量が計算できる．

問題 7-70 市販の濃塩酸を用いて 0.100 mol/L(= 0.100 N)溶液を 500 mL つくるときの方法を述べよ．ただし，市販の試薬塩酸(濃塩酸)は HCl 含有率 36%(w/w)，密度 1.20 g/cm³ である．

(別解)濃塩酸は約 12 mol/L なので(覚えておくと便利)，約 0.1 mol/L の HCl 溶液をつくるためには，12/0.1 = 120 倍に希釈すればよい．すなわち，濃塩酸の 500 mL/120 = 4.17 ≒ 4.2 mL を水で薄めて 500 mL とする．$CV = C'V'$ を用いて計算してもよい．

(別解2)濃塩酸の必要量(体積)を x mL とする．この溶液の重さは x mL × 1.20 g/mL = 1.20 x g．HCl はこのうちの 36%(溶質 36 g/溶液 100 g)，HCl(溶質)の質量 = 溶液 1.20 x g ×(溶質 36 g/溶液 100 g)= 溶液 0.432 x g．これを mol 数に変換すると，0.432 x g/36.4 (g/mol) = 0.0119 x mol．0.100 mol/L，500 mL 中の HCl = 0.100 mol/L ×(500/1000)L = 0.0500 mol．よって，0.0119 x = 0.0500 より，x = 4.20 mL．つまり $\frac{x\text{ mL} \times 1.20 \text{ g/mL} \times 0.36}{36.4 \text{ g/mol}}$ = 0.100 mol/L × $\frac{500}{1000}$ L，または重さを求めると，x mL × 1.20 g/mL × 0.36 = 0.100 mol/L × $\frac{500 \text{ L}}{1000}$ × 36.4 g/mol

問題 7-71 (この問題は必ずしも解かなくてもよい．省略可．)
市販の濃アンモニア水(NH_3 の含有率は 28 w/w%，密度は 0.90 g/cm³)を用いて 0.1 mol/L(= 0.1 N)溶液を 250 mL 調製するときの方法を述べよ．

(別解)濃アンモニアの必要量を x mL とすると，問題 7-70 の別解 2 と同様にして，$\frac{x\text{ mL} \times 0.90 \text{ g/mL} \times 0.28}{17.0 \text{ g/mol}}$ = 0.100 mol/L × $\frac{250}{1000}$ L．これを解いて，x = 1.69 ≒ 1.7 mL

問題 7-72 (この問題は必ずしも解かなくてもよい．省略可．)
市販の濃硫酸を用いて 0.1 N 溶液を 1 L 調製するときの方法を述べよ．ただし，市販の試薬硫酸(濃硫酸)は H_2SO_4 含有率 97 w/w%，密度 1.84 g/cm³ である．

(別解)濃硫酸の必要量を x mL とすると，問題 7-70 の別解 2 と同様にして，$\frac{x\text{ mL} \times 1.84 \text{ g/mL} \times 0.97}{98.1 \text{ g/mol}}$ = $\frac{0.100 \text{ 当量/L}}{2 \text{ 当量/1 mol}}$(N) × $\frac{1000}{1000}$ L．これを解いて，x = 2.75 ≒ 2.8 mL

問題 7-73 (この問題は必ずしも解かなくてもよい．省略可．)
市販の濃硫酸 1.0 mL を薄めて 250 mL とした．できた希硫酸の規定度を求めよ．

問題 7-74 12 mol/L の濃塩酸(密度 d = 1.18 g/cm³，塩化水素 HCl の式量 = 36.5)中の HCl 含有率(w/w%)を求めよ．

答 7-74　$\frac{12 \text{ mol}}{1 \text{ L}}$ = $\frac{12 \text{ mol} \times 36.5 \text{ g/mol}}{1000 \text{ mL} \times 1.18 \text{ g/mL}}$ = $\frac{438 \text{ gHCl}}{1180 \text{ g 濃塩酸}}$．　含有率 = $\frac{438}{1180}$ × 100 = 37.1%
(w/v%濃度を mol/L へ換算する)→問題 7-31 を見よ．(mol/L→w/v%?)

答 7 パーセント，密度，含有率，希釈

答 7-69 濃塩酸の 1 L は 1.19 g/mL × 1000 mL = 1190 g．このうち 36% が HCl なので，その重さは 1190 g × 0.36 = 428 g．（なぜ 1 L で考えるか？濃度は mol/L が単位であり，1 L が基準だから）

HCl の式量は 1.008 + 35.45 = 36.458 なので 428 g はモル数 $n = \dfrac{w}{MW} = \dfrac{428\text{ g}}{36.46\text{ g/mol}} = \underline{11.7\text{ mol}}$．

これが 1 L 中に含まれるので，その濃度は 11.7 mol/1 L = 11.7 mol/L となる．

答 7-70 まず濃塩酸の HCl 濃度を求める．密度 1.20 g/cm³，よって 1 L は

1.20 g/mL × 1000 mL = 1200 g．

その 36% が HCl なので，その重さは 1200 g/L × 0.36 = 432 g/L．HCl の式量 = 36.46 より，

432 g/L は $\dfrac{432\text{ g/L}}{36.46\text{ g/mol}} = 11.84\text{ mol/L}$　0.100 mol/L 溶液を 500 mL = 0.500 L つくるには，HCl が 0.100 mol/L × 0.500 L = 0.0500 mol 必要．

したがって，濃塩酸の必要量を x L とすれば　$\dfrac{11.84\text{ mol}}{1\text{ L}} = \dfrac{0.0500\text{ mol}}{x\text{ L}}$　（比例式）の関係より

$x = \dfrac{0.0500\text{ mol} \times 1\text{ L}}{11.84\text{ mol}} = 0.00422\text{ L} = 4.22\text{ mL}$　 <u>4.22 mL の濃塩酸をメスピペットでとって 500 mL にメスアップする．</u>

メスアップ：全体を 500 mL，ちょうど 500.0 mL にするということ

答 7-71 濃アンモニア水の NH₃ 濃度：密度 0.90 g/cm³ より 1 L は 900 g．この 28% が NH₃ なので，その重さは 900 g/L × 0.28 = 252 g/L．NH₃ の式量は 17.0 より (252 g/L)/(17.0 g/mol) = 14.8 mol/L，0.1 mol/L の溶液 250 mL = 0.25 L つくるには 0.1 mol/L × 0.25 L = 0.025 mol が必要．

$\dfrac{14.8\text{ mol}}{1\text{ L}} = \dfrac{0.025\text{ mol}}{x\text{ L}}$　 $x = 0.00169\text{ L} \fallingdotseq$ <u>1.7 mL のアンモニア水を水で 250 mL にメスアップ</u>．

答 7-72 まず濃硫酸の H₂SO₄ 濃度を求める．密度 1.84 g/cm³ より 1 L は 1.84 g/mL × 1000 mL = 1840 g．その 97% が H₂SO₄ なので，その重さは 1840 g/L × 0.97 = 1784.8 ≒ 1780 g/L，

H₂SO₄ の式量 = 98.1 なので，1780 g/L は $\dfrac{1780\text{ g/L}}{98.1\text{ g/mol}} = 18.14 \fallingdotseq 18.1\text{ mol/L}$

硫酸の 1 mol = 2 mol の H⁺ だから，硫酸 18.1 mol/L = H⁺ として 36.2 mol/L (36.2 N) となる．0.1 N = 0.1 H⁺ の mol/L 溶液 1 L をつくるには，0.1 mol の H⁺ が必要．したがって，

$\dfrac{\text{H}^+ \text{の } 36.2\text{ mol}}{1\text{ L}} = \dfrac{\text{H}^+ \text{の } 0.1\text{ mol}}{x\text{ L}}$　 $x = 0.00276\text{ L} = 2.76\text{ mL}$．　<u>2.76 mL の濃硫酸をメスピペットでとって 1000 mL にメスアップする</u>．

答 7-73 上問より市販の濃硫酸の濃度は 36.2 規定(N)，これを 250 倍に希釈したのだから，

36.2 N × (1.0 mL/250 mL) = 0.1448 ≒ 0.145 N．$CV = C'V'$ を用いて計算してもよい．

問題を解く手順
① 溶液 V mL を重さ W に換算 (密度 d (g/cm³ = g/mL))
$W = V\text{ mL} \times d\text{ g/mL} = (Vd)\text{ g}$
② 目的物の重さ w を求める (含有率 = C%(w/w))
$w = (C\text{ g}/100\text{ g}) \times (Vd)\text{ g} = (CVd/100)\text{ g}$
③ 含有量 w を mol 数 n に換算 (モル質量 = MW g/mol)
$n = (CVd/100)\text{ g}/(MW\text{ g/mol}) = (CVd/(100\ MW))\text{ mol}$

8 化学平衡と平衡定数

平衡と平衡定数は様々な分野に関連する大変重要な概念である．水溶液の液性が中性ではpH=7であること，血液のpH値，食酢・レモン汁のpH値，酸性雨のpH値といったことにも平衡定数は関与しているし(酸解離平衡)，塩化銀・硫酸バリウム(胃の精密検診のときに飲むバリウム)のような難溶性の塩がどれくらい水に溶けるか(溶解平衡)，食品や血液中の脂質などをエーテルやクロロホルムのような有機溶媒相に移動濃縮させて分析する際の，水相から有機溶媒相への脂質などの移動しやすさ(溶媒抽出平衡)，銅イオンとアンモニア分子との化合物生成$[Cu(NH_3)_4]^{2+}$のような錯体形成反応，酸化還元反応や，その他ありとあらゆる化学反応，生体内生化学反応にも平衡の概念は関与している．平衡定数を用いて平衡反応にかかわる物質の濃度を計算で求めることができるし(8-1-4項)，平衡定数の大小で酸塩基の強弱を数値化して定量的に示すこともできる(8-1-3項)．まずは，酸塩基，pHを例に，化学平衡と平衡定数について考えよう．

8-1 pHと緩衝液

酸が水溶液中に存在するとその溶液の液性は酸性，塩基が存在するとアルカリ性を示す．この，水溶液の酸性，アルカリ性を示す尺度が水素イオン(濃度)指数といわれるpHである．

身近な酸性物質には食酢(酢酸CH_3COOH)，塩基性(アルカリ性)を示す物質には植物灰(K_2CO_3)，石鹸(RCOONa)，ふくらし粉の成分である重曹($NaHCO_3$)といったものがある．われわれが日常に食する食品は，レモン(クエン酸)などの果物を始めとして，その多くが酸性ないし中性である．われわれの体では，胃液はpH 1.5〜2.0と酸性(塩酸)，すい液・腸液はpH 8〜9とアルカリ性であり(炭酸水素ナトリウム$NaHCO_3$)，血液はpH 7.4に厳密に制御されている(炭酸H_2CO_3，炭酸水素イオンHCO_3^-)．血液，酒，醤油，プールの水などは酸・塩基を加えてもpHがあまり変化しない緩衝液である．多くの生物はpH 3以下の酸性条件下では生育できない*．(次頁へ続く)

8-1-1 水素イオン濃度とpH：pHとは何か(pHの定義)

問題8-1 pHとは何か，また，pHの定義を対数形と指数形の2種類示せ．

問題8-2 強酸である塩酸HClの1.0 mol/L水溶液の水素イオン濃度はいくつか．

問題8-3 純水は中性であり，そのpHは7である．水素イオン濃度はいくつか．

問題8-4 強塩基である水酸化ナトリウムNaOHの1.0 mol/L水溶液の水酸化物イオン濃度はいくつか，また水素イオン濃度はいくつか．

(前頁より) 地球環境問題の一つである酸性雨は車の排気ガスなどの人間の活動により生じた窒素酸化物 NO_x，硫黄酸化物 SO_x から生じた酸(HNO_3，H_2SO_4 など)が原因であり，森林破壊の一因となっている．このように，酸・塩基，酸性・アルカリ性，pH，緩衝液は，われわれの体と健康，身の周り，食品，環境などと密接に関係している(無機化学，有機化学，分析化学，地球科学，環境科学，生理学，生化学，栄養学，食品学，調理学，衛生学など多分野と関連)．

* しめ鯖なる調理法は浸透圧差を利用して脱水する，魚の生臭さの素であるトリメチルアミンを酢で中和して無臭の塩とする，酸性とすることにより細菌の繁殖を抑え食品を長持ちさせる方法である．食酢・酸の殺菌・除菌効果はよく知られており，寿司飯，日の丸弁当・おにぎりの中の梅干は正にこの効果を利用したものである．酒・ビールの醸造初期過程では，乳酸菌を繁殖させ生じた乳酸により，pH を低くして雑菌を殺す操作が行われている．火口湖のように火山性ガスが原因で生じた酸性湖では生育できる生物・魚類は限られている．

答 8-1 pH とは水素イオン(濃度)指数，水溶液の液性(酸性・アルカリ性)を示す尺度である．
pH の定義は

$$\mathrm{pH} = \log\left(\frac{1}{[H^+]}\right) = -\log([H^+]), \text{ または } [H^+] = 10^{-\mathrm{pH}}$$

pH とはこのように定義されるものであり，水素イオン濃度の対数値にマイナスをつけたものであるが，ピンと来ない人も多いと思う．指数にはあまり慣れていないし，対数はそもそも人間の頭の中でつくり出されたものであり，直感には訴えないのでわかりづらい．嫌いだという人も多いと思う．そこで，pH が少しは身近に感じられるように以下の問題を考えてみよう． *pH の定義は，厳密には$[H^+]$でなく，H^+の活量 a_{H^+}(活動度，p.166)が用いられる．

答 8-2 塩酸 HCl(塩化水素ガス HCl の水溶液)は強酸であり HCl $\rightarrow$ H^+ + Cl^- のようにほぼ100%電離(解離，イオン化)しているので(p.37 参照)，水素イオン濃度は$[H^+] = 1.0$ mol/L である．

答 8-3 pH 7 の溶液の水素イオン濃度は pH の定義より，$[H^+] = 10^{-\mathrm{pH}} = 10^{-7} \equiv 1 \times 10^{-7} = 0.000\,000\,1$ mol/L である．

答 8-4 NaOH は強塩基であり水溶液中では NaOH $\rightarrow$ Na^+ + OH^- のようにほぼ100%電離(イオンに解離)しているので，水酸化物イオン濃度は$[OH^-] = 1.0$ mol/L．
一方，後述の「水のイオン積」，$[H^+] \times [OH^-] = 10^{-14} = 1 \times 10^{-14}$ の関係から，水素イオン濃度は $[H^+] = \dfrac{10^{-14}}{[OH^-]} = \dfrac{1 \times 10^{-14}}{1.0} = 1 \times 10^{-14} (= 0.000\,000\,000\,000\,01)$ mol/L となる．

このように$[H^+]$は水中で 1.0〜0.000 000 000 000 01 mol/L のように大幅に変化する．この濃度値をそのまま表すのは不便なので，$[H^+] = 10^{-14}$，10^{-7} のように指数で表す．この指数を 10 の−14 乗，10 の−7 乗とよぶのも面倒である．そこで，指数部分のみをとって −14，−7，さらにはこれから − を除いて 14，7 と正の値で$[H^+]$の大小を表せば便利である．これがスウェーデンの Sørensen が導入した pH の概念である．つまり$[H^+] = 10^{-n}$ のとき，その溶液の pH $= n$ と表現する．$[H^+] = 10^{-14}$ なら溶液の pH = 14，10^{-7} では pH = 7．数学では $y = 10^x$ なら $x = \log_{10} y$ だから(指数形を対数に変換する対数の定義)，$[H^+] = 10^{-n}$ なら $n = -\log_{10}[H^+]$，つまり $[H^+] = 10^{-\mathrm{pH}}$，pH $= -\log[H^+]$ と定義される．

問題 8-5
(1) 水素イオン濃度[H$^+$] = 0.01 mol/L の水溶液の pH はいくつか.

(2) [H$^+$] = 0.1 mol/L の水溶液の pH はいくつか.

(3) [H$^+$] = 0.001 mol/L の水溶液の pH はいくつか.

問題 8-6　以下のものの pH 値，または水素イオン濃度[H$^+$]を指数表示で示せ.
　　胃液　　　　pH = 2（10$^?$）　　　　水　　　　　pH = ?（10$^{-5.4}$，pH ≠ 7）
　　レモン　　　pH = ?（10^{-3}）　　　血液　　　　pH = ?（10$^{-7.4}$）
　　石鹸　　　　pH = 8.6（10$^?$）　　　住宅用洗剤　pH = 9（10$^?$）

8-1-2　平衡と平衡定数：pH 7 はなぜ中性なのか？

ほとんどの読者が pH 7 は中性であることを知っていると思う．では，なぜ pH 7 が中性なのかを説明できるだろうか．以下に，なぜか，を順序立てて考えていこう．

問題 8-7　水分子 H$_2$O はわずかだがイオンに解離している．この反応式を示せ.

問題 8-8　水素イオン H$^+$の濃度と水酸化物イオン OH$^-$の濃度との間に成り立つ関係式を示せ.
　　また，**水のイオン積 K_w** とは何か.

問題 8-9　pH 7 はなぜ中性なのか.
　　(1)「中性」の定義を述べよ．　　(2) pH 7 が中性であることを示せ.
　　(3)「酸性」，「アルカリ性」の定義を述べよ.
　　　　＊ 室温以外では pH 7 は中性ではない（例：90℃ では pH = 6.3 が中性）.

問題 8-10　上問で述べたように，pH 7 が中性となる理由は，**[H$^+$][OH$^-$] = 一定（K_w）** となることにあった．では，**なぜこのイオン積が一定なのだろうか**.

問題 8-11　25℃ における 1 L の水の中の H$_2$O 濃度[H$_2$O]はいくつか.
　　ただし，この温度での水の密度(比重)は 0.997 g/mL とする.

問題 8-12　[H$_2$O]の値を平衡定数の式(答 8-10 の式)に代入すると，水のイオン積[H$^+$][OH$^-$] は，いくつになるかを計算せよ(指数計算の仕方は p.226 参照).

答 8-5

(1) $[H^+] = 0.01$ mol/L では $[H^+] = 0.01 = \dfrac{1}{100} = \dfrac{1}{10^2} = 10^{-2}$ である．一方，$[H^+] = 10^{-pH}$ だから，両者を比較して $10^{-2} = 10^{-pH}$．$\underline{pH = 2}$．または，$pH = -\log[H^+] = -\log 10^{-2} (= -\log 0.01)$
$= -(-2)\log 10 \underline{= 2}$．（対数の計算法は付録 p.232 を参照）

(2) $[H^+] = 0.1 = \dfrac{1}{10} = 10^{-1}$ よって $\underline{pH = 1}$，または $\underline{pH} = -\log 10^{-1} \underline{= 1}$

(3) $[H^+] = 0.001 = \dfrac{1}{1000} = 10^{-3}$ よって $\underline{pH = 3}$，または $\underline{pH} = -\log 10^{-3} \underline{= 3}$

答 8-6　胃液　pH = 2　(10^{-2})　　　水　　　　　pH = 5.4 $(10^{-5.4}$, pH ≠ 7$)$
　　　　レモン pH = 3　(10^{-3})　　　血液　　　pH = 7.4 $(10^{-7.4})$
　　　　石鹸　　pH = 8.6 $(10^{-8.6})$　　住宅用洗剤　pH = 9　(10^{-9})

答 8-7　$H_2O \rightleftarrows H^+ + OH^-$ $(H^+ \equiv H_3O^+$；厳密には $H_2O + H_2O \rightleftarrows H_3O^+ + OH^-$ (p.39)$)$
（水分子がイオンに解離する理由は「有機化学　基礎の基礎」参照．）

答 8-8　水素イオン H^+ と水酸化物イオン OH^- の濃度の間には $[H^+] \times [OH^-] = [H^+][OH^-] = $ 一定の関係が成立している．これを**水のイオン積 K_w（一定値）**といい，室温では
$K_w = [H^+][OH^-] = 1 \times 10^{-14} (= 0.00000000000001)$ (mol/L)^2（実験値）
＊この章で頻出する [ ]（カギカッコ）は「濃度」を表す記号である．たとえば，$[H^+]$ は H^+ の濃度を示しており，「水素イオン濃度」と読む．この濃度はモル濃度(mol/L)である．

答 8-9　(1) 中性では $[H^+] = [OH^-]$　（これが「中性」の定義である）
(2) $[H^+] = [OH^-]$ を水のイオン積の式（問題 8-8）に代入．$[H^+] \times [OH^-] = [H^+]^2 = 10^{-14}$ (mol/L)^2．
よって，$[H^+] = 10^{-7} (= 0.0000001)$ mol/L，pH の定義 $[H^+] = 10^{-pH}$ (pH = $-\log[H^+]$) より，
$[H^+] = 10^{-7}$ なら pH = 7 である．
(3) 酸性：$[H^+] > [OH^-]$, pH < 7； アルカリ性：$[H^+] < [OH^-]$, pH > 7．

答 8-10　$[H^+][OH^-] = $ 一定 (K_w) となる理由は $H_2O \rightleftarrows H^+ + OH^-$ なる反応の平衡定数 K が
$K = \dfrac{[H^+][OH^-]}{[H_2O]} = 10^{-15.74}$ mol/L（室温での実験値）と一定だからである．
（なぜ平衡定数が一定となるかはここでは述べない）

答 8-11　1 L の水の中の H_2O 濃度 $[H_2O]$ は mol 濃度 $= \dfrac{重さ}{モル質量}$ mol/(溶液の体積)L だから

$\dfrac{1 L の水の重さ}{水のモル質量}$ mol/1 L $= \dfrac{1000 \text{ mL/L} \times 0.997 \text{ g/mL（水の密度）}}{18.0 \text{（水のモル質量）g/mol}}$ mol/1 L $= 55.4$ mol/L

答 8-12　$[H_2O] = 55.4$ mol/L を上記 K の式に代入すると $[H^+] \times [OH^-] = 1 \times 10^{-14}$ となる（電卓を用いたこの計算の仕方は付録 p.228 の問題 3-8 に後述）．

問題 8-13 以上述べたように，pH 7 が中性である理由は水のイオン解離平衡の平衡定数が $K = 10^{-15.74}$ なる値を示すためである．では平衡定数とは何か．また，そもそも平衡とは何か，平衡状態とはどういう状態なのだろうか．穴のあいた桶に水を溜める場合を例として説明せよ．

問題 8-14 化学反応の例として，下図に，アンモニアの生成・分解反応を示した．

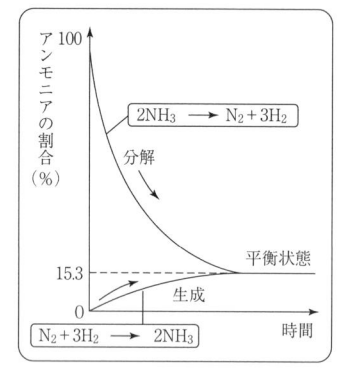

$$3H_2 + N_2 \rightleftarrows 2NH_3$$

反応開始時点で H_2 と N_2 だけが存在して $[NH_3] = 0$ の場合が図中の下の曲線である：時間の進行とともに $[NH_3]$ は増大し一定値となっている．

一方，反応開始時点で NH_3 だけが存在し，$[H_2] = [N_2] = 0$ の場合が上の曲線である：時間進行とともに $[NH_3]$ は減少し一定値（下の曲線と同じ値）となっている．つまり，この時点では，→ の反応速度 $\vec{v}$ ＝ ← の速度 $\overleftarrow{v}$，の関係が成立している．この状態，時間が経過しても，もはや変化が見られない状態，を何というか．

アンモニアの生成・分解と平衡状態

問題 8-15 このように反応系が平衡に達しているときには，構成物の濃度の間に常にある種の関係式が成り立っている．これを「**化学平衡の法則**」という．

化学反応，$aA + bB + \cdots \rightleftarrows cC + dD + \cdots$ について，この関係式を示せ．

（この一般式が理解できない場合には，問題 8-17 を考えてみよ．）

問題 8-16 **平衡定数**とは何か？

この関係式が実験的に常に成立していることを昔の科学者が発見し，これを「化学平衡の法則（law of mass action）」と名づけた．この関係式がなぜ成り立つのかは人類が熱力学という学問をつくりあげる中で理解・証明された（人類が神様の知識に一歩近づいたということである）．

反応物・生成物の濃度が変化したとき，この式以外のどのような関係式，たとえば，

$$\frac{[C]^c + [D]^d + \cdots}{[A]^a + [B]^b + \cdots}, \quad \frac{c[C]d[D]\cdots}{a[A]b[B]\cdots}, \quad \frac{c[C] + d[D] + \cdots}{a[A] + b[B] + \cdots}, \quad \cdots$$

も一定値を与えない．

すなわち，上式は，神様が創った平衡にかかわる濃度の間のルール（関係式，法則）である．

* 「質量作用の法則」なる奇妙な名称は law of mass action の直訳である．当時の「mass」は現在用いられている「濃度」に対応するので，現代的に表現すれば「濃度作用の法則」，すなわち「化学平衡の法則」のことである．平衡定数は現在の学問レベルでは理論的に求めることはできない．実験的に求める必要がある．いったんこの値が求まれば，この値を用いて平衡時の構成物質の濃度を計算で求めることができる．

問題 8-17 $3H_2 + (1)N_2 \rightleftarrows 2NH_3$ なる反応が平衡に達しているときに成立する関係式（平衡定数 K の式）を示せ．

問題 8-18 $H_2 + I_2 \rightleftarrows 2HI$ なるヨウ化水素酸の生成反応の平衡定数 K を示せ．

答 8-13 平衡状態とは読んで字のごとく「平らでつりあった」状態，増えも減りもしない状態，もう，それ以上変化しない一定の状態のことである．

穴のあいた桶に水を溜める例：穴のあいた空桶に水を加えていく場合を考えよう．

Aから水を加えるとする．Bに大きな穴があいていれば，一向に水は溜まらない．穴が小さくて，加える水の量よりも漏れ出て行く水の量が少なければその差分だけの速さで水は溜まっていき，ついには，桶からあふれ出てしまう．

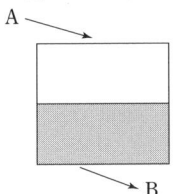

桶の中に，すでに，ある水量が溜まっているとして，入ってくる水の量と，出ていく水の量が等しければ，桶はその水量をずっと維持することになる．この量一定の状態が一種の平衡状態である．量は不変だが，中の水は常に入れ換わっている．今ひとつの例：人口一定の状態，ただしこれは中身一定の停止状態・本当に止まった状態(静的平衡状態)ではなく，生まれてくる人と死んでいく人の数が同じで，結果として一定になっている状態，中身は常に変化している状態(動的平衡状態)である．

答 8-14 時間が経過しても，もはや変化が見られない状態を平衡状態という．

答 8-15 「**化学平衡の法則**」とは，$a\mathrm{A}+b\mathrm{B}+\cdots \rightleftarrows c\mathrm{C}+d\mathrm{D}+\cdots$ なる化学反応について，反応時間が十分に経過した結果，到達した平衡状態においては，反応物 A, B $\cdots$ と生成物 C, D $\cdots$ の濃度の間には，

$$\frac{[\mathrm{C}]^c \times [\mathrm{D}]^d \times \cdots}{[\mathrm{A}]^a \times [\mathrm{B}]^b \times \cdots} = \text{一定値}^* \quad (\text{一定} = \text{constant}(英語) = \text{konstante}(独語))$$

* 反応式の左側を分母，右側を分子に書くのが約束

なる関係式が成立している，という**法則**である．すなわち，

$$\frac{[\mathrm{C}]^c[\mathrm{D}]^d \cdots}{[\mathrm{A}]^a[\mathrm{B}]^b \cdots} = K \quad (K \text{ は独語の konstante 由来})$$

答 8-16 上記の K は平衡にかかわる一定の値＝定数であるから K のことを**平衡定数**という．

平衡定数は，厳密には，濃度でなく活量で定義する(p.166)．

答 8-17 $3\,\mathrm{H}_2 + (1)\,\mathrm{N}_2 \rightleftarrows 2\,\mathrm{NH}_3$

$a\mathrm{A} + b\mathrm{B} + \cdots \rightleftarrows c\mathrm{C} + d\mathrm{D} + \cdots$ では，

$$K = \frac{[\mathrm{C}]^c[\mathrm{D}]^d \cdots}{[\mathrm{A}]^a[\mathrm{B}]^b \cdots} = \frac{[\mathrm{NH}_3]^2}{[\mathrm{H}_2]^3[\mathrm{N}_2]^1} \quad (\text{一定})$$ なる関係が成立する．

この K の値(実験値)は 25℃ では $K = 3.4 \times 10^8$，127℃ では 4.0×10^6，327℃ で 4.5，527℃ で 4.0×10^{-2} となる．つまり，K は温度で異なる．単位は $(\mathrm{mol/L})^2/(\mathrm{mol/L})^4 = (\mathrm{mol/L})^{-2}$

答 8-18 $K = \dfrac{[\mathrm{HI}]^2}{[\mathrm{H}_2][\mathrm{I}_2]}$ この平衡定数は 25℃ で 567，127℃ で 197，327℃ で 69，527℃ で 37 となる．このように，平衡定数は，温度が定まればその温度下で唯一の値＝一定値をとるが(別の温度となれば別の値となる)，反応物の初濃度には依存しない．次の設問でこのことを示そう．

問題 8-19　下表には上述のヨウ化水素酸の生成反応について，448℃における反応開始時と平衡状態になったときの，それぞれの構成成分の濃度，その値をもとに求めた平衡定数を示した．この表の値をもとに，表中の実験番号①～④について平衡定数Kを計算せよ．

$H_2 + I_2 \rightleftarrows 2HI$（448℃）における濃度と平衡定数

実験番号	$[H_2]/10^{-2}$ mol/L*		$[I_2]/10^{-2}$ mol/L		$[HI]/10^{-2}$ mol/L		K
	$t=0$	$t=\infty$	$t=0$	$t=\infty$	$t=0$	$t=\infty$	
①	1.000	→ 0.223	1.000	→ 0.223	0	→ 1.554	48.6
②	1.197	→ 0.562	0.694	→ 0.059	0	→ 1.270	48.6
③	0	→ 0.170	0	→ 0.170	1.521	→ 1.181	48.3
④	0	→ 0.421	0	→ 0.421	3.785	→ 2.943	48.9
						平均	48.6

$t=0$：反応開始時　　$t=\infty$（無限大）：平衡状態時

* $[H_2]/10^{-2}$ mol/L は，表中の値，たとえば 1.000 が 1.000×10^{-2} mol/L であることを意味する．

問題 8-20　平衡定数にはどのような実際上の意味があるかを考えよう．

(1) 反応式 $H_2 + I_2 \rightleftarrows 2HI$ について，平衡定数Kの定義式を書き，これをもとにK大が何を意味するか，K小が何を意味するかを述べよ．また，このことから，平衡定数とは何か，その意味について述べよ．

(2) $H_2 + I_2 \rightleftarrows 2HI$ の平衡定数を$K=49$とする．$[H_2]=[I_2]=1.0$ mol/L のとき，HI の濃度を求めよ（平衡定数を用いて濃度未知成分の濃度が計算できる）．

問題 8-21　平衡定数の応用：平衡定数の値がわかっていると反応にかかわる濃度未知の成分の濃度を計算で求める（予測する）ことができる．以下の設問に答よ．

　　$C_3H_8 \rightleftarrows C_3H_6 + H_2$（プロパン $CH_3-CH_2-CH_3$, プロペン $H_2C=CH-CH_3$）なる反応の平衡定数は737℃で$K=0.74$ mol/L である．

(1) プロパン，プロペン，水素の適当量を混合・放置し平衡状態とした．このとき濃度は $[C_3H_8]=0.84$ mol/L，$[H_2]=1.25$ mol/L であった．$[C_3H_6]$を求めよ．

(2) プロパンのみを737℃で放置し平衡状態にした．初濃度を2.00 mol/Lとすると，平衡状態におけるプロパン，プロペン，水素それぞれの濃度を求めよ．

* 二次方程式 $ax^2+bx+c=0$．根（こん）の公式を示せ．
この式に a, b, c の値を代入して計算する．$\sqrt{}$の計算は電卓を用いてよい．
$$x = \frac{-b \pm \sqrt{(b^2-4ac)}}{2a}$$
→この根の公式を，当然，として暗記していた人は，本当に理解しているかどうか，確認のため，この公式を自分で導出してみよ．

$ax^2+bx+c=0$の根の公式の導出
$ax^2+bx+c = a(x^2+b/ax)+c = a(x+b/2a)^2 - b^2/4a + 4ac/4a = 0$.

前式で，後から二つの項を右に移項して整理すると$(x+b/2a)^2 = (b^2-4ac)/4a^2$．すなわち，$(x+b/2a) = \pm\sqrt{\{(b^2-4ac)/4a^2\}}$．

よって，$x = \{-b \pm \sqrt{(b^2-4ac)}\}/2a$　（計算例は右頁）

答 8-19 平衡定数は，時間が十分に経過して，$\vec{v} = \overleftarrow{v}$，すなわち，反応が平衡に達したとき（平衡状態）における反応物濃度と生成物濃度との関係式であるから，表中の $t = \infty$ における濃度を $K = \dfrac{[HI]^2}{[H_2][I_2]}$ に代入すると求まる．

① $K = \dfrac{(1.554 \times 10^{-2})^2}{(0.223 \times 10^{-2}) \times (0.223 \times 10^{-2})} = \dfrac{(1.554)^2}{0.223 \times 0.223} ≒ 48.6$　② $K = \dfrac{(1.270)^2}{0.562 \times 0.059} ≒ 48.6$

③ $K = \dfrac{(1.181)^2}{0.170 \times 0.170} ≒ 48.3$　④ $K = \dfrac{(2.943)^2}{0.421 \times 0.421} ≒ 48.9$

以上の計算結果より，反応物・生成物の濃度が異なっていても，平衡定数は一定値を示すことが理解できよう．

答 8-20

(1) $K = \dfrac{[HI]^2}{[H_2][I_2]}$　よって，K 大＝分数式の分子が大→ヨウ化水素酸 HI ができやすい，
　　　　　　　　　　　　　　K 小＝分子小→HI ができにくい，ということを意味する．

つまり，平衡定数は反応が左から右にどれだけ進みやすいかを示す尺度である．

(2) $K = \dfrac{[HI]^2}{[H_2][I_2]} = 49$ なる関係式に $[H_2] = [I_2] = 1$ mol/L を代入すると，$[HI]^2 = 49$ mol/L,

　　　　　　　$[HI] = 7$ mol/L となる（$K = 7^2/(1 \times 1) = 49/1 = 49$）．

このように，平衡定数がわかっていれば，平衡状態における濃度未知成分の濃度を計算で求めることができる．また，逆に，すべての成分の濃度がわかっていれば平衡定数 K を算出できることも問題 8-19 から理解できよう．

答 8-21 (1) K に数値を代入すればよい．$[C_3H_6] = x$ とおくと，$K = \dfrac{[C_3H_6][H_2]}{[C_3H_8]} = \dfrac{x \times 1.25}{0.84} = 0.74$

よって，$x = 0.497 ≒ 0.50$ mol/L

(2) プロパンからプロペンと水素が，同時に，同じ数だけできる（$C_3H_8 \rightarrow C_3H_6 + H_2$：この式の意味は，1 個の C_3H_8 から 1 個の C_3H_6 と 1 個の H_2 とが生じるということ）．よって，平衡状態における $[C_3H_6] = x$ とおくと，$[H_2] = x$．残ったプロパンは $[C_3H_8] = 2.00 - x$ となる．

理解できなかったら次の例を考えてみよ：人形 C_3H_8 が 100 体あった．いたずら小僧がこの人形の首 H_2 を 5 個取ってしまった．
首 H_2，胴体 C_3H_6，残った人形 C_3H_8 の数はいくつか．
→ 首 H_2 と胴体 C_3H_6 は同じ数，すなわち 5 個と 5 個．
残った人形 C_3H_8 は $100 - 5 = 95$ 個．

	C_3H_8	→	C_3H_6	+ H_2
始め	100 個		0 個	0 個
平衡時	$100 - 5$		5	5
	$2.00 - x$		x	x

つまり，$[C_3H_6] = [H_2] = x$ だから，

$K = \dfrac{[C_3H_6][H_2]}{[C_3H_8]} = \dfrac{x \times x}{2.00 - x} = 0.74 = \dfrac{0.74}{1}$．たすき掛けをすると，この式は二次方程式となる．

$x^2 + 0.74 x - 1.48 = 0$．根（こん）の公式*を用いてこれを解くと $x = 0.90$ mol/L．

よって，プロパン $= 2.00 - x = 2.00 - 0.90 = 1.10$ mol/L，プロペン $=$ 水素 $= x = 0.90$ mol/L

計算例：$x^2 + 2x - 3 = 0$ ならば $a = 1$，$b = 2$，$c = -3$．よって
$x = (-2 \pm \sqrt{2^2 - 4 \times 1 \times (-3)})/(2 \times 1) = (-2 \pm \sqrt{16})/2 = (-2 \pm 4)/2 = -3, 1$ と二つの値．上問ならば x は濃度だから負の答は不適切となる．

後述するように，上の問題と同じ考え方で，食酢，雨水，血液のpHを計算で求めることができる．また，次に示すように，生体内反応のひとつ，ATPのリン酸基がグルコースに転移してグルコース-6-リン酸を生じる反応の平衡状態における各物質の濃度を求めることもできる．

問題 8-22 ATP+グルコース $\rightleftarrows$ ADP+グルコース-6-リン酸，の平衡定数 K は pH 7，25℃ で $K=850$ である．ATPとグルコースの初濃度が 1.00 mol/L のとき，平衡状態におけるATP，グルコース，ADP，グルコース-6-リン酸の濃度を求めよ．
　　　ヒント：平衡時のADPの濃度を x として平衡定数の式を記述せよ．

問題 8-23 次の反応式について濃度平衡定数の式(定義)を記せ．反応式の書き方は p.20 参照．

(1) $N_2O_4 \rightleftarrows 2NO_2$ （四酸化二窒素と二酸化窒素，無色と赤褐色）

(2) $Br_2 + Cl_2 \rightleftarrows 2BrCl$ （塩化臭素，ハロゲン元素間の反応）

(3) $2H_2O \rightleftarrows O_2 + 2H_2$ （水の分解反応，高温でなら起こる）

(4) $2O_3 \rightleftarrows 3O_2$ （オゾンと酸素分子，オゾンの生成と分解：オゾン層における反応）

(5) $ATP + H_2O \rightleftarrows ADP + Pi$ （Piは無機リン酸イオン，生体内高エネルギー物質ATPの加水分解）

(6) $NAD^+ +$ エタノール $\rightleftarrows NADH +$ アセトアルデヒド $+ H^+$ （生体内酸化反応，補酵素NADH）

(7) $Cu^{2+} + 4NH_3 \rightleftarrows [Cu(NH_3)_4]^{2+}$ （テトラアンミン銅錯イオン，銅アンモニア錯体の生成）
　　　＊化学式中の[ ]は錯体 p.158 を示す記号であり，[Cu(NH$_3$)$_4$]の全体がひとまとまりでNaやCaに対応．

デモ $[Cu(NH_3)_4]^{2+}$ は銅イオンにアンモニア水を過剰に加えると生じる深青紫色の物質である．

問題 8-24 $2H_2O \rightleftarrows O_2 + 2H_2$ （水の分解反応）の平衡定数は 2700℃ で $K=9.0\times10^{-6}$ である．
　　　平衡状態で $[O_2]=0.012$ mol/L，$[H_2]=0.018$ mol/L のとき，$[H_2O]$ を求めよ．
　　　（室温で太陽光を用い，水を水素と酸素とに分解できれば，人類のエネルギー問題は解決する）

答 8-22

	ATP	+	グルコース	→	ADP	+	グルコース-6-リン酸
反応始め	1.00 mol/L		1.00 mol/L		0 mol/L		0 mol/L
平衡時	1.00 − x		1.00 − x		x		x

$$K = \frac{[\text{ADP}][\text{グルコース-6-リン酸}]}{[\text{ATP}][\text{グルコース}]} = \frac{x \times x}{(1.00-x)^2} = 850 = \frac{850}{1}$$ たすき掛けをすると,

$x^2 = 850 \times (1.00-x)^2$ より, $849x^2 - 1700x + 850 = 0$. この二次方程式を根の公式を用いて解くと $x = \{1700 \pm \sqrt{1700^2 - 4 \times 849 \times 850}\}/(2 \times 849) = 0.967 \ (x<1 \ \text{である})$, $1-x = 0.033$.

[ADP] = [グルコース-6-リン酸] = x = <u>0.967 mol/L</u>, [ATP] = [グルコース] = <u>0.033 mol/L</u>

または, $x/(1.00-x) = \sqrt{850} = 29.15$ より, $x = 29.15/30.15 = 0.967$

答 8-23

(1) $K = \dfrac{[\text{NO}_2]^2}{[\text{N}_2\text{O}_4]}$

(2) $K = \dfrac{[\text{BrCl}]^2}{[\text{Br}_2][\text{Cl}_2]}$

(3) $K = \dfrac{[\text{O}_2][\text{H}_2]^2}{[\text{H}_2\text{O}]^2}$

(4) $K = \dfrac{[\text{O}_2]^3}{[\text{O}_3]^2}$

(5) $K = \dfrac{[\text{ADP}][\text{Pi}]}{[\text{ATP}][\text{H}_2\text{O}]}$ (Pi:無機リン酸イオン)

(6) $K = \dfrac{[\text{NADH}][\text{アセトアルデヒド}][\text{H}^+]}{[\text{NAD}^+][\text{エタノール}]}$

(7) $K = \dfrac{[[\text{Cu}(\text{NH}_3)_4]^{2+}]}{[\text{Cu}^{2+}][\text{NH}_3]^4}$ (テトラアンミン銅錯イオン=銅アンモニア錯体)

答 8-24

$K = \dfrac{[\text{O}_2][\text{H}_2]^2}{[\text{H}_2\text{O}]^2} = 9.0 \times 10^{-6}$ に [O$_2$] = 0.012 mol/L, [H$_2$] = 0.018 mol/L を代入すると,

$\dfrac{[0.012][0.018]^2}{[\text{H}_2\text{O}]^2} = 9.0 \times 10^{-6}$, $\dfrac{[0.012][0.018]^2}{[\text{H}_2\text{O}]^2} = \dfrac{9.0 \times 10^{-6}}{1}$ として, たすき掛けをすると

$9.0 \times 10^{-6} \times [\text{H}_2\text{O}]^2 = 0.012 \times 0.000324 \times 1$. $[\text{H}_2\text{O}]^2 = 0.432 \ (\text{mol/L})^2$.

$[\text{H}_2\text{O}] = \sqrt{0.432 \ (\text{mol/L})^2} = 0.657$ mol/L. ($\sqrt{\ }$ の計算には電卓を用いよ)

補足 1 平衡定数の式が濃度の係数乗となることをどのように直感的に理解するか?

A + B ⇌ C + D なる反応では $K = \dfrac{[\text{C}] \times [\text{D}]}{[\text{A}] \times [\text{B}]} = \dfrac{[\text{C}][\text{D}]}{[\text{A}][\text{B}]}$ と書き表される.

ならば 3 H$_2$ + (1)N$_2$ ⇌ 2 NH$_3$ なる反応では, 直感を働かせれば, H$_2$ + H$_2$ + H$_2$ + N$_2$ = NH$_3$ + NH$_3$ という反応のことだから, 平衡定数 K は,

$K = \dfrac{[\text{NH}_3] \times [\text{NH}_3]}{[\text{H}_2] \times [\text{H}_2] \times [\text{H}_2] \times [\text{N}_2]} = \dfrac{[\text{NH}_3]^2}{[\text{H}_2]^3[\text{N}_2]^1}$ と書けそうである. 事実, この式が実験的に一定値となる.

よって, 一般的に, $a\text{A} + b\text{B} + \cdots \rightleftarrows c\text{C} + d\text{D} + \cdots$ の場合, K は,

$K = \dfrac{[\text{C}]^c[\text{D}]^d \cdots}{[\text{A}]^a[\text{B}]^b \cdots}$ と書けることが推定できよう. (この式を導出するには熱力学なる学問を学ぶ必要がある.)

補足 2 気体反応では反応物や生成物のモル濃度は分圧*に比例する. モル濃度 = mol/L = n/V. 理想気体では, $PV = nRT$ より, $n/V = P/RT \propto P$ (n/V は P に比例). そこで, 通常, 気体の平衡式は濃度の代わりに各成分気体の分圧で書く. つまり, 圧平衡定数 $K_p = P_{\text{NH}_3}^2/(P_{\text{H}_2}^3 \times P_{\text{N}_2})$ (一定). また濃度平衡定数 K_c = [NH$_3$]^2/([H$_2$]^3 × [N$_2$]^1). よって $K_p = K_c(RT)^{\Delta ng}$, Δng = (気体生成物のモル数) − (気体反応物のモル数).

*混合気体中の一成分気体のみが容器全体を占めたときのその成分の示す圧力.

8-1-3 酸解離平衡

酸の強弱，アミノ酸の等電点(後述)などは酸解離平衡の平衡定数を用いて示すことができる．

問題 8-25　$a\text{A}+b\text{B}+\cdots \rightleftarrows c\text{C}+d\text{D}+\cdots$ の平衡定数はどのように定義されるか．

酸解離(平衡)定数の定義

問題 8-26　食酢の主成分である酢酸 CH_3COOH の酸解離反応の平衡反応式を示せ．

問題 8-27　酸 HA について，酸解離平衡の反応式を示せ．

問題 8-28　HA の酸解離(平衡)定数 K_a の定義を示せ(K_a：acid dissociation constant)．

酸の強弱と酸解離(平衡)定数

デモ　酢酸と塩酸をなめる(解離する H^+ の数を酸っぱさで知る)，万能 pH 試験紙で色変化を見る(100個の CH_3COOH 分子から2〜3個の H^+，100個の HCl 分子から100個の H^+ が生じる)．

問題 8-29　酢酸は $CH_3COOH \rightleftarrows CH_3COO^- + H^+$ で，平衡定数 $K_a = 1.6 \times 10^{-5} = 0.000016$ である．まず，この反応の平衡定数の定義式を示したうえで，K_a の値をもとに，酢酸が強い酸か，弱い酸か，中くらいの強さの酸かを述べよ．

問題 8-30　塩酸は $HCl \rightleftarrows Cl^- + H^+$ で $K_a = \infty$：無限大である．まず，この反応の平衡定数の定義式を示したうえで，K_a の値をもとに，塩酸が強い酸か，中くらいか，弱い酸かを述べよ．

問題 8-31　酸の強弱は，酸解離定数 K_a (電離定数，平衡定数)の大小で定量化表示できる．強い酸，弱い酸と酸解離定数 K_a の大小関係について述べよ．

塩基解離(平衡)定数

アンモニアを例に考えると，塩基解離平衡と塩基解離定数 K_b は，

$NH_3 \rightleftarrows NH_4^+ + OH^-$　　　$K_b = \dfrac{[NH_4^+][OH^-]}{[NH_3]} = 1.75 \times 10^{-5}$　(25℃の値)

$NaOH \rightarrow Na^+ + OH^-$　　　$K_b = \dfrac{[Na^+][OH^-]}{[NaOH]} = \infty$

(説明は右頁を参照のこと)

答 8-25　平衡定数　$K = \dfrac{[C]^c[D]^d \cdots}{[A]^a[B]^b \cdots}$

答 8-26　$CH_3COOH \rightleftarrows CH_3COO^- + H^+$

答 8-27　$HA \rightleftarrows A^- + H^+$　（HAが酢酸 CH_3COOH の場合，A は CH_3COO を意味する）

答 8-28　酸解離（平衡）定数 K_a は $K_a = \dfrac{[A^-][H^+]}{[HA]}$

この値は，一定の温度ではある一定値となる．たとえば，酢酸の K_a は室温において $K_a = 1.6 \times 10^{-5} = 10^{-4.8}$（実測値）である．

答 8-27 の酸解離平衡式は，厳密には $HA + H_2O \rightleftarrows A^- + H_3O^+$ なる式で示される（p.38）．この反応の平衡定数は，$K = ([A^-][H_3O^+])/([HA][H_2O])$，と表される（答 8-26 の酢酸の解離平衡も同様である）．この K と K_a の間には，$K_a = K \cdot [H_2O] = $ 一定，なる関係が成立する（この式で $[H_2O]$，すなわち 1 L = 1 000 ml = 1 000 g 中の水（分子量 = 18）の濃度，は $[H_2O] = 1 000/18 = 55$ mol/L となる．一方，$[H^+]$，$[A^-]$，$[HA]$ はそれぞれたかだか 0.1〜1 mol/L 程度なので，$[H_2O] \gg [H^+]$, $[A^-]$, $[HA]$．したがって $H_2O \rightarrow H_3O^+$ の反応で減少する $[H_2O]$ はたかだか 0.1 mol/L なので $[H_2O]$ ≒ 一定と見なせる．それゆえ，K_a も一定と見なせる）．

答 8-29　$K_a = ([CH_3COO^-][H^+])/[CH_3COOH] = 1.6 \times 10^{-5} = 0.000\,016$

K_a は非常に小さい値である．この意味は，分母を 1 とした場合，分子（$[H^+]$ 項を含む）がたかだか 0.000 016 しかない，すなわち，酸はごく一部しか解離しないので，H^+ をわずかしか放出しない = $[H^+]$ 小 = あまり酸っぱくない = 弱い酸ということになる（$CH_3COOH \rightarrow CH_3COO^- + H^+$ の解離度 α が小さいから弱い酸である（p.150）とも表現できる）．弱電解質（p.37）参照．

答 8-30　塩酸は $HCl \rightleftarrows Cl^- + H^+$ で $K_a = ([Cl^-][H^+])/[HCl] = \infty$：無限大．

分母に比べて分子が大変大きいということであり，実質的に加えた HCl のすべてが解離する（$HCl \rightarrow Cl^- + H^+$）ので $[H^+]$ 大 = 酸っぱい = 強い酸ということになる．強電解質（p.37）参照．

答 8-31　強い酸とは酸解離定数 K_a が大きい酸，弱い酸とは K_a が小さい酸である．

（問題 8-29, 30 を参照のこと）

左頁で定義された塩基解離定数 K_b が大きいということは，OH^- 濃度 $[OH^-]$ が大きい = 強い塩基ということを意味している．左頁の反応式は，厳密には $NH_3 + H_2O \rightleftarrows NH_4^+ + OH^-$ なる式で示される．したがって，この反応の平衡定数は，$K = [NH_4^+][OH^-]/([NH_3][H_2O])$，と書き表される．この K と K_b との間には，当然，$K = K_b/[H_2O]$，の関係が成立する．

NH_3 は塩基，NH_4^+ は（その共役）酸だから，酸としての NH_4^+ の解離反応は $NH_4^+ \rightleftarrows NH_3 + H^+$（厳密には $NH_4^+ + H_2O \rightleftarrows NH_3 + H_3O^+$）．この酸の解離定数は $K_a = [NH_3][H^+]/[NH_4^+]$ と書き表されるから，$K_a \times K_b = ([NH_3][H^+]/[NH_4^+]) \times ([NH_4^+][OH^-]/[NH_3]) = [H^+] \times [OH^-] = K_w$（水のイオン積），すなわち $K_b = K_w/K_a$ であり，強い塩基（K_b 大：OH^- をたくさん放出する）= 弱い酸（K_a 小：H^+ を少ししか放出しない）であることがわかる．

問題 8-32　アミノ酸は弱酸であるカルボン酸 RCOOH と弱塩基である RNH_2 が合体したものである．
(1) アミノ酸 $RCH(NH_2)COOH$ の強酸性，中性，強塩基性（アルカリ性）における化学形を示せ．（この答は下記ヒントの下）
(2) アミノ酸の① 酸性側，② 塩基性側における酸解離反応の平衡式と平衡定数を示せ．
(3) アミノ酸の酸解離平衡数が K_{a1} と K_{a2} で表されるとする．等電点の pH を求めよ．

　　　ヒント：等電点とはアミノ酸全体としての＋の電荷と－の電荷とが等しくなる pH のことである．$RCH(NH_3^+)COO^-$ は双性イオン zwitter ion であり，これ自身は＋の電荷と－の電荷は等しい．したがって，$[RCH(NH_3^+)COOH] = [RCH(NH_2)COO^-]$，が成立する pH が等電点である．

答 8-32 (1)　アミノ酸 $RCH(NH_2)COOH$ は強い酸性条件下では $RCH(NH_3^+)COOH$，中性近傍では主として $RCH(NH_3^+)COO^-$，強いアルカリ性では $RCH(NH_2)COO^-$，と三つの化学形をとっている．（アミンとカルボン酸のそれぞれの pH による変化，$RNH_2 + H^+ \rightleftharpoons RNH_3^+$ と $RCOOH \rightleftharpoons RCOO^- + H^+$，について考えるとわかりやすい．「有機化学　基礎の基礎」p.129 参照）．

問題 8-33　等電点より pH が高い溶液，低い溶液では，アミノ酸全体としては，それぞれ正負どちらの電荷となっているか．

8-1-4　様々な水溶液の pH
(1)　強酸，強塩基の pH

胃液は 0.01～0.03 mol/L の塩酸水溶液である．胃液の pH はどのようにして求めればよいだろうか．食塩 NaCl（塩化ナトリウム）や硫酸ナトリウムのような塩類が，$NaCl \rightarrow Na^+ + Cl^-$，$Na_2SO_4 \rightarrow 2Na^+ + SO_4^{2-}$ のように陽イオンと陰イオンとに完全に解離するのと同様に（強電解質 p.37），塩酸や水酸化ナトリウムのような**強酸，強塩基**は，$HCl \rightarrow H^+ + Cl^-$，$NaOH \rightarrow Na^+ + OH^-$ のように，H^+ イオンと Cl^- イオン，Na^+ イオンと OH^- イオンにほぼ完全に（100%）解離する（酸解離定数 $K_a = \infty$：強電解質）．したがって，強酸，強塩基の濃度が C mol/L である溶液中の H^+ イオン，OH^- イオン濃度は，$[H^+] = C$ mol/L，$[OH^-] = C$ mol/L となる．胃液では HCl 濃度が 0.01～0.03 mol/L だから，$[H^+]$ = 0.01～0.03 mol/L，したがって，胃液の pH $= -\log[H^+] = -\log(0.01 \sim 0.03) = 1.5 \sim 2.0$

学生諸君の中には指数を嫌だと思う人は多いかもしれない．そのような人は，まして対数など見たくもない，と思うだろう．しかし，そういう恐れ，先入観は不要である．諸君には関数電卓という強い味方がある（2000 円以下の安価なものでよい）．電卓さえあれば何も恐れることなしである．pH は様々な所で用いられるから，正しく理解しておく（定義も暗記しておく）必要がある．この定義を覚えていないと pH $\rightleftharpoons [H^+]$ の計算はできない．電卓の使い方は p.224～234 と問題 8-35 を参照のこと．

①　強酸の pH

問題 8-34　次の水溶液の pH を求めよ．
　　(1) 0.01 mol/L の HCl　　　(2) 0.1 mol/L の HNO_3（硝酸は強酸）
　　(3) 0.001 mol/L の HCl　　(4) 濃度が C mol/L の 1 価の強酸水溶液

問題 8-35　以下の水溶液の pH，$[H^+]$ を求めよ．
　　(1) 0.01 mol/L の HCl 水溶液の pH．　　(2) 0.003 mol/L の HCl 水溶液の pH．
　　(3) 5×10^{-4} mol/L の HCl 水溶液の pH．　　(4) 中性（$[H^+] = 10^{-7}$）水溶液の pH．
　　(5) pH = 3 のときの水溶液の $[H^+]$．　　(6) pH = 2.5 のときの水溶液の $[H^+]$．

答　8-32　(2)① $RCH(NH_3^+)COOH \rightleftarrows RCH(NH_3^+)COO^- + H^+$　　$K_{a1} = \dfrac{[RCH(NH_3^+)COO^-][H^+]}{[RCH(NH_3^+)COOH]}$

②　$RCH(NH_3^+)COO^- \rightleftarrows RCH(NH_2)COO^- + H^+$　　$K_{a2} = \dfrac{[RCH(NH_2)COO^-][H^+]}{[RCH(NH_3^+)COO^-]}$

(3) K_{a1} の式を変形して，$[RCH(NH_3^+COO^-)] = K_{a1} \times [RCH(NH_3^+)COOH]/[H^+]$，これを K_{a2} に代入し，整頓する．または $K_{a1} \times K_{a2}$ とし，整頓する．上記の 2 式から，$K_{a1} \times K_{a2} = \dfrac{[RCH(NH_2)COO^-][H^+]^2}{[RCH(NH_3^+)COOH]}$

等電点の条件，$[RCH(NH_3^+)COOH] = [RCH(NH_2)COO^-]$，を上式に代入すると，
$K_{a1} \times K_{a2} = [H^+]^2$．$[H^+] = \sqrt{(K_{a1} \times K_{a2})}$．よって，等電点の pH は，
$pH = -\log[H^+] = -\log\{\sqrt{(K_{a1} \times K_{a2})}\} = -1/2(\log K_{a1} + \log K_{a2}) = 1/2(pK_{a1} + pK_{a2})$　*

$*\ -\log[H^+] \equiv pH$ と表したように，$-\log[OH^-] \equiv pOH$，$-\log K_a \equiv pK_a$ と表すことができる．

答　8-33　等電点より pH が高くなると H^+ は減少するので H^+ を増やすように平衡が移動する（ルシャトリエの原理，p.138 の補足参照），つまり①，②式は右に移動するから，全体としては負の電荷を帯び，pH が低くなると H^+ が増えるので H^+ を減らすように①，②式の平衡は左へ移動するから，全体としては正の電荷を帯びることになる．

答　8-34　(1) 0.01 mol/L の HCl の $[H^+] = 10^{-pH} = 0.01$ mol/L $= 10^{-2}$．pH $= 2$．
　　　　　または，pH $= -\log[H^+] = -\log 0.01 = 2$．
(2) 0.1 mol/L の HNO_3 の $[H^+] = 0.1$ mol/L $= 10^{-1}$．よって pH $= 1$．または，pH $= -\log 0.1 = 1$．
(3) 0.001 mol/L の HCl の $[H^+] = 0.001$ mol/L $= 10^{-3}$．よって pH $= 3$．
　　　　　または，pH $= -\log[H^+] = -\log 0.001 = -\log(10^{-3}) = -\{(-3)\log 10\} = 3$．
(4) 強酸の濃度を C mol/L とすると，$[H^+] = C$ だから，pH $= -\log[H^+] = -\log(C)$

答　8-35　(1) pH $= -\log([H^+])$ の定義を用いると，pH $= -\log(0.01) = -\log 10^{-2} = -(-2)\log 10 = 2$
　　　A 電卓「$-$」押す → 「log」押す → 「0.01」入力 → 「$=$」押す → 2（電卓の使い方 p.224〜234 参照）
　　　B 電卓「0.01」入力 → 「log」押す → -2 → 「$+/-$」押す → 2
　　　「0.01」「log」により $\log(0.01)$ を計算して -2．$-\log(0.01)$ とするために「$+/-$」．
(2) pH $= -\log(0.003) = -\log(3 \times 10^{-3}) = -\{\log 3 + \log 10^{-3}\} = -\log 3 + 3 = -0.4771 + 3 \fallingdotseq 2.52$
(3) pH $= -\log(5 \times 10^{-4}) = -\log(10^{-3}/2) = -\{\log 10^{-3} - \log 2\} = -(-3 - 0.3010) \fallingdotseq 3.30$
　　　A 電卓「$-$」「log」「(」「5」「$\times$」「2 ndF」「10^x」「4」「$+/-$」「)」「$=$」 → 3.30
　　　B 電卓「5」「$\times$」「4」「$+/-$」「SHIFT/2 ndF」「10^x」「$=$」「log」「$+/-$」→ 3.30
(4) $[H^+] = 10^{-pH}$ と $[H^+] = 10^{-7}$ を比較すると pH $= 7$．pH $= -\log(10^{-7}) = -(-7)\log 10 = 7$
　　　A 電卓「$-$」「log」「(」「2 ndF」「10^x」「7」「$+/-$」「)」「$=$」 → 7
　　　B 電卓「7」「$+/-$」「SHIFT/2 ndF」「10^x」「log」「$+/-$」

(5) pH → $[H^+]$ の計算：$[H^+] = 10^{-pH}$ の定義を用いると，pH $= 3$ だから $[H^+] = 10^{-3}$（$= 0.001$）

(6) $[H^+] = 10^{-2.5} =$（この先は電卓を用いないと計算できない）$= 3.16 \times 10^{-3}$（$= 0.003\,16$）
　　　A 電卓「2 ndF」「10^x」「2.5」「$+/-$」「$=$」 → 0.003 16　　（$= 3.16 \times 10^{-3}$）
　　　B 電卓「2.5」「$+/-$」「SHIFT/2 ndF」「10^x」 → 3.16×10^{-3}
　　　または，$10^{-2.5} = 10^{-3+0.5} = 10^{0.5} \times 10^{-3} = 3.16 \times 10^{-3}$　また，電卓の表示切換で 0.00316 ↔ 3.16×10^{-3} の変換ができる（付録の「電卓の使い方 3.」p.230, 231 を参照せよ）．

　　以上のように pH の定義さえ記憶しておけば電卓を使って pH 計算は容易である．

問題 8-36　pHを求めよ（関数電卓を用いて計算せよ）．付録 p.234「電卓の使い方 5.」参照

(1) 0.01 mol/L の塩酸水溶液．

(2) 1.0 mol/L の硝酸水溶液（硝酸は強酸）．

(3) 0.005 mol/L の塩酸溶液．

(4) 0.01 mol/L の硫酸水溶液（まず，硫酸の分子式を考えよ）．

(5) 0.01 mol/L の塩酸水溶液を水で 2 倍に薄めた液（pH は (1) より高いか低いか？）．

(6) pH 2 の薄い塩酸水溶液をさらに 8 倍に薄めた水溶液．

(7) pH 3 の不揮発性強酸の希薄水溶液の 2 倍濃縮液（液の体積を半分に濃縮）．

(8) pH 4.8 の溶液の水素イオン濃度はいくつか（○○×10^○○ の形で示せ）．

(9) pH 2 の HCl 水溶液と pH 3 の HCl 水溶液を等量混合した水溶液．

② 強塩基の pH

問題 8-37　強塩基，たとえば NaOH の濃度が 0.01 mol/L，および C mol/L の水溶液の pH はいくつか．

(1) 水のイオン積 $[H^+]\times[OH^-]=10^{-14}$ をもとにして計算せよ．

(2) 水のイオン積から **pH＋pOH＝14** の関係を導いた後で，この式を使って計算せよ．ただし，**pOH＝－log[OH⁻]** と定義する（pH＝－log[H⁺] と同じ形の定義）．

＊ pH＋pOH＝14 は上述のように $[H^+]\times[OH^-]=10^{-14}$ とまったく同値である．したがって，対数を使わなくても，指数表示した式の左右の指数部分を比較すれば，pH を求めることができる．
　$[OH^-]=10^{-2}$ ならば，$[H^+]\times[OH^-]=10^{-pH}\times10^{-2}=10^{-14}$，$-pH+(-2)=-14$，pH＝12
　$[OH^-]=10^{-3.4}$ ならば，$[H^+]\times[OH^-]=10^{-pH}\times10^{-3.4}=10^{-14}$，$-pH+(-3.4)=-14$，pH＝10.6 のように，対数を用いて考えなくてもよい（じつはこれが対数そのものである）．ただし，$[OH^-]$ 濃度を $C=10^a$ のように指数表示しておく必要がある（$C=10^{\log C}$ である．つまり，$C=0.02$ なら，$\log 0.02=-1.70\rightarrow 0.02=10^{-1.70}(=10^{\log C})$，$C=10^{-1.70}$）．$0.02=2\times 0.01=\underline{2}\times 10^{-2}=\underline{10^{\log 2}}\times 10^{-2}=\underline{10^{0.30}}\times 10^{-2}=10^{-1.70}$

　p 137，答 8-33 の**補足**　ルシャトリエの原理（平衡移動の原理）：ある反応が平衡にあるとき，濃度，温度，圧力などの条件を変化させると，この系は平衡状態ではなくなる．このとき，この系では条件変化の影響・効果を小さくする（条件の変化をやわらげる）方向に反応が進み（平衡が移動し），新しい平衡状態になる．たとえば，ある成分を反応系に加えたことによりその成分の濃度が増したら，これを減らすように変化，反応系の圧力を上げたら，系の圧力が下がるように（系の粒子数を減らすように）変化，反応系の温度を上昇させたら系の温度を下げるように（反応熱：吸熱反応が起こるように）変化する．

答 8-36

(1) $[H^+] = 0.01$ mol/L $= 10^{-2}$ なので pH = 2. または pH = $-\log[H^+] = -\log 0.01 = -\log 10^{-2} = 2$.

(2) $[H^+] = 1.0$ mol/L $= 10^{-0}$ なので pH = 0. または pH = $-\log 1.0 = -\log 10^0 = 0$.

(3) $[H^+] = 0.005$ mol/L なので pH = $-\log[H^+] = -\log 0.005 ≒ 2.3$, または,
  pH = $-\log(0.005) = -\log(0.01/2) = -(\log 10^{-2} - \log 2) = -(-2 - 0.3010) ≒ 2.3$.

(4) 硫酸 H_2SO_4 は 2 価なので $[H^+] = 0.02$ mol/L. よって pH = $-\log 0.02 ≒ 1.7$, または,
  pH = $-\log 0.02 = -\log(0.01 \times 2) = -(\log 0.01 + \log 2) ≒ -(-2 + 0.30) = 1.7$.

(5) 2 倍希釈なので $[H^+] = 0.01/2 = 0.005$. よって pH = $-\log 0.005 ≒ 2.3$. または,
  pH = $-\log(0.01/2) = -(\log 10^{-2} - \log 2) = -(-2 - 0.3010) = 2.30 ≒ 2.3$
  (2 倍変化だから $\log 2 = 0.30$ だけ(1)と異なる. 薄めるので pH は高くなる. $2 + 0.30 = 2.30$.)

(6) pH 2 の $[H^+] = 0.01$. $[H^+] = 0.01/8 = 0.00125$ より pH = $-\log 0.00125 ≒ 2.90$. または,
  pH = $-\log(0.01/8) = -(\log 10^{-2} - \log 8) = -(-2 - \log 2^3) = 2 + 3\log 2 ≒ 2 + 3 \times 0.30 = 2.90$
  (8 倍だから $\log 8 = 3\log 2 = 0.90$ 異なる. 薄いので pH 高, 2 + 0.90 = 2.90.)

(7) pH 3 の $[H^+] = 0.001$. 2 倍濃縮なので $[H^+] = 0.001 \times 2$. pH = $-\log 0.002 ≒ 2.7$. または,
  pH = $-\log(0.001 \times 2) = -(\log 10^{-3} + \log 2) ≒ -(-3 + 0.30) = 2.7$
  (2 倍だから pH = 3 と $\log 2 = 0.30$ だけ異なる. 濃いから pH は低くなる. $3 - 0.30 = 2.70$.)

(8) pH 4.8 の $[H^+] = 10^{-4.8}$ mol/L $= 1.58 \times 10^{-5}$ mol/L. (電卓で $10^{-4.8}$ を計算すると $1.58\cdots^{-05}$ ($0.0000158\cdots \to$「F⇄E」$\to 1.58\cdots -05$)と表示されるが, この意味は $1.58\cdots \times 10^{-5}$ のこと. 1^{-13} は 10^{-13} のこと) または, $10^{-4.8} = 10^{-5+0.2} = 10^{0.2} \times 10^{-5} = 1.58$(これは電卓計算)$\times 10^{-5}$

(9) pH = 2 では $[H^+] = 0.01$ mol/L, pH = 3 では $[H^+] = 0.001$ mol/L. 1 : 1 で混合するので, 得られる混合液の $[H^+]$ は $1/2 \times 0.01$ mol/L $+ 1/2 \times 0.001$ mol/L $= 0.0055$ mol/L. pH = $-\log 0.0055 = 2.26$

答 8-37
強塩基の濃度 0.01 mol/L では $[OH^-] = 0.01$ mol/L. C mol/L では $[OH^-] = C$ mol/L

(1) $K_w = [H^+] \times [OH^-] = 10^{-14}$ (mol/L)^2 より, $[H^+] = 10^{-14}/[OH^-] = 10^{-14}/0.01 = 10^{-12}$. pH = 12
  または, pH = $-\log[H^+] = -\log(10^{-14}/0.01) = -\{\log 10^{-14} - \log 0.01\} = -\{-14 + 2\} = 12$.
  $[H^+] = 10^{-14}/[OH^-] = 10^{-14}/C$. よって, pH = $-\log[H^+] = -\log(10^{-14}/C) = -\{\log 10^{-14} - \log C\} = -\{-14 - \log C\} = 14 + \log C$.

(2) 水のイオン積 $[H^+] \times [OH^-] = 10^{-14}$ の対数をとると*, $\log([H^+] \times [OH^-]) = \log[H^+] + \log[OH^-]$
  $= \log 10^{-14} = -14$. pH, pOH をこの式に代入し, 式全体に「−」をつける(−1 をかける)
  と, pH + pOH = 14. 強塩基濃度が 0.01 mol/L の水溶液の pOH は, pOH = $-\log[OH^-]$
  $= -\log(0.01) = 2$ だから, pH = 14 − pOH = 14 − 2 = 12.
  強塩基の濃度が C mol/L の水溶液の pOH は, pOH = $-\log[OH^-] = -\log(C)$ だから,
  pH = 14 − pOH = 14 + $\log C$.

* 等しいものの両辺を何倍かしたもの, 割ったもの, $\sqrt{\ }$ したもの, 指数, 対数, $\cdots$ も等しいはずである. つまり $A = B$ なら, $mA = mB$, $A/n = B/n$, $\sqrt{A} = \sqrt{B}$, $10A = 10B$, $\log A = \log B$; $100 = 10^2$ なら, $3 \times 100 = 3 \times 10^2$, $100/5 = 10^2/5$, $\sqrt{100} = \sqrt{10^2}$, $\log 100 = \log 10^2$

問題 8-38 次の水溶液の pH を求めよ．

(1) 0.1 mol/L の NaOH（水酸化ナトリウム）

(2) 0.01 mol/L の NaOH

(3) 0.01 mol/L の Ba(OH)$_2$（水酸化バリウム：強塩基である）

(4) 0.02 mol/L の NaOH 水溶液の pH はいくつか．

(5) 0.002 mol/L の NaOH 水溶液の pH はいくつか．

(6) 0.04 mol/L の NaOH 水溶液の水素イオン濃度と pH はいくつか．

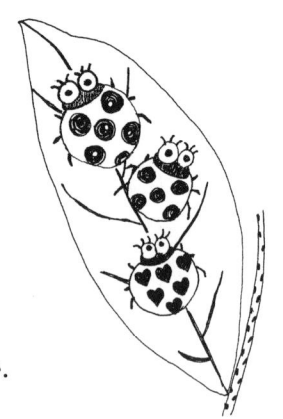

pH（対数値）が 1 だけ異なれば水素イオン濃度[H$^+$]は 10 倍だけ異なる

pH = $-\log$[H$^+$]，[H$^+$] = $10^{-\text{pH}}$ だから，pH が 1 大きければ[H$^+$]は 1/10 倍の濃度だし，1 小さければ 10 倍の濃度であることは大学を卒業してもぜひ忘れないで欲しい．

地震の大きさを表すのにマグニチュードという言葉があるが，この値と地震エネルギーとの間には $\log E = 4.8 + 1.5$ M，$E = 10^{4.8+1.5\text{M}}$ なる関係がある．したがって，マグニチュード M が 1 違えば $\log E$ は 1.5，つまり E は $10^{1.5} = 32$ 倍大きく，M が 2 違えば $\log E$ は $1.5 \times 2 = 3$，つまり E は $10^3 = 1000$ 倍大きいことになる．また，直下型地震であった関西大震災（神戸地震；マグニチュード7.2）の地震のエネルギーは広域大地震であった関東大震災（マグニチュード7.9）の 1/11（9%）のエネルギーでしかなかったことになる．

(2) 緩衝液(buffer)と pH：緩衝液とは何か？　（大切！実験で使用する．われわれの体液は緩衝液．）

デモ　水(pH = 5.6)，および，酢酸緩衝液（酢酸バッファー），
　　　1 mol/L の CH$_3$COOH と 1 mol/L の CH$_3$COONa の等量混合溶液(pH = 4.8)について，
① 水 9 ml + 1 mol/L の HCl 1 mL　　→ pH = 1　　pH：大きく変化　→ pH試験紙で検査する
② 水 9 ml + 1 mol/L の NaOH 1 mL　→ pH = 13　pH：大きく変化　→ 同上
③ 混合液 9 ml + 1 mol/L の HCl 1 mL　→ pH = 4.6　あまり変化しない　→ 同上
④ 混合液 9 ml + 1 mol/L の NaOH 1 mL　→ pH = 5.0　あまり変化しない　→ 同上

水溶液に酸を加えると，その水溶液の pH は急降下し(pH↓)酸性となる．一方，水溶液にアルカリを加えた場合，溶液の pH は急上昇し(pH↑)アルカリ性となる．ところが，酸，アルカリを加えても pH があまり変化しない溶液が存在する．われわれの血液や（問題 8-41 参照；細胞内液・外液＝体液），酒，醤油，プールの水も，そのような性質，pH，水素イオン濃度に対する緩衝作用をもった溶液である．このような液を pH 緩衝液，または単に，緩衝液（バッファー），という．

問題 8-39 CH$_3$COOH/CH$_3$COONa 混合溶液では，CH$_3$COOH $\rightleftharpoons$ CH$_3$COO$^-$ + H$^+$ なる平衡が成立している．

(1) この液に H$^+$ を加えると，いかなる反応が起こるか．　→ H$^+$ はあまり増えない．

(2) この液に OH$^-$ を加えると，いかなる反応が起こるか．　→ OH$^-$ はあまり増えない．

8 化学平衡と平衡定数

答 8-38 (1) 強塩基だから $[OH^-] = 0.1 = 10^{-1}$，よって pOH $= 1$（pOH $= -\log 0.1 = 1$）
$[H^+][OH^-] = 10^{-14}$ より $[H^+] = 10^{-14}/[OH^-] = 10^{-14}/0.1 = 10^{-13}$，pH $= \underline{13}$．（指数計算のルール）
または pH $= 14 - $ pOH $= \underline{13}$．または，$[H^+] \times 10^{-1} = 10^{-14}$ より $[H^+] = 10^{-13}$
A電卓：$10^{-14}/0.1$：「2ndF」「10^x」「14」「+/-」「=」→（表示 1^{-14} = 1.0×10^{-14} の意味）「÷」「0.1」「=」「log」「=」「+/-」；B電卓：「14」「+/-」「Shift/2ndF」「10^x」「÷」「0.1」「=」「log」「+/-」．

(2) pOH $= -\log 0.01 = 2$，$[H^+] = 10^{-14}/[OH^-] = 10^{-14}/0.01 = 10^{-12}$，pH $= \underline{12}$．pH $= 14 - $ pOH $= \underline{12}$．

(3) 水酸化バリウムは 2 価の塩基，$[OH^-] = 0.01 \times 2 = 0.02$ mol/L，pOH $= 1.70$．pH $= \underline{12.3}$．

(4) pOH $= -\log[OH^-] = -\log(0.02) = 1.7$，pH $= 14 - $ pOH $= 14 - 1.7 = \underline{12.3}$．または，$[H^+][OH^-] = 10^{-14}$ より，$[H^+] = 10^{-14}/[OH^-] = 10^{-14}/0.02 = 5 \times 10^{-13}$．よって pH $= \underline{12.3}$．

(5) $[OH^-] = 0.002$ mol/L．$[H^+][OH^-] = 10^{-14}$ より，$[H^+] = 10^{-14}/0.002 = 5 \times 10^{-12}$．
pH $= -\log(5 \times 10^{-12}) = \underline{11.3}$（電卓で計算）．または，pH $= -\log(5 \times 10^{-12}) = -\log 5 - \log 10^{-12}$
$= -\log(10/2) - (-12)\log 10 = -\log 10 + \log 2 + 12 = -1 + 0.30 + 12 = \underline{11.3}$．
もしくは，$[OH^-] = 0.002$ より，pOH $= -\log[OH^-] = -\log 0.002 = 2.70$（電卓計算）．または，$-\log 0.002 = -\log(0.001 \times 2) = -\log 10^{-3} - \log 2 = 3 - 0.30 = 2.70$．pH $+ $ pOH $= 14$ より，
pH $= 14 - 2.7 = \underline{11.3}$（$[H^+][OH^-] = [H^+] \times 10^{-2.7} = 10^{-14}$ より $[H^+] = 10^{-11.3}$）．

(6) $[OH^-] = 0.04$ mol/L．$[H^+][OH^-] = 10^{-14}$ より，$[H^+] = 10^{-14}/0.04 = 10^{-14}/(4 \times 10^{-2}) = 10^{-12}/4 = 0.25 \times 10^{-12} = 2.5 \times 10^{-13}$．pH $= -\log(2.5 \times 10^{-13}) = \underline{12.6}$（電卓）．または，pH $= -\log(2.5 \times 10^{-13}) = -\log(10/4) - \log 10^{-13} = -\log 10 + \log 2^2 - (-13) = -1 + 2 \times 0.30 + 13 = \underline{12.6}$．
もしくは，$[OH^-] = 0.04$ より，pOH $= -\log[OH^-] = -\log 0.04 = 1.40$（電卓）．または，pOH $= -\log 0.04 = -\log(0.01 \times 4) = -\log 10^{-2} - \log 2^2 = -(-2) - 2 \times 0.30 = 2 - 0.60 = 1.40$．
pH $+ $ pOH $= 14$ より，pH $= 14 - 1.4 = \underline{12.6}$（$[H^+][OH^-] = [H^+] \times 10^{-1.4} = 10^{-14}$，$[H^+] = 10^{-12.6}$）．

答 8-39 (1) この液に H^+ を加えると H^+ は CH_3COO^- と結合する：$CH_3COOH \leftarrow CH_3COO^- + H^+$ と反応が進行し酢酸イオンと H^+ とが酢酸に化けた（答 8-54, 56 参照）．→ H^+ はあまり増えなかった．→ この液では酸を加えても pH はあまり変化しない（問題文の平衡は ← へ移動）．

(2) この液に OH^- を加えると OH^- は CH_3COOH と反応：$CH_3COOH + OH^- \rightarrow CH_3COO^- + H_2O$ と反応し酢酸と OH^- とが酢酸イオンと水に化けた（中和）．→ OH^- は増えなかった（問題文の平衡は → へ移動，生じた H^+ が OH^- と反応して H_2O となった．$H^+ + OH^- \rightarrow H_2O$）．したがって，この液では塩基を加えても pH はあまり変化しない．すなわち，この溶液に酸を加えても塩基を加えても，pH は変化せず，ほぼ一定に保たれる．

この CH_3COOH/CH_3COONa 混合液のように，弱酸とその共役塩基の混合溶液は，少量の酸，塩基を加えても $[H^+]$, $[OH^-]$（pH）の増減があまりなく，pH がほぼ一定に保たれる（= pH 緩衝作用をもつ）．このような溶液を pH 緩衝液，略して「緩衝液（バッファー）」とよんでいる．ただし，濃度以上に酸を加えたら，緩衝液の塩基成分すべてが共役酸，過剰に塩基を加えたら酸成分がすべて共役塩基となってしまい緩衝液ではなくなる．したがって，緩衝液の濃度が大きいほど緩衝作用は大きいことが理解できよう．酸成分と塩基成分の和が一定濃度のときは，両者の比が 1 : 1，すなわち pK_a に等しい pH のときに緩衝作用は最も大きい（pH 変化が最も小さい）．

問題：左頁デモの③に 4.5 mL，5 mL の HCl を加えたときの pH はいくつか．
→ 0.67 mol/L の酢酸溶液となる（pH = 2.49, 計算法は答 8-49），0.0357 mol/L の塩酸溶液となる（pH = 1.45）

体液と緩衝液：血液の pH はいくつか？　（生理学，臨床栄養学で勉強する）

われわれのからだの中の血液，リンパ液は緩衝液である．つまり，体液の pH は一定に保たれている（血液の pH＝7.40±0.05）．この一定 pH 下で，われわれの命・日常活動を支えている様々な生化学反応が営まれている．

* pH が一定でないとなぜ不都合なのだろうか，考えてみよ．→アミノ酸の等電点，タンパク質の構造変化，変性（デモ：卵の白身＋熱，酸，アルカリ，アルコール，塩）

（以下，次頁に続く）

問題 8-40　血液が緩衝液であるということは，血液中に酸性の代謝産物が多少増えても血液の pH はあまり下がらず，H^+ が多少失われても pH はあまり上がらないということを意味する．血液中に H^+（酸性物質）が加わったときに起こる化学反応を示せ（H^+ を加えても血液中の H^+ が増大しない＝pH が下がらない理由），また，H^+ が失われたときに起こる反応を示せ（H^+ が失われても血液中の H^+ が減少しない＝pH が上がらない理由）．

緩衝液の示す緩衝作用の原理は問題 8-39 と上問で述べた．では，酸，塩基を加えても一定に保たれる緩衝液の pH の値はどのようにして定まるのだろうか．緩衝液の pH は緩衝液成分である弱酸とその共役塩基，または弱塩基とその共役酸の酸解離定数をもとに求めることができる．

問題 8-41　(1) 血液は炭酸/炭酸水素イオン緩衝液である．炭酸の酸解離定数 K_a の定義式を示せ．

(2) 血液の pH を求めよ．ただし，血液中の $[H_2CO_3]=1.16\times 10^{-3}$ mol/L，$[HCO_3^-]=0.023$ mol/L，$K_a=10^{-6.1}$（$pK_a=-\log K_a=6.1$）であるとする（pK_a 値は純水中 25℃ で 6.4 であるが，37℃ の血液中では，温度が異なり，様々なものも溶けているので，6.1 に変化する．）

このように，血液の pH は 7.40±0.05 と厳密に一定に保たれている．一方，人体全体の酸・塩基平衡が異常をきたした状態をアシドーシス（酸性症），アルカローシス（アルカリ性症）という．呼吸困難により CO_2 濃度が増大すると H_2CO_3 濃度が増大して血液の pH は低下する（呼吸性アシドーシス）．また，糖尿病などで酸性物質*が増大すると HCO_3^- 濃度が減少して血液の pH は低下すること（代謝性アシドーシス）も容易に理解できよう．一方，過呼吸のときは CO_2 濃度が減少し，pH は上昇するし（呼吸性アルカローシス），K^+ 欠乏で尿細管への H^+ 排泄が増加したり細胞内液の K^+ と外液の H^+ とがイオン交換したりすることにより細胞外液から H^+ が失われてしまう場合などの代謝性のものもある（代謝性アルカローシス）．* ケトン体の一種であるアセト酢酸 CH_3COCH_2COOH，β-ヒドロキシ酪酸 $CH_3CH(OH)CH_2COOH$（アセトン CH_3COCH_3 の前駆体）

では，炭酸，炭酸水素イオン濃度，$[H_2CO_3]$，$[HCO_3^-]$，が 1.16×10^{-3} mol/L，0.023 mol/L とは異なる場合の血液の pH はどのようになるかを以下で検討しよう．

酸とその共役塩基の混合液では，酸と共役塩基の間に，酸解離平衡が成立している．炭酸緩衝液では，$H_2CO_3 \rightleftharpoons HCO_3^- + H^+$ である．この酸解離反応の平衡定数 K_a は，

$$K_a=\frac{[HCO_3^-][H^+]}{[H_2CO_3]}（一定），よって [H^+]=\frac{[H_2CO_3]}{[HCO_3^-]}\times K_a となり，水素イオン濃度 [H^+] は，$$

（したがって pH も）炭酸と炭酸水素イオンの濃度比，$\dfrac{[H_2CO_3]}{[HCO_3^-]}$，$\dfrac{[HCO_3^-]}{[H_2CO_3]}$ で決まることがわかる．

（前頁より）　このpHを一定にするために，代謝の老廃物であるはずの炭酸ガスが重要な役割を果たしている．細胞中での物質の代謝（酸化反応・燃焼）によって生じた炭酸ガスは，血液中の水と反応して一部が炭酸になる：$CO_2 + H_2O \rightleftharpoons H_2CO_3$．一方，この炭酸は一部が血液中のアルカリと反応して**炭酸水素イオン** HCO_3^- *を生じる：$H_2CO_3 + OH^- \rightarrow HCO_3^- + H_2O$．したがって血液中では炭酸と炭酸水素イオンとが平衡状態で存在している：$H_2CO_3 \rightleftharpoons HCO_3^- + H^+$．

* 炭酸水素イオンのことを昔は**重炭酸イオン**と呼称した．臨床検査の分野などでは依然としてこの名称が使われている．↔ ふくらし粉の主成分・重曹＝重炭酸ソーダ $NaHCO_3$，炭酸水素ナトリウム）

答 8-40　H^+を加えた場合：$HCO_3^- + H^+ \rightarrow H_2CO_3$ なる反応が起こり，血液中のH^+はあまり増大しない．この理由で炭酸水素イオンのことを**予備アルカリ**ともいう．H^+が失われた場合：$H_2CO_3 \rightarrow HCO_3^- + H^+$なる反応が起こり，$H^+$が補われるので血液中の$H^+$はあまり減少しない．

答 8-41

(1) $H_2CO_3 \rightleftharpoons HCO_3^- + H^+$　　　　$K_a = \dfrac{[HCO_3^-][H^+]}{[H_2CO_3]}$

(2) $K_a = [H^+][HCO_3^-]/[H_2CO_3] = 10^{-6.1}$ に $[H_2CO_3] = 1.16 \times 10^{-3}$ mol/L，$[HCO_3^-] = 0.023$ mol/L を代入すると，$K_a = [H^+] \times 0.023/1.16 \times 10^{-3} = 19.8[H^+] = 10^{-6.1}$．$[H^+] = 10^{-6.1}/19.8 = 10^{-7.40}$．
pH = 7.40

したがって，血液のpHが7.40であるという実験事実は，炭酸水素イオンの濃度$[HCO_3^-] = 0.023$ mol/Lであることを意味している．血液の臨床検査では，血液のpHを測定することにより，逆に，血液中の炭酸水素イオン量を求めている（$[H_2CO_3]$＝一定，血液は飽和溶液）．

* $H_2CO_3 \rightleftharpoons HCO_3^- + H^+$の平衡定数は，$K_a' = [HCO_3^-][H^+]/[H_2CO_3]$，と定義される．一方，$H_2CO_3$は，水中の炭酸ガスと水分子の反応，$CO_2 + H_2O \rightleftharpoons H_2CO_3$，により生じる．その平衡定数は，$K_h' \equiv [H_2CO_3]/([CO_2][H_2O])$，と定義されるが，$[H_2O]$＝一定，と見なすことができるので，$K_h \equiv K_h'[H_2O] = [H_2CO_3]/[CO_2]$．ところで，水中の$H_2CO_3$と$CO_2$とは上記のような平衡状態にあるので，これらの濃度を別々に分析することはできず，実験的にはこれらの合計値しか得られない．そこで，実測の炭酸の酸解離定数は，$K_a \equiv [H^+][HCO_3^-]/([H_2CO_3]+[CO_2])$，と定義されている．$K_a \equiv [H^+][HCO_3^-]/([H_2CO_3]+[CO_2]) = [H^+][HCO_3^-]/([H_2CO_3](1+1/K_h)) = K_a'/(1+1/K_h) =$一定値．問題8-41では，話を単純化するために，$([H_2CO_3]+[CO_2])$を$[H_2CO_3]$と表現した．

肺胞の毛細血管中に溶けているCO_2の濃度$[CO_2]$は次のようにして求めることができる．37℃，1気圧(760 mmHg)で1 Lの血液には0.56 LのCO_2が溶ける．肺胞中の炭酸ガス分圧*は40 mmHgである．760 mmHgで1 Lの血液に0.56 LのCO_2が溶けるなら，40 mmHgで1 Lの血液に溶けるCO_2量は，ヘンリーの法則（一定量の液体に溶ける気体の量は，その気体の圧力（分圧）に比例する）から，(0.56 L)×(40/760) = 0.0295 L/(1 Lの血液)と求められる．CO_2の1 molは37℃1気圧で25.29 L（$PV = nRT$ より求まる）．よって，CO_2の0.0295 L/(Lの血液)をモル濃度に換算すると，$[CO_2] = (0.0294/25.29)$ mol/(Lの血液) $= 1.16 \times 10^{-3}$ mol/L．

* 分圧とは全体の圧力に占め得る成分気体の圧力である．空気は20%のO_2と80%のN_2よりなるので，1気圧（1 atm ≡ 760 mmHg，1013.25 hPa（ヘクトパスカル））の空気中のO_2分圧は0.20 atm（気圧），N_2の分圧は0.80 atmである（ドルトンの法則・分圧の法則）．

問題 8-42 次の炭酸/炭酸水素イオン混合液のpHを求めよ*．ただし，$K_a = 10^{-6.1}$(37℃)とする．

(1) $[HCO_3^-]/[H_2CO_3] = 1$　　(2) $[HCO_3^-]/[H_2CO_3] = 2$

(3) $[HCO_3^-]/[H_2CO_3] = 1/2$　　(4) $[HCO_3^-]/[H_2CO_3] = 10$

(5) $[HCO_3^-]/[H_2CO_3] = 1/10$

* この計算には電卓を用いてもよいが，$\log 2 = 0.30$ ($2 = 10^{0.30}$)，$\log 0.5 = \log 1/2 = -0.30$ ($1/2 = 10^{-0.30}$)，$\log 10 = 1$ ($10 = 10^1$)，$\log 0.1 = \log 1/10 = -1$ ($1/10 = 10^{-1}$) を用いれば筆算ができる．

緩衝液のpHを求める別解は：平衡定数の式で，両辺の対数をとって「−」符号を付けると，

$$-\log(K_a) = -\log\left(\frac{[HCO_3^-][H^+]}{[H_2CO_3]}\right) = -\log\left(\frac{[HCO_3^-]}{[H_2CO_3]}\right) - \log([H^+])$$

$-\log K_a \equiv pK_a$ と定義する．また，$-\log[H^+] \equiv pH$．これらを上式に代入すると

$$pK_a = -\log\left(\frac{[HCO_3^-]}{[H_2CO_3]}\right) + pH$$

$$pH = pK_a + \log\left(\frac{[HCO_3^-]}{[H_2CO_3]}\right) = pK_a + \log\left(\frac{[共役塩基]}{[弱酸]}\right) \quad (共役塩基 = 弱酸の塩)$$

つまり，pHは緩衝液の成分濃度そのものではなく，その比率(対数値)で決まる．
この式を**ヘンダーソン・ハッセルバルヒの式**という．
この式に，$[HCO_3^-]/[H_2CO_3]$ の値を代入すれば，その溶液のpHが求められる．

* 上式の酸・塩基のどちらが分子・分母か，logの前の符号が＋か−かを忘れてしまいがちだが，そのときは，その液のpHがpKaより大か(アルカリ性)小か(酸性)かで考えれば，分子・分母，符号の＋・−の判断は容易である．右頁の解き方を見ればわかるように，この式を覚えたり，これを用いて計算する必要はない．

次に，代表的な緩衝液である酢酸/酢酸ナトリウム緩衝液について考えよう．

問題 8-43 次の酢酸/酢酸ナトリウム(酢酸イオン)混合液のpHを求めよ*．$K_a = 10^{-4.8}$

(1) $[CH_3COOH]/[CH_3COO^-] = 1$　　(2) $[CH_3COOH]/[CH_3COO^-] = 2$

(3) $[CH_3COOH]/[CH_3COO^-] = 1/2$　　(4) $[CH_3COOH]/[CH_3COO^-] = 10$

(5) $[CH_3COOH]/[CH_3COO^-] = 1/10$

* この計算には電卓を用いてもよいが，$\log 2 = 0.30$ ($2 = 10^{0.30}$)，$\log 0.5 = \log 1/2 = -0.30$ ($1/2 = 10^{-0.30}$)，$\log 10 = 1$ ($10 = 10^1$)，$\log 0.1 = \log 1/10 = -1$ ($1/10 = 10^{-1}$) を用いれば筆算ができる．

ここで，塩基 $[CH_3COO^-]$ は加えた酢酸ナトリウム濃度 C_A にほぼ等しい．なぜなら，酢酸イオンの加水分解，$CH_3COO^- + H_2O \rightleftharpoons CH_3COOH + OH^-$，による酢酸の生成量はわずかである．また，別途加えた酢酸により溶液中の酢酸濃度が高くなるので，この平衡は左側へ移動し(ルシャトリエの原理，p.138)，酢酸の生成はさらに抑制される．酸 $[CH_3COOH]$ は加えた酢酸濃度 C_{HA} にほぼ等しい．酢酸の解離 $CH_3COOH \rightleftharpoons CH_3COO^- + H^+$ による酢酸イオンの生成量はわずかであるし，加えた酢酸ナトリウムにより，この平衡は左側へ移動し解離は抑制される．したがって，$pH = pK_a + \log(C_A/C_{HA})$．

問題8-42と問題8-43では $[H_2CO_3]/[HCO_3^-]$，$[CH_3COOH]/[CH_3COO^-]$ の代わりに C_{HA}/C_A でよい．

答 8-42 (1) $K_a = \dfrac{[HCO_3^-][H^+]}{[H_2CO_3]} = 10^{-6.1}$ に $\dfrac{[HCO_3^-]}{[H_2CO_3]} = 1$ を代入すると $K_a = 1 \times [H^+] = 10^{-6.1}$. よって $[H^+] = 10^{-6.1}/1 = 10^{-6.1}$, pH = 6.1. または pH $= -\log[H^+] = -\log(10^{-6.1}/1) = -\log 10^{-6.1} - (-\log 1)$ $= -(-6.1)\log 10 + \log 1 = 6.1 + 0 = 6.1$. または pH $= -\log(10^{-6.1}/1)$ を電卓で計算する.

* $[H^+] = \dfrac{[H_2CO_3]}{[HCO_3^-]} \times K_a$ に $\dfrac{[H_2CO_3]}{[HCO_3^-]}$ を代入して, pH を計算してもよいが, K_a の式に代入して計算する上記の方法が, より根源的であり, 忘れにくい. 平衡定数 K_a の定義さえ頭に残っていれば, いつでも, これをもとに $[H^+]$, pH を計算できる.

(2) (1) と同様にして, $K_a = 2 \times [H^+]$. $[H^+] = K_a/2 = 10^{-6.1}/10^{0.30} = 10^{-6.1-0.30} = 10^{-6.4}$. よって pH = 6.4. または, pH $= -\log(K_a/2) = -(\log K_a - \log 2) = -(-6.1 - 0.30) = 6.4$. または, 電卓で計算する.

(3) $K_a = (1/2) \times [H^+]$. $[H^+] = 2K_a = 10^{0.30} \times 10^{-6.1} = 10^{-5.8}$ pH = 5.8, または, pH $= -\log(2K_a) = -\log 2 - \log K_a = -0.30 - (-6.1) = 5.8$

(4) $[H^+] = K_a/10 = 10^{-6.1}/10^1 = 10^{-6.1-1}$ より pH = 7.1, または, pH $= -(-\log K_a - \log 10) = -(-6.1 - 1) = 7.1$

(5) $[H^+] = 10 K_a = 10^1 \times 10^{-6.1} = 10^{1-6.1}$ より pH = 5.1, または, pH $= -(\log 10 + \log K_a) = -(1 - 6.1) = 5.1$

* **pH の簡単確実な求め方**:(2) と (3) は (1) に比べ, 酸/塩基の比が 2 だけ異なる. pH は対数 ($[H^+] = 10^{-pH}$) だから, $\log 2 = 0.3010$ (または $2 = 10^{0.30}$) より, (2) と (3) の pH は (1) の pH 6.1 より 0.30 だけ小さいか, 大きいかである. (3) では酸が塩基より多いので, 当然 (1) より酸性. したがって pH は 6.1 より低い. よって, pH = 5.8, (2) は 6.4 となる. (4), (5) は酸/塩基の比が 10 だけ異なる, したがって, pH は $\log 10 = 1$ だけ異なる. よって, (4) の pH は 7.1, (5) は 5.1 と求まる.

答 8-43

(1) $K_a = \dfrac{[CH_3COO^-][H^+]}{[CH_3COOH]} = 10^{-4.8}$ に $[CH_3COOH]/[CH_3COO^-] = 1$ を代入. $K_a = [H^+]/1 = 10^{-4.8}$. よって $[H^+] = 10^{-4.8} \times 1 = 10^{-4.8}$, pH = 4.8. または pH $= -\log[H^+] = -\log(10^{-4.8} \times 1)$ $= -\log 10^{-4.8} = 4.8$

(2) $K_a = [H^+]/2 = 10^{-4.8}$. $[H^+] = 2K_a = 10^{0.30} \times 10^{-4.8} = 10^{0.30-4.8} = 10^{-4.5}$ pH = 4.5, または pH $= -\log[H^+] = -\log(2K_a) = -(\log 2 + \log K_a) = -(0.30 - 4.8) = 4.5$. または, 電卓使用.

(3) $K_a = 2 \times [H^+] = 10^{-4.8}$. $[H^+] = K_a/2 = 10^{-4.8}/10^{0.30} = 10^{-4.8-0.30} = 10^{-5.1}$ pH = 5.1, または pH $= -(\log K_a - \log 2) = -(-4.8 - 0.30) = 5.1$

(4) $K_a = [H^+]/10$. $[H^+] = 10 K_a = 10^1 \times 10^{-4.8} = 10^{-3.8}$ pH = 3.8, または pH $= -\log 10 - \log K_a = -1 + 4.8 = 3.8$

(5) $K_a = 10 \times [H^+]$. $[H^+] = K_a/10 = 10^{-4.8}/10^1 = 10^{-5.8}$ pH = 5.8, または pH $= \log 10 - \log K_a = 1 + 4.8 = 5.8$

* この問題も答 8-42 下の * の求め方が最も簡単であり, 計算ミスも少ない.

問題 8-44 0.1 mol/L の酢酸と 0.01 mol/L の酢酸ナトリウムを等量（等体積，たとえば 10 mL ずつ）混合した溶液の pH はいくつか．ただし酢酸の pK_a = 4.8 （$K_a = 10^{-4.8}$） である．

ヒント：平衡定数の式をもとに考えよ．

別解：緩衝液の pH を求める公式を用いると，（公式の暗記だけに頼った方法であり，頭を使わないのでよくないが）

$$\mathrm{pH} = \mathrm{p}K_a + \log\left(\frac{[共役塩基]}{[酸]}\right) = 4.8 + \log\left(\frac{0.01\,\mathrm{mol/L} \times \frac{10}{10+10}}{0.1\,\mathrm{mol/L} \times \frac{10}{10+10}}\right) = 4.8 + \log\left(\frac{0.005\,\mathrm{mol/L}}{0.05\,\mathrm{mol/L}}\right)$$

$$= 4.8 + \log 0.1 = 4.8 - 1 = 3.8 \quad \text{または，} \quad 4.8 + \log\left(\frac{0.01\,\mathrm{mol/L} \times \frac{10}{10+10}}{0.1\,\mathrm{mol/L} \times \frac{10}{10+10}}\right) = 4.8 + \log\frac{0.01}{0.1} = 3.8$$

分子と分母の 10/(10 + 10) を約分し，濃度は計算しない．つまり，等体積なら濃度比だけで pH が計算できる．

問題 8-45 以下の水溶液の pH を求めよ．

(1) 1 mol/L の酢酸と 1 mol/L の酢酸ナトリウムを等量混合した溶液．

(2) 0.01 mol/L の酢酸と 0.01 mol/L の酢酸ナトリウムの等量混合溶液．

(3) 0.1 mol/L の酢酸と 0.2 mol/L の酢酸ナトリウムの等量混合溶液．
　　酸解離平衡の式，または，公式を使用する．

(4) 0.2 mol/L の酢酸と 0.1 mol/L の酢酸ナトリウムの等量混合溶液．

(5) 1 mol/L の酢酸と 0.1 mol/L の酢酸ナトリウムを等量混合した溶液．

(6) 1 mol/L の酢酸 10 mL と 1 mol/L の酢酸ナトリウム 20 mL を混合した溶液．

(7) 0.1 mol/L の酢酸 10 mL と 0.1 mol/L の酢酸ナトリウム 1 mL の混合液．

(8) 1 mol/L の酢酸 10 mL と 0.1 mol/L の酢酸ナトリウム 20 mL の混合溶液．

(9) 0.1 mol の酢酸と 0.01 mol の酢酸ナトリウムを 100 mL に溶かした溶液．

問題 8-46 $H_2CO_3 \rightleftharpoons HCO_3^- + H^+$，$K_a = 10^{-6.4}$（25℃）である．以下の溶液の pH を求めよ．

(1) 0.1 mol/L の H_2CO_3 と 0.1 mol/L の $NaHCO_3$ の等量混合溶液．

(2) 0.1 mol/L の H_2CO_3 と 0.01 mol/L の $NaHCO_3$ の等量混合溶液．

(3) 0.1 mol/L の H_2CO_3 1 mL と 0.01 mol/L の $NaHCO_3$ 10 mL の混合液．

* 血液などの細胞外液は炭酸/炭酸水素イオンの緩衝液であることはすでに述べたが，細胞内液はリン酸の緩衝液（$H_2PO_4^- \rightleftharpoons H^+ + HPO_4^{2-}$）である．生化学などでよく用いられるリン酸緩衝液，トリス緩衝液のつくり方を考えてみよう．

* トリス緩衝液とはトリス（ヒドロキシメチル）アミノメタン，$(CH_2OH)_3C-NH_2$（pK_a = 8.00（37℃））と塩酸によりなる緩衝液．0.2 M トリス 25 mL と 0.1 M 塩酸 25 mL，40 mL，10 mL とを混合すると pH はそれぞれいくつか．（pH = 8.00, 7.40, 8.60）

答 8-44 二つの液を 10 mL ずつ混ぜることは，それぞれの液が相手の液でお互いに $\frac{10}{10+10} = \frac{10}{20} = \frac{1}{2}$ のように 1/2 濃度(20 mL)に薄まることを意味する．(砂糖水 10 mL と塩水 10 mL を混ぜた場合をイメージせよ．) したがって，

$$K_a = \frac{[CH_3COO^-][H^+]}{[CH_3COOH]} = \frac{0.01 \text{ mol/L} \times \frac{10}{10+10} \times [H^+]}{0.1 \text{ mol/L} \times \frac{10}{10+10}} = \frac{0.01 \text{ mol/L} \times [H^+]}{0.1 \text{ mol/L}} = 0.1[H^+]$$

つまり，$0.1[H^+] = 10^{-4.8}$．$[H^+] = 10^{-4.8}/0.1 = 10^{-4.8}/10^{-1} = 10^{-4.8+1} = 10^{-3.8}$ → pH = 3.8

分子と分母の 10/(10+10) が約分できることから，等体積で混合する場合は pH は濃度比だけで計算できることが理解できよう．pH は濃度比 ([CH$_3$COO$^-$]/[CH$_3$COOH] ≒ $C_{CH_3COONa}/C_{CH_3COOH}$ = 酢酸ナトリウム濃度/酢酸濃度，p. 144)で決まり，濃度には無関係．本問では同体積なので，濃度比は体積に無関係．したがって，最初から体積は考えないで混合量のみ考えると，

$$K_a = \frac{[CH_3COO^-][H^+]}{[CH_3COOH]} = \frac{0.01 \text{ mol/L} \times [H^+]}{0.1 \text{ mol/L}} = 0.1[H^+] = 10^{-4.8} \quad \rightarrow \quad pH = 3.8 \quad \text{(別解は前頁)}$$

答 8-45* (1) $K_a = [CH_3COO^-][H^+]/[CH_3COOH] = 1 \times [H^+]/1 = [H^+]$, pH $= -\log K_a = 4.8$

(2) $K_a = [CH_3COO^-][H^+]/[CH_3COOH] = 0.01 \times [H^+]/0.01 = [H^+]$, pH $= -\log K_a = 4.8$

(3) $K_a = [CH_3COO^-][H^+]/[CH_3COOH] = 0.2 \times [H^+]/0.1 = 2[H^+] = 10^{-4.8}$ → $[H^+] = 10^{-4.8}/2$
 $= 10^{-4.8}/10^{0.30} = 10^{-5.1}$, pH = 5.1．または pH $= -\log[H^+] = -\log(10^{-4.8}/2) = -\log(10^{-4.8}) + \log 2$
 $= 4.8 + 0.30 = 5.1$．または，pH $= -\log[H^+] = -\log(10^{-4.8}/2)$ を電卓で計算 = 5.1．
 または，公式を使用すると，pH $= pK_a + \log(0.2/0.1) = pK_a + \log 2 = 5.1$．または，答 8-42 の下の*の求め方により，4.8 + 0.3 = 5.1

(4) $K_a = [CH_3COO^-][H^+]/[CH_3COOH] = 0.1 \times [H^+]/0.2 = [H^+]/2 = 10^{-4.8}$ → $[H^+] = 2 \times 10^{-4.8} = 10^{0.30}$
 $\times 10^{-4.8} = 10^{-4.5}$, pH = 4.5．または pH $= -\log[H^+] = -\log(2 \times 10^{-4.8}) = -\log(10^{-4.8}) - \log 2 =$
 $4.8 - 0.30 = 4.5$．または，pH $= -\log[H^+] = -\log(2 \times 10^{-4.8})$ を電卓で計算 = 4.5．または，公式を使用すると，pH $= pK_a + \log(0.1/0.2) = pK_a - \log 2 = 4.5$．または，答 8-42*の求め方．

(5) (3), (4) と同様．pH $= 4.8 - 1 = 3.8$ （酸の方が 10 倍多い → pH は log 10 = 1 小さい）

(6) $K_a = [CH_3COO^-][H^+]/[CH_3COOH] = 1 \times 20 \times [H^+]/(1 \times 10) = 2[H^+] = 10^{-4.8}$. pH = 5.1

(7) $K_a = [CH_3COO^-][H^+]/[CH_3COOH] = 0.1 \times 1 \times [H^+]/(0.1 \times 10) = [H^+]/10 = 10^{-4.8}$. pH = 3.8

(8) $K_a = [CH_3COO^-][H^+]/[CH_3COOH] = 0.1 \times 20 \times [H^+]/(1 \times 10) = [H^+]/5 = 10^{-4.8}$. pH = 4.1

(9) 同じ溶液に溶かすのだから，$[CH_3COO^-]/[CH_3COOH] = 0.01/0.1 = 1/10$. pH = 3.8
 または，濃度をきちんと計算すると，0.1 mol 酢酸を 100 mL に溶かした溶液の濃度は
 $0.1 \text{ mol}/(100 \text{ mL}/1000 \text{ mL})\text{L} = 1 \text{ mol/L}$．0.01 mol を 100 mL に溶かした溶液の濃度は
 $0.01 \text{ mol}/(100 \text{ mL}/1000 \text{ mL})\text{L} = 0.1 \text{ mol/L}$．よって，$K_a = [CH_3COO^-][H^+]/[CH_3COOH] = 0.1 \times [H^+]/1 = [H^+]/10 = 10^{-4.8}$. pH = 3.8 * 本問はすべて答 8-42 下の*の求め方が最も簡単である．

答 8-46* (1) $K_a = [HCO_3^-][H^+]/[H_2CO_3] = 0.1 \times [H^+]/0.1 = [H^+] = 10^{-6.4}$. pH = 6.4

(2) $K_a = [HCO_3^-][H^+]/[H_2CO_3] = 0.01 \times [H^+]/0.1 = [H^+]/10 = 10^{-6.4}$. pH = 5.4

(3) $K_a = [HCO_3^-][H^+]/[H_2CO_3] = 0.01 \times 10 \times [H^+]/(0.1 \times 1) = [H^+] = 10^{-6.4}$. pH = 6.4 * 同上．

(3) 酸性雨とは何か：弱酸の pH

水溶液では強酸 HA は H^+ と A^- とに完全に解離するので（強電解質, p.37），この酸の濃度を C とすると $[H^+] = C$．したがってこの水溶液の pH は，$pH = -\log C$ と書き表すことができた．これに対して，酢酸のような弱酸は，そのわずか一部が H^+ と A^- に解離するだけである（弱電解質）．このような溶液の pH はどのようにして求まるのだろうか．雨水の pH，食酢（酢酸），レモン果汁の pH について考えてみよう．

酸性雨の原因物質：NO_x 窒素酸化物，ノックス；NO, NO_2, N_2O_4 などの総称，自動車の排気ガスに存在
　　　　　　　　SO_x 硫黄酸化物，ソックス；SO_2, SO_3 などの総称，大気汚染物質のひとつ．火山性ガス，重油や石炭の燃焼により生じる．呼吸器疾患を引き起こす．

$2\,NO_2 + H_2O \rightarrow HNO_2$（亜硝酸）$+ HNO_3$（硝酸）

SO_2（亜硫酸ガス）$+ H_2O \rightarrow H_2SO_3$（亜硫酸），$2\,SO_2 + O_2 \rightarrow 2\,SO_3$

SO_3（無水硫酸）$+ H_2O \rightarrow H_2SO_4$（硫酸）

雨水の pH と酸性雨：雨水の pH は 7.0（中性）か？

　デモ　蒸留水・息を吹き込む（pH 試験紙），NaOH 溶液に息を吹き込む（フェノールフタレイン）
　　　　　マッチ一本酸性雨（BTB 指示薬，マッチの燃焼ガスを水に溶かして pH を調べる）
　　　　　$S + O_2 \rightarrow SO_2$, $SO_2 + H_2O_2 \rightarrow H_2SO_4$；$SO_2 + 1/2\,O_2 \rightarrow SO_3$, $SO_3 + H_2O \rightarrow H_2SO_4$

雨水には空気が溶けている．その空気中には二酸化炭素（炭酸ガス）が 0.03% 含まれている．この炭酸ガスの影響を受けて，雨水の pH は純水の pH（pH 7）ではなくなっている．では，雨水の pH はいくつなのだろうか．

　　炭酸ガスは，水に溶けると H_2O 分子と反応し，$CO_2 + H_2O \rightleftharpoons H_2CO_3$ のように炭酸を生じる．
　　$H_2CO_3 \rightleftharpoons H^+ + HCO_3^-$　　$K_{a1} = 4.3 \times 10^{-7} = 10^{-6.37}$
　　$HCO_3^- \rightleftharpoons H^+ + CO_3^{2-}$　　$K_{a2} = 4.7 \times 10^{-11} = 10^{-10.33}$　なる酸解離平衡がある．

問題 8-47　雨水中で H_2CO_3 の解離のみが起こると考えて，雨水の pH を計算せよ（HCO_3^- は大変弱い酸であり，アルカリ性でないと二段目の反応である HCO_3^- の CO_3^{2-} への解離は起こらない）．酸解離平衡定数の式をもとに考えよ．ただし，H_2CO_3 の初濃度 $= 1.02 \times 10^{-5}$ mol/L とする．

　ヒント：炭酸は弱酸だから，この反応は右方向にわずかだけ起こる．すなわち，炭酸はわずかだけ解離する．解離した炭酸分子の量を x mol/L とすると，それぞれの濃度，$[H_2CO_3]$，$[HCO_3^-]$，$[H^+]$ は x を用いてどのように表されるか（問題 8-21 の人形の例を思い出すこと）．

問題 8-48　以下の手順で 0.1 mol/L 酢酸水溶液の pH を計算で求めよ．

(1) 酢酸の酸解離反応は $CH_3COOH \rightleftharpoons CH_3COO^- + H^+$ と書き表される．
　　酢酸は弱酸（弱電解質, p.37）だから，この反応は右方向にわずかだけ起こる．すなわち，酢酸はわずかだけ解離する．解離した酢酸分子の量を x mol/L とすると，$[CH_3COOH]$，$[CH_3COO^-]$，$[H^+]$ は x を用いてそれぞれどのように表されるか．

(2) 酢酸の酸解離定数 $K_a = 10^{-4.8}$ の式を書き，この式中の $[CH_3COOH]$，$[CH_3COO^-]$，$[H^+]$ 濃度に x で表現した値を代入した式を示せ．

(3) (2) で得た式を解き，この 0.1 mol/L 酢酸水溶液の pH を求めよ．

答 8-47 炭酸の初濃度は 1.02×10^{-5} mol/L である．このとき HCO_3^-, H^+ はそれぞれ 0 mol/L である（実際は水に炭酸を溶かした瞬間に反応が進んで平衡状態となるが，ここでは考え方として，まずは反応が起こっていないとする）．

反応が進んで，平衡状態で 1.02×10^{-5} mol/L のうちの x mol/L だけが解離したとすると，H_2CO_3, HCO_3^-, H^+ の濃度は，それぞれ $1.02 \times 10^{-5} - x$, x, x となる（たとえば 100 個の人形があったとする．このうち 4 個の人形の首がとれたとすると，まともな人形は $100 - 4 = 96$ 個，胴体だけ，頭だけはそれぞれ 胴体＝頭＝4 個となる）．

	H_2CO_3	$\rightleftharpoons$	HCO_3^-	$+$	H^+
溶かした瞬間の濃度	1.02×10^{-5}		0		0
溶かした直後の濃度	$1.02 \times 10^{-5} - x$		x		x

$$K_{a1} = \frac{[HCO_3^-][H^+]}{[H_2CO_3]} = 4.3 \times 10^{-7} \text{ (実験値：定数)}, \quad \text{よって} \frac{x \cdot x}{1.02 \times 10^{-5} - x} = 4.3 \times 10^{-7}$$

炭酸は弱酸（弱電解質）なので左→右の反応はわずかしか起こらない．$x \ll 1.02 \times 10^{-5}$ ならば，$1.02 \times 10^{-5} - x \fallingdotseq 1.02 \times 10^{-5}$ とおけるから，上式より $x^2 = 4.4 \times 10^{-12}$ となる．→ $x = 2.1 \times 10^{-6}$ が求まる．（$x \ll 1.02 \times 10^{-5}$ の近似は不成立なので，答は近似解にしかならない）

$\underline{pH} = -\log[H^+] \fallingdotseq -\log x = -\log(2.1 \times 10^{-6}) \underline{\underline{= 5.7}}$

（上式は x の二次方程式なので，根の公式を用いて解けば厳密解となる．pH = 5.724）

* この場合も問題 8-41 と同様に，話を単純化するために，$[H_2CO_3] + [CO_2]$ を $[H_2CO_3]$ として表した．
$[H_2CO_3]$ ≡ 水に対する CO_2 の溶解量 ≡ 溶解した $[H_2CO_3]$ と CO_2 の和 = 1.02×10^{-5} mol/L（25℃，1気圧で，水に対する CO_2 の溶解量は 0.034 mol/L，空気中の CO_2 の体積%は 0.03%，すなわち空気全体の 0.0003 倍なので，CO_2 の分圧は 1気圧 × 0.0003 = 3×10^{-4} 気圧となる．気体の溶解度は分圧に比例するので（ヘンリーの法則），$[H_2CO_3]$ = 溶解した H_2CO_3 と CO_2 の和 = $0.034 \times 3 \times 10^{-4} = 1.02 \times 10^{-5}$ mol/L）．

雨水の pH（蒸留水を放置）：pH ≠ 7 → pH 5.7〜5.4（息（CO_2 を多量に含む）を吹き込んだ水 → pH < 5；したがって，酸性雨（NO_x, SO_x）とは pH < 7 ではなく，pH < 5.6 をいう）

答 8-48

(1) 前問と同様にして，

	CH_3COOH	$\rightleftharpoons$	CH_3COO^-	$+$	H^+
溶かした瞬間の濃度	0.1		0		0
溶かした直後の濃度	$0.1 - x$		x		x

(2) $K_a = \dfrac{[CH_3COO^-][H^+]}{[CH_3COOH]} = \dfrac{x^2}{0.1 - x} = 10^{-4.8} \fallingdotseq 1/100000$ （値は実験値である）

(3) 弱酸（左→右の反応はわずかしか起こらない）よって，$0.1 \gg x$ の関係が成り立つ．したがって，$(0.1 - x) \fallingdotseq 0.1$. よって，上式より，$K_a = x^2/(0.1-x) \fallingdotseq x^2/0.1$ * → $0.1 \times K_a = x^2$ → $x = [H^+] = \sqrt{(0.1\,K_a)} = \sqrt{(0.1 \times 10^{-4.8})} = \sqrt{(10^{-5.8})} = 10^{-2.9}$ → $\underline{pH \underline{= 2.9}}$ または，$pH = -\log[H^+] = -\log x$
$= -\log\sqrt{(0.1\,K_a)} = -1/2 \log(0.1 \times K_a) = -1/2 (\log 0.1 + \log K_a) = -1/2(-1) - 1/2(-4.8) \underline{\underline{= 2.9}}$

* 近似式を使わずに二次方程式を解いても可．
* 問題 8-47 以降の問題を解く際に，電気的中性の原理（別書参照）にもとづいて，水の解離で生じた $[H^+]$, $[OH^-]$ を考慮に入れた厳密な $[H^+]$ の関係式を導く場合があるが，弱酸（弱塩基）の pH 計算にこの式を必要とすることは実際問題としてまずない（コルトフ「分析化学」）．

問題

問題 8-49 弱酸 HA の解離定数を K_a とする．HA の濃度が C のとき，この溶液の pH は，
$\text{pH} = 1/2\, pK_a - 1/2 \log C$ （$pK_a = -\log K_a$）となることを示せ．

問題 8-50 (1) 0.01 mol/L 酢酸（$K_a = 10^{-4.8}$）の pH はいくつか．

(2) 1.0 mol/L 酢酸の pH はいくつか．

問題 8-51 0.01 mol/L の炭酸の pH を求めよ．ただし，炭酸の $K_a = 10^{-6.4}$（$pK_a = 6.4$），炭酸の酸解離反応は，$H_2CO_3 \rightleftarrows H^+ + HCO_3^-$，と表される．

酢酸の水溶液の pH を問題 8-50 で計算したが，その際まず求めたものは酢酸の濃度 C に対してイオンに解離したものの量(濃度) $x = [H^+] = [CH_3COO^-]$ であった．

ここで，「解離度」という考え(概念)を導入しよう．**解離度 α** とは，全体のうちの何割がイオンに解離しているかを示す指標である．人形の例でいえば，全体で 100 体のうち，「5 体がバラバラ事件」(95 体は元のまま)ならば，解離度 α = バラバラの 5 体/全体の 100 体 = 5/100 = 0.05．この場合，元の酢酸の量 C に対して，何割が $[CH_3COO^-]$ となっているかである．ここでは x だけ解離していると考えたから，解離度 $\alpha = x/C$ となる．この式に問題 8-49 で得た $x \approx \sqrt{(K_a C)}$ を代入すると，$\alpha = x/C = \{\sqrt{(K_a C)}\}/C = \sqrt{(K_a/C)}$ なる関係式が得られる(逆に解離度 α を用いると，解離したものの濃度 $x(=[H^+])$ は $x = C\alpha$ となる)．

問題 8-52 酢酸の濃度 C の値が 0.0001, 0.0002, 0.0005, 0.001, 0.002, 0.005, 0.010 mol/L のときの解離したものの濃度 x を求め，この $x = [H^+]$ から，それぞれの溶液の pH を計算せよ．また，上式 $\alpha = x/C = \sqrt{(K_a/C)}$ を用いて各溶液の解離度 α を計算せよ．また，この結果を図示し，C の濃度が変わると pH と α はどのように変化するかを示せ．

参考：$x = \sqrt{(10^{-4.8} \times 0.0001)}$ の計算：B 電卓：「4.8」「+/-」「SHIFT/2 ndF」「10^x」「×」「0.0001」「=」「SHIFT/操作なし」「$\sqrt{}$」 → 3.98…$^{-05}$（これは $x = 3.98\cdots \times 10^{-5}$ のこと），→「log」→ -4.4（$10^{-4.4}$ のこと）．pH=4.4　$\alpha = x/C = 3.98 \times 10^{-5}/0.0001 = 0.398$．A 電卓：「$\sqrt{}$」「(」「2 ndF」「$10^x$」「4.8」「+/-」「×」「0.0001」「)」「=」→ 3.98…$^{-05}$ → $x = 3.98\cdots \times 10^{-5}$

α の式より明らかなように，$CH_3COOH \rightleftarrows CH_3COO^- + H^+$ で K_a が小ということは**解離度 α も小**(弱電解質)，すなわち酢酸はごくわずかしか解離しない．したがって，解離して生じる溶液中の水素イオン濃度 $[H^+]$ は小さい → なめてもあまり酸っぱくない → **弱い酸**である．一方，塩酸は，$HCl \to H^+ + Cl^-$ で K_a が∞，換言すれば**解離度 $\alpha = 1$**(強電解質)．したがって，C のすべてが解離して H^+ がたくさん生じる=$[H^+]$ は大きい → なめるとすごく酸っぱい → **強い酸**である．

答 8-49　上問とまったく同一である．酸 HA の初濃度を C，解離平衡時の$[H^+]=x$ とすると，

$$HA \rightleftarrows A^- + H^+$$

$C-x \quad\quad x \quad\quad x \quad\quad\quad K_a = \dfrac{[A^-][H^+]}{[HA]} = \dfrac{x \cdot x}{C-x}$

$C \gg x$ では $C-x \fallingdotseq C$．よって，$K_a \fallingdotseq x^2/C \rightarrow \underline{x \fallingdotseq \sqrt{(K_a \times C)}}$．
$[H^+]=x$ と置いたので，この溶液の pH は，定義 $pH = -\log([H^+])$ より，
$\underline{pH} = -\log(x) = -\log\sqrt{(K_aC)} = -\log((K_aC)^{1/2}) = -1/2 \log(K_aC) = -1/2(\log K_a + \log C)$
$= -1/2 \log K_a - 1/2 \log C \underline{= 1/2\, pK_a - 1/2 \log C}$　（ただし $pK_a = -\log K_a$ と定義する）

答 8-50　(1) $K_a = [H][A]/[HA] = x \times x/(0.01-x) \fallingdotseq x^2/0.01 = 10^{-4.8}$　$x^2 = 10^{-6.8}$，$x = 10^{-3.4} \rightarrow \underline{pH = 3.4}$．
　　または，$pH = 1/2\, pK_a - 1/2 \log C = 1/2(4.8) - 1/2(-2) = \underline{3.4}$
　　　　　　　この方法は式に単純に代入するだけであり，頭を使わないのでよくない．
　(2) 同様にして $1.0\ mol/L$：　$x^2/1.0 = 10^{-4.8}$　$x^2 = 10^{-4.8} \rightarrow \underline{pH = 2.4}$

答 8-51　$K_a = [H][A]/[HA] = x \cdot x/(0.01-x) \fallingdotseq x^2/0.01 = 10^{-6.4}$　　$x^2 = 10^{-8.4} \rightarrow \underline{pH = 4.2}$

答 8-52　C の値 0.0001：$x = \sqrt{(K_aC)} = \sqrt{(10^{-4.8} \times 0.0001)} = \sqrt{10^{-8.8}} = 10^{-4.4}$*．よって $\underline{pH = 4.4}$．
　　また，$\alpha = x/C = 10^{-4.4}/0.0001 = 10^{-0.4} = \underline{0.398}$．（電卓の使い方は左頁を参照のこと）
　　0.0002：$x = \sqrt{(10^{-4.8} \times 0.0002)} = \sqrt{10^{-8.5}} = 10^{-4.25}$*．$\underline{pH = 4.25}$．$\alpha = 10^{-4.25}/0.0002 = \underline{0.281}$．
　　0.0005：$x = \sqrt{(10^{-4.8} \times 0.0005)} = \sqrt{10^{-8.1}} = 10^{-4.05}$*．$\underline{pH = 4.05}$．$\alpha = 10^{-4.05}/0.0005 = \underline{0.178}$．
　　0.001：$x = \sqrt{(10^{-4.8} \times 0.001)} = \sqrt{10^{-7.8}} = 10^{-3.9}$*．$\underline{pH = 3.9}$．$\alpha = 10^{-3.9}/0.001 = \underline{0.126}$．
　　0.002：$x = \sqrt{(10^{-4.8} \times 0.002)} = \sqrt{10^{-7.5}} = 10^{-3.75}$．$\underline{pH = 3.75}$．$\alpha = 10^{-3.75}/0.002 = \underline{0.089}$．
　　0.005：$x = \sqrt{(10^{-4.8} \times 0.005)} = \sqrt{10^{-7.1}} = 10^{-3.55}$．$\underline{pH = 3.55}$．$\alpha = 10^{-3.55}/0.005 = \underline{0.056}$．
　　0.01：$x = \sqrt{(10^{-4.8} \times 0.01)} = \sqrt{10^{-6.8}} = 10^{-3.4}$．$\underline{pH = 3.4}$．$\alpha = 10^{-3.4}/0.01 = \underline{0.040}$．

　＊この計算は $C \gg x$ が成り立つときの近似計算．ここではこの近似は成立しない．正しくは二次方程式
　　$K_a = x^2/(C-x)$，$x^2 + K_a x - K_a C = 0$ を解く必要あり．$C = 0.0001$ では $x = 10^{-4.49}$，$pH = 4.49$，$\alpha = 0.324$．
　　$C = 0.0002$，$pH = 4.31$，$\alpha = 0.245$；$C = 0.0005$，$pH = 4.09$，$\alpha = 0.163$；$C = 0.001$，$pH = 3.90$，$\alpha = 0.126$．

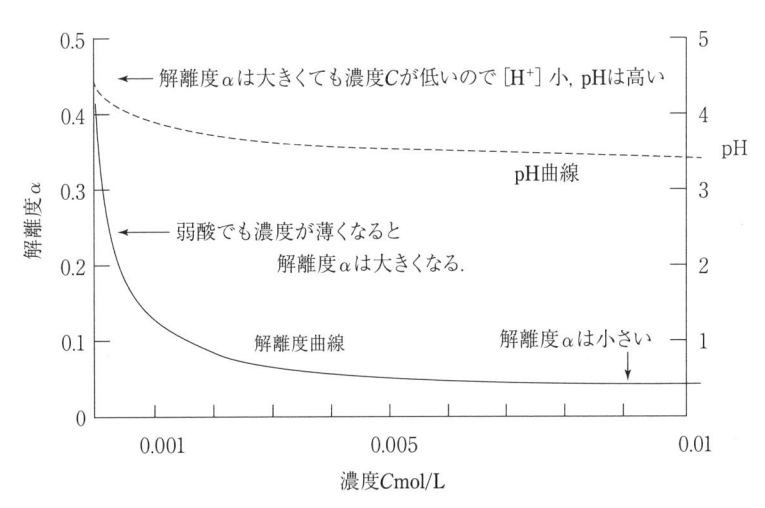

$C = 0$ の近傍では α は大きいが，濃度 C が小さいので（$[H^+] = C\alpha$），溶液の pH は低くはならない．

(4) 多価(2価，3価)の酸(多塩基酸という)の場合

多価の酸は段階的に解離し，一般的に $K_{a1} > K_{a2} > K_{a3} \cdots$ の関係が成立する．

たとえば H_2SO_4 では，解離平衡は

$H_2SO_4 \rightleftarrows H^+ + HSO_4^-$, $K_{a1} = \infty$ （強い酸）

$HSO_4^- \rightleftarrows H^+ + SO_4^{2-}$, $K_{a2} = 1.3 \times 10^{-2}$（中位の強さの酸）

まず一段目の解離平衡のみを考える．

H_2SO_4 の初濃度が 1.0 mol/L だとすると H_2SO_4 は強酸だからすべて $H_2SO_4 \rightarrow H^+ + HSO_4^-$ のように解離する．したがって，最初 1.0, 0, 0 mol/L の H_2SO_4, H^+, HSO_4^- は一段目の解離平衡では 0, 1.0, 1.0 mol/L となる．

$$\begin{array}{cccc} & H_2SO_4 & \rightarrow & H^+ & + & HSO_4^- \\ \text{始め：} & 1.0 & & 0 & & 0 \text{ mol/L} \\ \text{一段目の解離平衡：} & 0 & & 1.0 & & 1.0 \text{ mol/L} \end{array}$$

そこで，二段目の解離反応，$HSO_4^- \rightleftarrows H^+ + SO_4^{2-}$ では，HSO_4^-, H^+, SO_4^{2-} が最初それぞれ 1.0, 1.0, 0 mol/L あることになる．二段目の解離平衡状態で，そのうちの x が解離したとすれば，HSO_4^-, H^+, SO_4^{2-} の各成分はそれぞれ $1.0-x$, $1.0+x$, x mol/L となる．

$$\begin{array}{cccc} \text{二段目の解離平衡は} & HSO_4^- & \rightleftarrows & H^+ & + & SO_4^{2-} \\ \text{始め：} & 1.0 & & 1.0 & & 0 \text{ mol/L} \\ \text{二段目の解離平衡：} & 1.0-x & & 1.0+x & & x \text{ mol/L} \end{array}$$

したがって，K は，

$$K = \frac{[SO_4^{2-}][H^+]}{[HSO_4^-]} = \frac{(x)(1.0+x)}{(1.0-x)} = 1.3 \times 10^{-2}（実験値）$$

と書き表される．この式を解くと $x = 0.013$ mol/L となる．すなわち，1.0 mol/L の希硫酸では，二段目の解離は全体の 1.3% であり，ほとんど起こっていないことがわかる．この溶液の水素イオン濃度は $[H^+] = 1.013$ mol/L であり，1.0 mol/L の硫酸からは，2 mol/L の $[H^+]$ ではなく，1.0 mol/L の $[H^+]$ しか存在していないことがわかる．つまり，1 個の H_2SO_4 から 1 個の H^+ しか放出されていない．ただし，H_2SO_4 と NaOH や NH_3 とを反応させる中和反応の場合には，中和反応の進行に伴い，加えたアルカリにより H^+ は $H^+ + OH^- \rightarrow H_2O$ と消滅していくので，$HSO_4^- \rightleftarrows SO_4^{2-} + H^+$ の反応が右側へ一方的に進行し，結局，H_2SO_4 からは 2 個分の H^+ が放出されることになるわけである．

リン酸は生化学的には，細胞内のおもな陰イオン，ATP, DNA などの成分として大変重要である．リン酸の酸解離平衡は，

$H_3PO_4 \rightleftarrows H_2PO_4^- + H^+$, $K_{a1} = 7.5 \times 10^{-3}$（中位の強さの酸）

$H_2PO_4^- \rightleftarrows HPO_4^{2-} + H^+$, $K_{a2} = 6.2 \times 10^{-8}$（弱い酸）

$HPO_4^{2-} \rightleftarrows PO_4^{3-} + H^+$, $K_{a3} = 1.0 \times 10^{-12}$（大変弱い酸）

（次頁に続く）

なぜ $K_{a1} > K_{a2} > K_{a3}$ か考えよ．

答

酸解離定数 K_{a1}, K_{a2}, K_{a3} はそれぞれ次式で表される.

$K_{a1} = [H_2PO_4^-][H^+]/[H_3PO_4] = 7.5 \times 10^{-3} \fallingdotseq 0.01$

$K_{a2} = [HPO_4^{2-}][H^+]/[H_2PO_4^-] = 6.2 \times 10^{-8}$

$K_{a3} = [PO_4^{3-}][H^+]/[HPO_4^{2-}] = 1.0 \times 10^{-12}$

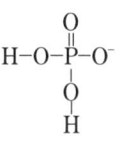

K_{a1} の式では,分母を1としたとき,分数の分子がそこそこの値(0.01)であることから,H_3PO_4 は H^+ を少しは放出する中位の強さの(やや弱い)酸であることがわかる.K_{a3} の式では,分数の分子が極めて小さい値であることから,HPO_4^{2-} は H^+ をほとんど放出しない大変弱い酸であることがわかる.また,pH≒7の生体中ではリン酸は H_3PO_4 や PO_4^{3-} としてはまったく存在せず,$H_2PO_4^-$,HPO_4^{2-} として,ほぼ1:1で存在することがわかる(量比はpHで変化する).

* pK_a の実際的な意味をイメージするためには,pH=pK_a ($[H^+]=K_a$) のときには,
  定義より,$K_a = [H][A]/[HA] = K_a[A]/[HA]$,つまり $[A]/[HA] = 1$,または $[HA] = [A]$ となり,$[HA]:[A]$ が1:1で存在することを頭に残しておくとよい.

(5) 弱塩基のpH

弱酸の場合と同様に扱う.

弱塩基水溶液のpHの計算:弱酸の場合と同様に扱えば,以下の式が得られる.

pH $= 7 + 1/2$ p$K_a + 1/2 \log C$ (詳細は省略,下の例題の答,問題8-55, 56を参照)

例題:0.1 mol/Lのアンモニア水のpHを求めよ.ただし,アンモニアの酸解離定数 p$K_a = 9.2$ である(または,**塩基解離定数** $K_b \equiv [NH_4^+][OH^-]/[NH_3]$,p$K_b = -\log K_b = 14 - pK_a = 4.8$.
  * p.156より,または K_a,K_b の定義より,$K_a \times K_b = K_w$.

答:アンモニア分子は水分子と次のように反応する:$NH_3 + H_2O \rightleftarrows NH_4^+ + OH^-$.
                                                    $C-x$ x x

塩基解離定数 $K_b \equiv [NH_4^+][OH^-]/[NH_3] = x \cdot x/(C-x) \fallingdotseq x^2/C = 10^{-4.8}$,$C = 0.1$ なので,
$x = [OH^-] = 10^{-2.9}$
(アンモニアは弱塩基なので解離度は小さい.すなわち,$C \gg x$,よって,$C - x \fallingdotseq C$)
$[H^+][OH^-] = 10^{-14}$ より,$[H^+] = 10^{-14}/[OH^-] = 10^{-14}/10^{-2.9} = 10^{-11.1}$ pH=11.1
または,上式より,pH $= 7 + 1/2$ p$K_a + 1/2 \log C = 7 + 1/2 \times 9.2 + 1/2 \log 0.1 = 7 + 4.6 - 0.5 = $ 11.1

(6) 石鹸水のpHはいくつか:塩の加水分解と溶液のpH

酸と塩基の中和反応により塩が生成するが,一般に,塩の水溶液のpHは必ずしもpH 7ではなく様々な値をとる.たとえば,われわれが日常使用するせっけんは脂肪酸といわれる炭素鎖長の大きいカルボン酸のNa塩であり,水溶液は弱塩基性(弱アルカリ性)を示す.せっけんで洗顔後に化粧水を用いる理由は,アルカリ性となった肌を弱酸性に戻し肌荒れを防ぐためである.植物灰の水溶液がアルカリ性を示すのは灰成分の炭酸カリウム K_2CO_3 が加水分解するためである.体の中で分泌されるすい液,腸液はアルカリ性であるが,これは成分の炭酸水素ナトリウム $NaHCO_3$ の加水分解による.このNa-HCO_3 は,代謝老廃物である CO_2 が水分子と反応し H_2CO_3 へと変化し,さらにこれが半分だけ中和されて生じたものである.

ここでは,塩の加水分解とは何か,加水分解の結果,水溶液のpHがどのように変化するか,このpHを理論的に(計算で)どのようにして求めるか,を考える.

問題 8-53 次の酸と塩基との反応式を示せ(化学式で反応物と生成物を示せ).
(1)酢酸と水酸化ナトリウム　(2)塩酸と水酸化ナトリウム
(3)塩酸とアンモニア(水)

デモ　各種の塩溶液のpHを調べてみる．→ 酢酸ナトリウム CH_3COONa，食塩 $NaCl$，塩化アンモニウム NH_4Cl，石鹸，塩化第二鉄 $FeCl_3$，塩化アルミニウム $AlCl_3$，それぞれの水溶液のpHをpH指示薬・pH試験紙で調べる．

デモ実験でみたように塩の水溶液は塩の種類により様々な値を示すが，これは，水溶液中で「塩の加水分解」といわれる反応が起こったためである．以下，様々な塩の水溶液のpHがどのような値を示すかを考えよう．(上の問題で考えたように，中和滴定の終点では，酸と塩基とが中和し，塩の溶液となる．したがって，塩のpHを求めることは中和滴定の終点のpHを求めることに等しい．)

弱酸強塩基の塩の加水分解

問題 8-54　0.1 mol/L の酢酸ナトリウム水溶液がある．酢酸ナトリウムは塩(強電解質，p.37)だから，溶液中では $CH_3COONa \rightarrow CH_3COO^- + Na^+$ のようにイオンに完全に解離する．この水溶液は弱アルカリ性を示す．その理由を説明せよ．

問題 8-55　塩の加水分解の例：次の順で，0.1 mol/L の酢酸ナトリウム水溶液のpHを求めよ．
(1) CH_3COONa が水に溶解すると，すべての CH_3COONa は直ちにイオンに解離する．溶解した瞬間の CH_3COONa の濃度は 0.1 mol/L である．次の瞬間には，すべての CH_3COONa は $CH_3COONa \rightarrow CH_3COO^- + Na^+$ のように，イオンに変化する．A，B，Cの濃度はいくらか．

　　　　　$CH_3COONa \rightarrow CH_3COO^- + Na^+$
　溶解瞬間　0.1 mol/L　　　0　　　　0
　次の瞬間　(A)mol/L　(B)mol/L　(C)mol/L

(2) 酢酸イオンの加水分解反応式は，問題 8-54 でみたように，
$CH_3COO^- + H_2O \rightarrow CH_3COOH + OH^-$ で示される．すなわち，塩基である CH_3COO^- が加水分
　(D)mol/L　　　　x mol/L　　(E)mol/L
解されて，CH_3COO^- の共役酸である CH_3COOH とアルカリ性の素 OH^- が生じる．もともとあった 0.1 mol/L の酢酸ナトリウムが加水分解して生じた酢酸の濃度を x mol/L とすると，CH_3COO^- と OH^- の濃度，DとEはどのように表されるか．

(3) 酸の酸解離平衡定数 K_a の式を定義通りに記載し，この式の中の反応物，生成物濃度を(2)で得られた x で表せ．次にこの x の式を解くことにより 0.1 mol/L の酢酸ナトリウム水溶液のpHを求めよ．ただし，$K_a = 10^{-4.8}$ である．

強酸弱塩基の塩の加水分解

たとえば，NH_4Cl では，反応式は，$NH_4^+ + H_2O \rightarrow NH_3 + H_3O^+ (= H^+)$ と書けるので液は弱酸性となる．溶液のpH計算法は酢酸ナトリウムの場合に準ずる．

答　8-53　酸と塩基とが中和反応を起こすと，次式で示すように塩が生成する：

(1) $CH_3COOH + NaOH \rightarrow CH_3COONa + H_2O$：弱酸と強塩基との中和反応，塩の生成

(2) $HCl + NaOH \rightarrow NaCl + H_2O$：強酸と強塩基との中和反応，塩の生成

(3) $HCl + NH_3 \rightarrow NH_4Cl$：強酸と弱塩基との中和反応，塩の生成

答　8-54　水溶液中で酢酸ナトリウムの解離により生じた酢酸イオンは弱酸の共役塩基(p.39)であるのでH^+をくっつけたがる傾向がある(弱酸である酢酸はH^+を解離・放出しにくいのだから，酢酸イオンは逆にH^+をつけて酢酸になりたがるはずである)．そこで酢酸イオンは水と一部が反応し水分子H_2OからH^+を引っこ抜く(酢酸イオンは水より強い塩基(H^+を受け取る力が強い)として水からH^+をぶんどる)．　　　$CH_3COO^- + H_2O \rightarrow CH_3COOH + OH^-$

これを塩の**加水分解**という．結果として水溶液中には　OH^-(アルカリ性のもと)が生じる．すなわち，水溶液はアルカリ性となり，pHが7より高くなる(酢酸ナトリウムはせっけんと同じカルボン酸のNa塩なので，せっけん水がアルカリ性を示すのも，これと同じ理由である)．この加水分解がどの程度起こるか，酢酸イオンの何%が酢酸になるか，結果として何%分のOH^-が生じるかは，水と酢酸イオンの塩基としての強さと濃度がバランスする所で定まる．このバランス点を決めるのがK_aである．したがってK_aを用いてこのCH_3COO^-，OH^-量を求めることが可能となる．

答　8-55

(1) $CH_3COONa \rightarrow CH_3COO^- + Na^+$：完全にイオンに解離するので，次の瞬間では

　　　　　0 mol/L　　　0.1 mol/L　0.1 mol/L　　　つまり，A = 0，B = C = 0.1 mol/L

(2) p.131の人形の首と胴体の例を思い出せば，以下は容易に理解できよう．

　　　$CH_3COO^- + H_2O \rightarrow CH_3COOH + OH^-$

　　　$(0.1-x)$ mol/L　　　　　x mol/L　　x mol/L　　つまり，D = $(0.1-x)$ mol/L，E = x mol/L

(3) 酢酸の酸解離平衡定数K_aは，

$$K_a = \frac{[CH_3COO^-][H^+]}{[CH_3COOH]} = 1.58 \times 10^{-5} = 10^{-4.8}$$

(2)より，$[CH_3COOH] = x$，$[CH_3COO^-] = 0.1-x$，$[H^+] = K_w/x$ ($[OH^-] = x$を$[H^+][OH^-] = K_w = 10^{-14}$に代入すると$[H^+] = K_w/[OH^-] = K_w/x$)．これらを上式に代入すると，

$$K_a = \frac{(0.1-x)(K_w/x)}{(x)} = \frac{(0.1-x)\left(\frac{K_w}{x}\right)}{\frac{x}{1}} = \frac{(0.1-x)K_w}{x^2} = \frac{(0.1-x) \times 10^{-14}}{x^2} = 10^{-4.8}$$

$0.1 \gg x$では　$(0.1-x)10^{-14}/x^2 \fallingdotseq (0.1)10^{-14}/x^2 = 10^{-4.8}$

$10^{-15}/x^2 = 10^{-4.8}$．よって，$x^2 = 10^{-10.2}$ ($\rightarrow x = 10^{-5.1} \ll 0.1$と計算の近似条件を満足)

つまり，$x = [OH^-] = 10^{-5.1}$．したがって，$[H^+] = K_w/[OH^-] = K_w/x = 10^{-14}/10^{-5.1} = 10^{-8.9}$

　　　　　　　　　　　　　　　　　　　　　　　pH = $-\log([H^+])$ = 8.9 　($[H^+] = 10^{-pH}$)

または，pH = 14 - pOH = 14 - $(-\log 10^{-5.1})$ = 14 - 5.1 = 8.9

一般に，共役酸の解離定数K_a，濃度Cの塩の溶液のpHは，pH = 7 + 1/2 pK_a + 1/2 log$C$

または，$CH_3COO^- + H_2O \to CH_3COOH + OH^-$ に合わせた平衡定数を書くと，

$$K = \frac{[CH_3COOH][OH^-]}{[CH_3COO^-][H_2O]} \qquad K[H_2O] \equiv K_b \equiv \frac{[CH_3COOH][OH^-]}{[CH_3COO^-]} \equiv \frac{x \cdot x}{(0.1-x)} \fallingdotseq \frac{x^2}{0.1}$$

$K_w = [H^+][OH^-] \to [OH^-] = K_w/[H^+]$ を K_b の式に代入すれば，

$$K_b = \frac{[CH_3COOH][OH^-]}{[CH_3COO^-]} = \frac{[CH_3COOH]K_w}{[CH_3COO^-][H^+]} = K_w/K_a = 10^{-14}/10^{-4.8} = 10^{-9.2} \quad (K_b K_a = K_w)$$

$$K_b = 10^{-9.2} = x^2/0.1 \text{ より，} x = [OH^-] = 10^{-5.1}$$

$[OH^-] = 10^{-5.1}$ だから，$[H^+][OH^-] = 10^{-14}$ より，$[H^+] = 10^{-8.9}$

よって，pH = 14 − 5.1 = 8.9   または，pOH = 5.1, pH = 14 − pOH = 14 − 5.1 = 8.9

問題 8-56 炭酸ナトリウム Na_2CO_3 の 0.1 mol/L 水溶液の pH を求めよ．また，0.01 mol/L 水溶液の pH はいくつか．ただし，炭酸水素イオンの酸解離定数は $pK_{a2} = 10.4$，反応式は $HCO_3^- \rightleftarrows H^+ + CO_3^{2-}$ と書ける．

ヒント：酢酸ナトリウムの場合とまったく同様に考える．

(7) 中和滴定曲線と pH
  * タンパク質の滴定曲線から，ペプチド鎖中の酸性アミノ酸残基・塩基性アミノ酸残基の種類と数についての知見が得られる．

中和滴定曲線は高校化学の教科書，分析化学の実験書には必ず出ている．この滴定曲線は実験で求められるが，今まで学んできた酸塩基に関する知識を用いれば，理論的にも（計算で）求めることができる．滴定曲線は滴定の際の指示薬の選定のみならず，緩衝作用を考えるうえでも役に立つ*．以下，滴定曲線の全領域の pH を計算で求めることにより，pH の勉強全体の総復習をしよう．

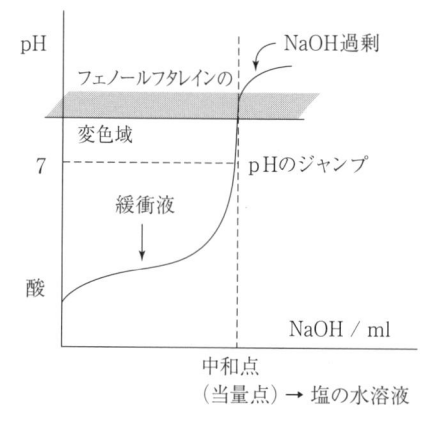

問題 8-57 0.01 mol/L の酢酸 100 mL を 1 mol/L の NaOH で滴定した．
（1.0 mL で当量となるので滴定に伴う体積変化はないと考えても可；すなわち，101 mL ≒ 100 mL と近似できるとする．）
このときの中和滴定曲線を以下の手順で求めよ
（NaOH の体積が 0.0, 0.1, 0.2, 0.5, 0.8, 0.9, 0.99, 1.0, 1.01, 1.2 mL のときの pH を計算して，これを図示せよ）ただし酢酸の酸解離定数は $K_a = 10^{-4.8}$ とする．

(1) 0.01 mol/L の酢酸 100 mL を中和するのに必要な 1 mol/L の NaOH の体積はいくつか．
(2) NaOH = 0.0 mL：0.01 mol/L 酢酸水溶液の pH はいくつか．酢酸の $pK_a = 4.80$ とする．
　弱酸の pH を求める問題と等価である．
(3) NaOH = 0.1 mL：NaOH = 0.1〜0.99 mL の条件（3）〜（7）では滴定液は緩衝液となる．
　緩衝液の pH を求める問題と等価である．
(4) NaOH = 0.5 mL　　(5) NaOH = 0.8 mL　　(6) NaOH = 0.9 mL　　(7) NaOH = 0.99 mL
(8) NaOH = 1.00 mL
(9) NaOH = 1.01 mL：強塩基の pH．1.00 mL は中和したのだから考えなくてよい．余った過剰の 0.01 mL の NaOH で pH が決まる（1 mol/L の NaOH 水溶液 0.01 mL を 100 mL に薄めた水溶液の pH を求める問題と同値である）．
(10) NaOH = 1.2 mL：強塩基水溶液の pH （(9)と同様）

答 8-56 炭酸ナトリウムは塩の一種だから水中では $Na_2CO_3 \rightarrow 2Na^+ + CO_3^{2-}$ のように，イオンに完全に解離する．炭酸水素イオン HCO_3^- は弱酸であり，H^+ を離したがらない性質をもつ．これに強アルカリを作用させて，無理やり H^+ を引き剥がして生じたのが共役塩基の CO_3^{2-} なので，CO_3^{2-} は水中では水分子から H^+ を奪い，元に戻ろうとする性質をもつ．すなわち，$CO_3^{2-} + H_2O \rightarrow HCO_3^- + OH^-$．これが，加水分解である．

この反応で生じた HCO_3^- の量を x とすると $[OH^-] = x \rightarrow [H^+] = 10^{-14}/x$，$[CO_3^{2-}] = C - x$

$$K_{a2} = \frac{[CO_3^{2-}][H^+]}{[HCO_3^-]} = \frac{(C-x)(10^{-14}/x)}{x} \fallingdotseq C \times \frac{10^{-14}}{x^2} = 10^{-10.4}$$

$C = 0.1$ mol/L 水溶液の pH：$x = \sqrt{(0.1 \times 10^{-14}/10^{-10.4})} = 10^{(-15+10.4)/2} = 10^{-2.3}$

$[H^+] = 10^{-14}/x = 10^{-14}/10^{-2.3} = 10^{-11.7}$　pH = 11.7

$C = 0.01$ mol/L 水溶液の pH：$x = \sqrt{(0.01 \times 10^{-14}/10^{-10.4})} = 10^{(-16+10.4)/2} = 10^{-2.8}$　pH = 11.2

一般には，pH $= -\log(10^{-14}/x) = -\log(10^{-14}/\sqrt{(C \times 10^{-14}/K_a)}) = 14 + 1/2 \times (\log C - 14 - \log K_a)$
$= 14 - 7 + 1/2 \log C - 1/2 \log K_a = 7 + 1/2 \text{p}K_a + 1/2 \log C$

*両性化合物・$NaHCO_3$ 水溶液の pH の求め方は p.166 の補足参照．

答 8-57* (1) $NV = N'V'$ $(mCV = m'C'V')$ の関係式より，

(酢酸) 1×0.01 mol/L $\times (100$ mL/1000 mL$)$ L $= 1 \times 1$ mol/L $\times (V'$ mL/1000 mL$)$ L (NaOH)

NaOH の体積 $V' = 1.00$ mL　左頁図で，中和点（当量点）の値は 1.00 mL である．

(2) 弱酸の pH の求め方で求める (p.149)．

$K_a = x^2/(0.01-x) \fallingdotseq x^2/0.01 = 10^{-4.80}$　　$x^2 = 10^{-6.80}$　　$x = 10^{-3.40}$　pH = 3.40

(3) NaOH 1.00 ml で酢酸を中和するので，酢酸は NaOH 換算で 1.00 ml あると考えてよい．NaOH を 0.1 mL 加えると，その分だけ酢酸が中和されて酢酸ナトリウムとなる．すなわち，$[CH_3COO^-]$ は 0.1 mL 分だけ生成し，$[CH_3COOH]$ は $1.00 - 0.1 = 0.9$ mL 分となる．よって，$K_a = [CH_3COO^-][H^+]/[CH_3COOH] = 0.1 \times [H^+]/0.9 = 10^{-4.80}$

$\rightarrow [H^+] = 10^{-4.80} \times 0.9/0.1 = 9 \times 10^{-4.80} = 10^{0.95} \times 10^{-4.80} = 10^{-3.85}$　$\rightarrow$　pH = 3.85

(4) $[CH_3COO^-]$ は 0.5 mL 分，$[CH_3COOH]$ は $1.00 - 0.5 = 0.5$ mL 分．$K_a = \cdots$ より，

$[H^+] = 10^{-4.8} \times 0.5/0.5 = 1 \times 10^{-4.80}$　$\rightarrow$　pH = 4.80

(5) $[CH_3COO^-]$ は 0.8 mL 分，$[CH_3COOH]$ は $1.00 - 0.8 = 0.2$ mL 分．pH = 5.4

(6) $[CH_3COO^-]$ は 0.9 mL 分，$[CH_3COOH]$ は $1.00 - 0.9 = 0.1$ mL 分．pH = 5.75

(7) $[CH_3COO^-]$ は 0.99 mL 分，$[CH_3COOH]$ は $1.00 - 0.99 = 0.01$ mL 分．pH = 6.80

(8) NaOH = 1.00 ml：ちょうど中和したのだからこの液は 0.01 mol/L 酢酸ナトリウム水溶液と同じである．p.155 で述べた塩の加水分解を考える．$[OH^-] = x$

$K_a = [CH_3COO^-][H^+]/[CH_3COOH] = (0.01-x)(10^{-14}/x)/x \fallingdotseq 0.01 \times 10^{-14}/x^2 = 10^{-16}/x^2 = 10^{-4.8}$

$x = 10^{(-16+4.8)/2} = 10^{-5.6}$．$[H^+] = 10^{-14}/[OH^-] = 10^{-14}/10^{-5.6} = 10^{-8.4}$．pH = 8.4

(9) NaOH = 1.01 mL：NaOH 1.0 mL で中和したのだから，NaOH は $1.01 - 1.0 = 0.01$ mL だけ残っている．これが 100 mL の溶液に薄まっているから（加えた NaOH 溶液の体積は無視してよいと近似），希釈の問題として考えればよい．NaOH 濃度 1 mol/L の液が 0.01 mL ある．これを 100 mL に薄めた液の NaOH 濃度は $CV = C'V'$ より，$1 \times 0.01/1000 = x \times 100/1000$

$\rightarrow x = 0.0001$ mol/L，$[OH^-] = 0.0001$　$\rightarrow$　pOH = 4.0　$\rightarrow$　pH = 14 - pOH = 10.0

(10) NaOH = 1.2 mL：同上．NaOH 濃度 1 mol/L の液が 0.2 mL ある．これを 100 mL に薄めた液の NaOH 濃度は $CV = C'V'$ より，$1 \times 0.2/1000 = x \times 100/1000$　$\rightarrow$　$x = 0.002$ mol/L，$[OH^-] = 0.002$　$\rightarrow$　pOH = 2.7　$\rightarrow$　pH = 14 - pOH = 11.3

* (3)〜(7) は答 8-42 の*の求め方が最も簡単であり，計算まちがいも少ない．

8-1-5 まとめ

(1) 平衡定数なる言葉を記憶し，その概念をきちんと理解せよ．
(2) 平衡定数 K の定義をしっかりと記憶せよ．
(3) 水のイオン積の意味を理解し，イオン積の式と値を記憶せよ．
(4) pH の定義をしっかりと記憶せよ．
(5) 酸解離定数 K_a の定義を記憶せよ．
(6) 緩衝液(バッファー)なる言葉を記憶し，その概念・原理をきちんと理解せよ．

8-2 錯形成平衡とキレート滴定法

溶液内の金属イオンはすべて錯体として存在するといっても過言ではない．水に溶けた Co^{2+} イオンは $[Co(H_2O)_6]^{2+}$ であり，Na^+ も $[Na(H_2O)_4]^+$ なる錯体と見なすことができる．したがって，金属イオンの溶液内のふるまいを理解するためには錯体に関する知識は必須である．以下，金属イオンの定量分析に用いられるキレート滴定法と，その基本となる錯体に関する基礎知識について学ぼう．

8-2-1 錯体とは何か？

デモと問題 8-58

(1) 硫酸銅の青い結晶 $CuSO_4 \cdot 5H_2O$ を直火で加熱するとどうなるか．→ 無色になる．
　この無色のものを水に溶かすとどうなるか．→ 水色の水溶液となる．硫酸銅の青い結晶を水に溶かしても水色の水溶液となる．では水色を示す物質は何だと考えられるか．

(2) 硫酸銅の水色の水溶液に少量のアンモニア水を加えるとどうなるか．

(3) (2)の沈殿に更にアンモニア水を加えるとどうなるか．

(4) 銅イオンを含む水溶液に濃塩酸を加えるとどうなるか．

問題 8-59 金属錯体(配位化合物)とは何か．また，配位子，配位結合，錯イオンなる言葉について簡単に説明せよ．

イオン結合した単純塩である NaCl は，水に溶かすと，その構成イオンである Na^+ と Cl^- に分かれる(電離する)が，錯体，たとえば $[CuCl_2(H_2O)_2]$ や $[Cu(NH_3)_4]^{2+}$ は水中でもばらばらにならないで，このままひとかたまりの化合物としてふるまう．錯体がひとかたまりの物質であることを示すために，その化学式は問題 8-58 の答(1)のように括弧 [ ] でくくった書き表し方をする．

問題 8-60 錯体はわれわれの身の周りに多数存在する．

(1) 塩化コバルト結晶 $CoCl_2 \cdot 6H_2O$ は赤色をしており，水に溶かしても赤〜ピンク色を示す．この色は市販のせんべい，クッキーなどの中の乾燥剤シリカゲル($CoCl_2$ を含む)が吸湿したときに示すピンク色と同じ色である．この色はいかなる化合物の色か．

(2) 乾燥剤シリカゲルが水を吸っていないときの深青色はいかなる化合物の色か．

(3) 青色顔料のコバルトブルー，陶磁器の青色着色顔料の色はいかなる化合物の色か．

(4) ルビー・サファイアなる宝石の色はいかなる化合物の色か．

(5) 血色素の赤色，葉緑素の緑色はそれぞれいかなる化合物の色か．

答 8-58 (1) 水色は銅イオンのアクア錯体．
$[Cu(H_2O)_6]^{2+}$（Cu^{2+}に水分子が結合）

(2) 水酸化銅 $Cu(OH)_2$ の淡青色沈殿生成．

(3) 沈殿は溶解し，テトラアンミン銅錯体 $[Cu(NH_3)_4]^{2+}$ の深青色溶液が得られる．

(4) クロロ銅錯体 $[CuCl_2(H_2O)_2]$（Cu^{2+}にCl^-が結合）の黄緑色溶液が得られる．

錯体の構造： $[Cu(H_2O)_6]^{2+}$，$[Cu(NH_3)_4]^{2+}$，$[CuCl_2(H_2O)_2]$

答 8-59 答 8-58 に示したように，非共有電子対をもった H_2O，NH_3 のような中性分子や Cl^- のような陰イオンが金属イオンに結合することを**配位**するといい，結合を**配位結合**（配位共有結合）*，金属イオンに結合した中性分子や陰イオンを**配位子**という．その化合物のことを**配位化合物**，または**金属錯体**（錯体）という．この化合物がイオンであり，かつそのことを強調したいときは**錯イオン**という．

  * 「有機化学 基礎の基礎」8章などを参照．共有結合とは二つの原子がそれぞれ1電子を出し合い電子対を生成共有して生じる結合，配位結合とは一方の原子が電子対を供与して相手の原子と電子対を共有することにより生じる結合．
  電子対を相手の原子に供与する（配位する）形を「：→」で表す．

答 8-60 これらはすべて錯体の示す色である．
(1) Co^{2+} のアクア錯体 $[Co(H_2O)_6]^{2+}$ の色である．
(2) Co^{2+} のクロロ錯イオン $[Co(Cl)_4]^{2-}$ の色である．
(3) $[Co(O)_4]$ 構造をした Co の酸化物の色である．
(4) $[M(O)_4]$ 構造のクロムの酸化物 Cr_2O_3，チタン，鉄の酸化物 Ti_2O_3，Fe_2O_3 の色である．
(5) 赤色はヘモグロビン中のヘム鉄（II）錯体の色，緑色はクロロフィルという Mg 錯体の色である．

ヘム鉄（II）錯体　　クロロフィル

われわれの身体の中には約1200種類の酵素タンパク質が存在することが知られているがそのうちの1/3以上が金属イオンと結合している，いわば錯体である．血液中に溶けている様々な種類の微量の金属イオンはそのほとんどが錯体として存在している．これら金属イオンが生命の維持・人間の健康維持に大変重要な働きをしていることが明らかになってきている（現在，必須元素18種類，有為元素8種類が知られている）．食品成分表には伝統的な Fe，Ca，Na，K だけでなく，数年前から Mg，Zn，Cu が掲載されるようになったが，米国の食品成分表ではこのほかに Mn，Co，Cr，Mo，Se が掲載されている．これらの元素は裸で存在するのではなく，そのほとんどが錯体として存在することを再度強調したい．

8-2-2 錯形成平衡

問題 8-61 水道水に硝酸銀 $AgNO_3$ を加えると白く濁る．これは水道水中の塩化物イオン Cl^- と銀イオン Ag^+ とが反応して水に難溶性の塩化銀 $AgCl$ が生成したためである．この反応は塩化物イオンの検出反応として様々な所で利用されている．一方，この白色沈殿にアンモニア NH_3 を加えると沈殿は溶けてしまう．これは，$AgCl$ 中の Ag^+ が NH_3 と反応して化合物の一種である NH_3 錯体(アンミン錯体という)をつくったためである．この錯体の生成は2段階で進む．錯形成反応の反応式を示せ．また，平衡定数の式を示せ．この平衡定数を錯体の生成定数，安定度定数といい，K_1, K_2, β で表す．K, β はそれぞれ何とよばれるか．

問題 8-62 カルシウムの分析試薬や血液の凝固阻止剤として用いられる EDTA*(イーディーティーエー)は Ca^{2+} と 1：1 の錯体を形成する．錯形成反応は $Ca^{2+} + EDTA \rightarrow Ca(EDTA)$ である．EDTA の正式名称と構造式を示せ．

    * EDTA はボイラー内へのカルシウム分の付着防止，洗剤の泡立ちをよくするため(硬水の軟化剤)，食品添加物(油脂の酸化防止など)，薬剤，血液の凝固防止剤，その他，様々な所で多用されている．

問題 8-63 1.00 mmol/L の Ca^{2+} 溶液にちょうど当量の(1.00 mmol/L となるように)$EDTA^{4-}$ を加えた(溶液の pH＝12 とする)．この溶液中では何%の Ca^{2+} が EDTA 錯体として存在しているか．ただし，安定度定数は $K = [Ca(EDTA)^{2-}]/([Ca^{2+}][EDTA^{4-}]) = 10^{10.5}$ である*．

    * EDTA≡Y と表現すると，EDTA は H_4Y, H_3Y^-, H_2Y^{2-}, HY^{3-}, Y^{4-} の五つの化学種の平衡混合物として存在し，その組成は pH によって変化する．これらの化学種と Ca^{2+} との生成定数はそれぞれ異なっているので，Ca(EDTA)錯体生成の見かけの K (条件生成定数)の値は pH によって変化する(副反応係数 α_H)．

8-2-3 キレート滴定法とはどんな方法か？

多座配位子，二座配位子：EDTA のように複数の箇所で金属イオンと結合する配位子のことを多座配位子という．EDTA は 6 箇所で結合するから六座配位子である(右頁図)．なお，アンモニア分子 NH_3，水分子 H_2O は 1 箇所で配位するから**単座配位子**，エチレンジアミン $H_2NCH_2CH_2NH_2$ は 2 箇所の N 原子で配位するから二座配位子である(右頁図)．

問題 8-64 キレートとはなにか．

    デモ $CuSO_4 \cdot 5H_2O$ の水溶液 ＋ NH_3 → $[Cu(NH_3)_4]^{2+}$ の深青色溶液，この溶液に EDTA・2Na の固体を加える → 淡青色となる，なぜか？

問題 8-65 EDTA は多くの金属イオンと安定な錯体(金属キレート)をつくるので，これを用いて金属イオンを滴定し，その濃度を求めることができる．この方法をキレート滴定法といい様々な金属イオンの分析に幅広く用いられている．滴定の終点決定には金属指示薬とよばれる中和滴定の pH 指示薬と同じ役割を果たすものが使用される．この終点決定原理について述べよ．

    (右頁より続き) M＋L → ML(着色：ただし，この錯体はあまり安定ではない.)
ML＋EDTA → M(EDTA)＋L (変色：EDTA は ML 錯体から M を奪い取り無色で安定な M(EDTA)錯体となる．当量点では ML はすべて L になり，溶液は ML の色から L の色へと変色する.)

    * キレート滴定では pH のコントロールが極めて重要である(錯体の安定性・条件生成定数は pH により大きく変化するし，金属イオンの加水分解も考慮する必要がある)．

答 8-61 $Ag^+(aq) + NH_3(aq) \rightleftharpoons [Ag(NH_3)]^+(aq)$ $[Ag(NH_3)_2]^+$の構造

$[Ag(NH_3)]^+(aq) + NH_3(aq) \rightleftharpoons [Ag(NH_3)_2]^+(aq)$ $H_3N-Ag-NH_3$(直線分子)
両者をまとめて書くと，

$Ag^+(aq) + 2NH_3(aq) \rightleftharpoons [Ag(NH_3)_2]^+(aq)$ aq：水和イオン(水に溶けたイオン)

これらの平衡の錯形成平衡定数(生成定数, 安定度定数)は，それぞれ K_1, K_2, β である．

$$K_1 = \frac{[[Ag(NH_3)]^+]}{[Ag^+][NH_3]} \quad K_2 = \frac{[[Ag(NH_3)_2]^+]}{[[Ag(NH_3)]^+][NH_3]} \quad \beta = \frac{[[Ag(NH_3)_2]^+]}{[Ag^+][NH_3]^2} = K_1 K_2$$

K_1, K_2 を逐次生成定数, β を全生成定数という．多段階の錯形成反応では，一般に $\beta = K_1 K_2 K_3 \cdots$ なる逐次生成定数の積で表されることが理解できよう．

答 8-62 EDTA(ethylenediamine tetra acetic acid：エチレンジアミン四酢酸)の構造式は，

$$\text{HOOC-H}_2\text{C} \diagdown \quad \diagup \text{CH}_2\text{COOH} \\ \text{N-CH}_2\text{-CH}_2\text{-N} \\ \text{HOOC-H}_2\text{C} \diagup \quad \diagdown \text{CH}_2\text{COOH}$$

であり，錯体をつくるときには酢酸基部分 $-CH_2COOH$ の H^+ が解離し, 4−イオンとなる．

EDTA 錯体の構造

答 8-63 $Ca^{2+}\ +\ \ EDTA^{4-}\ \rightleftharpoons\ \ Ca(EDTA)^{2-}$ (答 8-21, 47 参照)

$0.001 - x$ $0.001 - x$ x (1 mmol $= 0.001$ mol)

$\dfrac{x}{(0.001-x)(0.001-x)} = 10^{10.5}$ この式を変形して，

$10^{10.5} x^2 - (0.002 \times 10^{10.5} + 1)x + 10^{4.5} = 0$ なる二次方程式を解けば x が求まる．

$x = [(0.002 \times 10^{10.5} + 1) \pm \sqrt{\{(0.002 \times 10^{10.5} + 1)^2 - 4 \times 10^{15}\}}] / (2 \times 10^{10.5})$

$= \{(0.002 \times 10^{10.5} + 1) \pm 1.124 \times 10^4\}/(2 \times 10^{10.5}) = 9.9982 \times 10^{-4}$

$(x/0.001) \times 100 = (9.9982 \times 10^{-4}/0.001) \times 100 = 99.98\%$ が EDTA 酸錯体として存在する．

答 8-64 二座配位子が金属イオン M に結合すると，金属イオンは蟹の両方のはさみで挟まれたような形になることから，二座配位子・多座配位子をキレート(ギリシャ語で蟹のはさみの意)配位子という．そこで，多座配位子からなる錯体を金属キレート，キレート化合物ともいう．

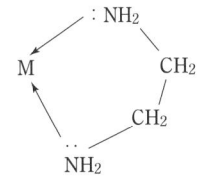

答 8-65 金属イオン M の溶液に，安定度の小さい配位子 L を加えて着色した錯体 ML をつくっておく．ここに M より過剰量の EDTA を加えると，M は EDTA と安定な無色錯体 M(EDTA) をつくるために，もともとあった ML は分解し，ML の色は消失する．M が EDTA より余分にあれば，この余分の M と L とが反応し溶液は着色したままであるが，M が EDTA と同じ量だけ加えられると M はすべて M(EDTA) となってしまう(問題 8-63)．つまり，ML が全部 M(EDTA) に置き換わったときに ML の色が完全に消えるので，これを滴定終点として，このときまでに要した濃度既知の EDTA の滴定量をもとにして M の濃度を求めることができる．すなわち，M の量と EDTA の量に当量関係が成立する．この滴定では一個の M と一分子の EDTA とが反応するので，滴定反応の濃度計算公式 $mCV = m'C'V'$ で $m = m' = 1$ として計算すれば C を求めることができる．(左頁に続く)

問題 8-66　牛乳中の Ca の含有量を知るために，0.01 mol/L の EDTA（$F = 1.023$）を用いて，5.00 mL の牛乳に金属指示薬を加えて滴定したところ，EDTA の 13.82 mL で終点となった．牛乳中の Ca のモル濃度を求めよ．また Ca 濃度を mg/100 mL 牛乳として表せ．

8-3　溶解平衡と溶解度積・沈殿滴定法
8-3-1　難溶性の塩の溶解度をなぜ学ぶのか？

デモ　水道水，醤油の希釈液＋硝酸銀 $AgNO_3$ 水溶液 → ？

問題 8-67　水道水に硝酸銀 $AgNO_3$ の水溶液を加えると白く濁る．白濁（白い沈殿）は何か．

デモ　塩化バリウム $BaCl_2$ 水溶液＋硫酸ナトリウム Na_2SO_4 水溶液 → ？

問題 8-68　胃のレントゲン精密検診の際に飲むバリウム（白いどろっとした液）とは何か．

問題 8-69　一般試料中や食品中の Cl^- イオンの分析，たとえば醤油中の食塩含有量の分析を行うには，どのような方法を用いるか．

問題 8-70　目的物を難溶性の沈殿として分離・回収し，分析する方法は一般的である．
この例として，
(1) 食品中のカルシウムイオン Ca^{2+} を分析する方法，
(2) 試料中の硫酸イオンの量を求める方法，について述べよ．

デモ　塩化カルシウム $CaCl_2$ 水溶液＋シュウ酸ナトリウム $Na_2(C_2O_4)$ 水溶液 → ？

問題 8-71
(1) 食事，栄養補助食品・錠剤で Ca^{2+} を一度にたくさんとった場合，Ca の吸収率はどうなると推定されるか．

(2) シュウ酸イオン（「あく」の成分）をたくさん含むほうれん草と一緒に Ca^{2+} を摂取する場合には Ca の摂取量の栄養計算でどのような考慮がなされるか．

以上のように，塩の溶解度を支配する法則である溶解平衡・溶解度積について学ぶことは，諸君にとって決して縁遠い・無意味なことではない．

8-3-2　溶解平衡と溶解度積・沈殿滴定法

問題 8-72　塩化銀 AgCl，硫酸バリウム $BaSO_4$ のような難溶性塩の飽和溶液では固相（沈殿）と水中に溶けた溶質（AgCl，$BaSO_4$）との間に平衡が成立している．溶けた溶質は通常は完全に電離（イオン化）している．AgCl を例に，溶解平衡の平衡式と平衡定数を示せ．

答 8-66　CaとEDTAは1：1で反応する(1：1錯体を形成する)．したがって，$CV = C'V' (= $ mol数)が成立する．
　　(0.01×1.023) mol/L $\times (13.82/1000)$ L $= x$ mol/L $\times (5.00/1000)$ L より $x = 0.00283$ mol/L．
　　Caの原子量は40.1．40.1×1000 mg/mol $\times 0.00283$ mol/L $\times (100/1000)$ L $= \underline{113\text{ mg}}$ (/100 mL)

答 8-67　白濁(白い沈殿)は水道水の消毒に使った塩素から生じた塩化物イオン Cl^- が銀イオン Ag^+ と反応し，水に難溶性の(溶けにくい)白色の塩化銀 $AgCl$ を生じたためである．この硝酸銀テストは溶液中の塩化物イオンの存在の有無を調べるために用いられる．$Ag^+ + Cl^- \rightarrow AgCl \downarrow$

答 8-68　このバリウムとは難溶性の硫酸バリウム $BaSO_4$ (白色粉)を水に混ぜたものである．Baは鉛と同様に重い元素であり，X線を通さないので，この化合物である $BaSO_4$ を飲んでレントゲンをとれば胃の形がきれいに写るわけである．この $BaSO_4$ がもし水によく溶けるならばこのような目的に使えないだけでなく，バリウムイオン Ba^{2+} の一部が体内に吸収されて身体に有害となる．　$Ba^{2+} + SO_4^{2-} \rightarrow BaSO_4 \downarrow$　$(BaCl_2 + Na_2SO_4 \rightarrow BaSO_4 \downarrow + 2NaCl)$

答 8-69　試料の一定量を濃度既知の硝酸銀溶液で滴定し，もはや難溶性の $AgCl$ の沈殿が生じなくなる点での硝酸銀の滴定体積から食塩(Cl^-)の濃度を知るという方法，沈殿滴定法なる容量分析法，を用いる．

答 8-70　(1) Ca^{2+} と難溶性の化合物(塩)をつくるシュウ酸イオン $C_2O_4^{2-}$ を加えて Ca^{2+} をシュウ酸カルシウム $Ca(C_2O_4)$ の沈殿としてろ過して取り出し，これを分析することにより元の食品中のCaの含有量を求める．(問題 7-43)

$$C_2O_4^{2-} = (COO^-)_2 = \begin{matrix} COO^- \\ | \\ COO^- \end{matrix} = \begin{matrix} O=C-O^- \\ | \\ O=C-O^- \end{matrix}$$

　　(2) 重量分析法：硫酸イオンを含む溶液に塩化バリウム $BaCl_2$ 溶液を加えて，溶液中の SO_4^{2-} を難溶性の硫酸バリウム $BaSO_4$ 沈殿として回収し，この重量を秤量することより元の試料中の SO_4 量を求める．硫酸銅 $CuSO_4 \cdot 5H_2O$ 結晶中の SO_4^{2-} の分析など．(問題 7-45)

答 8-71　(1) 小腸から吸収される際に，Ca^{2+} は消化液に含まれる炭酸水素イオン HCO_3^-，または食品中に含まれているかもしれないリン酸イオン HPO_4^{2-} と反応し，難溶性の $CaCO_3$，$CaHPO_4$ などとして沈殿してしまい，小腸から吸収されにくくなってしまう．
　　(2) 難溶性のシュウ酸カルシウム $Ca(C_2O_4)$ が生成・沈殿し，体に吸収されないので，この分を Ca摂取量から差し引く(シュウ酸含有量×Ca式量/$C_2H_2O_4$式量(40/90 = 0.44))．(問題 6-6)

答 8-72　$AgCl$ の溶解平衡式は：$AgCl(s) \rightleftarrows Ag^+(aq) + Cl^-(aq)$
　　(s)は固体(solid)，(aq)は水に溶けていること(aqとはaqua＝水の略)，したがって(aq)はアクアイオン(水和イオン)を示している．
　　すると，この溶解平衡の平衡定数 K は，$K = \dfrac{[Ag^+(aq)][Cl^-(aq)]}{[AgCl(s)]} \equiv \dfrac{[Ag^+][Cl^-]}{[AgCl(s)]}$ と表される．

164

問題

問題 8-73 (1) AgCl の固体中では AgCl の濃度は一定であるので*，これを平衡定数 K に含めて扱うことができる．すると平衡定数 K に固体中の AgCl の濃度*を掛けたものも一つの定数となる．この関係式を示せ．また，この定数を何とよび，いかなる記号で表すか．

* 純物質固体の活動度(8-3-4 項で学ぶ) $a = 1$ と約束・定義する．したがって AgCl(s) の活動度 $a = 1$.

(2) 難溶性塩 M_mA_n（陽イオン M^{n+}，陰イオン A^{m-}）ではこの関係式はどう表されるか．

問題 8-74 AgCl の溶解度積 $K_{sp} = 1.7 \times 10^{-10}$ (mol/L)² である．純水中における AgCl の溶解度を計算し，結果を mol/L, mg/L で表せ．原子量は表紙裏の周期表を参照せよ．

問題 8-75 以下の条件で AgCl が沈殿するか否かを判断せよ．
ただし，AgCl の $K_{sp} = 1.7 \times 10^{-10}$ (mol/L)² である．

(1) $[Ag^+] = 1 \times 10^{-6}$ mol/L, $[Cl^-] = 1 \times 10^{-4}$ mol/L のとき．

(2) $[Ag^+] = 1.7 \times 10^{-5}$ mol/L, $[Cl^-] = 1.0 \times 10^{-5}$ mol/L のとき．

(3) $[Ag^+] = 1.7 \times 10^{-5}$ mol/L, $[Cl^-] = 1.7 \times 10^{-5}$ mol/L のとき．

問題 8-76 赤色沈殿となるクロム酸銀 Ag_2CrO_4 は $AgNO_3$ を用いた沈殿滴定（銀滴定）の指示薬として用いられている（モール法という）．この沈殿生成反応は次式で表される．

$Ag_2CrO_4(s) \rightleftharpoons 2 Ag^+(aq) + CrO_4^{2-}(aq)$ ($\rightleftharpoons Ag^+ + Ag^+ + CrO_4^{2-}$)

また，$K_{sp} = [Ag^+]^2[CrO_4^{2-}] = 1.9 \times 10^{-12}$ (mol/L)³ である．クロム酸銀の溶解度を求めよ．

デモ $AgNO_3$ 水溶液 + クロム酸カリウム K_2CrO_4 → ?，Ag_2CrO_4（沈殿）+ NaCl 水溶液 → ?

問題 8-77 以下の実験により醤油中の食塩の含有量を求めた．醤油の 5.00 mL を水で 500 mL に希釈した．この希釈液の 10.00 mL を採取し，水 40 mL と 10% クロム酸カリウム 0.5 mL を加えて 0.02 mol/L の硝酸銀溶液（$F = 0.987$）で滴定した．滴定では，硝酸銀溶液を滴下するたびに AgCl の白色沈殿とともに Ag_2CrO_4 の赤色沈殿が生じた．この赤色沈殿は液を混合するとすぐ消えたが，滴定値 11.34 mL でこの赤色沈殿はもはや消えなくなった．

(1) クロム酸銀 Ag_2CrO_4 が滴定終点決定の指示薬となる原理を説明せよ．

(2) この醤油中の食塩のモル濃度を求めよ．

(3) この醤油中の食塩の w/v%濃度を求めよ．

飽和溶液の溶解度がわかれば溶解度積が求まる．溶解度積がわかっていれば，上の例より明らかなように，溶解度を求めることができる．沈殿生成の有無は，構成イオンのイオン積が溶解度積より大きいか（沈殿生成）小さいか（沈殿無し）により，実験なしで，計算で予言できることが理解されよう．溶液中に含まれているイオンの種類を調べるイオンの系統定性分析では，様々な条件でそれぞれのイオンを順次沈殿させることによりイオンを分離する．この条件設定には溶解度積の知識が必須である．たとえば Ag^+，Cu^{2+}，Fe^{3+}，Al^{3+}，Ba^{2+} が含まれる溶液では Ag_2O，$Cu(OH)_2$，$Fe(OH)_3$，$Al(OH)_3$，Ag_2S，CuS，FeS，$AgCl$，$BaSO_4$ のような難溶性の沈殿を生じること，この溶解度が pH で変化することを利用してイオンを分析する．（右頁*参照）

答

8　化学平衡と平衡定数　165

答 8-73　(1) この定数を溶解度積 solubility product とよび，K_{sp} という記号で表す．
$K[AgCl(s)] = [Ag^+][Cl^-] = K_{sp}$（一定値），または，$K_{sp} = [Ag^+][Cl^-]$．$K_{sp}$ は，温度が一定であれば一定の値となる．

(2) $M_mA_n(s) \rightleftarrows mM^{n+}(aq) + nA^{m-}(aq)$ なる溶解平衡では $K_{sp} = [M]^m[A]^n$（一定値）．問題 8-15〜17 を参照せよ．

答 8-74　溶解した $AgCl = S$ mol/L とする．$AgCl(s) \rightarrow Ag^+ + Cl^-$ の関係から，$S = [AgCl(溶解)] = [Ag^+] = [Cl^-]$ が成立．すると，$K_{sp} = [Ag^+][Cl^-] = S \cdot S = S^2$．よって溶解度 $S = \sqrt{K_{sp}}$．
25℃ では AgCl の $K_{sp} = 1.7 \times 10^{-10}$ (mol/L)^2．溶解度は，$S = \sqrt{K_{sp}} = \sqrt{1.7 \times 10^{-10}} = 1.3 \times 10^{-5}$ (mol/L)．溶液中には 1.3×10^{-5} mol/L の AgCl（Ag^+ と Cl^-）が溶けている．
AgCl 式量 $= 107.9 + 35.45 = 143.4$　　　143.4×1000 mg/mol $\times 1.3 \times 10^{-5}$ mol/L $= 1.86$ mg/L

答 8-75　(1) イオン積 $[Ag^+][Cl^-] = 1 \times 10^{-10}$ (mol/L)$^2 < K_{sp}$ だから不飽和溶液．沈殿は生じない．$[Ag^+][Cl^-] > K_{sp}$ とするには，$[Ag^+]$ か $[Cl^-]$ の濃度を高める必要がある．

(2) $[Ag^+][Cl^-] = K_{sp}$ であり，飽和溶液だから，この場合も沈殿は生じない．

(3) $[Ag^+][Cl^-] > K_{sp}$ この場合には $[Ag^+][Cl^-] = K_{sp}$ の関係を満たすようになるまで $[Ag^+]$ と $[Cl^-]$ の濃度が減少する必要がある．イオンの一部が AgCl として沈殿する．

答 8-76　純水への Ag_2CrO_4 の溶解度 S は，$Ag_2CrO_4(s) \rightarrow 2Ag^+ + CrO_4^{2-}$ だから，
　　　　　　　　　　　　　　　　　　　　　S　　　→　$2S$　　　S
$K_{sp} = [Ag^+]^2[CrO_4^{2-}] = [2S]^2[S] = 4S^3 = 1.9 \times 10^{-12}$．$Ag_2CrO_4$ の溶解度は
$S = \sqrt[3]{K_{sp}/4} = \sqrt[3]{1.9 \times 10^{-12}/4} \fallingdotseq 7.8 \times 10^{-5}$ mol/L となる．（関数電卓で $\sqrt[3]{\ }$ を用いて計算する）

答 8-77　(1) Cl^- と CrO_4^{2-} とを含む試料液に $AgNO_3$ を加えると難溶性の AgCl，Ag_2CrO_4 がともに生じるが，まだ未反応の Cl^- がある場合には，AgCl は Ag_2CrO_4 よりはるかに難溶性なので，溶液中の Cl^- は Ag_2CrO_4 沈殿から Ag^+ を奪い取り，AgCl として沈殿する．その結果 Ag_2CrO_4 は溶けて黄色の CrO_4^{2-} に戻ってしまう．溶液中の Cl^- が無くなるまでこの反応がおこるが，Cl^- が無くなると，過剰の Ag^+ と CrO_4^{2-} が，やっとめでたく反応できて，赤色沈殿 Ag_2CrO_4 を生じることになる．すなわち，赤色が消えなくなった時点が Cl^- の当量点である．

(2) この滴定反応は $Ag^+ + Cl^- \rightarrow AgCl\downarrow$ である．$mCV = m'C'V'$ の関係より，
$1 \times (0.02 \times 0.987)$ mol/L $\times (11.34/1000)$ L $= 1 \times C$ mol/L $\times \{(10.00/1000)$ L $\times (5.00/500)\}$
(Ag, Cl 共に 1 価なので $m = m' = 1$) これを解くと，$C = 2.239 \fallingdotseq 2.24$ mol/L

(3) NaCl の式量 $= 58.5$，NaCl の含有量 $= 58.5$ g/mol $\times 2.24$ mol/L $= 131.0$ g/L $= 13.1$ g/100 mL
よって食塩の濃度は $13.1\%(w/v)$．

* 硫化水素 $H_2S \rightleftarrows HS^- + H^+$，$HS^- \rightleftarrows S^{2-} + H^+$，金属イオン $M^{2+} + S^{2-} \rightarrow MS\downarrow$ (ppt：沈殿生成)
酸解離平衡式から明らかなように，pH により $[S^{2-}]$ は変化する．pH を酸性にして溶解度の小さい硫化物のみを沈殿させたり，pH を中性，弱アルカリ性にして酸性側では沈殿しない金属イオンを沈殿させることができる（$K_{sp} = [M^{2+}][S^{2-}] = [M^{2+}] \times C_{H_2S}/\{[H^+]^2/(K_{a1}K_{a2}) + [H^+]/K_{a2} + 1\}$ より，pH で $[M^{2+}]$ が変化する）．ここで，C_{H_2S} は H_2S の総濃度，K_{a1}，K_{a2} は上記の酸解離反応の平衡定数（酸解離定数）である．

8-3-3 難溶性塩の溶解度に及ぼす共通イオン効果

ある塩が，すでにそのイオンのうちの一つを含むような溶液中に溶解するとき，溶解度は純水中よりは小さくなる．たとえば，AgClはNaCl溶液中では，純水中よりも溶解度が小さい．$AgNO_3$溶液中でも同様である．これらの場合，双方の溶質は一つの共通イオン，Cl^-またはAg^+をもつ．共通イオンの存在で溶解度が減少することを共通イオン効果という．共通イオン効果は，重量分析で溶液中から目的物をなるべく完全に回収する際に利用される．

問題 8-78

(1) 純水中のAgClの溶解度はいくらか．

(2) 0.010 mol/L NaCl中でのAgClの溶解度はいくらか．

ただし，AgClの$K_{sp}=1.7\times10^{-10}$ $(mol/L)^2$である．

8-3-4 活量係数：イオン強度の影響

一般に化学平衡の法則（質量作用の法則，平衡定数の定義）が厳密に適用できるのは濃度Cではなく，溶質間の相互作用などを考慮に入れた，いわば「実効濃度」である**活量**（活動度 activity）aを用いたときであり，$a=\gamma\times C=\gamma C$と書き表される．$\gamma$は**活量係数**といわれる理想状態からのずれを表した補正係数である．したがって，反応式 $aA+bB+\cdots \rightleftarrows cC+dD+\cdots$ についての平衡定数は，厳密には，$K=\dfrac{(a_C)^c\times(a_D)^d\times\cdots}{(a_A)^a\times(a_B)^b\times\cdots}=\dfrac{(\gamma_C[C])^c\times(\gamma_D[D])^d\cdots}{(\gamma_A[A])^a\times(\gamma_B[B])^b\cdots}=K_C\dfrac{\gamma_C{}^c\gamma_D{}^d\cdots}{\gamma_A{}^a\gamma_B{}^b\cdots}$と表される．

Kは熱力学的平衡定数，K_Cを濃度平衡定数という．溶解度積K_{Sp}については右頁参照のこと．

問題 8-79 AgClの溶解度積は$K_{sp}=a_{Ag^+}\times a_{Cl^-}=\gamma_{Ag^+}[Ag^+]\times\gamma_{Cl^-}[Cl^-]=1.7\times10^{-10}$である．

(1) 0.1 mol/L 硫酸ナトリウムNa_2SO_4水溶液のイオン強度Iを計算せよ．

 * Iについては右頁の，「溶解度積K_{Sp}について」を参照のこと．

(2) このイオン強度における活量係数$\gamma_+=\gamma_-=\gamma_\pm$を$-\log(\gamma_{\pm z})\fallingdotseq0.5Z^2\sqrt{I}/(1+\sqrt{I})$の式から計算し，0.1 mol/L Na_2SO_4水溶液中におけるAgClの溶解度を求めよ．なお，純水中の溶解度$C_{AgCl}=C_{Ag^+}=C_{Cl^-}=\sqrt{(1.7\times10^{-10})}=1.3\times10^{-5}$ mol/Lとなる．陽イオンのγ_+値，陰イオンのγ_-値を別々に求めることはできないので両者を平均した活量係数$\gamma_\pm$を用いる．

p.157の補足：両性化合物・炭酸水素ナトリウム$NaHCO_3$の0.1 mol/L水溶液のpHはいくつか．
$NaHCO_3$は塩だからイオンに解離する：$NaHCO_3\rightarrow Na^++HCO_3^-$．$HCO_3^-$は酸（$CO_3^{2-}$の共役酸；① $HCO_3^-\rightarrow CO_3^{2-}+H^+$）であると同時に塩基（$H_2CO_3$の共役塩基；② $HCO_3^-+H^+\rightarrow H_2CO_3$）でもある，**両性化合物**である．①で生じた$[CO_3^{2-}]$と，②で生じた$[H_2CO_3]$が等しい，$[CO_3^{2-}]=[H_2CO_3]$，つまり，①で生じた$H^+$がすべて②に用いられて$H_2CO_3$になる（$2HCO_3^-\rightarrow CO_3^{2-}+H_2CO_3$）と近似する．この例のように，この近似が成り立つ場合には（コルトフ，「分析化学」），酸解離定数，$K_{a1}=[HCO_3^-][H^+]/[H_2CO_3]=10^{-6.4}$，$K_{a2}=[CO_3^{2-}][H^+]/[HCO_3^-]=10^{-10.4}$ より，$K_{a1}\times K_{a2}=[H^+]^2[CO_3^{2-}]/[H_2CO_3]=[H^+]^2=10^{-10.4-6.4}=10^{-16.8}$．よって，$[H^+]=10^{-8.4}$．pH=8.4となる（pHは濃度に依存しない）．$NaH_2PO_4$，$Na_2HPO_4$の場合も同様．一般に，pH=$1/2(pK_{ai}+pK_{aj})$．

答 8-78

(1) $AgCl \rightarrow Ag^+ + Cl^-$ だから，純水中では $[Ag^+] = [Cl^-]$. この関係を $K_{sp} = [Ag^+][Cl^-] = 1.7 \times 10^{-10}$ に代入すると，$[Ag^+]^2 = 1.7 \times 10^{-10}$ より，$[Ag^+] = [Cl^-] = 1.3 \times 10^{-5}$ mol/L.

(2) 0.01 mol/L NaCl 水溶液では $[Na^+] = [Cl^-] = 0.010$ mol/L. これに純水中(設問(1))と同量の AgCl が溶けた場合でも，$[Cl^-] = 0.01 + 0.000013 = 0.010013$ mol/L であり，実質，$[Cl^-] = 0.010$ と考えてよい．したがって，$K_{sp} = [Ag^+] \times 0.010 = 1.7 \times 10^{-10}$ の関係から，$[Ag^+] = 1.7 \times 10^{-8}$ mol/L となる．すなわち，0.010 mol/L NaCl 水溶液中には，AgCl は純水中の溶解度 1.3×10^{-5} mol/L の約 1/1000 しか溶けない．

溶解度積 K_{sp} について（左頁の補足説明）

溶解度積 K_{sp} についても，$K_{sp} = (a_M)^m \times (a_A)^n = (\gamma_M[M])^m \times (\gamma_A[A])^n$ となる．活量係数は実験的に，または希薄溶液中では理論的にも求めることができる．無限希釈(無限にうすい溶液中)では $\gamma = 1$ とみなすことができる．つまり，$a_M = [M]$，活量＝濃度となる．

K_{sp} は平衡定数であるから，温度一定であれば一定値となる．したがって，活量係数 γ が小さくなれば，上式より，濃度[M]，[A]は大きくなることがわかる．一般に γ は溶液中の全イオン濃度(イオン強度 I)が高くなるにつれ減少するので，難溶性塩の溶解度は他の塩が共存すると増大することになる．($I = 1/2 \Sigma c_i z_i^2$；c_i はイオンのモル濃度，z_i は電荷，Σ は溶液中の全イオンについての総和を意味する．)

答 8-79

(1) $I = 1/2 \Sigma c_i z_i^2 = 1/2 (C_{Na} Z_{Na}^2 + C_{SO_4} Z_{SO_4}^2)$.

0.1 mol/L Na_2SO_4 水溶液中の $[Na^+] = 2 \times 0.1 = 0.2$ mol/L，$[SO_4^{2-}] = 0.1$ mol/L だから，

$I = 1/2 (0.2 \times (+1)^2 + 0.1 \times (-2)^2) = 1/2 (0.2 + 0.4) = 0.3$ mol/L.

(2) $-\log \gamma_{\pm 1} = 0.5 \times (\pm 1)^2 \sqrt{0.3} / (1 + \sqrt{0.3}) = 0.18$. $\gamma_{\pm 1} = 10^{-0.18} = 0.66$.

$[Ag^+] \times [Cl^-] = 1.7 \times 10^{-10} / (\gamma_{Ag^+} \times \gamma_{Cl^-}) = 1.7 \times 10^{-10} / (0.66)^2$. AgCl の溶解度 $C_{AgCl} = C_{Ag^+} = C_{Cl^-}$
$= \sqrt{(1.7 \times 10^{-10})/(0.66)^2} = 1.3 \times 10^{-5}/0.66 = 1.97 \times 10^{-5}$ mol/L となる．

つまり純水中の 1.5 倍の溶解度がある．$(1.97 \times 10^{-5}/(1.3 \times 10^{-5}) = 1.52)$

8-4 分配平衡と溶媒抽出，分配クロマトグラフィー
8-4-1 溶媒抽出とは何か？

問題 8-80 (1) われわれが緑茶・紅茶を飲むときに茶葉をお湯に浸すのはなぜか．

(2) おいしいお茶をいれるためには玉露では 50～60℃，煎茶では 80～90℃ のお湯，番茶では沸騰したお湯でお茶を入れるのがよいとされている．これはなぜか．

問題 8-81 (1) 食品分析において用いられる溶媒抽出の例をあげよ．

(2) 血清中の成分を分析する際に用いられる溶媒抽出の例をあげよ．

(3) 溶媒抽出法とはどのような方法か，説明せよ．

8-4-2 ネルンストの分配律：分配平衡と分配係数（分配定数）

デモ 赤橙色の鉄(Ⅱ)錯体[Fe(phen)$_3$]Cl$_2$ 水溶液＋ニトロメタン（有機相）・振とう → 水相（上）は赤橙色，有機相（下）は無色．この液にヨウ化カリウム KI を加えて振とう → 水相は無色，有機相は赤橙色となる（色素が水相から有機相へ抽出された）．

分液ロート
[漆原義之編，"有機化学実験"，東京大学出版会(1961), p.26]

問題 8-82
(1) 溶媒抽出における水相と有機相の両相への物質の分配の原理について述べよ．

(2) 分配係数とは何か，定義を示せ．

問題 8-83 ネルンストの分配率とは何か．

答 8-83 「溶質 S が互いに混ざりあわない二つの溶媒に分配されたとき，S の総濃度が低くても高くても，両液相における溶質の濃度比は常に一定である」という法則．両液相における溶質 S の同一化学種（化学形）について，分配係数（分配定数ともいう）という平衡定数 K_D が存在する，とも表現できる．一定温度下では，いかなる平衡定数も溶質の総濃度と無関係に一定である．

問題 8-84
(1) 血清 10 mL 中に脂質が 15 mg 溶けている．$K_D=10$ の有機溶媒 10 mL を使って血清中の脂質を抽出したとき，有機相，血清（水相）には脂質がそれぞれ何 mg 溶けているか．

(2) (1)の処理をした血清をさらに新しい有機溶媒 10 mL で抽出したとき，血清中に残っている脂質は何 mg か．また，3 度目の抽出操作後の残存量はいくつか．

答 8-80 (1) 茶葉中の成分をお湯中に溶かし出すためである．これは茶葉という固体中に含まれる成分をお湯という溶媒で取り出して(抽出して)いる固液抽出の一例である．

(2) お茶にはアミノ酸，カテキン，タンニン等のポリフェノール，その他の成分が含まれる．お湯の温度を変えるのはこれらの成分のうち優先的に抽出される成分が異なっていたり，お茶の種類でそれらが抽出される条件がそれぞれ異なるためである．最近はお茶のもつ各種の健康維持作用と殺菌作用などが注目されているが，抽出の仕方で効果は異なるはずである．二番出し，三番出し，は二度目，三度目の抽出ということであり，漢方薬を煎じるのは徹底的に成分を抽出していることにほかならない．洗濯で汚れを洗い落とすのも溶媒抽出の一例である．水を無駄にしない効率的な洗浄や，効果的な抽出を行うために，また，各種のクロマトグラフ法による分離の基本概念として，溶媒抽出の原理を理解することは重要である．

答 8-81 (1) 食品中の脂肪分を分析するにはエーテルによる連続的な固液抽出が行われる(右図：ソックスレー抽出器)．加熱されて蒸発したエーテルが冷却塔で液化，これが落下する際に円筒ろ紙中の試料の中の脂肪分を溶出(抽出)する．脂肪分が溶けたエーテルから，再度エーテルのみが蒸発し，同じことを繰り返す．

(2) 血清中の脂質を分析する際には脂質を血清からクロロホルムで抽出する液液抽出，いわゆる溶媒抽出，が行われる．血清＋クロロホルムで振とうし(振ること)，分離したクロロホルム相に溶けた脂質を取り出し分析する．

(3) 溶媒抽出法は，水−エーテル，水−クロロホルムのようにお互いに混ざり合わない二液相へ，物質が一定比率で分配される現象にもとづいて行われる分離・濃縮・精製法．有機化学・分析化学でよく用いられる．

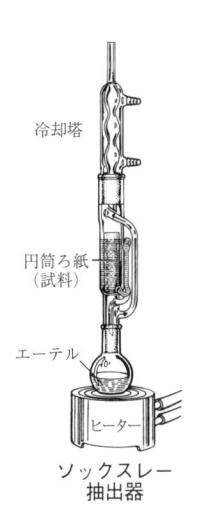

答 8-82 (1) ある化合物 S の水溶液をエーテルとかクロロホルムのような水と混ざらない有機溶媒(油)と振り混ぜる(振とうする)と，その化合物は水相 W(water) と有機溶媒相 O(organic solvent) の両相に分かれて溶ける．水に溶けやすい物質なら有機相 O よりも水相 W にたくさん溶けこむし，油の類なら水相 W より有機相 O にたくさん溶けることになる．

(2) 分配係数 K_D とは両相に溶けこむ溶質の割合を示したものであり，次式で定義される．

$$K_D = \frac{[S]_O}{[S]_W} = \frac{有機相中のSの濃度}{水相中のSの濃度}(一定)$$

有機相 O	S
	⇅ −
水相 W	S

答 8-84 (1) $K_D = C_o/C_w = 10$．水相と有機相の体積が等しいので，含まれる脂質の質量比は $m_o/m_w = 10$．よって，$m_o = 10\,m_w$．また，$m_o + m_w = 10\,m_w + m_w = 11\,m_w = 15$ mg より，$m_w = 15/11 = 1.36$ mg．血清中に 1.36 mg 残存．有機相には $15 - 1.36 = 13.64$ mg 抽出された．

(2) 1.36 mg が二相に再度 10：1 で分配されるので，$m_o/m_w = 10$，$m_o + m_w = 1.36$ mg．よって，$m_w = 1.36/11 = 0.124$ mg．血清中に 0.124 mg 残存．3 回抽出後残存量 $0.124/11 = 0.011$ mg

8-4-3 分配比と抽出率

問題 8-85 分配比とは何か．定義を示せ．

問題 8-86 実際の溶媒抽出では，なぜ分配係数でなく分配比をしばしば用いるのか．

問題 8-87 溶質 S のうちどれだけが有機相 S に抽出されているかを示す比率を抽出率 E という．水相と有機相の容積を V_w, V_o, 溶質の濃度を $[S]_{w,total}$ $[S]_{o,total}$, 分配比を D とすれば抽出率 E はどのように表されるか．V_w, V_d, D を用いて表せ．

問題 8-88 100 mL の水溶液から 100 mL の有機溶媒を用いて抽出を行う場合について，次の 3 種類の抽出法で抽出率はそれぞれどのように変化するか．ただし分配比 $D=4$ とする．

(1) 1 度に 100 mL の有機溶媒を用いて抽出したとき．

(2) 1 度に 50 mL を用いて抽出を 2 回繰り返したときの 2 回の抽出率の合計値．

(3) 1 度に 25 mL を用いて抽出を 4 回繰り返したときの 4 回の抽出率の合計値．

以上，1 回，2 回，4 回の繰り返し抽出で抽出率がそれぞれ 80%，89%，94% となることから類推できるように，同じ液量を用いて抽出する場合には，その液を小分けして何度も抽出した方が抽出率は大きくなることがわかる．器具の洗浄や，薬品を洗い込む場合も同じである．1 回すすぐよりも，液量を小分けして，3 回すすぐことを心がけるべきである．

問題 8-89 水相への残存率 R は抽出率の裏返しだから，$R=1-E$ で表される．

$$R = 1 - E = \frac{D + V_w/V_o - D}{D + V_w/V_o} = \frac{V_w/V_o}{D + V_w/V_o} = \frac{1}{DV_o/V_w + 1}$$

V_o を n 回に小分けして用いると n 回の抽出を行うことができる．この場合の水相への残存率を，水相と同じだけの有機相を用いる場合，$V_w = V_o$，について考えよう．

(1) 抽出一回分の有機溶媒の液量 V_o はいくらか．

(2) n 回抽出後の残存率 R_n はいかなる式で表されるか．

(3) 分配比 $D=4$ のとき，$n=1, 2, 3, 4$ について残存率 R_n を計算せよ．

8-4-4 クロマトグラフィーとは何か：分配クロマトグラフィーとその他のクロマトグラフィー

デモ ろ紙を使ってボールペンの色素を分ける．ボールペンのインクはろ紙上に (2×5 cm)，重ならないように何本も薄く線状（バンド状に 1 mm）につける．展開溶媒は酢酸エチル/アセトン = 10/1．展開時間 3 分．

答 8-85　分配比 $D = \dfrac{[S]_{O,total}}{[S]_{W,total}} = \dfrac{有機相中のSの全濃度}{水相中のSの全濃度}$

答 8-86　分配係数 K_D は平衡定数(一定値)であり，同じ化学種にしか成立しない．ところが一般には水溶液中と有機溶媒中とでは化学種が異なるのが普通である*．したがって分配係数のみを用いた議論は困難である．そこで実用上有用な両液相中の溶質の全濃度で表される分配比 D（平衡定数ではないので常に一定ではない）を用いて抽出結果を表す．

* たとえば酢酸 CH_3COOH は水中では，CH_3COOH，CH_3COO^- として存在するが，ベンゼン中では二量体 $(CH_3COOH)_2$ として存在する．

答 8-87　抽出率 $E = \dfrac{[S]_{O,total}V_O}{[S]_{O,total}V_O + [S]_{W,total}V_W} = \cdots = \dfrac{D}{D + V_W/V_O}$ と表される（…を自分で導くこと）．

答 8-88　(1) $E = D/(D + 100/100) = D/(D+1) = 4/5 = 0.80 \to 80\%$：1回の抽出率は80%

(2) $E_1 = D/(D + 100/50) = D/(D+2) = 4/6 = 0.67 \to 67\%$
$E_2 = (1-0.67) \times D/(D + 100/50) = 0.33 \times 4/6 = 0.22 \to 22\%$
よって2回の抽出率合計は $67 + 22 = 89\%$

(3) $E_1 = D/(D + 100/25) = D/(D+4) = 4/8 = 0.50 \to 50\%$
$E_2 = (1-0.50) \times D/(D + 100/25) = 0.50 \times 4/8 = 0.25 \to 25\%$
$E_3 = (1-0.50-0.25) \times D/(D + 100/25) = 0.25 \times 4/8 = 0.125 \to 12.5\%$
$E_4 = (1-0.50-0.25-0.125) \times D/(D + 100/25) = 0.125 \times 4/8 = 0.063 \to 6.3\%$
よって4回の抽出率合計は $50 + 25 + 12.5 + 6.3 = 93.8\%$

答 8-89　(1) 1回分の有機溶媒の液量は $V_O = V_W/n$．　(2) 1回抽出後の残存率 R_1 は，$R_1 = (1-E)$．n 回抽出後の残存率 R_n は，$R_n = (1-E)^n = \left(\dfrac{1}{DV_O/V_W + 1}\right)^n = \left(\dfrac{1}{D/n + 1}\right)^n$ と表される．

(3) 残存率 R は，分配比 $D = 4$ のとき，
$n = 1$ では $R_1 = \{1/(4+1)\} = 1/5 = 0.20 \to 20\%$
$n = 2$ では $R_2 = \{1/(4/2+1)\}^2 = (1/3)^2 = 0.11 \to 11\%$
$n = 3$ では $R_3 = \{1/(4/3+1)\}^3 = (3/7)^3 = 0.079 \to 7.9\%$
$n = 4$ では $R_4 = \{1/(4/4+1)\}^4 = (1/2)^4 = 0.0625 \to 6.3\%$
このように小分けする方が残存率は小さくなることがわかる．

クロマトグラフィーとは何か：chromatography は日本語でもそのままクロマトグラフィーというが，クロムは色という意味であり，chromatography をあえて訳すと色層分析法となる．この方法は，炭酸カルシウム(黒板の白墨・チョーク)の粉をガラス管(カラム)に詰めたものに植物から抽出された複数の色素の混合物を流すことにより，その成分色素が別々の色素の帯となってカラム上に展開・分離できたことに端を発している(カラムクロマトグラフィー)．つまり，クロマトグラフィーとは溶媒(**移動相**)中の混合物を**固定相**(この場合，炭酸カルシウム粉末)に通すことにより，各成分と固定相との相互作用(吸着性，二相間の分配比)の差異を利用して，各成分を分離・分析する方法である．移動相が固定相を徐々に流れていく中で各成分が相互作用(固定相と移動相間の分配平衡)を繰り返すことにより，それぞれの成分の流れる速さ(**保持時間** retention time・**保持体積** retention volume)が異なってくるために分離が達成される．

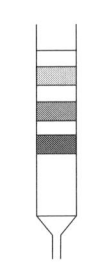

クロマトグラフィー

問題

問題 8-90 クロマトグラフィーは混合物中の各成分を分離する最も有力な方法である．実験目的に応じて，様々な名称のクロマトグラフィーが用いられている．
以下の分類に従い，それぞれのクロマトグラフィーの名称を述べよ．

(1) 移動相が①液体か②気体かで分類した場合（③分離の原理も述べよ）．

(2) 液体クロマトグラフィーを固定相の種類で分類した場合．①〜④の4種類．

(3) 液体クロマトグラフィーを分離の原理・機構にもとづいて分類した場合．①〜⑤の5種類．

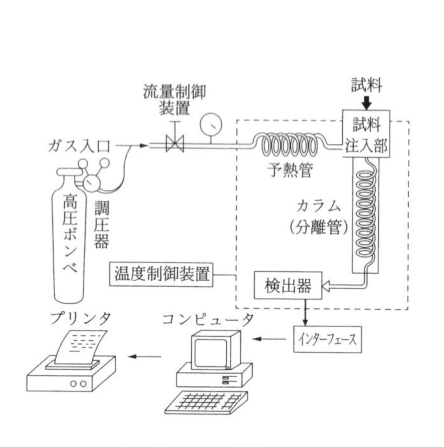

ガスクロマトグラフィー
[辻村卓，吉田善雄編 "図説 化学基礎・分析化学"，建帛社(2003)，p.192]

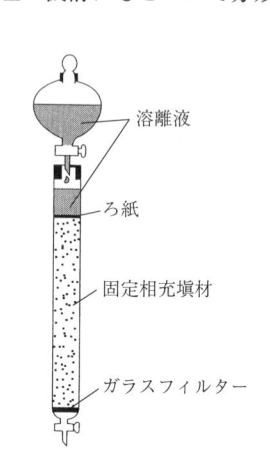

カラムクロマトグラフィー
[菅原龍幸，青柳康夫編，"新版 食品学実験書"，建帛社(2002)，p.31]

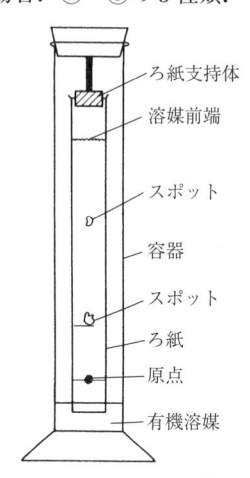

ペーパークロマトグラフィー
[斎藤信房編，"大学実習 分析化学"，裳華房(1990)，p.340]

問題 8-91 以下の項目について調べよ．
(1) シリカゲルクロマトグラフィー，アルミナクロマトグラフィーの分離の原理．
(2) ペーパークロマトグラフィー，ガスクロマトグラフィー，ODSを充填剤とするHPLCの原理．
(3) イオン交換クロマトグラフィーの分離の原理．
(4) ゲルろ過(分子ふるい)クロマトグラフィーの分離の原理．
(5) アフィニティークロマトグラフィーの分離の原理．

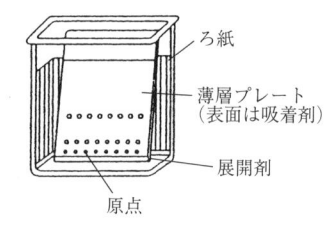

薄層クロマトグラフィー
[菅原龍幸，青柳康夫編，"新版 食品学実験書"，建帛社(2002)，p.32]

答 8-91 自分で図書館の資料を調べよ．
（最低限の答は答 8-90 の(3)を参照せよ）
(1) 吸脱着平衡
(2) 分配平衡
(3) イオン交換平衡
(4) 分子ふるい
(5) アフィニティー吸着

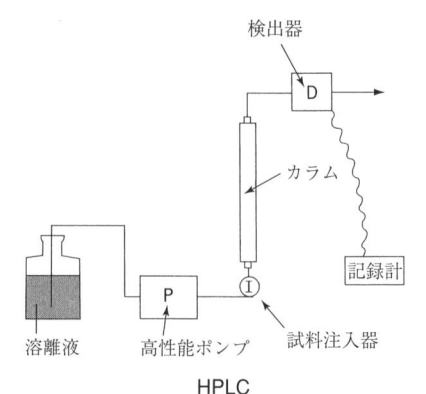

HPLC
[辻村卓，吉田善雄編 "図説 化学基礎・分析化学"，建帛社(2003)，p.192]

答 8-90 (1) 移動相が液体か気体かで分類

① 液体クロマトグラフィー(様々な原理にもとづく方法がある，(3)を参照)

② ガスクロマトグラフィー(GC，気相(試料を運ぶガス)と液相(カラム壁に塗られたオイル)の間の試料の分配平衡にもとづく方法)，脂肪酸分析などに用いられる．左頁図参照．
細長い管(カラム)の中を混合物試料を含んだ気体(気相：試料を運ぶガス，キャリアーガス carrier gas)が通過する間にカラム壁に塗られたオイル(液相)との間で分配を繰り返すことにより各成分の進む速さが異なってくる．つまり，分離してくる．これを何らかの方法で検出する．

③ クロマトグラフィーによる分離の原理は問題 8-93 の答を参照のこと．

(2) 液体クロマトグラフィー：固定相の種類で分類

① ペーパークロマトグラフィー(PC，ろ紙に吸着した水相と有機溶媒移動相との分配) (p.172 図)

② 薄層クロマトグラフィー(TLC：thin layer C.，シリカゲル粉末の薄層ガラス板) (p.172 図)
極性シリカゲル相(Si-OH)への試料の吸着の強弱と展開溶媒による溶出
ろ紙，薄層の下端に試料をスポットし，最下端を展開槽に浸すと毛細管現象により溶媒が上昇してくる．これに伴い，試料が水を吸着したセルロース(紙の粉)，またはイオン性をもつシリカゲル(白い粉)の担体物質と展開溶媒と間で分配平衡，または吸着・脱着平衡を繰り返すことにより，担体物質との相互作用の強弱の違いによって動く速さ(R_f)が異なってくる，つまり，成分が分離する．

③ カラムクロマトグラフィー(左頁図を参照，様々な原理にもとづく方法がある，(3)を参照)
担体物質(充填剤)を詰めたガラス管(カラム)の上に試料をつけ，この上から展開溶媒を流す．分離の機構はろ紙・薄層クロマトグラフィーなどと同様である．

④ HPLC(高速液体クロマトグラフィー，high performance liquid C.；充填剤は ODS が最も一般的である．octadecyl silicate，Si-O-C$_{18}$H$_{37}$(疎水相)と移動相(親水相)との分配平衡にもとづく分離法．ろ紙クロマトグラフィーでは固定相(セルロース)が親水相，移動相が疎水相(有機溶媒)であるのに対し，HPLC ではこの逆なので，HPLC は逆相クロマトグラフィーともよばれる．p.172 図参照．
高圧(〜350 気圧)に耐えるステンレス製の細い管に細粒の充填剤を詰めて高圧下で展開する．充填剤の粒が細かいと，この粒ごとに分配，吸脱着を繰り返すので繰り返し回数が大きくなり，分離能は向上するが，粒のきめが細かいために，カラムクロマトグラフィーでは展開溶媒が流れなくなる．そこで高圧をかけて無理やり溶離液を流すという装置である．数分から 1 時間程度の短時間で分離が達成されるので(通常，数時間から数日)，高効率(high performance)液体クロマトグラフィー(liqid chromatography)，HPLC，という名がある．P=Pressure とよく誤解される．高圧装置以上に，高圧下でも充填剤がつぶれないで溶離液が普通に流れる充填剤が本法のカギである．現在では様々な分離能をもつ HPLC 用充填剤が開発されており，HPLC なしには分析できないくらいに，様々な分野で幅広く利用されている．

(3) 液体クロマトグラフィー：分離の原理・機構にもとづいて分類した場合

① 吸着クロマトグラフィー：アルミナ*，シリカゲル*ほか，親水性固定相，疎水性移動相

② 分配クロマトグラフィー(順相，逆相分配クロマトグラフィー)：PC，GC，HPLC

③ イオン交換クロマトグラフィー：陽・陰イオン交換樹脂**，イオン交換セルロースほか

④ ゲルクロマトグラフィー，ゲルろ過(分子ふるい)クロマトグラフィー：多孔質のゲル(ゼリー状の粒子)による分子ふるい．小さい分子はゲルの中を通るため，流れる速さが遅くなり，大きい分子はゲルの外を素通りするため速く流れる．* Al$_2$O$_3$ の白い粉，SiO$_2$ の白い粉

⑤ アフィニティークロマトグラフィー：生体の生化学的抗原抗体反応のような生体分子間の特異的相互作用を利用して特定の物質を吸着させる方法　** 問題 8-92 参照．

問題 8-92 (1) イオン交換樹脂・イオン交換体とは何か説明せよ．(2) これらの樹脂に結合している陽イオン交換基，陰イオン交換基を示せ．(3) イオン交換の仕組みについて説明せよ．(4) 脱イオン水(イオン交換水)とは何か．つくり方とその仕組みについて説明せよ．

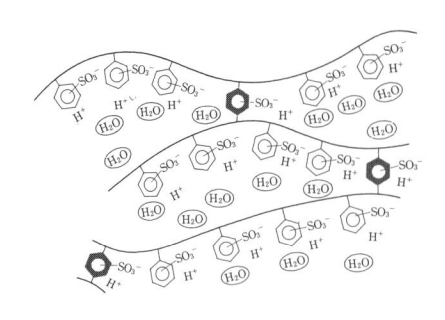

イオン交換樹脂(ポリスチレン)
[斎藤信房編，"大学実習 分析化学"，裳華房(1990), p.317]

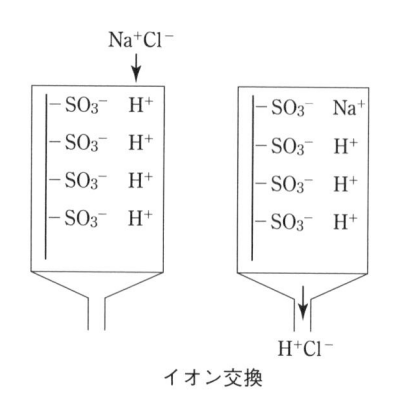

イオン交換

分配クロマトグラフィーにおける分離の仕組み（理論段の考え：他の原理のクロマトも同様）

問題 8-93 固定相と移動相とが接触した多数の等価な段よりカラムができているとする（下図）．物質 A（分配係数 $K_D = 3$）と物質 B（$K_D = 1/3$）が各々 64 mg ずつ溶けた試料溶液がある．以下の過程を9段目まで考え，1～9のそれぞれの段に保持された A, B の mg 数（固定相＋移動相）を A, B それぞれについて求め，図示せよ（縦軸は mg，横軸は段数）．

① まず溶質が移動相 L1 に注入される段階について考える．
　L1 と S1 とに存在する A 量を求めよ．
② 移動相 L1 と固定相 S1 との二相分配平衡が成立する．
　L1 と S1 とに存在する A の量を求めよ．
③ 移動相 L1 が移動相 L2 に移動すると同時に移動相 L1 には新溶媒が充たされる．L1, L2, S1, S2 での A 量を求めよ．
④ 移動相 L2 と固定相 S2，固定相 S1 と移動相 L1 との二相分配平衡が成立する．L1, L2, S1, S2 での A の量を求めよ．
⑤ 移動相 L2 は移動相 L3 に，移動相 L1 は移動相 L2 に移動，移動相 L1 に新しい溶媒が充たされる．L1, L2, L3, S1, S2, S3 での A の量を求めよ．⑥ 1, 2, 3 段のそれぞれで二相分配平衡成立．L1, L2, L3, S1, S2, S3 での A の量を求めよ．⑦ 移動相 1→2, 2→3, 3→4, 1 には新溶媒充填．

L1, L2, L3, L4, S1, S2, S3, S4 での A の量を求めよ．⑧ 1, 2, 3, 4 で二相分配平衡成立．L1～L4, S1～S4 での A の量を求めよ．
⑨ この過程を続ける．⑩ 物質 B も考えよ．

このように分配平衡を繰り返すことで図のように A, B は分離を達成する．B は固定相に保持されにくいので A より先に速く流れていく．その結果，B が前，固定相に保持されやすい A が遅く流れて後となり，カラム中で分離してくる．

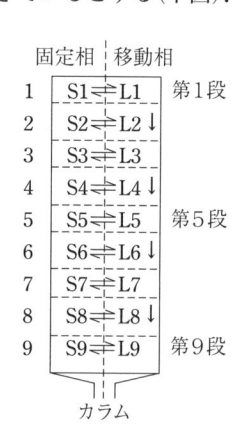

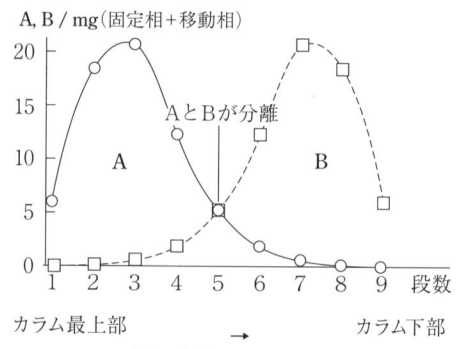

カラムの各段における物質 A, B の保持量

8 化学平衡と平衡定数

答 8-92 (1) イオン交換樹脂・イオン交換体とは合成樹脂，セルロース，デキストラン（デンプンの一種），合成親水ポリマーなどの不溶性の固体にイオン交換基を結合させたもの（左頁左図）．

(2) 陽イオン交換基とは陰イオン性基のこと，スルホ基（$-SO_3^-$），カルボキシ基（$-COO^-$），陰イオン交換基とは陽イオン性基，アルキルアンモニウム基（$-N(C_2H_5)_2$）が代表例．

(3) 代表的陽イオン交換樹脂は合成樹脂のポリスチレンにスルホ基を結合させたものである（左端図）．陰イオン性基には，当然ながら，陰イオンと同じ数の陽イオン（左図ではH^+）が対として存在している．したがって，ここに異なった陽イオンをもつ塩（左図では NaCl）を加えると樹脂中の陽イオン（H^+）が外から加えた陽イオン（Na^+）と交換する．左図の場合，結果として NaCl の陽イオンが交換されて HCl に変化する．

(4) **脱イオン水（イオン交換水）** とは，塩類を含んだ水を H^+ 型の陽イオン交換樹脂と OH^- 型の陰イオン交換樹脂に通すことにより，たとえば水に含まれている NaCl を Na^+ は陽イオン交換樹脂により H^+ に，Cl^- は陰イオン交換樹脂により OH^- に交換し $H^+ + OH^- \rightarrow H_2O$ とすることにより，NaCl などの塩類を水に変換して取り除いた精製水のことである．

答 8-93 物質 A（$K_D=3$）について考える．物質 B（$K_D=1/3$）は A の逆である，L と S の値とカラムの段の順序とをそれぞれ逆にすればよい．

① 初期条件より S1=0 mg, L1=64 mg, ② は S1 と L1 とで分配平衡成立．分配比 $K_D=3=3/1=S1/L1$．S1=64×3/4=48 mg．L1=64×1/4=16 mg (S1/L1=48/16=3/1)．③ では L1 が L2 へ移動（流れる，L2=16 mg），L1 に新しい溶媒が入る（L1=0 mg）．S1 は元のまま，S2 は何も入っていない S2=0 mg．④ 1 段目で S1 と L1，二段目で S2 と L2 が分配平衡に達し，それぞれの相に $K_D=3$ で分配される．一段目は S1=48 mg の A が L1 に分配され，S2=36 mg，L1=12 mg．二段目は L2=16 mg の A が S2 に分配され S2=12 mg，L2=4 mg となる．九段目までの A, B の展開の様子（固定相＋移動相の値）を左頁図に示す．

段		固定相	移動相	比	段		固定相	移動相	比	段		固定相	移動相	比	段		固定相	移動相	比
①	1	S1=0	L1=64 mg		⑨	1	20.25	0		⑬	1	11.39	0		⑯	1	6.41	2.14	3
②	1	S1=48	L1=16	3		2	20.25	6.75			2	18.98	3.80			2	14.95	4.98	3
③	1	S1=48	L1=0			3	6.75	6.75			3	12.66	6.33			3	14.96	4.99	3
	2	S2=0	L2=16			4	0.75	2.25			4	4.22	4.22			4	8.30	2.77	3
④	1	36	12	3		5	0	0.25			5	0.70	1.41			5	2.77	0.92	3
	2	12	4	3	⑩	1	15.19	5.06	3		6	0.05	0.23			6	0.56	0.19	3
⑤	1	36	0			2	20.25	6.75	3		7	0	0.015			7	0.06	0.02	3
	2	12	12			3	10.13	3.37	3	⑭	1	8.55	2.85	3		8	0.003	0.001	3
	3	0	4			4	2.25	0.75	3		2	17.09	5.70	3	⑰	1	6.41	0	
⑥	1	27	9	3		5	0.19	0.06	3		3	14.25	4.75	3		2	14.95	2.14	
	2	18	6	3	⑪	1	15.19	0			4	6.33	2.11	3		3	14.96	4.99	
	3	3	1	3		2	20.25	5.06			5	1.58	0.53	3		4	8.30	4.98	
⑦	1	27	0			3	10.13	6.75			6	0.21	0.07	3		5	2.77	2.77	
	2	18	9			4	2.25	3.37			7	0.012	0.004	3		6	0.56	0.92	
	3	3	6			5	0.19	0.75		⑮	1	8.55	0			7	0.06	0.19	
	4	0	1			6	0	0.06			2	17.09	2.85			8	0.003	0.02	
⑧	1	20.25	6.75	3	⑫	1	11.39	3.80	3		3	14.25	5.70			9	0	0.001	
	2	20.25	6.75	3		2	18.98	6.33	3		4	6.33	4.75						
	3	6.75	2.25	3		3	12.66	4.22	3		5	1.58	2.11						
	4	0.75	0.25	3		4	4.22	1.41	3		6	0.21	0.53						
						5	0.70	0.23	3		7	0.01	0.07						
						6	0.045	0.015	3		8	0	0.004						

9章 pHメーターと酸化還元電位

8章で様々な溶液のpHについて学んだ．では溶液のpHは実際にはどのようにして求めるのだろうか．学生諸君はリトマス試験紙で酸性・アルカリ性が区別できることはもちろん，様々なpH試験紙で水溶液のおおよそのpHが判断できることも知っているかもしれない．（右頁へ続く）

9-1 金属のイオン化傾向：酸化還元反応における酸化されやすさの順序

デモ Na, Mg, Fe, Cuの空気，水，酸との反応，燃焼．

金属ナトリウムNaをカッターで切断したまま空気中に放置すると，切断面の金属光沢はすぐに曇ってしまう（卑金属）．鉄くぎも雨ざらしで放置しておくとすぐに錆びてしまう．しかし，金や銀はいつまでもその金属光沢を失わない（貴金属）．これは，NaやFeは空気中の酸素で容易に酸化されて酸化ナトリウムNa_2O，酸化鉄FeO，Fe_2O_3（$Fe(OH)_3 \rightarrow 1/2\, Fe_2O_3 + 3/2\, H_2O$）となるが，Au, Agは酸化物になりにくい，酸化されにくいことを示している．

また，Naの小片を水に加えると泡を発生して水に溶ける $Na + H_2O \rightarrow NaOH + 1/2\, H_2$（$= Na^+ + OH^- + 1/2\, H_2$）．鉄くぎは水に漬けただけでは何も起こらないが，塩酸に浸すと泡を発生して溶けてしまう $Fe + 2HCl \rightarrow FeCl_2 + H_2\uparrow$（$Fe + 2H^+ + 2Cl^- \rightarrow Fe^{2+} + 2Cl^- + H_2\uparrow$）．金，銀，銅では塩酸に浸しても何も起こらない．これは，Na, Feは陽イオンになりやすいがAu, Ag, Cuはイオンになりにくいことを示している．

このように，金属は種類によって酸化されやすさ，陽イオンへのなりやすさが異なる．

問題 9-1 以下の操作で，① 観察される変化を説明せよ．② ①の変化を，化学変化として，順を追って説明せよ．反応式も示せ．③ この観察結果からいかなる事実が導き出せるか．

デモ

(1) 硫酸銅$CuSO_4$の水溶液に金属亜鉛を浸す．

(2) $CuSO_4$の水溶液に鉄くぎを浸す．

(3) 硝酸銀$AgNO_3$の水溶液に10円銅貨を浸す．

(4) $AgNO_3$の水溶液に金属亜鉛を浸す．

(5) 硫酸鉄$FeSO_4$の水溶液に金属亜鉛を浸す．

問題 9-2 以下に示した問題9-1中の各反応について，各元素の酸化数の変化と，どの元素が酸化，還元されたかを示し，これらの元素間での酸化されやすさの順序を示せ．

(2) $Cu^{2+} + Fe \rightarrow Cu + Fe^{2+}$ (3) $2Ag^+ + Cu \rightarrow 2Ag + Cu^{2+}$ (5) $Fe^{2+} + Zn \rightarrow Fe + Zn^{2+}$

答　　9　pHメーターと酸化還元電位

(左頁より)　一方，会社や国公立機関の化学，薬学，生化学，生理学，食品学，衛生学といった研究室・検査室のみならず，病院の臨床検査室，環境測定の現場，大学の学生実験においても，pHの測定はpHメーターとよばれる装置・器械で測定するのが普通である．この器械を用いると水溶液のpHを小数2～3桁まで容易に測定することができる．この章ではpHメーターによるpHの測定原理について学ぶ．後述するように，**pHメーター**はじつは濃淡電池といわれる電池の一種であり，この電池の電圧(電位差)を測定することによりpHを求めている．電池は**酸化還元反応**(電子のやりとり)を組み合わせたものであり，金属の**イオン化傾向**と密接に関連している．したがって，ここでは，まずイオン化傾向について復習した後，電池の原理，電位の表し方(**標準電極電位＝酸化還元電位＝還元電位**)について学び，最後にpH測定原理を学ぼう．

* pH測定原理は生体内における神経細胞や筋肉細胞の膜電位の発生原理と同一である．膜電位は神経系の情報伝達を担っており，この電位の変化を医学分野では心電図，筋電図として測定・利用している．また，標準電極電位をもとに，反応の進行に伴うエネルギー変化量(自由エネルギー変化)を知り，生体内や試験管内の様々な酸化還元反応が自発的に進行するか否かを判断し，かつ，この反応の平衡定数がいかなる値をとるかを知ることができる．

答 9-1　(1) ① 硫酸銅水溶液のCu^{2+}(aq)の水色が消え，亜鉛の白色金属光沢表面が茶色になる．
② ①の事実はCu^{2+}が金属銅Cuとなって金属亜鉛表面に析出したことを示している．このことはCu^{2+}が電子を2個もらったことを意味する．つまり，(A) $Cu^{2+} + 2e^- \rightarrow Cu$．一方，この2個の電子を生み出すもとはZnしかないので，金属亜鉛表面で(B) $Zn \rightarrow Zn^{2+} + 2e^-$ なる反応が起こったに相違ない．つまり，金属亜鉛ZnがZn^{2+}として溶解し，電子2個を金属亜鉛中に残した．この金属亜鉛表面に衝突したCu^{2+}がこの電子2個をもらい金属銅Cuとして金属亜鉛表面に析出したものと推定される．全体としての反応は(C) $Cu^{2+} + Zn \rightarrow Cu + Zn^{2+}$．(C)の反応に対して，(A)，(B)の反応を**半反応**という．
③ 金属が陽イオンになりやすい順序，すなわち，イオン化傾向はCu＜Zn．

(2) ①② 亜鉛を鉄とする以外は(1)と同じ．$Cu^{2+} + Fe \rightarrow Cu + Fe^{2+}$　③ イオン化傾向はCu＜Fe．

(3) ① 10円銅貨の表面が灰色となる(溶液がごくわずかに青色化)．
② 銅がCu^{2+}として溶解，電子を金属銅中に残す．$Cu \rightarrow Cu^{2+} + 2e^-$．金属銅に衝突した$Ag^+$がこの電子を受け取って金属銀Agとなり，銅表面に析出．$Ag^+ + e^- \rightarrow Ag$．反応全体としては，$2Ag^+ + Cu \rightarrow 2Ag + Cu^{2+}$．③ イオン化傾向はAg＜Cu．

(4) ①② 銅→亜鉛以外は(3)と同じ．$2Ag^+ + Zn \rightarrow 2Ag + Zn^{2+}$　③ イオン化傾向はAg＜Zn．

(5) ① 亜鉛の表面が灰黒色となる．② $Fe^{2+} + Zn \rightarrow Fe + Zn^{2+}$　③ イオン化傾向はFe＜Zn．
以上より，イオン化傾向(陽イオンへのなりやすさ)はAg＜Cu＜Fe＜Zn．

答 9-2　(2)　$Cu^{2+} + Fe \rightarrow Cu + Fe^{2+}$　　　Cu：+2→0 還元された，Fe：0→+2 酸化された．
(3)　$2Ag^+ + Cu \rightarrow 2Ag + Cu^{2+}$　　Ag：+1→0 還元された，Cu：0→+2 酸化された．
(5)　$Fe^{2+} + Zn \rightarrow Fe + Zn^{2+}$　　　Fe：+2→0 還元された，Zn：0→+2 酸化された．

酸化されやすさの順序は，Zn＞Fe＞Cu＞Ag，である．
(酸化，還元の定義は5章参照：問題9-1の(1)～(5)はすべて**酸化還元反応**である．)

問題 9-3　(1) イオン化傾向（イオン化列）とは何か．　(2) この列はいかなる意味をもつか．

　　　　　　　酸化されやすい　　　**金属の反応性とイオン化傾向**　　　酸化されにくい
　　　　　　　変化しやすい　　　大 ← イオン化傾向 → 小　　　変化しにくい
　　　　　陽イオンになりやすい＝反応しやすい ←　　→ 反応しにくい＝陽イオンになりにくい

$$K>Ca>Na>Mg>Al>Zn>Fe>Ni>Sn>Pb>(H)>Cu>Hg>Ag>Pt>Au$$

卑金属 $K \rightarrow K^+ + e^-$　　　　　　　　　　　　　　　　　　　　$Au^+ + e^- \rightarrow Au$ 貴金属

問題 9-4　以下に示した各反応について，①各元素の酸化数の変化と，どの物質・元素が酸化，還元されたかを示し，②これらの物質間での酸化されやすさの順序を示せ．（酸化数は 5 章参照）

(1) ヨウ化カリウム KI の水溶液に塩素ガス Cl_2 を通すと液が褐変（塩素ガスは台所の塩素系漂白剤に塩酸を加えると得られる）．$2KI + Cl_2 \rightarrow I_2 + 2KCl$　$(2I^- + Cl_2 \rightarrow I_2 + 2Cl^-)$

(2) 硫化水素 H_2S が溶けた溶液（温泉水など）を空気中に放置すると乳白色に濁る．
　　　　　　$2H_2S + O_2 \rightarrow 2H_2O + 2S$

(3) メタンが空気中で燃えて炭酸ガスと水になった．　$CH_4 + 2O_2 \rightarrow CO_2 + 2H_2O$

(4) $2Fe^{3+} +$ ビタミン C（アスコルビン酸 $C_6H_8O_6$）
　　　　$\rightarrow 2Fe^{2+} +$ デヒドロアスコルビン酸（$C_6H_6O_6$）$+ 2H^+$

　　以上，「酸化傾向（酸化列）」＝酸化されやすさの順序は，
　　　　　$Cl^- < I^-$,　　　$H_2O < H_2S$,　　　$H_2O < CH_4$,　　　$Fe^{2+} < C_6H_8O_6$

　　金属に限らず，物質の「イオン化列」＝酸化されやすさの順序，をつくることが可能である（これが後述する標準電極電位＝酸化還元電位である）．

9-2　電池と電位

デモ　洗浄・消毒した一円硬貨と十円硬貨，くぎとアルミホイルを，①それぞれ別々になめる，②これらの 2 種の金属製品を重ねて，重ねた所をなめる．①②の味の違いの有無を確認．なぜ違うか考えよ（入れ歯，かぶせ歯を金属スプーンで触れたときの感触は？）．

問題 9-5　われわれの身の周りにはどのような電池が用いられているかを考えてみよ．

問題 9-6　pH メーターもいわば電池の一種であることはすでに述べた．では，電池とは何か．

問題 9-7　最も簡単な電池にはどのようなものがあるか．そのつくり方を述べよ．

問題 9-8　問題 9-1(1) でとりあげた硫酸銅 $CuSO_4$ の水溶液に金属亜鉛を浸したときに起こる反応，$Cu^{2+} + Zn \rightarrow Cu + Zn^{2+}$ はイオン化傾向の違いにもとづき自発的に誘起される反応であり，反応物質 1 mol あたり 212 kJ のエネルギーを放出する（金属亜鉛 1 g で 20℃ の水 10 g を 100℃ に加熱できる）．この場合，既述のように電子のやりとりは金属亜鉛表面で起こり，化学反応のエネルギーの大部分は反応溶液内に熱エネルギーとして放散するので，このエネルギーは何かを暖めること以外の目的には使いにくい．この化学的エネルギーをもっと利用しやすい形で反応溶液外に取り出すためにはいかなる工夫をすればよいか．

答 9-3 (1) 金属の種類によって金属イオンへのなりやすさ(酸化されやすさ)は異なる．そこで，様々な金属を陽イオンになりやすい順に並べたものを金属のイオン化列という．

(2) イオン化列の順位が先のもの，すなわち，イオン化傾向が大きいものほど陽イオンになりやすい＝電子を失いやすい・奪われやすい＝酸化されやすい(反応性が高い)．
イオン化傾向(イオン化列)＝「酸化傾向(酸化列)」＝**酸化されやすさの順序**である．

答 9-4 (1)① 塩素 Cl_2 により，ヨウ化物イオン I^- が I_2 に酸化された(I：$-1 \to 0$)．塩素 Cl_2 は Cl^- に還元された(Cl：$0 \to -1$)．② 酸化されやすさの順序は $Cl^- < I^-$

(2)① 空気中の酸素により H_2S が S に酸化された(S：$-2 \to 0$)．O_2 は H_2O へと還元された(O：$0 \to -2$)．② 酸化されやすさの順序は $H_2O < H_2S$

(3)① 空気中の酸素により CH_4 が CO_2 へと酸化された(C：$-4 \to +4$)．O_2 は H_2O(と CO_2)へと還元された(O：$0 \to -2$)．② 酸化されやすさの順序は $H_2O < CH_4$

(4)① $2Fe^{3+}$ によりビタミンC(アスコルビン酸 $C_6H_8O_6$)がデヒドロアスコルビン酸($C_6H_6O_6$)へと酸化された($C_6H_8O_6 \to C_6H_6O_6$；$2C-OH \to 2C=O$，C：$+1 \to +2$)．Fe^{3+} は Fe^{2+} へと還元された(Fe：$3+ \to 2+$)．② 酸化されやすさの順序は $Fe^{2+} < C_6H_8O_6$

答 9-5 (マンガン)乾電池，アルカリ(マンガン)乾電池，鉛蓄電池(自動車バッテリー)，水銀電池(カメラ)，酸化銀電池(カメラ)，ニッケルカドミウム電池(電気カミソリ，パソコン，携帯オーディオ製品)，リチウム電池(携帯電話・パソコン)，燃料電池(宇宙船の電源，近い将来の自家用家庭電源・自動車の動力源)など．これらは，より厳密には化学電池とよばれ，太陽電池，光電池，原子力電池と区別される．

答 9-6 電池とは，通常は化学電池のことを指し，化学的エネルギー(酸化還元反応のエネルギー)を電気的エネルギーとして取り出す装置である．

答 9-7 最も簡単な電池はボルタ電池であり，希硫酸水溶液中に亜鉛板と銅板を浸して導線で結んだものである．みかんに亜鉛板と銅板を差し込んでも電池になる．一円硬貨(Al)と十円硬貨(Cu)を交互に重ね，間に食塩水を浸したろ紙を挟んだものも電池である．つまり，2種類の金属板を電解質(酸や塩の溶液)に浸して導線でつないだだけで電池となる(電流が流れる：ガルバニ電池)．歯に金属をかぶせた人は，その歯にスプーンなどの金属製品を触れたとき，変な味がすることを経験したかもしれない．これも，じつは口の中に電池ができたためである．

答 9-8 半反応(B)$Zn \to Zn^{2+} + 2e^-$：酸化反応と(A)$Cu^{2+} + 2e^- \to Cu$：還元反応とが空間的に分離された状態で進行するように工夫する．すなわち，右図のように素焼き板で仕切られた器の片方に硫酸亜鉛 $ZnSO_4$，他方に硫酸銅 $CuSO_4$ の水溶液を満たし，それぞれに亜鉛板と銅板とを浸した装置を作成する．両金属板を導線で結べば導線を電子が移動し(電流が流れ)，反応(B)，(A)が器の左右で同時に進行する．この装置をダニエル電池という．この電池の起電力(電圧)$E = 1.1$ V．

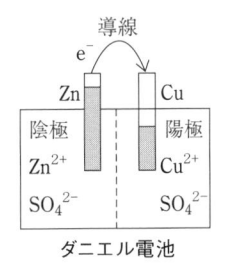

問題

ダニエル電池(前頁図)の作動原理は以下の問題を解く思考過程により理解されよう．

問題 9-9 金属板を導線でつながない場合には，金属板表面ではいかなる反応が起こるか．

問題 9-10 (半電池を組み合わせて電池をつくる) 金属板同士を導線でつなぐと電子は導線を伝わって金属板間を行き来できる．このとき両金属板表面ではいかなる反応が起こるだろうか．
電子が (1)左→右に流れる場合，(2)左←右に流れる場合 について考えよ．

問題 9-11 実際には電子は左 → 右と，左 ← 右のどちらの方向に流れるだろうか．言い換えれば，反応 $Zn + Cu^{2+} \rightarrow Zn^{2+} + Cu$ と，$Zn + Cu^{2+} \leftarrow Zn^{2+} + Cu$ のどちらが起こるだろうか．

* $Zn \rightarrow Zn^{2+} + 2e^-$ で生じた電子が左 → 右に移動すると，左側溶液は，この反応で生じた Zn^{2+} の分だけ陽イオンが過剰となるので，右側溶液の陰イオン SO_4^{2-} が素焼き板を越えて左側に移動してくる必要がある．これで負電荷が全体(回路)を一周した・電流が流れたことになる．SO_4^{2-} が左に移動できないと，左側は陽イオン Zn^{2+} 過剰，右側は陰イオン SO_4^{2-} 過剰($Cu^{2+} + SO_4^{2-} + 2e^- \rightarrow Cu + SO_4^{2-}$) となる結果，反応は過剰をなくす方向=逆向き，$Zn \leftarrow Zn^{2+} + 2e^-$ に起こる．つまり，実際には→と←とが相殺し，全体としては変化が起きない(電池とはならない)．

問題 9-12 ダニエル電池中の銅板ではなぜ $Cu \rightarrow Cu^{2+} + 2e^-$ なる反応は起こりにくいのか，また，逆になぜ $Cu^{2+} + 2e^- \rightarrow Cu$ なる反応が起こるのか．

問題 9-13 (1) 電池でなぜ電気的エネルギーが取り出せるのか．

(2) 電池の起電力(答 9-16)・電位差(電圧)はどのようにイメージ・理解したらよいか．

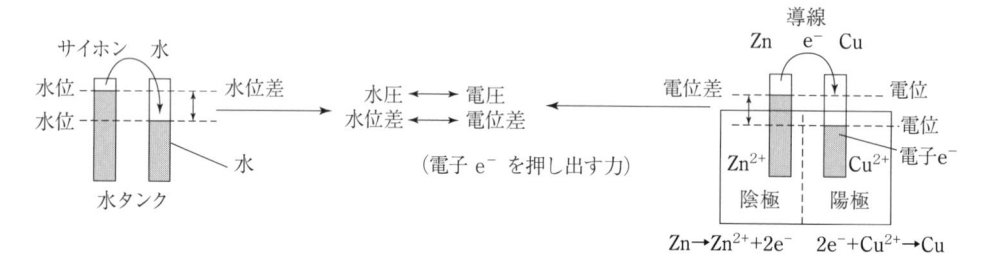

このような電池の電位差を測定すれば，2種の金属間のイオン化傾向の大小(酸化されやすさ)を電位差として数値化することが可能となる．9.3節の標準電極電位がこれである．電位差とは電圧のことである．乾電池の電圧(＋－電極間の電位差)が 1.5 V，家庭用の電気は 100 V (地球アースの電位を 0 V としたときの電位差)であるのは知っていよう．

* 電位は電流(正の電荷の流れとして定義されている)が(＋)極から(－)極へ流れるとして，(＋)極を正の(より高い)電位，(－)極を負の(より低い)電位として表すので，電位を水位に対応する電子の「水位」として表示したこの図の電位なる用語は正しくない．Zn 側の電位が低い．

答 9-9 装置左右の金属板と溶液との境界面では，それぞれ $Zn \rightleftarrows Zn^{2+} + 2e^-$，$Cu \rightleftarrows Cu^{2+} + 2e^-$ なる平衡が成立している．これらの平衡式で反応が左→右と進行する場合，すなわち金属から金属イオンが生じる酸化反応の際には金属イオンは溶液中に溶け出し，電子は金属板に保持される．この逆反応では溶液中の金属イオンが金属板に衝突した際に金属板から電子を受け取り，金属に還元されることにより金属板に付着する．このままではそれぞれの金属板の表面での平衡はそのまま維持され，目に見える変化は何も起こらない．なお，このような電池の左右の部分をそれぞれ**半電池**という．半電池のままでは何も起こらない．

答 9-10 (1) 電子が左→右に移動する場合：電子が→に流れるためには亜鉛板上に電子が溜まる必要があるので亜鉛表面で反応 $Zn \rightarrow Zn^{2+} + 2e^-$ が起こる必要がある．一方，亜鉛板からの電子が銅板に流れ込むことによって銅板では電子が過剰になる．この銅板に銅イオンが衝突すれば，過剰の電子をもらって，当然，反応 $2e^- + Cu^{2+} \rightarrow Cu$ が起こるはずである．全体としては反応 $Zn + Cu^{2+} \rightarrow Zn^{2+} + Cu$ が起こることになる．

(2) 電子が左←右に移動する場合：(1)と同様の理屈で，銅板では $Cu \rightarrow Cu^{2+} + 2e^-$，亜鉛板では $2e^- + Zn^{2+} \rightarrow Zn$ なる反応が起こり，全体では $Zn + Cu^{2+} \leftarrow Zn^{2+} + Cu$ となる．

答 9-11 $Zn \rightarrow Zn^{2+} + 2e^-$ のように亜鉛板から亜鉛イオンが溶液中に溶け出すと，放出された電子は亜鉛板中に溜まっていく．銅板についても $Cu \rightarrow Cu^{2+} + 2e^-$ なる Zn 同様の反応が起こり銅板に電子が溜まる．**イオン化傾向は Zn > Cu** だから，金属板に溜まる電子の数は銅板中よりも亜鉛板中の方が多いはずである(答 9-8 図の灰色部分)．したがって，両金属板を導線でつなぐと，電子はたくさん溜まった亜鉛板から，より少ない銅板の方(左 → 右)へと流れ出す＊．

実際は，この議論とは逆に，この電池で，電子が→方向へと流れることから，イオン化傾向は Zn > Cu とわかる訳である．

答 9-12 電子が亜鉛板から銅板に流れ込むことによって反応 $Cu \rightarrow Cu^{2+} + 2e^-$ は起こりにくくなり，逆に，銅板にあふれる電子を減らすように反応 $2e^- + Cu^{2+} \rightarrow Cu$ が起こる．つまり，銅板表面にぶつかった銅イオンに電子が与えられる(Zn のイオン化傾向力・酸化力によって，Cu^{2+} は Zn から電子を無理やり押しつけられて Cu に還元された)．

この逆反応が**電気分解**である．つまり，外部から電流を→方向(電子を←)に流すことにより，反応を無理やり←方向に進める．

＊ **ファデラーの法則**(電気分解の法則)：1 当量質量の物質を析出させるのに要する電気量は物質の種類によらず一定．この電気量が **1 ファデラー ≡ 1 F = 96500 C** である(C：クーロン ≡ 1 アンペア・秒の電気量)．

答 9-13 (1) 電池は電子の流れをつくり出す(電位差を生み出す)装置である．ダムの水が流れ落ちる際に水車を回すのと同様に，電子が Zn 極から Cu 極に流れる際に電子の流れる力で仕事ができる(電気量×電位差(電圧) = 電気的エネルギー ↔ 水量×水位差 = 位置エネルギー)．

(2) 電池の起電力(電圧・電位差)は，亜鉛板中に溜まった電子の高さ(電位・電子の「水位」)と銅板中の電子の高さ(水位)との差としてイメージ・理解できる(左頁図)．

実際に電子が溜まっているわけではない．

問題

問題 9-14 電池図（電池式ともいう）とは何か．ダニエル電池を例に電池図の書き方を示せ．また，この電極反応の反応式と電極の陰陽（電流の方向，電子の流れと逆）も示せ．

問題 9-15 可逆電池とは何か，ダニエル電池を例に説明せよ．

問題 9-16 電池の起電力とは何か．

9-3 標準電極電位（＝還元電位＝酸化還元電位）
  ＊ 電位＝potential（潜在能力・可能性）・位置エネルギー

標準還元電位（25℃）

電極	半反応（電極反応）	E^0/V
$Li^+｜Li$	$Li^+ + e^- \rightleftarrows Li$	−3.05
$K^+｜K$	$K^+ + e^- \rightleftarrows K$	−2.93
$Cs^+｜Cs$	$Cs^+ + e^- \rightleftarrows Cs$	−2.92
$Ba^{2+}｜Ba$	$Ba^{2+} + 2e^- \rightleftarrows Ba$	−2.90
5 $Ca^{2+}｜Ca$	$Ca^{2+} + 2e^- \rightleftarrows Ca$	−2.87
$Na^+｜Na$	$Na^+ + e^- \rightleftarrows Na$	−2.71
$Mg^{2+}｜Mg$	$Mg^{2+} + 2e^- \rightleftarrows Mg$	−2.37
$Al^{3+}｜Al$	$Al^{3+} + 3e^- \rightleftarrows Al$	−1.66
$Mn^{2+}｜Mn$	$Mn^{2+} + 2e^- \rightleftarrows Mn$	−1.03
10 $H_2, OH^-｜Pt$	$2H_2O + 2e^- \rightleftarrows H_2 + 2OH^-$	−0.83
$Zn^{2+}｜Zn$	$Zn^{2+} + 2e^- \rightleftarrows Zn$	−0.76
$Cr^{3+}｜Cr$	$Al^{3+} + 3e^- \rightleftarrows Al$	−0.74
$Fe^{2+}｜Fe$	$Fe^{2+} + 2e^- \rightleftarrows Fe$	−0.44
$Cr^{3+}, Cr^{2+}｜Pt$	$Cr^{3+} + e^- \rightleftarrows Cr^{2+}$	−0.41
15 $Cd^{2+}｜Cd$	$Cd^{2+} + 2e^- \rightleftarrows Cd$	−0.40
$PbSO_4(s)｜Pb$	$PbSO_4 + 2e^- \rightleftarrows Pb + SO_4^{2-}$	−0.36
$Ni^{2+}｜Ni$	$Ni^{2+} + 2e^- \rightleftarrows Ni$	−0.25
$Sn^{2+}｜Sn$	$Sn^{2+} + 2e^- \rightleftarrows Sn$	−0.14
$Pb^{2+}｜Pb$	$Pb^{2+} + 2e^- \rightleftarrows Pb$	−0.13
20 $Fe^{3+}｜Fe$	$Fe^{3+} + 3e^- \rightleftarrows Fe$	−0.04
$H^+｜H_2｜Pt$	$2H^+ + 2e^- \rightleftarrows H_2$	0
$Sn^{4+}, Sn^{2+}｜Pt$	$Sn^{4+} + 2e^- \rightleftarrows Sn^{2+}$	0.15

答 9-14 ダニエル電池の電池図は，$Zn|ZnSO_4(aq)|CuSO_4(aq)|Cu$ と書き表される．($aq \equiv$ 水溶液) または，SO_4^{2-} は無関係だから，$Zn|Zn^{2+}|Cu^{2+}|Cu$ とも書く．| は固体と溶液，溶液同士の境界を表す*．左側の電極には酸化反応(この場合，$Zn \rightarrow Zn^{2+}+2e^-$，$Zn$ は酸化される)，右側の電極には還元反応(ここでは，$2e^-+Cu^{2+} \rightarrow Cu$，$Cu$ は還元される)を示すのが約束である．つまり，電池図は通常の反応式と同様に，左→右への反応を想定している．

したがって，上の電池図は $Zn+Cu^{2+} \rightarrow Zn^{2+}+Cu$ なる反応式に対応しており，電池図 $Cu|Cu^{2+}|Zn^{2+}|Zn$ は $Cu+Zn^{2+} \rightarrow Cu^{2+}+Zn$ なる反応式に対応している．Zn と Cu のイオン化傾向は $Zn>Cu$ だから，ダニエル電池では $Zn+Cu^{2+} \rightarrow Cu+Zn^{2+}$ なる反応が起こっている．したがって，電子の流れは左→右．電流は正電荷の流れとして定義されるので電子の流れと逆，つまり，左←右である．したがって銅側が陽極(+)，亜鉛側が陰極(−)となる．

* 厳密には固液界面を $|$，液液界面における素焼き板のような多孔性隔膜を $\vdots$，KCl 濃厚液やそれを寒天で固めたもの(塩橋)で両極の溶液をつないだ場合を $\|$ で表す．

答 9-15 右図のようにダニエル電池の導線部分に別の電池を組み込み，ダニエル電池の電圧(起電力)以上の電圧を逆向きにかけると，もともと $Zn+Cu^{2+} \rightarrow Zn^{2+}+Cu$ なる反応の進行により→方向に流れていた電子は逆方向←に流れるようになり，反応は $Zn+Cu^{2+} \leftarrow Zn^{2+}+Cu$ に進行する(電気分解)．このような電池を可逆電池という．

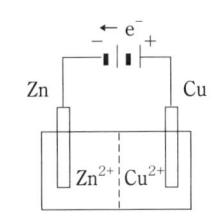

答 9-16 流れる電流をほぼゼロとなるようにして測定した，電池の正負電極間の電位差．電流が流れると電位差は時々刻々と変化する．水が流れれば水槽の水位が変化するのと同様である．

$Cl^-|AgCl|Ag$	$AgCl+e^- \rightleftarrows Ag+Cl^-$	0.22
$Cu^{2+}|Cu$	$Cu^{2+}+2e^- \rightleftarrows Cu$	0.34
$I_2, I^-|Pt$	$I_2+2e^- \rightleftarrows 2I^-$	0.54
$Fe(CN)_6^{3-}, Fe(CN)_6^{4-}|Pt$	$Fe(CN)_6^{3-}+e^- \rightleftarrows Fe(CN)_6^{4-}$	0.69
$Fe^{3+}, Fe^{2+}|Pt$	$Fe^{3+}+e^- \rightleftarrows Fe^{2+}$	0.77
$Ag^+|Ag$	$Ag^++e^- \rightleftarrows Ag$	0.80
$Hg^{2+}|Hg$	$Hg^{2+}+2e^- \rightleftarrows Hg$	0.85
$Hg^{2+}, Hg_2^{2+}|Pt$	$2Hg^{2+}+2e^- \rightleftarrows Hg_2^{2+}(Hg(I))$	0.92
$H^+, MnO_2, Mn^{2+}|Pt$	$MnO_2+4H^++2e^- \rightleftarrows Mn^{2+}+2H_2O$	1.07
$Br_2, Br^-|Pt$	$Br_2+2e^- \rightleftarrows 2Br^-$	1.09
$Pt^{2+}|Pt$	$Pt^{2+}+2e^- \rightleftarrows Pt$	約 1.2
$H^+, Cr_2O_7^{2-}, Cr^{3+}|Pt$	$Cr_2O_7^{2-}+14H^++6e^- \rightleftarrows 2Cr^{3+}+7H_2O$	1.33
$Cl_2, Cl^-|Pt$	$Cl_2+2e^- \rightleftarrows 2Cl^-$	1.36
$Au^{3+}|Au$	$Au^{3+}+3e^- \rightleftarrows Au$	1.50
$Ce^{4+}, Ce^{3+}|Pt$	$Ce^{4+}+e^- \rightleftarrows Ce^{3+}$	1.61
$Au^+|Au$	$Au^++e^- \rightleftarrows Au$	1.69
$S_2O_8^{2-}, SO_4^{2-}|Pt$	$S_2O_8^{2-}+2e^- \rightleftarrows 2SO_4^{2-}$	2.01
$F_2, F^-|Pt$	$F_2+2e^- \rightleftarrows 2F^-$	2.87

問題 9-17
　(1) 標準電極電位とは何か．

　(2) いかにして求めるか．

　(3) いかなる意味があるか．

　(4) Cu^{2+}/Cu 系の標準電極電位を求めるための電池図を示せ．また，この電位は正か負か．

　　$Pt|H_2|H^+\|$
　　H_2 は 1 気圧，H^+ は 1 mol/L★，25℃
　　(半反応：$1/2\,H_2 \rightarrow H^+ + e^-$)
　★ 厳密には濃度ではなく活量 $a_{H^+}=1$ (p.166) を用いる．

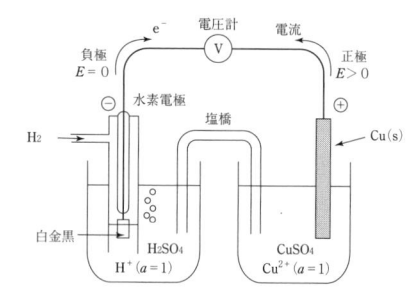

水素分子と水素イオンとの半電池
（水素半電池：標準電極）

問題 9-18　イオン化傾向・イオン化列は金属の陽イオンへのなりやすさの順序を示している．
　(1) イオン化列の順序と金属の標準電位＝標準還元電位の順序との関係を説明せよ．

　(2) イオン化列：K, Ca, Na, Mg, Al, Zn, Fe, Ni, Sn, Pb, H_2, Cu, Ag, Hg, Pt, Au．これらの金属の還元電位の値を上表から読みとり，イオン化列と比較せよ．

答 9-17 (1) 相互比較が可能となるように同じ「ものさし」(標準電極)を基準にしてはかった電極電位のこと．ある土地の高度を表すのに海面をゼロとして海抜(標高)何 m と表すのと同じ．

(2) 同じ半電池(標準電極)に対して，様々な半電池の電位差(電圧)を測定する．**標準電極**として**水素電極**($\equiv 0.0$ V と定義＝約束)を用いる．この電極を左側とする電池を組んで半電池の電位を測定することにより還元されやすさの尺度である**還元電位**を求める．

　水素電極を基準とする還元電位とは，水素電極と組み合わせた場合，還元電位が水素電極より高い(H^+ より還元されやすい)電極では還元反応が起こり，結果として水素電極側は $H_2 \rightarrow 2H^+ + 2e^-$ と酸化される(電子は水素電極(左側)から，右側へ流れる)，還元電位が水素電極より低い電極では，水素電極側が $2H^+ + 2e^- \rightarrow H_2$ と還元され，相手の電極側が酸化される(電子は右側から，左の水素電極側へ流れる)ことを意味する．

　(酸化されやすさの尺度である酸化電位は絶対値が還元電位と同じで正負を逆にしたものとなる.)

(3) 様々な半電池の電位(還元されやすさ・酸化されやすさ)の大小比較が可能となる．どの酸化反応，還元反応が起こりやすいかが判断できる．この半電池電位を組み合わせることにより，様々な酸化還元反応(化学反応，生化学反応)の起こりやすさを判断することができる(9-6, 7節参照)．生体における物質代謝系で最も重要な酸化還元反応系である電子伝達系のエネルギーも酸化還元電位で表される(9-7節)．大変重要な概念，尺度である．

(4) 左頁図のように銅半電池と標準電極の水素半電池とを組み合わせると(還元電位をはかるので水素半電池は酸化反応となる左側)，$Pt|H_2|H^+\|Cu^{2+}|Cu$．電圧計の読みは 0.34 V (正負の符号は不明，実測値は常に正)．

　イオン化傾向 $H_2 > Cu$ より，起こる反応は $Cu^{2+} + H_2 \rightarrow Cu + 2H^+$．すると電子は左 → 右に流れる．電流は正電荷の流れとして定義されており，電子の流れと逆になるので，右 → 左．つまり右側が正極＝電位は右側が左側より高くなる(正の電位)．したがって，$Cu^{2+}|Cu$ 電極(半電池)の標準(還元)電位は $E^0 = +0.34$ V となる．

答 9-18 (1) 金属がイオン化するとは金属が酸化されることであるから，イオン化列は金属の酸化されやすさの順序＝酸化電位の大きい順に並べたものである．還元電位は酸化電位の逆，つまり，絶対値が同じで正負の符号が逆となったものなので，イオン化列の順序(還元されにくさの順序)は還元電位の小さい順(増大する順)に並べたものと等しいことになる(還元電位が大きいと還元されやすい)．　　電位＝potential(潜在能力・可能性・されやすさ)

(2) 還元電位：K -2.93, Ca -2.87, Na -2.71, Mg -2.37, Al -1.66, Zn -0.76, Fe -0.44, Ni -0.25, Sn -0.14, Pb -0.13, H 0.00, Cu $+0.34$, Hg ($Hg_2^{2+} \rightarrow 2Hg$) $+0.797$, Ag $+0.80$, Hg ($Hg^{2+} \rightarrow Hg$) $+0.85$, Pt $+1.2$, Au $+1.50$ V

問題 9-19 (1) 還元電位 reduction potential とは何か．

(2) この値はいかにして求めるか．

(3) 還元電位が正とは何を意味するか．電位の正負はどのようにして実験的に定めるか．
　＊ 物質の酸化還元電位は，通常，この還元電位で表す．

(4) 酸化電位とは何か．

(5) 酸化電位 oxidation potential が正ということは何を意味するか．

問題 9-20 次の電池図で示される電池の電位差の測定値は酸化電位，還元電位のいずれであるかを述べよ．また，この測定値は何を意味するか．電位差 = $E^0_{右側} - E^0_{左側}$ である．

(1) (Pt)$H_2|H^+\|Cu^{2+}|Cu$　電位差 = +0.35 V　（半電池 $Cu^{2+}|Cu$ の電位 = +0.35 V）

(2) (Pt)$H_2|H^+\|Zn^{2+}|Zn$　電位差 = −0.76 V　（半電池 $Zn^{2+}|Zn$ の電位 = −0.76 V）

(3) $Cu|Cu^{2+}\|H^+|H_2$(Pt)　電位差 = −0.35 V　（半電池 $Cu|Cu^{2+}$ の電位 = −0.35 V）

(4) $Zn|Zn^{2+}\|H^+|H_2$(Pt)　電位差 = +0.76 V　（半電池 $Zn|Zn^{2+}$ の電位 = +0.76 V）

9-4　電池の電位に対する濃度の影響：ネルンストの式

問題 9-21 室温では $2H_2+O_2 \rightarrow 2H_2O$ なる反応は自発的に起こるが，$2H_2+O_2 \leftarrow 2H_2O$ なる反応は起こらない＊．このように，化学反応がある方向にのみ進むのはなぜか．
　＊ 10 000℃ の高温では逆に後者の反応が起こりやすくなる．（なぜか？熱力学を学ぶこと）

（右頁より続き）したがって室温で $2H_2+O_2 \rightarrow 2H_2O$ が自発的に起こるのは，室温での $2H_2+O_2$ の化学的位置エネルギーが $2H_2O$ の位置エネルギーより大きいからである．この化学的位置エネルギーを自由エネルギー(G) という．化学変化は，G の大きい(高い)方＝出発点＝G_1 から小さい(低い)方＝到着点＝G_2 へと起こるが($G_1>G_2$)，そのときの高低差が大きいほど反応は進みやすい．この G_1 と G_2 の差を，反応の進行に伴う自由エネルギー変化，ΔG＊，とよび，$\Delta G = G_2 - G_1$ で表す＊＊．したがって ΔG が負で($G_1>G_2$，$\Delta G = G_2 - G_1 < 0$)，その値が大きいほど，反応は進みやすい．つまり，$\Delta G = G_2 - G_1 < 0$ となる変化($G_1>G_2$) が自発的に(自然に)起きる現象である．

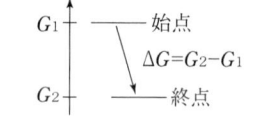

　＊ ΔG：その反応系から取り出せる最大仕事量 W_{max} に等しい＝ΔG を用いて何らかの仕事ができる．
　　ダムに溜めた水の位置エネルギーの差を用いて水車を回すことができるし，この水車で発電した電気エネルギーを様々な目的に利用できるように，化学反応が自発的に進むときの化学的な位置エネルギーのエネルギー差 ΔG を用いて，何らかの仕事を行うことができるし，電池のように化学的な位置エネルギーを電気エネルギーに変えることもできる．

　＊＊ 旅行の所要時間＝到着時刻−出発時刻として表すように，変化量・差＝到達点の値−出発点の値，として表すのが人間社会の習慣である．出発時間−到着時間とすれば値は負，負の所要時間となる！

答 9-19 (1) 還元されやすさの尺度.

(2) $H^+ + e^- \rightarrow 1/2\,H_2$ なる還元反応を基準として，つまり，水素電極を標準電極＝左側の電極として，これと組み合わせた右側の半電池の電位を測定する（電池式は酸化反応を左側，還元反応を右側とする約束）．

(3) 電位＝potential＝されやすさ・能力大を意味する．したがって，右側の半電池の還元電位が正＝還元電位が高いとは，右側の半電池成分が還元される potental（可能性）が H^+ より大きい，還元されやすい＝より電子を分捕る力が強いということを意味する．この場合には左側の水素標準電極の H_2 が酸化されて電子を放出し，この電子が左側から右側へ流れる．

　したがって，電子が右側に流れるとき，右の半電池を正(+)の還元電位とする*．

* 自発反応の電位を常に正とする.

(4) 酸化されやすさの尺度.

(5) 酸化電位が正＝その電極物質が H_2 より酸化されやすいことを意味する．つまり，右側の水素標準電極に対して左側が酸化されて放出された電子が右側に流れるとき，左側の半電池を正(+)の酸化電位とする*．以上，還元電位，酸化電位のいずれを測定する場合にも電子の流れが左→右の正反応が起こるときに，標準電池と組み合わせた半電池の電位が正となる．

答 9-20 (1) 水素電極が左（酸化反応側）にあるから，この酸化反応を基準とする（H^+ より還元されやすいかをみる）測定電位は還元電位である．還元電位が正＝還元電位が水素電極より大きい．$Cu^{2+} + 2e^- \rightarrow Cu$ なる還元反応が進行する（電子 e^- は左→右に流れる）．
電位＝potential＝されやすさ・能力大を意味するから，還元電位が正＝還元される potental（可能性）が H^+ より大きい，Cu^{2+} は H^+ に比べて還元されやすい，ということになる．
　⇒ H_2 より還元されやすい金属は正の還元電位をもつ・還元 potential 大である．
（還元電位正を裏返しで表現すれば，酸化電位負，小さい，Cu は H_2 に比べて酸化されにくい・陽イオンになりにくいということになる．）

(2) (1)と同じ理由で，還元電位．電位が負（＝還元電位が水素電極より小さい）：Zn^{2+} は H^+ に比べて還元されにくい．還元 potential 小＝還元されにくい（$Zn^{2+} + 2e^- \rightarrow Zn$ は起こりにくい）＝Zn は H_2 に比べて酸化されやすい．$Zn \rightarrow Zn^{2+} + 2e^-$ なる反応が進行するために電子 e^- は右→左に流れる（逆反応が起こる）．

(3) 水素電極が右（還元反応側）だから，この還元反応を基準とする（H^+ より酸化されやすいかをみる）電位は酸化電位である．酸化電位負＝Cu は H_2 に比べて酸化される potential（可能性）が小さい＝Cu は H_2 に比べて酸化されにくい（$H_2 \rightarrow 2H^+ + 2e^-$ に比べ $Cu \rightarrow Cu^{2+} + 2e^-$ は起こりにくい：電子は←（逆反応が起こる））．　　　* 自発反応の電位を常に正とする.

(4) 酸化電位正＝酸化 potential 大＝Zn は H_2 に比べて酸化されやすい（$H_2 \rightarrow 2H^+ + 2e^-$ に比べて $Zn \rightarrow Zn^{2+} + 2e^-$ は起こりやすい：電子は左→右に流れる（正反応が起こる））．
　⇒ H_2 より酸化されやすい金属は正の酸化電位をもつ・酸化 potential 大．

答 9-21 水は高い所から低い所へと流れるのが自然の法則であり，その逆は起こらない．この法則は，水は高い所＝位置エネルギーの大きい状態から，低い所＝位置エネルギーの小さい状態へと変化するとして理解できる．化学反応がある方向に進むのも，これと同様に，反応の推進エネルギーである化学的位置エネルギーが大きい状態から小さい状態へと変化するからである．

(左頁へ続く)

問題 9-22　電池反応における標準自由エネルギー変化 ΔG^0 と標準電位 E^0 との関係について説明せよ．なお ΔG^0 は標準状態（各成分の濃度 1 mol/L，25℃，1 気圧）における自由エネルギー変化量である．

問題 9-23　$aA + bB \rightleftharpoons cC + dD$ なる反応について，反応の自由エネルギー変化 ΔG と反応物の濃度との間に成り立つ関係式*を示せ．

* この式はここでは理屈抜きにこういうものだとして扱う：熱力学なる学問分野を学ぶと理解できる．

問題 9-24　電池内における反応物の濃度と電位との関係式をネルンストの式という．この式を答 9-23 式と $\Delta G^0 = -nFE^0$ とを用いて導け．

問題 9-25　$Zn \mid Zn^{2+}(0.75 \text{ mol/L}) \mid Cu^{2+}(0.15 \text{ mol/L}) \mid Cu$ なる電池の 25℃ での起電力を求めよ．

9-5　ネルンストの式の応用：pH メーターの原理

電池の電位だけでなく半電池の電位もイオン濃度で決まる．そこでネルンストの式の最も重要な応用は，目的に合わせて組み立てられた電池の電位を実験的に求め，それから水素イオン（pH メーター），Ca イオン（Ca イオンメーター）などのイオン種の濃度を求めることである（イオン選択電極）．

問題 9-26　ダニエル電池（問題 9-8〜12）では，正負の電極を構成する金属 Cu と Zn のイオン化傾向の違いが電極間に電流を流す（電子を移動させる）電位差・起電力を生んだ．

一方，下図のように素焼き板：で仕切られた器の両方に濃度の異なる硝酸銀 $AgNO_3$ の水溶液を満たし，それぞれに銀板を浸した装置も電池として機能する．つまり，両銀板を導線で結べば電位差・起電力を生じ，導線を電子が移動する（電流が流れる）．このように電池の陽極側，陰極側ともに同種の金属電極と電解液よりできていても，電解液の濃度が異なると両極間に電位差を生じる．このような装置を**濃淡電池**という．この装置でなぜ電位差を生じるのか，濃淡電池の作動原理について説明せよ．

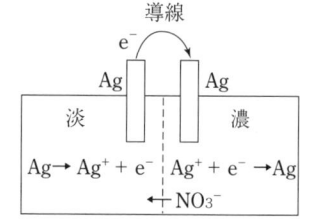

ダニエル電池のように金属のイオン化傾向の違いを利用した電池をガルバニ電池という

濃淡電池

（右頁からの続き）では，この濃淡電池でなぜ電子が電極間を移動するのだろうか．電極表面では溶液中の Ag^+ イオンと電極表面の金属 Ag とが $Ag \rightleftharpoons Ag^+ + e^-$ のように平衡にあると考えられる．つまり，電極の金属 Ag は水溶液中にわずかだけ Ag^+ として溶け出し，このとき電極に e^- を残す $Ag \rightarrow Ag^+ + e^-$．一方，水溶液中の Ag^+ は電極と衝突する際に銀電極から金属電子（自由電子）e^- を奪い Ag として電極表面に析出する $Ag \leftarrow Ag^+ + e^-$．ここで，$Ag \leftarrow Ag^+ + e^-$ なる反応は $AgNO_3(Ag^+)$ 濃度の濃い電極側が淡い側より優勢，$Ag \rightarrow Ag^+ + e^-$ なる反応は溶け出す反応だから，逆に，淡い方が優勢のはずである．つまり，濃い溶液に浸された電極中の金属電子 e^- はより多く消費され，淡い溶液に浸された電極には e^- が溜まるので，両電極を導線でつなげば e^- は淡い方の電極から濃い方の電極へと移動する（濃い方が正（＋）電極）．

つまり，両極の電解質溶液の濃度差が原因で両電極間に起電力（電位差）を生じたことになる．両極間の濃度差が大きいほど電位差が大きくなることは自明であろう．

答 9-22　電池内で起こる酸化還元反応は電子の移動のみにより進行するので，この反応に伴う 1 mol あたりの自由エネルギー変化 ΔG^0/mol はすべてが電気的仕事(電気量×電圧)*である．

$$\Delta G^0 = W_{\max}$$
$$= -nFE^0 \text{(電気的仕事)}$$

n：酸化還元反応に関与する電子数
F：ファラデー定数(96 500 クーロン C/mol，1 mol あたりの電気量)

すなわち，標準電位(E^0)の知識から酸化還元反応の標準自由エネルギー変化を計算できる．

* 電気量×電圧＝電気的仕事量であることは(仕事量・エネルギー(J)＝ワット数×時間＝(電流×電圧)×時間＝(電流×時間)×電圧＝電気量×電圧)，水量×水圧＝仕事量と対応すれば納得できよう．
$\underset{I}{電流}\underset{t}{時間}\underset{V}{電圧}\underset{C}{電気量}\underset{V}{電圧}$

答 9-23　$\Delta G = \Delta G^0 + RT\ln\dfrac{[C]^c[D]^d}{[A]^a[B]^b}$

答 9-24　問題 9-23 より，

$$\Delta G = \Delta G^0 + RT\ln\dfrac{[C]^c[D]^d}{[A]^a[B]^b}$$

また，問題 9-22 より，$\Delta G = -nFE$．

よって，$-nFE = -nFE^0 + RT\ln\dfrac{[C]^c[D]^d}{[A]^a[B]^b}$　両辺を $-nF$ で割ると，

$$\boxed{E = E^0 - \dfrac{RT}{nF}\ln\dfrac{[C]^c[D]^d}{[A]^a[B]^b} = E^0 - \dfrac{2.303\,RT}{nF}\log\dfrac{[C]^c[D]^d}{[A]^a[B]^b}}$$

$F = 96\,500$ C/mol，$R = 8.31$ J/K·mol，$T = 298$ K(25℃)では $2.303\,RT/F = 0.0592$ J/C．

J：ジュール，C：クーロン

よって，25℃ では，$\boxed{E = E^0 - \dfrac{0.0592}{n}\log\dfrac{[C]^c[D]^d}{[A]^a[B]^b}}$　これをネルンストの式といい，酸化還元系における反応物の濃度と電位との関係を示す式として重要である．

答 9-25　反応式は $Zn + Cu^{2+} \rightarrow Zn^{2+} + Cu$ となる．起電力 E はネルンストの式より，

$$E = (E^0_{Zn/Zn^{2+}} + E^0_{Cu^{2+}/Cu}) - \dfrac{0.0592}{2}\log\dfrac{[Zn^{2+}][Cu(s)]}{[Zn(s)][Cu^{2+}]}$$

$$E = (-E^0_{Zn^{2+}/Zn} + E^0_{Cu^{2+}/Cu}) - \dfrac{0.0592}{2}\log\dfrac{0.75\text{ mol/L} \times a_{Cu}}{a_{Zn} \times 0.15\text{ mol/L}}$$　金属の活量 $a_{Zn} = a_{Cu} = 1$(約束)なので，

$= -(-0.76) + 0.34 - 0.0296\log(0.75/0.15) = 1.10 - 0.0296\log 5 = 1.10 - 0.021 = 1.08$ V

逆に，溶液の電位 E をはかれば反応物の濃度が求まる．⇒ pH メーターによる pH の測定原理である．

答 9-26　濃度の異なった二つの溶液が接しているのだから，$AgNO_3$ は濃い硝酸銀水溶液の方から淡い方へと素焼き板を越えて拡散・移動する傾向をもつ．この拡散の力(自由エネルギー差)を起電力として取り出す装置が濃淡電池である．濃淡電池では，拡散の代わりに，電極間の導線を通して電子を運ぶことにより両電極において酸化還元反応を起こし，拡散と同じ効果，つまり両液の濃度の均一化を行なっている．すなわち，淡い溶液では $Ag \rightarrow Ag^+ + e^-$，濃い溶液ではこの電子を受け取って $Ag^+ + e^- \rightarrow Ag$ なる反応を起こすことにより，淡い溶液中の Ag^+ 濃度を上げ，濃い溶液中の Ag^+ 濃度を下げている．(左頁に続く)

素焼き板を経由した NO_3^- の移動と同期して初めて $AgNO_3$ の移動が完成する．つまり，NO_3^- が素焼き板(液絡部)を通過しないと電流は流れない．

問題 9-27 問題 9-26 のような濃淡電池の起電力はネルンストの式 $E = -\dfrac{2.303\,RT}{nF}\log\dfrac{[A]_1}{[A]_2}$ を用いて表すことができる．ここで$[A]_1$, $[A]_2$ はそれぞれ二つの電極を浸している電解液の濃度（$[A]_2$ はカソード側，還元される側），n は電極反応にかかわる電子の数である．

問題 9-26 図の濃淡電池の 25℃ における電位を計算せよ．

ガラス電極の原理，pH メーターの原理

デモ　イオンメーター，pH メーター，pH 試験紙

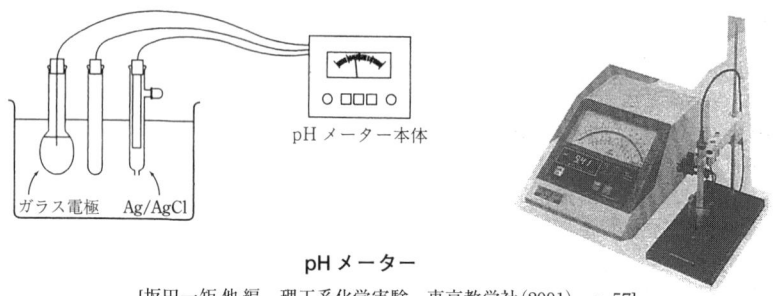

pH メーター

[坂田一矩 他 編，理工系化学実験，東京教学社(2001), p.57]

問題 9-28 　(1) pH メーターは二つの電極から構成されている．この電極とは何か．
(2) この二つの電極の構成（しくみ）を述べよ．

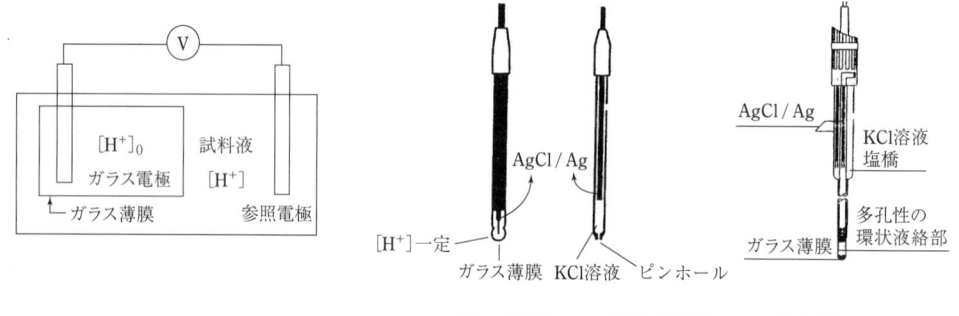

問題 9-29 　pH メーターとは，ガラス電極という水素イオン濃度一定＝$[H^+]_0$ の溶液を内部にもつ半電池と，試料液と参照電極よりなる半電池より構成された濃淡電池の電位を測定するものである（上図）．ネルンストの式（問題 9-24）$E = E^0 - 0.059 \times \log([H^+]/[H^+]_0)$ を用いて以下を計算せよ．ただし，$E^0 = 0.00$ mV，$[H^+]_0 = 1.00$ mol/L とする．

(1) pH = 4.23 のとき，電位 E は何ミリボルト(mV)か．

(2) 電位が 652 mV (0.652 V) のとき，pH はいくつか．

問題 9-30 　(1) pH メーターの電池図を示し，pH の測定原理を述べよ．

答 9-27　$E = -(2.303\,RT/nF)\log([Ag^+]_1/[Ag^+]_2) = -(0.059/n)\log([Ag^+]_1/[Ag^+]_2)$
$= -(0.059/1)\log(0.01/1.00) = -0.059 \times \log(1/100) = -0.059 \times (-2) = 0.118\,V = 118\,mV$

答 9-28　(1) pH メーターは指示電極である pH 感応性のガラス電極と，電位を測定するためのもう一方の電極である参照電極(比較電極)である銀−塩化銀電極より構成されている．
　このほかに温度補償電極が電位の温度補正に用いられるが，これが電極に組み込まれたものや指示電極，参照電極，温度補償電極を一体化した複合電極，一本電極も用いられる．

(2) ガラス電極は，水素イオンのみを選択的に透過する* 球状のガラス薄膜の中に $[H^+]$ 一定の溶液を入れ，この液中に銀−塩化銀電極 $AgCl(s)|Ag$ を浸したものである．銀−塩化銀電極とは金属の銀の表面に塩化銀の固体を付着させたものであり，参照電極ではこれが KCl の飽和溶液に浸されている．KCl 溶液はピンホール(セラミック)で試料液とつながっている． *「化学と教育」，**47**，248(1999)を参照．

答 9-29　(1) $E = E^0 - 0.059 \times \log([H^+]/[H^+]_0) = 0.00 - 0.059 \times (\log[H^+] - \log 1.00)$
$= -0.059 \times \log[H^+] = 0.059 \times (-\log[H^+]) = 0.059 \times pH = 0.059 \times 4.23 = 0.250\,V = 250\,mV$

(2) ネルンストの式より，$0.652 = 0.00 - 0.059 \times \log([H^+]/[H^+]_0) = -0.059 \times \log([H^+]/1.00)$
$= 0.059 \times (-\log[H^+]) = 0.059 \times pH$．　$pH = 0.652/0.059 = 11.05$

このように，電位は
$E = E^0 - 0.059 \times \log([H^+]/[H^+]_0) = E^0 - 0.059 \times (\log[H^+] - \log[H^+]_0)$
$= E^0 + 0.059 \times (\log[H^+]_0 - \log[H^+]) = (E^0 + 0.059 \times (\log[H^+]_0)) - 0.059\log[H^+]$
$\equiv E^{0\prime} - 0.059\log[H^+] = E^{0\prime} + 0.059\,pH$

と表され，参照電極に対するガラス電極の電位差を測定すれば pH が求まる．
　実際に測定される電位差には，次頁図に示した KCl 溶液と試料溶液との液間電位差，2 本の銀−塩化銀電極間の電位差などからなる不斉電位差が含まれるが，これを $E^{0\prime}$ に含めて表せば，電位と pH との間には $E = a + b\,pH$ なる直線関係が成立する．したがって，pH 未知試料の pH 測定では，pH 4 や pH 7 などの標準液で装置を校正して a の値を定めれば，上問のように E の測定値から pH が求まる．$b = 2.303\,RT/F$ であり，$T = 25℃$ では $b = 0.0591$ となる．温度が 25℃ と異なるときには，その温度における b の値を用いる必要がある．これを自動的に行なうのが温度補償電極である．二つの pH 標準液で校正すれば a, b をともに定めることができる．

答 9-30　(1) 電池図は，$Ag|AgCl(s)|HCl(aq, a^* = 一定)|ガラス|試料溶液\,a_{H^+}\|飽和\,KCl(aq)|KCl(aq, a = 一定)|AgCl(s)|Ag$ と表され，試料溶液中の水素イオン濃度とガラス電極内液の水素イオン濃度差にもとづく濃淡電池の電位(ガラス薄膜内外の膜電位差)を測定することにより，ネルンストの式を用いて試料溶液中の pH を知る(問題 9-29)．　* 活量(実効濃度, p.166)

(2) pH 測定時に pH メーター内で(二つの電極内で)起こる化学反応，イオン，電子の移動について説明せよ．

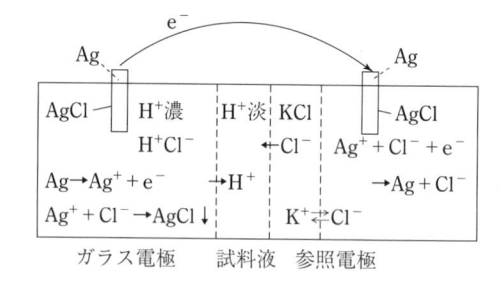

```
    e⁻
Ag ─────────────── Ag
AgCl │ H⁺濃 │ H⁺淡 │ KCl │ AgCl
     │ H⁺Cl⁻│     ←Cl⁻  │ Ag⁺+Cl⁻+e⁻
Ag→Ag⁺+e⁻ │ ←H⁺ │       │ →Ag+Cl⁻
Ag⁺+Cl⁻→AgCl↓ │    │ K⁺⇄Cl⁻│
 ガラス電極   試料液   参照電極
```

生体膜と膜電位（神経伝達）

2種の電解質溶液が膜平衡にあるとき，膜の両側に生じる電位差を膜電位という．膜電位はpHメーターと同じ濃淡電池生成による．電気生理学では，細胞の状態を静止（膜）電位と活動電位で表す．静止電位とは筋肉や神経の細胞が興奮していないときに示す細胞内液と外液とのK^+イオンの濃度差に基づく電位差のことをいう．活動電位とは筋肉や神経の細胞が興奮したときに生じる電位の変化であり，細胞膜のNa^+イオン透過性が上昇することに起因する．細胞膜内外のNa^+イオンの濃度差にもとづく電位差である．

問題 9-31 細胞膜はリン脂質の2重層よりなる．細胞内液にはK^+，Mg^{2+}，HPO_4^{2-} などが多く，Na^+，Ca^{2+}，Cl^-は少ない(細胞外液はこの逆)．神経細胞の細胞膜は通常はNa^+は通さず，K^+のみが少し通過する．細胞が興奮した状態ではNa^+が中に流入する．つまり，細胞膜は通常状態ではK^+イオン選択膜(K^+イオン濃淡電池)であり，興奮時にはNa^+イオン選択膜となる(Na^+イオン濃淡電池)．したがって，それぞれの場合について特有の膜電位が観察される．通常状態の電位を静止電位(-60 mV)，興奮時の電位を活動電位($+40$ mV)という．平衡状態では，$[K^+]_{in} = 155$ mmol/L，$[Na^+]_{in} = 10$ mmol/L，$[K^+]_{out} = 5$ mmol/L，$[Na^+]_{out} = 145$ mmol/L である．
(1) K^+平衡膜電位，(2) Na^+平衡膜電位を求めよ．

9-6 標準電極電位の応用

自発反応の進行方向の判断

以上は半反応の話(能力 potential の比較)．この半反応を組み合わせて(能力を組み合わせて)，その組み合わせた酸化還元反応が自発的に起こるか否かを，標準電位をもとに知ることができる(重要！)．

問題 9-32 以下の反応は起こるか(p.182の標準電位(還元電位)の値を比較することにより判断せよ).

(1) $1/2\ Zn + H^+ aq \rightarrow 1/2\ H_2(g) + 1/2\ Zn^{2+} aq$
(2) $Ag + H^+ \rightarrow 1/2\ H_2 + Ag^+$
(3) $1/2\ Zn + Ag^+ \rightarrow 1/2\ Zn^{2+} + Ag$
(4) $1/2\ Zn + Fe^{3+} \rightarrow 1/2\ Zn^{2+} + Fe^{2+}$
(5) $Cl^- + 1/2\ F_2 \rightarrow 1/2\ Cl_2 + F^-$

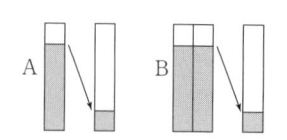

示強因子の例：水圧
(示量因子の例：mol数，体積，液量)
A,B両者は水量は2倍異なるが水圧は同じ．

（右頁より続き）

(2) $Ag + H^+ \rightarrow 1/2\ H_2 + Ag^+$　　　　電位　$(0.0\rightarrow) + (\leftarrow 0.80) = (\leftarrow 0.80$ V$)$：起こらない
(3) $1/2\ Zn + Ag^+ \rightarrow 1/2\ Zn^{2+} + Ag$　電位　$(0.80\rightarrow) + (\leftarrow -0.76) = (\rightarrow 1.56$ V$)$：起こる
(4) $1/2\ Zn + Fe^{3+} \rightarrow 1/2\ Zn^{2+} + Fe^{2+}$　電位　$(0.77\rightarrow) + (\leftarrow -0.76) = (\rightarrow 1.53$ V$)$：起こる
(5) $Cl^- + 1/2\ F_2 \rightarrow 1/2\ Cl_2 + F^-$　　電位　$(2.87\rightarrow) + (\leftarrow 1.36) = (\rightarrow 1.51$ V$)$：起こる

(2) 試料溶液中の水素イオン濃度がガラス電極内液より低い場合，ガラス電極内のH^+イオンはH^+イオン選択性ガラス薄膜を通って試料液側へ拡散・移動する（化学と教育，**47**，248 (1999))．すると電極内液ではCl^-が過剰となるが，Cl^-はガラス薄膜を透過できないので（選択電極！），この過剰の負電荷を中和すべく$Ag \to Ag^+ + e^-$なる酸化反応が起こる．ここで生じたAg^+は過剰のCl^-と反応し$AgCl$の沈殿となる．酸化反応の結果ガラス電極側に溜まった電子が右側の参照電極側へ移動する（電位差を生じる）．一方，右側の参照電極では左側から移動してきた電子をAg電極表面の$AgCl$が受け取り，$Ag^+ + e^- \to Ag$なる還元反応を起こす．$AgCl$を構成しているAg^+はAgとなりAg電極に析出し，Cl^-は溶液中に溶け出す．過剰となったCl^-は液中を左←右と試料液側に移動する．または，Cl^-の負電荷を中和するためにKCl溶液中のK^+が右側に移動し，この結果，KCl溶液中で過剰となったCl^-は試料液側に移動する．結果としてHClが試料溶液中に移動したことになる．

　　ガラス薄膜をH^+イオンが透過（拡散）するとガラス電極内では負電荷(Cl^-)が過剰，外では陽電荷(H^+)が過剰となり，電荷の分布が偏り（電荷の不均等な配分・分極が起こり），それにより生じた膜の両側の間の電位差ΔEによってH^+の更なる拡散を妨げる力が生じ，遂には平衡分布となる．つまり，膜内外のH^+の濃度比$[H^+]_{in}/[H^+]_{out}$にもとづく（濃→薄の）拡散の自由エネルギーと等しい膜電位差ΔE（拡散を防ぐ力）が生じ，電気的な力によりそれ以上のH^+の膜透過・拡散を防ぐことになる．$nFE = -RT\ln([H^+]_{in}/[H^+]_{out})$．

答 9-31 (1) $nFE = -RT\ln([K^+]_{in}/[K^+]_{out})$, $E = -(RT/nF)\ln([K^+]_{in}/[K^+]_{out})$
　　　　　　　$= -0.0592 \log(155/5) = -0.0592 \times 1.49 = -0.088\,V = -88\,mV$

(2) $E = -(RT/nF)\ln([Na^+]_{in}/[Na^+]_{out}) = -0.0592 \log(10/145) = -0.0592 \times (-1.16) = 69\,mV$

答 9-32 (1) $1/2\,Zn + H^+aq \to 1/2\,H_2(g) + 1/2\,Zn^{2+}aq$ 　　　＊aq(aqua＝水)は水溶液を意味する．
　　考え方：上式の基本反応は，$H^+ + e^- \to 1/2\,H_2$($H^+|H_2$の$E^0 = 0\,V$)と，$Zn \leftarrow Zn^{2+} + 2e^-$ (p.182 表より，$Zn^{2+}|Zn$の標準電位$E^0 = -0.76\,V$)である．$H^+ \to 1/2\,H_2$の電位は$\to 0\,V$，$Zn \leftarrow Zn^{2+}$の電位は←$-0.76\,V$．電位の←$-0.76\,V$は電位の$\to 0.76\,V$と同意である．つまり，←方向に$-0.76\,V$で押すということは→方向に0.76で引くということである．したがって→方向に動かす力（→の電位）は$+0.76 = 0.76\,V$．よって，反応は→方向に$0.76\,V$の力で流れる．→この反応は起こる．または，$\Delta G = -nFE < 0$だから，反応は起こると判断できる．
＊ 電位は量ではなく強さを示す尺度（示強因子）である．したがって，反応式の係数とはまったく関係なく，物質の種類のみを配慮して計算すればよい（左頁図）．この問題では$1/2\,Zn$となっているので$1\times (H^+/H_2$の電位$) - 1/2\times (Zn^{2+}/Zn$の電位$) = 0.38\,V$とするのは間違いである．単に$1\times (H^+/H_2$の電位$) - (Zn^{2+}/Zn$の電位$) = 0.76\,V$とすればよい．
　　左頁図の水柱を直列（縦）につないだら，A＋A，A＋B，B＋B，ともに水圧は2倍となる．また，大きい単一の乾電池を2個直列につないでも，単一乾電池と小指大の（電池成分量が少ない）単三の乾電池とを直列につないでも，得られる電圧は$1.5\,V + 1.5\,V = 3.0\,V$である．つまり，電位差のみが重要である．
(2) 以降は左頁へ続く．

問題 9-33 金属の Zn と Zn^{2+}, Cr^{2+}, Cr^{3+} がそれぞれ 1 mol/L で共存する水溶液中では何が起こるかを標準電位をもとに考えよ.

生化学反応：様々な成分を含んだ細胞内でどのような反応が起こるかを知ることは容易ではない. そこで, 頭の中で考えたある生体内反応が実際起こりえるか否かの判断に, 標準酸化還元電位が用いられる. 下表にはいくつかの生体関連物質の標準酸化還元電位 (還元電位) を示した.

生化学分野では標準電位を 25℃, pH 7 における値 $E^{0\prime}$ で表す (37℃ でも実質同じ値).

酢酸 + 2 H^+ + 2 e^-	→ アセトアルデヒド + H_2O	$E^{0\prime} = -0.60$
2 H^+ + 2 e^-	→ H_2	$E^{0\prime} = -0.42$
α-ケトグルタール酸 + CO_2 + 2 H^+ + 2 e^-	→ イソクエン酸	$E^{0\prime} = -0.38$
NAD^+ + H^+ + 2 e^-	→ NADH	$E^{0\prime} = -0.32$
$NADP^+$ + H^+ + 2 e^-	→ NADPH	$E^{0\prime} = -0.32$
リボフラビン (酸化型) FAD + 2 H^+ + 2 e^-	→ リボフラビン (還元型) $FADH_2$	$E^{0\prime} = -0.21$
アセトアルデヒド CH_3CHO + 2 H^+ + 2 e^-	→ CH_3CH_2OH エタノール	$E^{0\prime} = -0.20$
ピルビン酸 + 2 H^+ + 2 e^-	→ 乳酸	$E^{0\prime} = -0.19$
フマル酸 + 2 H^+ + 2 e^-	→ コハク酸	$E^{0\prime} = 0.03$
シトクロム b (酸化型: Fe^{3+}) + e^-	→ シトクロム b (還元型: Fe^{2+})	$E^{0\prime} = 0.08$
デヒドロアスコルビン酸 $C_6H_6O_6$ + 2 e^- + 2 H^+	→ $C_6H_8O_6$ アスコルビン酸	$E^{0\prime} = 0.08$
ユビキノン (酸化型) CoQ + 2 H^+ + 2 e^-	→ ユビキノン (還元型) $CoQH_2$	$E^{0\prime} = 0.10$
シトクロム c_1 (酸化型: Fe^{3+}) + e^-	→ シトクロム c_1 (還元型: Fe^{2+})	$E^{0\prime} = 0.22$
シトクロム c (酸化型: Fe^{3+}) + e^-	→ シトクロム c (還元型: Fe^{2+})	$E^{0\prime} = 0.25$
シトクロム $a + a_3$ (酸化型: Fe^{3+}) + e^-	→ シトクロム $a + a_3$ (還元型: Fe^{2+})	$E^{0\prime} = 0.29$
1/2 O_2 + 2 H^+ + 2 e^-	→ H_2O	$E^{0\prime} = 0.82$

問題 9-34 上表の電位をもとに, 次の反応が進行するか否かを判断せよ.

(1) シトクロム c_1(Fe^{3+}) + $FADH_2$ → シトクロム c_1(Fe^{2+}) + FAD $\Delta E^{0\prime} = ?$

(2) アセトアルデヒドをアスコルビン酸 (ビタミン C) によってエタノールに還元することができるか否かを示せ. CH_3CHO + $C_6H_8O_6$ → CH_3CH_2OH + $C_6H_6O_6$ $\Delta E^{0\prime} = ?$

(3) アセトアルデヒドを NADH (補酵素) によってエタノールに還元することができるか否かを示せ. CH_3CHO + NADH + H^+ → CH_3CH_2OH + NAD^+ $\Delta E^{0\prime} = ?$

問題 9-35 通常の標準電極電位 (酸化還元電位) E^0 は 25℃ における水素電極 ($[H_2]$ = 1 atm, $[H^+]$ = 1 mol/L, 厳密には a_{H^+} = 1, つまり, pH = 0) の電位を 0 として表すが, 生化学分野では 25℃, pH 7 における値 $E^{0\prime}$ で表す (上表, 37℃ でも実質同一値).

(1) 2 H^+ + 2 e^- → H_2, の電位は, $E^0 = 0$ V に対して $E^{0\prime} = -0.42$ V となることを示せ.

(2) デヒドロアスコルビン酸 + 2 H^+ + 2 e^- → アスコルビン酸 の E^0 を求めよ. $E^{0\prime} = 0.08$ V.

(3) シトクロム c (Fe^{3+}) + e^- → シトクロム c (Fe^{2+}) の E^0 を求めよ. $E^{0\prime} = 0.25$ V.

答 9-33 構成成分を見れば，何らかの酸化還元反応が起こるはずである．基本反応は，$Zn^{2+} + 2e^- \rightarrow Zn$ ($Zn^{2+}|Zn$ の標準電位 $E^0 = -0.76$ V) と，$Cr^{3+} + e^- \rightarrow Cr^{2+}$ ($Cr^{3+}|Cr^{2+}$ の $E^0 = -0.41$ V) である．したがって，$Zn + 2Cr^{3+} \rightarrow Zn^{2+} + 2Cr^{2+}$ と，この逆反応のいずれが起こるかを判断すればよい．$Cr^{3+} \rightarrow Cr^{2+}$ は →−0.41 V，$Zn \leftarrow Zn^{2+}$ は ←−0.76 V だから，←0.41 V，→0.76 V と同意である．つまり，反応は (←0.41 V) + (→0.76 V) = (→0.35 V) となり，溶液中では $Zn + 2Cr^{3+} \rightarrow Zn^{2+} + 2Cr^{2+}$ なる反応が進行することがわかる．じつは，平衡状態では $[Cr^{3+}]/[Cr^{2+}]$ の値がいくつになるかも，ネルンストの式から計算できる．

答 9-34 (1) (→0.22) + (←−0.21) = (→0.43 V)．よって→方向に進行することがわかる．

(2) (→−0.20) + (←0.08) = (←0.28 V)．よって→方向は進行しないことがわかる．

(3) (→−0.20) + (←−0.32) = (→0.12 V)．よって→方向に進行することがわかる．

以上，問題 9-32〜34 で見たように，酸化還元電位 (redox potentiol) の表 (p.182, 194) から，半反応の左側の物質は表のそれより上側に書かれた半反応の右側の物質と自発的に反応することがわかる (例：p.182 表の反応 28 と 24，35 と 25)．表中の 40 個の半反応の組合せから $_{40}C_2 = 40 \times 39/2 = 780$ 種類の反応が起こるか否かの結果を予測・判断できる．

答 9-35 (1) $E = E^0 - (RT/nF)\ln([H_2]/[H^+]^2)$

$E^{0'} = 0 - \{(1.98 \text{ cal/K·mol} \times 4.18 \text{ J/cal} \times (273+25) \text{ K})/(2 \times 96500 \text{ C/mol})\}\ln\{1/(10^{-7})^2\}$

$= -0.0128 \times (-2\ln 10^{-7}) = -0.0128 \times 14\ln 10 = \underline{-0.412 \text{ V}}$

* 気体定数 $R = 1.98$ cal/K·mol，1 cal = 4.18 J (J：ジュール)，25℃ = (273+25) K (K：絶対温度、ケルビン)，反応にかかわる電子数 $n = 2$，ファラデー定数 $F = 96500$ C/mol (C：電気量クーロン)，pH 7 → $[H^+] = 10^{-7}$

(2) $E = E^0 - (RT/nF)\ln\{[アスコルビン酸]/([デヒドロアスコルビン酸][H^+]^2)\}$

$E^{0'} = E^0 - (RT/nF)\ln\{1/(1 \times [H^+]^2)\}$ 標準状態では全化学種の濃度 = 1 mol/L, $[H^+] = 10^{-7}$

$= E^0 - 0.412$, よって，$E^0 = E^{0'} + 0.412 = 0.08 + 0.412 = \underline{0.492 \text{ V}}$

(3) $E = E^0 - (RT/nF)\ln\{[シトクロム\ c(Fe^{2+})]/[シトクロム\ c(Fe^{3+})]\}$

$E^{0'} = E^0 - (RT/nF)\ln(1/1) = E^0 - 0 = E^0$，つまり $E^0 = E^{0'}$ (標準状態では化学種の濃度 = 1 mol/L)

平衡定数の決定

問題 9-36 ある反応の平衡定数は，その反応の標準自由エネルギー変化量から求めることができる．求め方を述べよ．

問題 9-37 (1) 酢酸の酸解離反応 $CH_3COOH \rightarrow CH_3COO^- + H^+$ の $\Delta G^0 = 27.2$ kJ/mol である．この酸解離反応の 25℃ における平衡定数 K_a を求めよ．気体定数 $R = 8.31$ J/K・mol.
(2) アデノシン三リン酸(ATP)のアデノシン二リン酸(ADP)と無機リン酸(Pi)への加水分解反応，ATP $\rightarrow$ ADP+Pi，の平衡定数は 25℃ で $K = 2.7 \times 10^5$ である．ΔG^0 を求めよ．

問題 9-38 9-6 節「自発反応の進行方向の判断」では $E<0$，$E>0$ で反応が進むかどうかの定性的議論をしたが，前問で示したようにじつは E^0 から K を計算して，その反応がどれくらい進むかを定量的に表すこともできる．以下の反応の平衡定数 K がいくつになるかを $\log K = nE/0.0592$ (問題9-37)なる関係式を用いて計算せよ(p.194 の反応式より，$n=2$ である)．
(1) アセトアルデヒドのアスコルビン酸(ビタミン C)によるエタノールへの還元反応
$CH_3CHO + C_6H_8O_6 \rightarrow CH_3CH_2OH + C_6H_6O_6$ $\Delta E^0 = -0.28$ V （問題 9-34 の答）
(2) アセトアルデヒドの NADH(補酵素)によるエタノールへの還元反応
$CH_3CHO + NADH + H^+ \rightarrow CH_3CH_2OH + NAD^+$ $\Delta E^0 = 0.12$ V （問題 9-34 の答）

生体内代謝反応の解糖系，電子伝達系の反応と標準電極電位

問題 9-39 p.194 の $\Delta E^{0\prime}$ の値を用いて，次の反応の酸化還元電位と自由エネルギー変化 ΔG^0 を求めよ．これらの反応の進行により ATP が生み出され得るか．ただし，ATP の合成のための自由エネルギー変化は $\Delta G = 7$ kcal/mol である．$\Delta G^{0\prime} = -nF\Delta E^{0\prime}$
(1) ピルビン酸 + NADH + H^+ $\rightarrow$ 乳酸 + NAD^+
(2) ユビキノン CoQ + NADH + H^+ $\rightarrow$ ユビキノン $CoQH_2$ + NAD^+
(3) 2シトクロム c (酸化型：Fe^{3+}) + 2シトクロム c_1 (還元型：Fe^{2+})
 $\rightarrow$ 2シトクロム c (還元型：Fe^{2+}) + 2シトクロム c_1 (酸化型：Fe^{3+})
(4) 2シトクロム c_1 (酸化型：Fe^{3+}) + 2シトクロム b (還元型：Fe^{2+})
 $\rightarrow$ 2シトクロム c_1 (還元型：Fe^{2+}) + 2シトクロム b (酸化型：Fe^{3+})
(5) $\frac{1}{2}O_2 + 2H^+ + 2$シトクロム $a+a_3$ (還元型) $\rightarrow$ H_2O + 2シトクロム $a+a_3$ (酸化型)

（右頁より） (3) $\Delta E^{0\prime} = (\rightarrow +0.25) + (\leftarrow 0.22) = (\rightarrow +0.25) + (\rightarrow -0.22) = \underline{0.03}$ V
 $\Delta G^{0\prime} = -nF\Delta E^{0\prime} = -2 \times 96\,500 \times 0.03$ J/mol $= -5.8$ kJ/mol
 $= -5.8$ (kJ/mol)/4.2 (J/cal) $= -1.4$ kcal/mol <0 だから，自発反応(ATP 合成不可)．
(4) $\Delta E^{0\prime} = 0.22 - 0.08 = \underline{0.14}$ V
 $\Delta G^{0\prime} = -nF\Delta E^{0\prime} = -2 \times 96\,500 \times 0.14$ J/mol $= -27.0$ kJ/mol
 $= -27.0$ (kJ/mol)/4.2 (J/cal) $= -6.4$ kcal/mol
 $\Delta G^{0\prime} < 0$ だから，自発反応である(ATP を合成できない)．
(5) $\Delta E^{0\prime} = (\rightarrow +0.82) + (\leftarrow 0.29) = (\rightarrow +0.82) + (\rightarrow -0.29) = \underline{0.53}$ V
 $\Delta G^{0\prime} = -nF\Delta E^{0\prime} = -2 \times 96\,500 \times 0.53$ J/mol $= -102.3$ kJ/mol
 $= -102.3$ (kJ/mol)/4.2 (J/cal) $= -24.4$ kcal/mol <0 だから，自発反応である．
 $\Delta G^{0\prime} + \Delta G$ (ATP) $= -24.4 + 7.0 = -17.4$ kcal/mol <0 だから，ATP を合成できる．

答 9-36 反応 $aA + bB \rightleftarrows cC + dD$ について，反応の自由エネルギー変化 ΔG と平衡状態における反応物の濃度の間には次の関係式が成立．ΔG^0 は標準状態の自由エネルギー変化量である．

$$\Delta G = \Delta G^0 + RT \ln \frac{[C]^c[D]^d}{[A]^a[B]^b} \quad (\text{問題 9-23})$$

平衡状態では反応は左右のどちらにも進まないから，反応の自由エネルギー変化は $\Delta G = 0$ となる（ΔG は反応の推進力，位置エネルギーであることを思い起こすこと）．

したがって，$\Delta G^0 = -RT \ln \frac{[C]^c[D]^d}{[A]^a[B]^b} = -RT \ln K$ ただし，$K = \frac{[C]^c[D]^d}{[A]^a[B]^b}$ （平衡定数）

平衡状態の濃度

答 9-37 （1）$\Delta G^0 = -RT \ln K_a = -2.303 \times 8.31 \,\text{J/K·mol} \times (273+25)\,\text{K} \times \log K_a = 27\,200 \,\text{J/mol}$

$\log K_a = (27\,200 \,\text{J/mol})/(-2.303 \times 8.31 \,\text{J/K·mol} \times 298 \,\text{K}) = -4.77$

よって $K_a = 10^{-4.77} = 1.70 \times 10^{-5}$

（2）$\Delta G^0 = -RT \ln K = -2.303 \times 8.31 \,\text{J/K·mol} \times 298 \,\text{K} \times \log(2.7 \times 10^5) = -30\,976 \,\text{J/mol}$

$= -31.0 \,\text{kJ/mol}$　また，$\Delta G^0 = -nFE^0$ だから（問題 9-22）$-nFE^0 = -RT \ln K$

よって $\ln K = \frac{nF}{RT} E^0$　または，$\log K = \frac{\ln K}{2.303} = \frac{nFE^0}{2.303 \, RT}$

298 K (25℃) では $2.303 \, RT/F = 0.0592 \,\text{J/C}$（問題 9-24）．上式に代入すると，$\log K = \frac{nE^0}{0.0592}$

すなわち，<u>標準起電力（電位）E^0 がわかれば，その電池反応についての平衡定数 K を計算で求めることができる</u>．

答 9-38 （1）$\log K = nE/0.0592 = 2 \times (-0.28)/0.0592 = -9.46$，

$K = \frac{[\text{CH}_3\text{CH}_2\text{OH}][\text{C}_6\text{H}_6\text{O}_6]}{[\text{CH}_3\text{CHO}][\text{C}_6\text{H}_8\text{O}_6]} = 10^{-9.46} = 3.47 \times 10^{-10}$

（2）$\log K = nE/0.0592 = 2 \times 0.12/0.0592 = 4.05$　$K = \frac{[\text{CH}_3\text{CH}_2\text{OH}][\text{NAD}^+]}{[\text{CH}_3\text{CHO}][\text{NADH}][\text{H}^+]} = 10^{4.05} = 1.12 \times 10^4$

答 9-39 （1）ピルビン酸 $+ 2\text{H}^+ + 2\text{e}^- \rightarrow$ 乳酸　$E^{0\prime} = -0.19 \,\text{V}$（p.194 の表を参照）

$\text{NAD}^+ + 2\text{H}^+ + 2\text{e}^- \rightarrow \text{NADH} + \text{H}^+$　$E^{0\prime} = -0.32 \,\text{V}$ だから，

$(\rightarrow -0.19) + (\leftarrow -0.32) = (\rightarrow -0.19) + (\rightarrow +0.32) = +0.13$ となり，$\underline{\Delta E^{0\prime} = 0.13 \,\text{V}}$

または，ピルビン酸 $+ 2\text{H}^+ + 2\text{e}^- \rightarrow$ 乳酸　$E^{0\prime} = -0.19 \,\text{V}$，

$\text{NADH} + \text{H}^+ \rightarrow \text{NAD}^+ + 2\text{H}^+ + 2\text{e}^-$　$E^{0\prime} = +0.32 \,\text{V}$．（式の左右（反応の進行方向）を逆にした）

両式を加えると，ピルビン酸 $+ \text{NADH} + \text{H}^+ \rightarrow$ 乳酸 $+ \text{NAD}^+$　$\underline{\Delta E^{0\prime} = -0.19 + 0.32 = 0.13 \,\text{V}}$

$\Delta G^{0\prime} = -nF\Delta E^{0\prime} = -2 \times 96\,500 \times 0.13 \,\text{J/mol} = -25.1 \,\text{kJ/mol}$

$= -25.1\,(\text{kJ/mol})/4.2\,(\text{J/cal}) = -5.98 \,\text{kcal/mol}$　$\Delta G^{0\prime} < 0$ だから，<u>自発反応である</u>．

ピルビン酸 CH_3COCOOH は NADH により還元されて，乳酸 $\text{CH}_3\text{CH(OH)COOH}$ を生じる．

ピルビン酸はアスコルビン酸では還元されない（p.194 の表の $E^{0\prime}$ をもとに確認せよ）．

$\Delta G^{0\prime} + \Delta G\,(\text{ATP}) = -5.98 + 7.0 = +1.02 \,\text{kcal/mol} > 0$ だから <u>ATP を合成できない</u>．

（2）$\Delta E^{0\prime} = (\rightarrow +0.10) + (\leftarrow -0.32) = (\rightarrow +0.10) + (\rightarrow +0.32) = \underline{0.42 \,\text{V}}$

$\Delta G^{0\prime} = -nF\Delta E^{0\prime} = -2 \times 96\,500 \times 0.42 \,\text{J/mol} = -81.1 \,\text{kJ/mol}$

$= -81.1\,(\text{kJ/mol})/4.2\,(\text{J/cal}) = -19.3 \,\text{kcal/mol} < 0$ だから，<u>自発反応である</u>．

$\Delta G^{0\prime} + \Delta G\,(\text{ATP}) = -19.3 + 7.0 = -12.3 \,\text{kcal/mol} < 0$ だから，<u>ATP を合成できる</u>．

10 光と色：比色法，その他の光学的分析法の基礎

デモ 炎色反応・・・Na^+, Li^+, Sr^{2+}, Rb^+, Cu^{2+}を含む塩のメタノール液を霧吹きでアルコールランプの炎に吹きつける．

花火の発する様々な光の色，トンネルおよび高速道路の夜間照明灯の橙色などは高校の化学で学んだ炎色反応の光の色と同じものである．この炎の出す光の色や植物の緑色・血液の赤色といった様々な物質が示す色はどのようにして生じるのだろうか．この理解にはまず光とは何かを知ることが必要である．光は体成分，血液，尿，食品，環境物質など様々な物質の分析に利用されている．最も一般的な分析方法である比色分析法のほか，蛍光分析（ビタミンなどの分析），炎光分析（Na^+・K^+の分析），ICP発光分析，原子吸光分析（各種元素の分析）などの方法が知られている．

10-1 光と波 光は波である．光は粒子としてもふるまう．

問題 10-1 光は電磁波といわれる波の一種である．波を記述する要素は三つあり，その一つは①振幅（波のゆれの幅）である．残りの2要素②③とは何か．名称を述べ，説明せよ．またこの要素を表すギリシャ文字とその単位を示せ（ラジオ波とX線，ラジオのAMとFMの違いは？）．

問題 10-2 光の速さ（光速）は記号cで表される．光速cは秒速何cmか（一秒間に何cm進むか），秒速何mか．また，cを波の2要素を用いた式で表せ（$c = ?$）．

問題 10-3 光を光子とよぶこともある．では，光子とは何か．

問題 10-4 光子のエネルギーEは，光の波としての2要素を用いて，どのように表されるか．

問題 10-5 白色光とは何か，単色光とは何か．

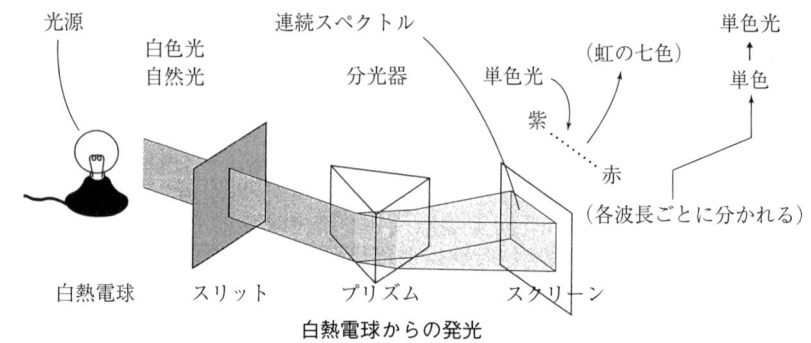

白熱電球からの発光
[中田宗隆，"化学 基礎の考え方12章"，東京化学同人 (1994), p.237を一部改変]

問題 10-6 白色光から単色光を取り出すことを何というか．またこの装置を何というか．

答 10-1　**光の波としての性質**
　　①**振幅**：波の山谷の高さ・深さ．（下図を参照）
　　②**波長** λ（ラムダ）：波の一つの山から次の山までの距離のこと．単位は m(MKS 単位系)．nm（ナノ m）＝ 10^{-9}m，1Å（オングストローム）＝ 10^{-10}m ＝ 10^{-8}cm ＝ 0.000 000 01 cm などで表す．ラジオ波は長い波長 1 cm〜1 km の波，X 線は大変短い波長 10^{-8}〜10^{-6}cm（1〜100 Å）の波．
　　③**振動数** ν（ニュー）：一秒間に繰り返す波(波長単位，波の山)の数．周波数ともいう．ヘルツ Hz で表す(昔はサイクルといった)．FM ラジオの周波数は 80 MHz(メガヘルツ)前後であり，これは 1 秒間に波が波長を 8 000 万回(メガ(M) ＝ 10^6) 繰り返すことを指す．AM ラジオ 530〜1 600 kHz，テレビ 100 MHz．家庭の交流電気は波の一種である．家庭の交流電気：東日本では 50 Hz，西日本では 60 Hz，と国の東西で周波数が異なる．
　　　＊波を進行方向から見ると山谷山…と動くに連れて，上下上…というふうに上下に振動しているように見える．山から山，が振動の 1 回分に対応する(下右図)．

答 10-2　**光速度** c：(3×10^{10}cm/s ＝ 3×10^8m/s：毎秒 3×10^8m) 一秒間に地球を 7.5 周する速さ．
　　　c ＝ 波長 × 振動数 ＝ $\lambda \times \nu$ ＝ $\lambda \nu$
　　光の性質：波長・振動数・1 秒間あたりの光速度・振幅
　　　　　　　　　λ　　ν　　　　　　　　c

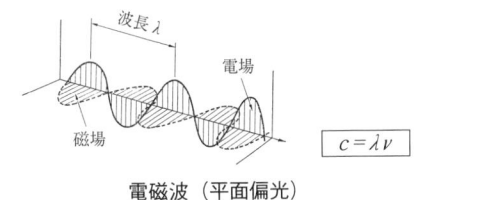

電磁波（平面偏光）

［西川泰治，平木敬三，"蛍光・りん光分析法"，共立出版（1984），p.3］

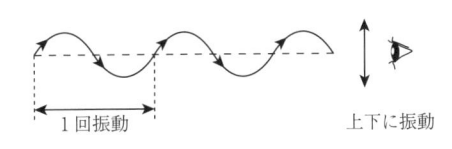

1 回振動　　　　　上下に振動

答 10-3　**光の性質**：光子 ＝ 光量子 ＝ エネルギーのかたまり，を意味する．
　　光は波であると同時に**粒子としての性質**ももつ．光子なる言葉は，光が粒子の性質をもつことを強調する場合に用いられる．（現代物理学では光子は素粒子の一つとして光量子とは区別される．）

答 10-4　光子のエネルギー E：E ＝ 比例定数 × 振動数 ＝ $h \times \nu$ ＝ $h\nu$ ＝ $h(c/\lambda)$ $\underset{比例する}{\propto}$ $1/\lambda$
　　　h：プランク定数，h ＝ 6.63×10^{-34} J·s (J ＝ ジュール，s ＝ 秒；4.18 J ＝ 1 cal(カロリー))
　　波長の逆数がエネルギーの大きさに比例していることがわかる．

答 10-5　通常の光・太陽光・電灯光は**白色光**とよび，いろいろな波長(色)の光が混ざったものである．白色光はプリズムを通すと虹の七色(いろいろな波長の光 ＝ **単色光**)に分かれる(**光の分散**)(左頁図)．

答 10-6　**分光**という．装置を**分光器**という．雨上がりに見られる虹は，空気中に浮遊した水滴で太陽光が分散(分光)されて，いろいろな波長の光が七色に分かれて見える現象である．

問題 10-7 分光器はプリズム，または回折格子よりできている．プリズムとは何か，回折格子とは何か．また，これらの部品で単色光を取り出すことができる原理を述べよ．

——— L_1　- - - - L_2　$L_1 = d\cos\theta_1$　$L_2 = d\cos\theta_2$

デモ　CDを用いた手作り分光器(化学と教育，**44**，676(1996)；**52**，114(2004))で太陽光・旧式蛍光灯(連続スペクトル)・新型蛍光灯(線スペクトル)を観察する．分光器付き超高圧水銀灯の光の色と波長との関係を観察する．

問題 10-8　以下の値を求めよ．　　(1)振動数 810 kHz の AM ラジオ波の波長．
(2) 79.5 MHz の FM ラジオ波の波長．　(3) 波長 1×10^{-10} m の波(X線)の振動数．

問題 10-9　目に見える(色として感じる)光を可視光(vis = visible light)という．可視光の波長を表す単位は何か．また，可視光の波長域を示せ．

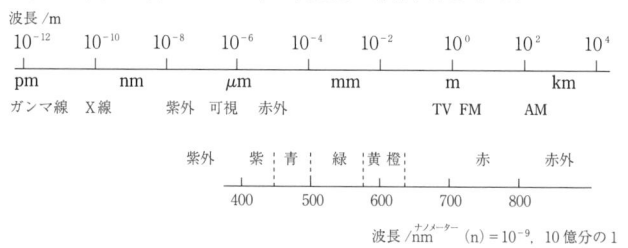

光の波長と色

光の波長と光のエネルギーとの関係：様々な電磁波の波長とエネルギー

問題 10-10　赤外線(IR = infra　red；infra = 下の方に)，紫外線(UV = ultra　violet；ultra = の向こうに)とは何か．また，赤外線は暖かいだけであるが，紫外線では日焼けする．これはなぜか．

問題 10-11　以下の電磁波(光)のエネルギーを光子 1 mol あたりの単位，kcal/mol で求めよ．
(1) ラジオ波　① $\lambda = 300$ m，マイクロ波(1 m 以下)　② $\lambda = 30$ cm

(2) ミリ波　③ $\lambda = 6$ mm

(3) 赤外線　④ $\lambda = 3.0$ μm　⑤ 0.8 μm $= 8000$ Å (Å：オングストローム$= 10^{-8}$ cm $= 10^{-10}$ m)

(4) 紫外線　⑥ $\lambda = 4000$ Å $= 400$ nm (10^{-9} m：ナノメートル)

(5) 真空紫外　⑦ $\lambda = 1500$ Å

(6) X線　⑧ $\lambda = 50$ Å，γ線　⑨ $\lambda = 0.01$ Å

ヒント：$E = h\nu = hc/\lambda$；$h = 6.63 \times 10^{-34}$ J·s，$c = 3.0 \times 10^{10}$ cm/s $= 3.0 \times 10^{8}$ m/s，波長を m で表し，式に代入すると光子 1 個あたりのエネルギー E が得られる(単位は J)．これを 1 mol あたり，kcal 単位で表す．アボガドロ数 $N_A = 6.0 \times 10^{23}$/mol，1 cal $= 4.2$ J，1 kcal $= 1000$ cal．電卓「EXP」を用いて計算．必要なら答 10-34 参照．

答 10-7　プリズム(厚めの三角形透明ガラス板)：透過時の屈折率(曲がる角度)が光の波長によって異なる(p.199 図参照)．

回折格子(狭い間隔 d で溝を掘った板)：入射した光が溝で反射されたときに，二つの光波の経路 $L_1・L_2$ の差異 L_1-L_2 が波長の整数倍では光波 A と B とは干渉し強め合うが，それ以外では打ち消し合い消滅する(波の性質，「有機化学　基礎の基礎」8 章参照)．干渉を起こす角度は波長によって異なるので，ある角度ではある波長の光のみを取り出すことができる．

二つの波の光路差 $L_1-L_2=n\lambda$(波長 λ の整数倍)，$d(\cos\theta_1-\cos\theta_2)=n\lambda$．
$d=1\mu m$：$n=1$ で $\lambda=500\,nm=5\times10^{-7}\,m$ ならば $(\cos\theta_1-\cos\theta_2)=\lambda/d$．$\lambda/d=5\times10^{-7}/1\times10^{-6}=0.5=(\cos\theta_1-\cos\theta_2)$．$\theta_1=30°$ ならば，500 nm の光の進行方向は $\theta_2=\cos^{-1}0.366=68.5°$
$\lambda=520\,nm$ では $\lambda/d=0.52$，$\theta_2=\cos^{-1}0.346=69.8°$．$\lambda=400\,nm$ で $\lambda/d=0.40$，$\theta_2=\cos^{-1}0.466=62.2°$．このように異なった波長で θ_2 は異なった値となる．つまり分光される．一方，$\lambda=200\,nm$ で $n=2$(2 倍波，倍音：over tone という)ならば，$2\lambda/d=0.40$ と，この光も $\lambda=400\,nm$ と同じ 62.2°に重なる．つまり，回折格子では同じ角度に 2 倍波が重なって出てくるので，これを除くために短波長の光を通さないカットオフ・フィルターが必要となる．

答 10-8　(1) $c=\lambda\nu$ より，$\lambda=c/\nu=(3.0\times10^8\,m/s)/(810\times10^3/s)=370\,m$
(2) $\lambda=(3.0\times10^8\,m/s)/(79.5\times10^6/s)=3.77\,m\fallingdotseq3.8\,m$
(3) $\nu=c/\lambda=(3.0\times10^8\,m/s)/(1\times10^{-10}\,m)=3.0\times10^{18}/s=3.0\times10^{12}\,MHz=3.0\times10^9\,GHz$

答 10-9　可視光の波長単位 nm はナノメーターと読み $10^{-9}\,m$(0.000 000 001 m，10 億分の 1 m)を意味する．可視光の波長はほぼ 400(紫色：短波長側)〜800 nm(赤色：長波長側)．

ある波長の光が人の目に入ると人はその光をある色の光として認識する．いかなる波長(エネルギー)の光をいかなる色の光と感じるか(光の波長と色)を左頁の図に示した．答 10-14 も参照のこと．

答 10-10　目に見えない，800 nm より長波長の光が**赤外線***(プリズムを通すと虹の七色の赤の外側に出てくる光)，400 nm より短波長の光が**紫外線**(紫の外側に出てくる光)である．

エネルギー E の大きさは波長 λ の逆数に比例するので($E=hc/\lambda$)，赤い光(長波長の波)はエネルギーが小さく，紫色の光はエネルギーが大きい．赤外線は手に当てても暖かいと感じるだけであるが，紫外線は手に当てると日焼けしてしまう．これは紫外線が化学反応を引き起こすためである(問題 10-12，答 10-12)．それ故，紫外線を化学線ともいう．紫外線はフロンを分解したり，殺菌に利用したり(殺菌灯)，ガンを誘発したりする．X 線(レントゲン線)，γ線(放射線)，宇宙線はさらに大きなエネルギーをもつ．光(光子)はエネルギーのかたまりといえる．赤い光は赤色に対応する小さいエネルギーのかたまりであり，紫色の光は紫色に対応する大きいエネルギーのかたまりである．* 商品の宣伝でよく聞く遠赤外線とは可視光から遠く離れた赤外線，つまり，より長波長の赤外線，近赤外線は可視光の近くのものという意味である．

答 10-11　(1) ラジオ波① $9.5\times10^{-8}\,kcal/mol$，マイクロ波② $9.5\times10^{-5}\,kcal/mol$
(2) ミリ波③ $4.7\times10^{-3}\,kcal\,mol^{-1}$　　($kcal/mol=kcal\,mol^{-1}$)
(3) 赤外線④ $9.5\,kcal\,mol^{-1}$　⑤ $35.5\,kcal\,mol^{-1}$
(4) 紫外線⑥ $71.0\,kcal\,mol^{-1}$
(5) 真空紫外⑦ $189\,kcal\,mol^{-1}$
(6) X 線⑧ $5.7\times10^3\,kcal\,mol^{-1}$，γ線⑨ $2.8\times10^7\,kcal\,mol^{-1}$

問題 10-12　化学結合エネルギーは C–C 83，C–H 99，C–O 84 kcal/mol なので 100 kcal/mol のエネルギーをもった光はこれらの結合を切断できる．この光の波長を求めよ．

＊ ジュールとカロリー・熱の仕事当量：1 カロリー(cal)とは 1g の水を 1℃(厳密には 14.5→15.5℃)暖めるのに要する熱量である．ジュール(J)とは仕事量＝エネルギーの単位である．1 cal＝4.1855 J ≒ 4.2 J．つまり，1 cal の熱エネルギーが 4.2 J の仕事量＝運動エネルギーに相当する．これを**熱の仕事当量**という．

そもそも，エネルギーとは力学的な仕事「力×距離」をなし得る量のことを意味する．つまり，仕事＝エネルギーである．この仕事の単位をジュールといい，1 J＝1 kg×1 m/s²×1 m で定義される．1 kg の物体に 1 m/s² の加速度を与えることができる力，1 kg×1 m/s²(これを **1 N**(ニュートン)という：1 N＝1 kg×1 m/s²)，でその物体を 1 m 動かしたときにした仕事量が 1 J である．つまり，1 N×1 m＝1 J．

例：30 kg の岩を地上で 10 m 持ち上げたとすると，地球上の物体にかかる重力の加速度(万有引力)は 9.8 m/s² だから，この岩を支えるのに要する力 F は $F = 30\,kg \times 9.8\,m/s^2 = 294\,kg \cdot m/s^2 = 294\,N$. この力で 10 m 持ち上げたのだから，この仕事量(使ったエネルギー)は，仕事量＝力×距離＝294 N×10 m ＝2940 N·m ≡ 2940 J．2940 J×(1 cal/4.2 J)＝700 cal．つまり，30 kg の岩を地上で 10 m 持ち上げるのに要するエネルギーはコップ 1 杯の水 180 mL を 3.9℃ 暖めるのに要するエネルギーにすぎない．

物質の色と光の色・波長との関係

問題 10-13　(1) 虹の 7 色をすべて混ぜ合わせると白色光となる．この白色光からある特定の色の光を取り除いた残りの光の色を何というか．　　＊この二つの色を混ぜ合わせると白色光になる．
(2) 物質の色と光の色との間にはどのような関係があるか．
(3) 赤色の物質は白色光(虹の七色)のうちの何色の光を吸収しているのか．
(4) 白色光のうちから黄色い光を吸収する物質は何色に見えるか．

問題 10-14　色相環とは何か．

10-2　原子の電子構造

光の吸収，放出の原理を理解するためには原子の電子構造を知る必要がある．

原子の同心円モデル(太陽系・軌道モデル)：電子殻モデルと原子の電子配置

問題 10-15　原子中の電子は，太陽を中心とする惑星のように，原子核を中心に同心円状に並んだ構造をとっている．
(1) 一番内側，二番目，三番目，四番目の電子殻をそれぞれ何というか．
また，それぞれの電子殻に電子は何個入るか．
(2) ナトリウム(11 番元素)の電子配置を示せ．

原子の電子配置

問題 10-16　なぜ，「電子殻に詰まった電子のエネルギーは，K 殻よりも L 殻が大きく，L 殻よりも M 殻が，M 殻よりも N 殻が大きい．つまり電子は外側にあるほどエネルギーが大きくなる(不安定になる)．内側ほど安定である．」か理由を述べよ．

引力
⊕⊖　　　　　　最も安定(エネルギーが低い)
⊕　⊖⇒力　　　不安定(エネルギーが高い)：引き離すのに仕事をした(エネルギーを使った)．その分だけ高いエネルギー状態である．
⊕　　⊖⇒力　　もっと不安定(もっとエネルギーが高い)：さらに遠くへ引き離すのに，もっと仕事をした．その仕事分だけ高いエネルギー状態である．(右頁に続く)

答 10-12　284 nm(問題 10-11 と逆の計算で求める)．日光，紫外線による消毒・殺菌，色素の分解退色(洗濯ものの日陰干し・裏返し)，DNA の破壊などはこの光のエネルギーによる．

答 10-13　(1) お互いに**補色**(または**余色**)であるという(光の色とその補色との関係を下図に示す)．
(2) 物質が，ある波長(色)の光を吸収すると，その物質はその波長の光の色の補色(余色)に着色して見える．
(3) 赤色の物質は白色光の中から 500 nm 前後の光(青緑〜緑色の光)を吸収しているために，余色(補色)である赤色に見える．
(4) 青色物質は黄色い光(590 nm 近隣)を吸収しているから余色(補色)の青色に見える．

答 10-14　色相環：内側に光の色，外側に補色，中間に可視光の波長を示す．

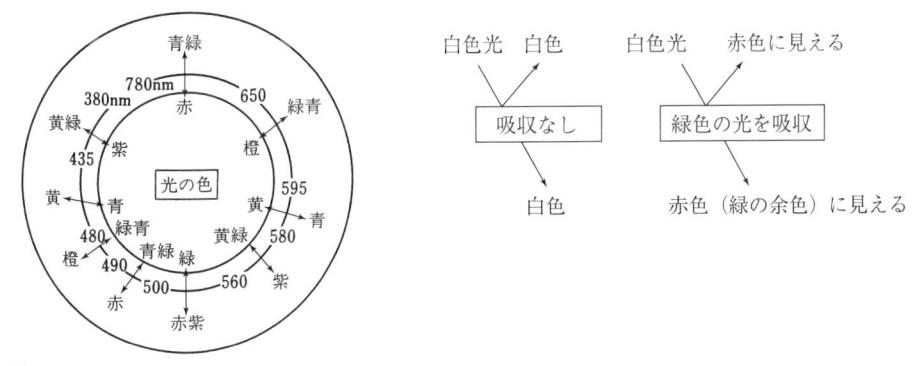

答 10-15
(1) 一番内側から順に K，L，M，N 殻とよばれ，K 殻には 2 個の電子，L 殻には 8 個，M 殻には 18 個，N 殻には 32 個電子が入ることができる．
(なぜかを理解するには量子力学を学ぶ必要がある．)
(2) 原子番号＝陽子の数＝電子の数だから，原子番号 11 の Na は 11 の電子をもつので，まず一番内側の K 殻に 2 個，次の L 殻に 8 個，M 殻に残りの 1 個の電子が入る．この Na の電子配置は $(K)^2(L)^8(M)^1$ という形で表すことができる．

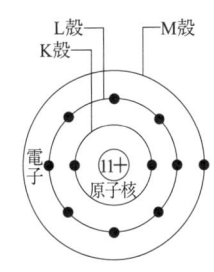

ナトリウムの電子配置

答 10-16　なぜ，内側の電子殻が安定か．話は簡単である．原子核の＋と電子の－とは静電(電気的な)引力により引き合うので＋原子核と－電子とはくっついている方が一番安定な状態である．くっついたものを引き離すには力をかけて引っ張らなければならない．＋と－をお互い逆方向に引っ張って両者を引き離す(ある距離を動かす)には仕事(エネルギー)が必要である．高校の物理で習ったように，または力を出してある距離を動けば(重たいものを運ぶことを考えてみよ)お腹が空くことからも実感できるように「力×距離＝エネルギー」である．より遠い距離を動けばよりお腹が空くように，電子を原子核からより遠くへ動かせばその分だけ元の原子核にくっついた状態に比べて電子のエネルギーは高く(不安定に)なっていることが容易に理解できよう．すなわち，電子殻の外側へ行くほど電子のエネルギーは高い＝電子の状態は不安定＝原子核の束縛から離れて勝手に動き回りやすくなる．

(左頁からの続き) 電子殻の内側ほど電子は安定に存在するので，電子殻に電子を詰めるときはエネルギーの低い，より安定な内側の電子殻から順に K，L，M，N と詰めていくことになる．

問題

原子の構造：同心円モデルの修正　高校で学んだ原子の構造の同心円モデルの中身は「原子は中心の原子核とその周りのK，L，M，N・・・の電子殻からなっている．それぞれの殻に電子は2，8，18，32・・・個まで入ることができる」ということであった．ところが，じつは量子力学の教えるところによれば原子の本当の構造は次のようなものである．

問題 10-17　(1) L殻はじつは(ア)本の副殻(orbital：orbit 軌道のようなもの，以下，これを「軌道」とよぶ)からできており，(ア)本のうちの(イ)本は内側に，残りの(ウ)本は外側に重なっている．M殻は(エ)本の副殻(軌道)で構成され，内側に(オ)本，真ん中に(カ)本，外側に(キ)本がまとまって存在する．N殻も同じようにそれぞれ(ク)，(ケ)，(コ)，(サ)本が重なっていて，全部で(シ)本の副殻(軌道)をもつ．それぞれの軌道には電子が(ス)個まで入ることができる．このように電子殻はじつは微細構造(副殻構造)をもつ(右頁図)．

(2) K，L，M，N殻のそれぞれの副殻(orbital：軌道)はどのように名付けられているか．

答 10-17　(2) 微細構造＝細かい軌道の一番内側にある1本しかない軌道を**s軌道**，その次の3本ある軌道を**p軌道**，その次の5本ある軌道を**d軌道**，一番外側の7本ある軌道を**f軌道**とよぶ．同じ名称の軌道は同じ性質をもっている．K，L，M，N・・・殻を1，2，3，4・・・で区別する．したがって「K殻の軌道は2s，L殻の内側の軌道は2s，外側の3本の軌道は2p，・・・」となる．s，p，d，fの名称は単に4種類の軌道を区別するためにつけられた歴史的所産であり，名前にこだわる必要はない．諸君の名前と同類である．高校のモデルではK殻に2個，L殻に8個，M殻に18個，N殻に32個の電子が入ることができると学んだが，これはじつはそれぞれの電子殻を構成する細かい軌道の数，1，4，9，16個の2倍の数の電子がこれらの軌道に入ることを表している．

問題 10-18　軌道のエネルギー準位図として，縦軸方向に軌道のエネルギーをとり，軌道を短い横線で示す表し方をする．1s〜4p軌道のエネルギー準位図を示せ．

問題 10-19　軌道に電子を詰めていくときの規則を三つ述べよ．

原子の電子配置：高校ではK，L，M・・・と詰まっていくと学んだが，微細構造モデルでは，K殻のs軌道に2個，L殻のs軌道に2個，三つのp軌道に3×2=6個，M殻では同様に，内側のエネルギーの低い方からs軌道1本，p軌道3本，d軌道5本の計9本の軌道からなっているから，まず2個の電子がエネルギーの最も低い1本のs軌道に入り，その次に6個までの電子が2番目にエネルギーの低い3本のp軌道に入る．このp軌道のエネルギーはs軌道と大差ないのでM殻では18個ではなく，8個までの電子が詰まり一段落となる(Na〜Ar)．

問題 10-20　電子を↑，↓で表すと，C，O，Na原子，Na^+イオンの電子配置はエネルギー準位図を使って，それぞれどのように表されるか．C，O，Naは6，8，11番元素である．

答 10-20

電子配置図

答 10-17 (1)L殻は(4)本の副殻(軌道)からできており，(4)本のうちの(1)本は内側に，残りの(3)本は外側に重なっている．M殻は(9)本の副殻(軌道)で構成され，内側に(1)本，真ん中に(3)本，外側に(5)本がまとまって存在する．N殻も(1)，(3)，(5)，(7)本が重なっていて，全部で(16)本の副殻(軌道)をもつ．各軌道には電子が2個まで入ることができる．

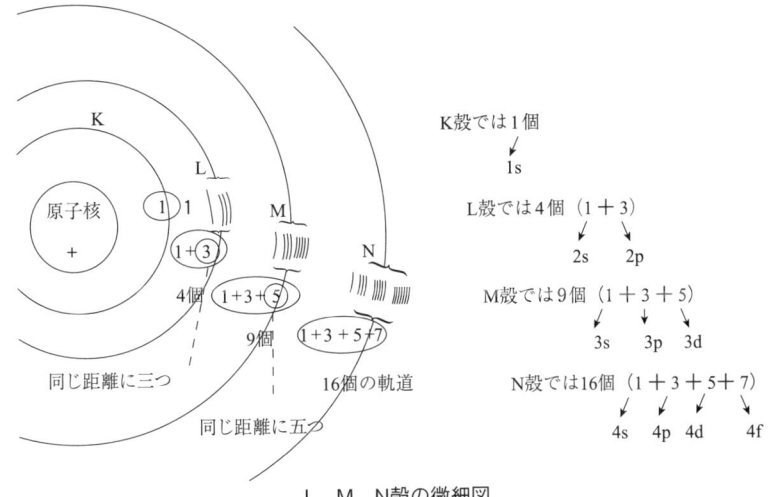

K殻では1個
↓
1s

L殻では4個（1＋3）
↓ ↓
2s 2p

M殻では9個（1＋3＋5）
↓ ↓ ↓
3s 3p 3d

N殻では16個（1＋3＋5＋7）
↓ ↓ ↓ ↓
4s 4p 4d 4f

L，M，N殻の微細図

高校で学んだ原子の軌道モデルはこの微細構造をもった原子を遠くから眺めていたと考えればよい．近寄ってよく観察してみるとこのような微細構造があったと理解すればよい．

答 10-18

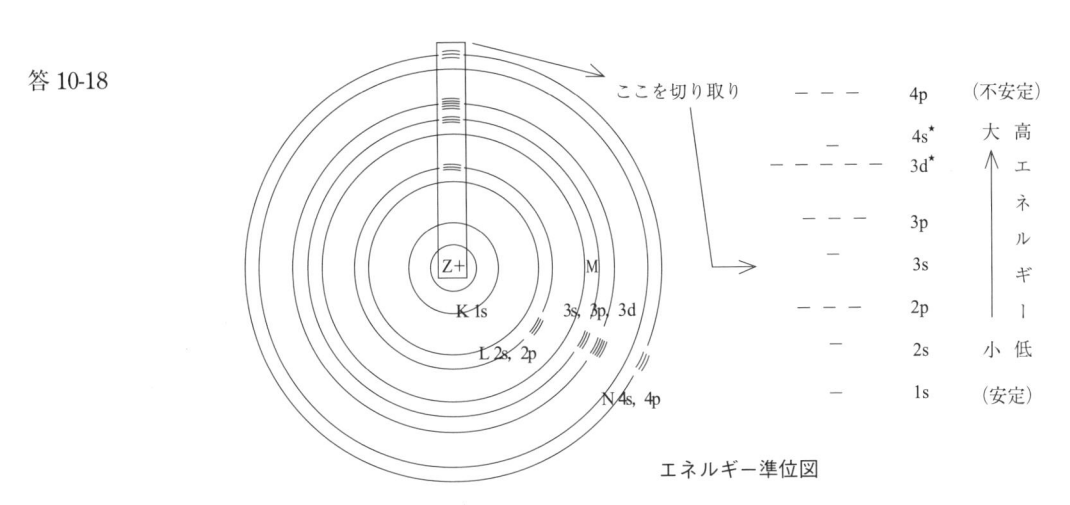

エネルギー準位図

既述のように，電子は原子核に近いほど安定に存在し（軌道エネルギーは低く）原子核から離れるほど軌道のエネルギーは大きくなるので，軌道エネルギーの大きさは，1s＜2s＜2p＜3s＜3p＜3d〜4s＜4pとなる．＊実際の原子では4s＜3d，イオンでは3d＜4sである．

答 10-19 ①一つの軌道には電子が2個入ることができる＊．　＊「有機化学　基礎の基礎」8章参照
②電子はエネルギーの低い軌道から順に2個ずつ詰まっていく（1個の場合↑，2個の場合↑↓）．（↑，↓）は電子とそのスピンの種類（右回転・左回転，α・β スピン）＊を表している．
③同じエネルギーの軌道が三つある2pでは電子はまず一つの軌道にスピンの方向をそろえて1個ずつ入った後，二つ目の電子が順にスピンを逆向きにして入る（フントの規則）．

量子論の考え方

　読者が高校で勉強してきた原子の同心円モデルには，高校化学では一切触れられなかった大変重要な意味が隠されている．この原子モデルを認めたということは，じつは原子の世界・極微の世界では，電子がもつことができるエネルギーは「細分できないひとかたまりになったエネルギーである」という考えを認めたことに等しい．以下，この理由を考えよう．

　問題 10-21　原子の同心円モデルを認めたことが，なぜエネルギーはある定まった値・かたまりでしかとり得ない＝エネルギーは勝手な大きさには細分できない，を認めたことになるのか．

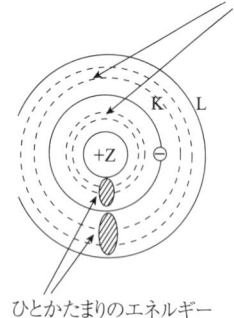

ここは軌道がない＝電子はいてはいけない．

ひとかたまりのエネルギー

　電子 ⊖ を原子核 ⊕Z から引き離すのに，⊕Z⊖ の状態から，ひと息に K 殻の所まで動かさなければならない．動かすときに途中で休んではいけない（途中には原子が存在すべき軌道がない）．
　→ 電子がとることが許されるエネルギーは小分けにできず，電子を原子核から K 殻まで動かすのに必要なエネルギーをひとかたまりとして（一気に）とる必要がある．→ エネルギー量子（かたまりの粒子）→ 量子力学
　以上，電子がとり得る「エネルギーはかたまり（量子）である」が原子の同心円モデルの本質である．

　問題 10-22　(1) 量子とは何か．(2) 量子力学とはどういう学問か．古典力学との違いは何か．

　問題 10-23　量子力学を波動力学ともいうのはなぜか．また，粒子が波動性を示すのはなぜか．

　問題 10-24　電子は K 殻，L 殻，M 殻，N 殻・・・の場所にのみ存在するが，そのことのもつ意味は上述のように「原子の中の電子は跳び跳びの状態しかとり得ない（K, L, M, ・・・），跳び跳びのエネルギーしかもち得ない，エネルギーは不連続である」ということである．このような電子のふるまいは，われわれの身の周りで観察されるどのような現象と類似性があるか．

　電子のもつエネルギーは一つのかたまり（量子）であり不連続である．この**不連続性**が炎色反応の炎の色や物の色を理解する鍵である．量子力学はこのエネルギーの不連続性を前提に成立した学問である．その考えの基本・ポイントは，**物質は粒子（かたまり）であると同時に波としてもふるまう**，ということである．これを**物質波**という．電子は粒子であるとともに波としての性質ももつ．だから電子がもち得るエネルギーは跳び跳びになるし，また電子顕微鏡なるものも存在し得るのである．一方，波である光は粒子＝光子（エネルギーのかたまり）としての性質ももつ（**光の粒子性**）．人間も物体だが，量子力学的に考えれば波長の大変短い波であるともいえる．これが原子分子の極微の世界に対する現人類の認識の仕方である．

---

* 問題 10-22 までの説明はボーアの古典量子論の範囲にもとづくものである．このモデル・内容で原子の電子エネルギー準位，電子遷移，光の吸収・放出（後述）を正しく理解することができる．軌道の本当の姿はボーアの軌道モデルとはまったく異なる．水分子 H_2O やメタン CH_4 などの分子構造を理解するためには軌道の本当の形を知ることが必要となる．量子力学により導かれた軌道の本当の姿（s, p, d, f）は「有機化学　基礎の基礎」の 8 章，その他を参照のこと．

答 10-21 このことを納得するために，先ほどの＋の原子核から－の電子を引き離す操作を再度考えよう．電子を原子核から引き離すのには仕事をする（エネルギーを使う）必要がある．原子核中心からK殻の所まで電子を動かしたとすると，その分の仕事を電子にした（電子はその分だけ原子核にくっついていたときよりエネルギーが高く・不安定になった）ことになる（左頁図）．電子が獲得したエネルギーはこの原子核からK殻までの距離に対応したひとかたまりのエネルギー（量子）である．同心円モデルのポイントは，電子はある決まった軌道（K，L，M，N殻）＝原子核からのある決まった距離にしか存在できないということである．これらの電子殻以外の勝手な場所＝原子核からの勝手な距離には電子は存在できないということである．このことは，電子のとることができるエネルギーはK，L，M，N殻の距離に対応する「ある定まった跳び跳びのエネルギー＝小分けできないひとかたまりのエネルギーである」ことを意味する．

　もしエネルギーを小分けできれば，電子は電子殻以外の任意の場所に存在できることになる．エネルギーを小分けできないということは，電子を原子核中心からK殻まで動かすのに，一気に動かす必要がある，途中で中休みできない（中休みできる場所＝軌道がない）ということである．

答 10-22 （1）一塊（ひとかたまり）のエネルギーを，エネルギーのかたまりという意味で（エネルギー）**量子**（りょうし：小さい粒子）という．
（2）**量子力学**とは，ミクロの世界では物質は任意の勝手なエネルギー値をとること（勝手に様々な大きさに切り刻むこと）ができなく，すなわちエネルギーは連続ではなく，ある定まった大きさ・塊でしかとり得ない，物質がとり得るエネルギーは不連続である，ということを前提に組み立てられた学問体系である．

　一方，われわれの身の周りの世界，大きい（**マクロ**）物質の世界では物質・粒子はいかなる大きさのエネルギー値をもとることができると考えられている．ボール・自動車といった身の周りの物体の運動・惑星の動きなどを対象とする**ニュートン力学（古典力学）**はこのことを前提とした学問体系である．

答 10-23 同心円モデルによる原子の性質の説明は1912年デンマークのニールス・ボーアによって初めてなされた．ボーアの理論を古典量子論という．じつはこの理論には矛盾があったが，ボーアはそれを原子の世界の未知の現象（本質）であると考えて矛盾に目をつぶった．このモデルで水素原子の発光スペクトル（「バイオサイエンス化学」，東京化学同人，2章などを参照）が正しく説明できたからである．この矛盾を克服したのがドイツのシュレディンガーとハイゼンベルグである．シュレディンガーは粒子である電子が波の性質をもっているというド・ブロイの物質波の仮説をもとに波の理論（波を表す式）と粒子の理論（粒子の運動の式）とを組み合わせて**量子力学（波動力学）**をつくりあげた．電子が波としてふるまうのは，極微の世界では粒子の「エネルギーと場所とは同時に決めることはできない」という**不確定性原理**の反映である．

答 10-24 この電子のふるまいは波と類似性がある．ある長さのゴムひもを振動させたときに生じる波（**定常波**）は波の山が1個 ⌢，2個 ⌢⌢，3個 ⌢⌢⌢，・・・と整数値となることからわかるように，定常波は身の周りにある不連続性を示す代表的なものである（整数値でないと波は消滅してしまう：非定常波）．もし，エネルギーが波長に依存するならば，エネルギーが跳び跳びになることは容易に理解されよう．

10-3 光と原子・分子：光の吸収と放出（発光）

炎色反応の炎の色，高速道路の夜間照明ランプ・トンネル中のランプの発する光の色，花火の様々な色の光はどのようにして生じるのだろうか．また，様々な物質がもっている色はどのようにして生じるのだろうか．つまり，色のついた物質はなぜその色の補色の光を吸収するのだろうか．これらの答は量子力学が用意してくれる．

光の放出（発光）

まず炎色反応の色の原因について考えよう．
すでに学んだように，原子の中の電子のエネルギーは跳び跳びである．

問題 10-25　(1) ナトリウム原子の電子配置（s, p, d）を示せ．Na は 11 番元素である．
　　　　　　（K, L, M・・・の電子殻と副殻 s, p, d 軌道について復習せよ．）

　　　　　(2) ナトリウムイオン Na^+ の電子配置を示せ．

問題 10-26　Na 原子の熱励起（炎色反応の出発点）について説明せよ．励起状態とは何か．

問題 10-27　ナトリウム原子の励起状態の電子配置を示せ．

問題 10-28　Na^+ の検出に用いる炎色反応の色は，Na^+ の色ではなくじつは Na 原子の色であることを Na^+ と Na の電子配置図をもとに説明せよ．

問題 10-29　(1) Na を例に発光の原理について説明せよ．　　(2) 身の周りの発光現象をあげよ．

（右頁からの続き）　それゆえ，われわれは様々な色の花火を楽しむことができるわけである．高速道路のオレンジ（橙）色の夜間照明（ナトリウムランプ）は Na^+ の炎色反応と同じ Na 原子が出す色であり，化学実験で誤って銅鍋を空焼きしたときに見られるガスバーナーの緑色の炎は銅の炎色反応である．p.200 のデモで観察した新型蛍光灯の示す線スペクトルはそのような発光によるものである．

　　例：蛍の光，交通反射板，Y シャツ，蛍光灯の原理，ルミノール反応，
　　　　星の色，タバコの色，溶鉱炉，新型蛍光灯の線スペクトルと電子状態
　　デモ：ルミノールによる化学発光，$[Ru(bpy)_3]^{2+}$ のブラックライトによる発光

この炎色反応の原理が，食品・体液等に含まれる Na, K, Fe, Zn その他の金属元素を定量する際に用いられる炎光分析・（原子）発光分析・ICP 発光分析の原理である．以上は原子についての話であるが，ビタミンなどの定量に用いられる蛍光分析は分子に関しての上述と類似の原理にもとづく分析法である．分子の軌道，電子エネルギー準位図は「有機化学　基礎の基礎」8 章 p.221〜229 を参照．

答 10-25 (1) ナトリウム原子の電子配置：K殻に2個，L殻に8個，M殻に1個の電子をもつ．電子配置で示すと $(1s)^2(2s)^2(2p)^6(3s)^1$ である．

(2) ナトリウムイオン Na^+ の電子配置は $(1s)^2(2s)^2(2p)^6$．

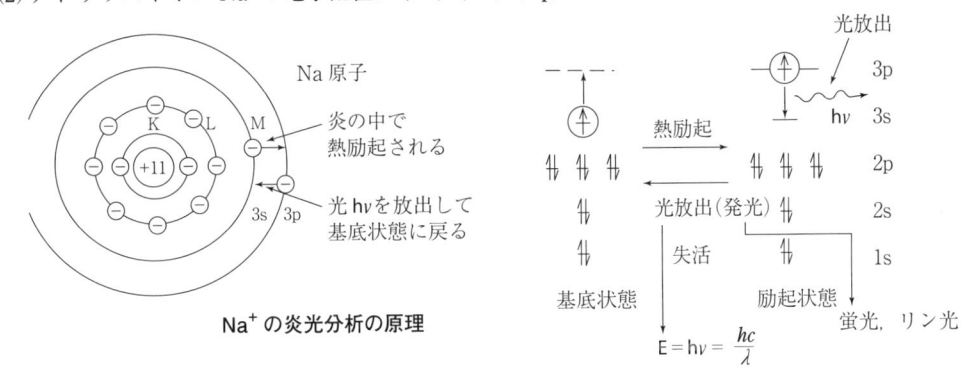

答 10-26　Na^+ を含む物質，たとえば食塩 NaCl の水溶液をガスバーナーの炎の中に霧状に吹き込むと，Na^+ は炎の中でその一部分が還元されて(電子を得て)Na 原子となる．Na 原子は炎の中で数百℃の高温に熱せられると原子中の最外殻電子(M殻の3s電子)が熱エネルギーをもらって一つ上の副殻(3p)の所へ移動する(上図)．このように電子がエネルギーの高い状態へ移動することを電子が**励起**されるという．得られた状態を**励起状態**という．

答 10-27　Na の基底状態は $(K)^2(L)^8(3s)^1(3p)^0$，励起状態は $(K)^2(L)^8(3s)^0(3p)^1$

答 10-28　Na 原子の3s電子はエネルギー差の小さい3pに容易に熱励起される．Na^+ には3s電子が存在しない．したがって，励起されるのは2p電子であるが，2pと3sのエネルギー差は3sと3pの差よりも相当大きいので2p電子は3sへは容易には熱励起されない．

答 10-29 (1) 励起状態はエネルギーが高い．エネルギーが高いということは不安定であるということであるから，励起状態にある Na 原子の3p電子はエネルギーの低い元の状態(**基底状態**)3sに戻ろうとする．たとえていえば2階に上がった人が何かの拍子に足を踏み外して1階へ落っこちてしまうということである．落っこちてエネルギーの低い状態に戻ればエネルギーが余るので(人はけがをしてしまうが)，Na 原子はその分＝励起状態のエネルギーと基底状態のエネルギーの差の分だけを光子(エネルギーのかたまり)として放出する(Na の炎色反応)．これを**発光**という．

(2) この光子のエネルギー($E = h\nu = hc/\lambda$)を人は黄橙色($\lambda = 589$ nm)に感じるので(p.203，色相環)「ナトリウムイオンは炎の中で黄橙色の光を放出する炎色反応を示す」ことになる．原子によって基底状態と励起状態のエネルギー差は異なるので炎色反応の色も原子により異なる．(カリウムは赤紫色，リチウム・ルビジウム・ストロンチウムは深赤色，カルシウムは橙赤色，バリウムは黄緑色，銅は緑色，セシウムは青紫色)(左頁へ続く)

問題 10-30　炎光分析，発光分析・ICP 発光分析，蛍光分析の原理(すべて同じ)について説明せよ．

(右頁からの続き)　炎光分析：アルカリ金属イオン，アルカリ土類金属イオンなどのイオン化エネルギーの低い元素を都市ガス-空気の炎の中に噴霧する．すると，イオンは燃焼しているガスの炎の中から電子を奪って原子となると同時に，この原子が炎の熱で励起され励起状態となる．尿・血液・食品などに含まれる Na, K の分析に用いられる(答 10-25 図を参照のこと)．

発光分析・ICP 発光分析：放電現象を利用した高温のアーク灯を用いて原子を励起する従来の発光分析法に対して，現在では数千度から 1 万度の高温で安定な炎が得られる誘導結合プラズマ(inductively coupled plasma)炎を用いて原子を励起する ICP 発光分析法が普及している．いずれも高温であるからアルカリ金属，アルカリ土類金属以外の元素の励起・分析が可能である．

蛍光分析：試料に光を照射して特定の分子を励起状態にすると，分子の種類によっては，基底状態に戻る際に光を放出(発光：蛍光，りん光)するものがある．この光の強度を測定することにより定量分析を行う．答 10-25 図で，原子の代わりに分子を考えても，前頁のようなエネルギー準位図を描くことができる．ただし，この図中の「熱励起」を「光励起(光吸収による励起)」とする必要がある．

光の吸収

問題 10-31　以上が光の色の由来である．では物質の色はなぜ生じるのだろうか，着色物質はなぜ，その色の補色となる色の光を吸収するのだろうか．

この着色物質による光吸収が原子吸光分析の原理，様々な物質の定量に用いられる比色分析(正しくは分光光度法といい，最も一般的な機器分析法である)の原理でもある．

以上，「電子のエネルギーは跳び跳びの値しかとらないために，結果的に色がついた光や物質を見ることができる」のである．

問題 10-32　可視・紫外吸収スペクトル，発光スペクトル，蛍光スペクトルとは何か．

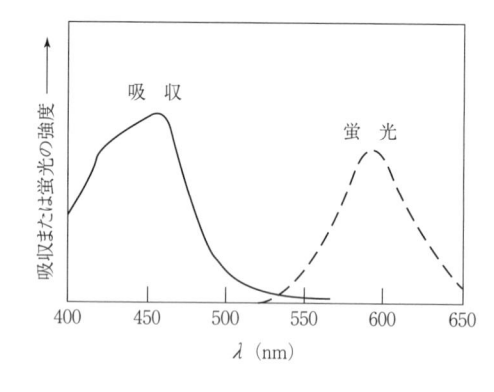

トリス(2,2′-ビピリジン)ルテニウムの水溶液の吸収と蛍光スペクトル

[J. N. Demas, *J. Chem. Educ.*, **52**, 677 (1975)]

問題 10-33　原子吸光分析の原理(炎色反応の逆)について説明せよ．

問題 10-34　赤いセーター，植物の緑，黄色いミカンが吸収している光の色とその波長，光のエネルギー(基底状態と励起状態の電子のエネルギー差)を示せ．

問題 10-35　ナトリウム，リチウム，銅の炎色反応の色(p.203，色相環)と電子配置をもとに，エネルギー準位図における 2s と 2p, 3s と 3p, 4s と 4p の間のエネルギー差を求めよ．

答 10-30　原子・分子は特定の光を吸収したり，高温にさらされることなどにより，エネルギーの最も低い安定した状態(基底状態)から，エネルギーのより高い状態(励起状態)へと変化する．原子・分子がこの励起状態から基底状態に戻る際に，状態間のエネルギー差分を光として放出する現象を発光という．この光の波長(エネルギー)を知ることにより，発光している原子・分子の種類を特定できる(定性分析，状態間のエネルギー差は原子・分子それぞれに固有の値を示す)．また，発光強度を測定することにより試料中のこの特定の原子・分子の濃度を知ることができる(定量分析，発光強度と濃度は比例する)．(以下．左頁へ続く)

答 10-31　やはり，原子の中の電子のエネルギーが跳び跳びである，また分子の中の電子のエネルギーも跳び跳びであることが物質が光を吸収する原因である．すなわち，物質に光があたるとその物質中の電子は基底状態と励起状態のエネルギー差にちょうど等しいエネルギー($E = h\nu = hc/\lambda$)の光(光量子：エネルギーのかたまり)のみを吸収して，基底状態から励起状態へと変化するのである．

答 10-32　可視・紫外吸収スペクトル：光が試料(物質)を通過すると物質に特有の波長領域の光が吸収されて弱められる．吸収スペクトルとは，横軸に光の波長をとり，縦軸に試料により吸収された光の強さを波長ごとに図示したものである．通常は連続スペクトルであるが(左頁図)，線スペクトル・帯スペクトルとなる場合もある．吸収波長から定性分析(どういう物質が存在するか)，吸収強度から定量分析(どれだけの量存在するか)を行うことができる．太陽光の連続スペクトル(虹の帯)中に現れる数多くの暗線(Fraunhofer line)は太陽表面，地球大気中の様々な元素，分子(He，O_2 など)による吸収(線スペクトル)である．

　　発光スペクトル：(光を吸収した)物質が光を発する現象を発光，試料が発する光について，放出される光の波長を横軸，光の強度を縦軸として図示したものを発光スペクトルという．発光の減衰時間の短いもの(光吸収停止とともに発光しなくなるもの)を蛍光(fluorescence)，減衰時間の長いもの(光吸収停止後も発光するもの)をりん光(phosphorescence)という．

答 10-33　問題 10-31 の下に続く説明と答 10-31, 32 を参照のこと．分析対象とする元素に特有の光の波長を選べば，吸収される光の量は分析対象元素の濃度に比例するので，この方法で特定元素の定量分析が可能である．

答 10-34　赤色の補色は青緑(500 nm)，緑の補色は赤紫(630 nm)，黄色の補色は青(475 nm)．
　　p.203 答 10-14 図を見よ．これらの光のエネルギーは次式で計算される．
　　$E/$光子 $= h\nu = hc/\lambda = (6.63 \times 10^{-34} \text{J·s}) \times (3 \times 10^8 \text{m/s}) / (500 \times 10^{-9} \text{m}) = 3.98 \times 10^{-19}$ J $= 2.49$ eV
　　E cal/mol $= (3.98 \times 10^{-19}\text{J}) \times (6.02 \times 10^{23}/\text{mol}) / (4.18 \text{J/cal}) = 57320$ cal/mol $= 57.3$ kcal/mol
　　同様にして，$\lambda = 630$ nm では，$E = 3.16 \times 10^{-19}$ J $= 1.98$ eV，$E = 45.5$ kcal/mol
　　$\lambda = 475$ nm では，$E = 4.19 \times 10^{-19}$ J $= 2.62$ eV，$E = 60.3$ kcal/mol
　　(1 eV $= 1.60 \times 10^{-19}$ J：電子が 1 V の電位差で加速されたときに得る運動エネルギー)

答 10-35　ナトリウムは橙黄色の炎色反応：600 nm とする(実際には 589 nm)，
　　$E/$光子 $= hc/\lambda = (6.63 \times 10^{-34} \text{J·s}) \times (3 \times 10^8 \text{m/s}) / (600 \times 10^{-9} \text{m}) = 3.31 \times 10^{-19}$ J $= 2.07$ eV
　　E cal/mol $= (3.31 \times 10^{-19}\text{J}) \times (6.02 \times 10^{23}/\text{mol}) / (4.18 \text{J/cal}) = 47670$ cal/mol $= 47.7$ kcal/mol
　　リチウムは赤紅色の炎色反応：715 nm とする(実際は 671 nm)，$E = 2.78 \times 10^{-19}$ J $= 1.74$ eV，
　　$E = 40.0$ kcal/mol　　銅は緑色の炎色反応：530 nm とする(実際は 522 nm)，
　　$E = 3.75 \times 10^{-19}$ J $= 2.34$ eV，$E = 54.0$ kcal/mol

10-4 光の吸収・放出を利用した分析法，比色法

炎光・発光分析，蛍光分析，原子吸光分析，比色分析(分光光度法)

機器分析の中で最もよく用いられる方法が光の吸収・放出を利用した分析法である．光の放出(発光)を用いたものには尿，血液，食品中の Na，K の分析などに用いられる炎光分析(炎色反応を利用)，同時に数種類の元素を分析できる ICP 発光分析(原子発光スペクトル)，ビタミン E その他の分析に用いられる蛍光分析(蛍光光度法：蛍光スペクトル)があり，光の吸収を用いたものには Zn，Fe，Ca，他の元素の分析に用いられる原子吸光分析(方法的には炎光・発光分析の裏返しである)，尿中クレアチニン，その他多数の分析に用いられる，最も一般的な機器分析法である比色分析法(分光光度法：可視光・紫外光吸収スペクトル)がある．

比色法　(参考書：山本勇麓著，"基礎分析化学講座 15　比色分析"共立出版)

問題 10-36　お茶を飲むとき，お茶の濃さをどのようにして判断するか．

問題 10-37　濃度未知の着色液がある．色の濃さでこの液の濃度を知るための方法を考えよ．

標準液（比色列）　←　色の濃さを比較　→　試料液

濃さ　0　0.1　0.2　0.3　…　　C_x mol/L

色の濃さ　⇔　ものの濃度
比例

問題 10-38　濃度既知の着色液が 1 種類だけある．メスシリンダーを 2 本利用して濃度未知の着色液の濃度を比色により求める方法を考えよ(より洗練された目視比較法)．

問題 10-39　比色法とは，上記のように，もともとは，濃度未知の試料と濃度既知の標準液との色の濃さを，白色光の下で，目視により比較することによって未知試料の濃度を決定する方法だった．現在ではこの方法は**分光光度計**(**比色計**，後述)といわれる器械を用いて，単色光・一定波長の光を使用して，色の濃さを**吸光度**として測定する方法へと発展した．この方法を**分光光度法**というが，比色法という伝統的名称も用いられる．
(1) 吸光度とは何か．定義式を示せ．吸光度を示す記号も示せ．
(2) 分光光度法による比色定量分析(濃度未知試料の濃度 C の決定)の基礎である**ランベルト・ベールの法則**について説明せよ．

ランベルト・ベールの法則

問題 10-40　光の吸収について巨視的立場で考える．着色した透明なプラスチック板(下敷きなど)が重ねてある．左側から光を当てると，右側に透過してくる光の明るさが減少すること，枚数を重ねるごとに透過光の明るさが減少していくことは直感的に理解できよう．
(1) 左側から I_0 の強さ・明るさ(100 とする)の光(入射光)を 1 枚のプラスチック板に通したとき，右側に透過してきた光の強さが $1/2\,I_0$(つまり 50)の強さ・明るさに減少したとする．さらに 1 枚重ねた(2 枚重ねた)後では光の強さはどうなると予想されるか．
(2) この先，1 枚重ねるごとに透過光の強さはどのように変化すると予想されるか．
(3) この変化を図示せよ(x 軸に枚数，y 軸に光の強さを示したグラフ)．点を線で結んだときにできあがる曲線は数学的には何とよばれる曲線か．

答 10-36 お茶の色の濃さを見る．飲んで味をみる．

われわれは，お茶を飲むとき，お茶碗の中の液の色を見て，お茶が濃い，薄いといった表現をし，その濃さを判断している．これが正に比色分析法である．**比色法の定性的な原理**は，光を吸収する物質(分子)が多いほど・濃度 C が高いほど，また，光が通過する距離・光路長 l が長いほど，光がたくさん吸収され，色が濃く見える，というものである．この考えは直感的に理解できよう．

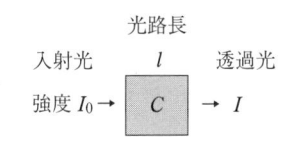

答 10-37 比色法なる言葉のもとになった最も素朴な比色法は，左頁図のように様々な濃さの標準溶液(これを比色列という)を調製し，試料液の色の濃さをこれと見比べて(比色して)，試料の濃度を求める方法，目視による比色法である．昔は野外における環境調査などに用いられた．試験紙などによる pH や尿成分などの簡易定量法は本法の応用である．

答 10-38 比色管を用いる比色法．下図のように管の長さを動かして濃さが同じに見える長さ l_x を求める．すると，$l_1C_1 = l_xC_x$ の関係式が成立．したがって，$C_x = (l_1/l_x)\,C_1$ より C_x の値が求まる．

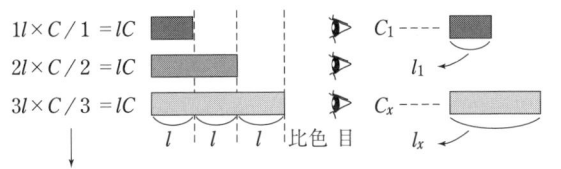

$1l \times C / 1 = lC$
$2l \times C / 2 = lC$
$3l \times C / 3 = lC$

三つともに濃さが同じに見える． 色の濃さは $l \times C$ (液の長さ×濃度)に比例する．

答 10-39

(1) 吸光度は記号 E で表す．吸光度は，試料を透過前の光強度 I_0 と透過後の光強度 I の比，I_0/I，の対数値 $\log(I_0/I)$ として定義された値である．つまり，$E = \log(I_0/I)$．I/I_0 は透過度 T' とよばれる値なので，透過度の逆数 $1/T'$ の対数値として $E = \log(1/T')$ とも表現できる．

(2) ランベルト・ベールの法則は，吸光度 E と試料の濃度 C，試料液の入った容器(セル)の幅(光路長) l の間の次の関係式で表される．$E = \log(I_0/I) = \varepsilon \times l \times C\ (E = \varepsilon lC)$

ε (イプシロンと読む)は比例定数(モル吸光係数：$C = 1\,\mathrm{mol/L}$, $l = 1\,\mathrm{cm}$ のときの吸光度)

答 10-40

(1) さらにその 1/2，つまり，$1/4\,I_0$ (25 の大きさ)となる．

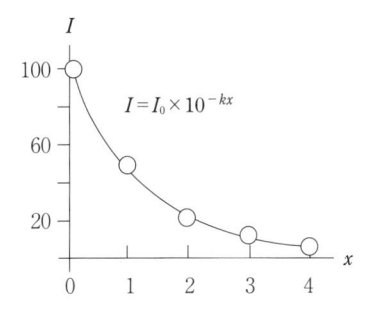

(2) 続いて 1 枚重ねるごとに 1/2，1/2，・・・となり $1/8\,I_0$ (12.5)，$1/16\,I_0$ (6.25)・・・となる．つまり光は同じ比率で減衰してくる．

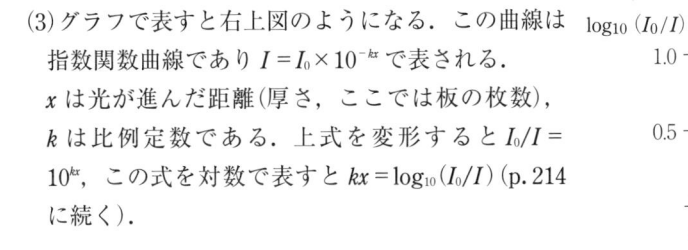

(3) グラフで表すと右上図のようになる．この曲線は指数関数曲線であり $I = I_0 \times 10^{-kx}$ で表される．x は光が進んだ距離(厚さ，ここでは板の枚数)，k は比例定数である．上式を変形すると $I_0/I = 10^{kx}$，この式を対数で表すと $kx = \log_{10}(I_0/I)$ (p.214 に続く)．

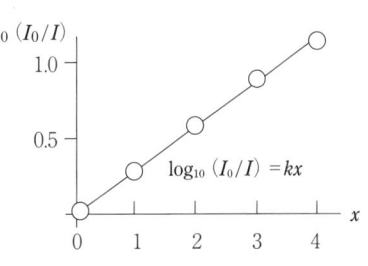

すなわち，入射光の強さ I_0 を，距離 x 進んだ後の光の強さ I で割ったものの対数値は通過する媒体の厚さ x に比例する（$\log_{10}(I_0/I) = kx$：p.213 の比例図を見よ）．これをランベルトの法則という．比例定数は吸光係数とよばれ，一定の波長では，物質や化学種に特有の一定の値をとる．

ここで媒質として溶液を考えると，溶液中の溶質のみが光を吸収するとすれば，吸光度が媒質の長さに比例するというランベルトの法則は，吸光度が光路上にある溶質分子の光吸収によってもたらされていることを考えれば，媒質が長い＝光路上の溶質分子数が多いということであり，媒質の長さを長くする代わりに溶質分子の数を増やす．（以下，p.215 へ続く）

問題 10-41
(1) 吸光度とは何か，定義を示せ．

(2) ランベルト・ベールの法則を式で示し，意味を言葉で説明せよ．

問題 10-42 $1\,\mathrm{cm}^3$ あたり（1 cm 角のサイコロの中）に含まれる分子の数を n 個とする．このサイコロを厚さ $\mathrm{d}l\,\mathrm{cm}$ に薄く切りとった 1 cm 平方×$\mathrm{d}l$ の立体の中に含まれる分子の数はいくつか．

問題 10-43 若い男女のグループがいたとする．男女 10 人ずつのグループと男女 100 人ずつのグループとでは，1 年の間に生じるカップルの数はどちらがどれだけ大きいと予想されるか．また，なぜそのように予想されるのか．

問題 10-44 光の強さは媒質を通過することによって次第に吸収されて減衰する．媒質中の分子が光を吸収するとすると，吸収される光の量は光子と分子との衝突（出合い，男女の出会いと同じ）の頻度・回数に比例する（2 次反応である）と考えられる．光の強さ（$1\,\mathrm{cm}^2$ あたりの光子の数）を I 個とすると，この光が媒質中を微小距離 $\mathrm{d}l$ だけ進んだときに吸収される $1\,\mathrm{cm}^2$ あたりの光子の数 $-\mathrm{d}I$（強度は減少するので負とした）はどれだけになるか．

問題 10-45 厚さ $\mathrm{d}l$ の媒質を通過した後の光の減衰量（吸収される量）$-\mathrm{d}I = a \times I \times n\,\mathrm{d}l$ をもとに，数学の助けを借りて，厚さ l の媒質を通過した後の光の強さ I を求めよ．

問題 10-46 モル濃度 C とアボガドロ数 N_A（1 mol の分子数）を導入すると，$\log(I/I_0) = -(an/2.303)l = -\varepsilon Cl$，ただし $\varepsilon = (aN_A/(2.303\times 10^3))$ と書き表されることを示せ．

以上より，溶液の mol 濃度 C，光路長 l を用いて，吸光度（absorbance）$E = \log(I_0/I)$ を定義すると，**吸光度 $E = \log(I_0/I) = \varepsilon lC$**，または $I = I_0 \times 10^{-\varepsilon lC}$ なる**ランベルト・ベールの法則**が得られる．ε は $l = 1\,\mathrm{cm}$ のときの $C = 1\,\mathrm{mol/L}$ における吸光度に等しいので**モル吸光係数**という．

問題 10-47 吸光度 E と透過率 T' との関係式を示せ．

(p. 214 からの続き) すなわち濃度を高くすることと等価である．したがって，吸光度は濃度に比例するというベールの法則が成立する．

ランベルトの法則とベールの法則をまとめて書き表すと，$\log(I_0/I) = \varepsilon lC$ なる式が得られる．ここで $\log(I_0/I)$ を**吸光度**(absorbance)といい E で表す．すなわち，**ランベルト・ベールの法則**は，**吸光度 $E = \log(I_0/I) = \varepsilon lC$**，ここで C は溶質のモル濃度，l は cm で表した光路長(光の透過距離)，ε は比例定数であり，$l=1$ cm，$C=1$ mol/L のときの吸光度に対応するので ε を**モル吸光係数**という．また，I/I_0 を**透過率**，または透過度 T' (transmittance)，$I/I_0 \times 100 = T\%$ を**透過パーセント**という．

答 10-41

(1) $E = \log_{10}(I_0/I) \equiv \log(I_0/I)$

(2) $E = \log(I_0/I) = \varepsilon \times l \times C\,(E = \varepsilon lC)$　意味は問題 10-39, 40 の答を参照のこと．

答 10-42　1 cm³ 中に n 個含まれているから 1 cm × 1 cm × dl cm = dl cm³ 中には $n \times dl = ndl$ 個含まれる．(1 cm³ に n 個存在するから 1 cm × 1 cm × 0.1 cm = 0.1 cm³ に存在する分子の数は 0.1 n，すなわち，ndl となるはず．0.1 cm の厚さに 0.1 n 個だから dl の厚さには ndl 個存在する．)

答 10-43　生じるカップルの数は男女 10 人ずつのグループより男女 100 人ずつのグループの方が 100 倍大きい．1 年間に生まれるカップル数は(男の数)×(女の数)に比例すると予想される．つまり，カップル数/年＝k×(男の数)×(女の数)．k は比例定数．このカップル誕生反応は<u>2 次反応</u>であるという(反応速度の勉強で学ぶ ↔ 一次反応)．

答 10-44　1 cm² × dl の体積中に存在する分子の数 ndl と，光子の数 I の積に比例すると考えられるので，$-dI = a \times I \times n dl$ (a は比例定数) と表すことができる．

答 10-45　上式を変形すると $-dI/I = (a \times n) \times dl$．この式は容易に積分できて次式を与える．$\ln(I/I_0) = -(an)l$，または $I = I_0 \times e^{-anl}$ ($\ln$ は自然対数，$e = 2.718\cdots$，l は光の通過距離)．自然対数の代わりに常用対数で表すと $\log(I/I_0) = -(an/2.303)l$，または $I = I_0 \times 10^{-(an/2.303)l}$

答 10-46　$C = n \times 1000/N_A$ (n は 1 cm³ 中の分子数だから $n \times 1000$ は 1 L 中の分子数．これを N_A で割ればモル濃度 mol/L となる)，つまり $n = N_A C/1000$．したがって，$\log(I/I_0) = -(an/2.303)l = -\{a \times (N_A C/1000)/2.303\} \times l = -(aN_A/(2.303 \times 10^3)) \times l \times C$．$(aN_A/(2.303 \times 10^3)) = \varepsilon$ とおくと，この式は $\log(I/I_0) = -\varepsilon lC$，または $\log(I_0/I) = \varepsilon lC$ と表される．

答 10-47　$I/I_0 = T'$ だから，$I_0/I = 1/T'$．この式の左右両辺の対数をとると*，$\underline{E \equiv \log(I_0/I)} = \log(1/T') = \log 1 - \log T' = \underline{0 - \log T'}$ の関係が成立する．

* 数式一般について，左右が等しいものは，どのように扱っても等しい．したがって，$a = b$ なら $a^2 = b^2$, $a/2 = b/2$, $\sqrt{a} = \sqrt{b}$, $\log a = \log b$, $\cdots$ が成立する．

比色計(分光光度計)の原理

溶液を通過した光を光電池や光電管などで受光し，光の強さを電流の強さに変えて測定する方法を光電法という(答 10-49)．またプリズム・回折格子などにより白色光を単色光に分けることを分光という(p.200)．**光電分光光度法**：spectrophotometry(吸光光度法とも，単に，**比色法**：colorimetry ともいう)とはこの二つの方法が組み合わさったものである．この方法にもとづく分析法を**比色分析法**：colorimetri canalysis という．装置の一例を次に示した．

問題 10-48 装置中の部品名①～⑥を述べよ．

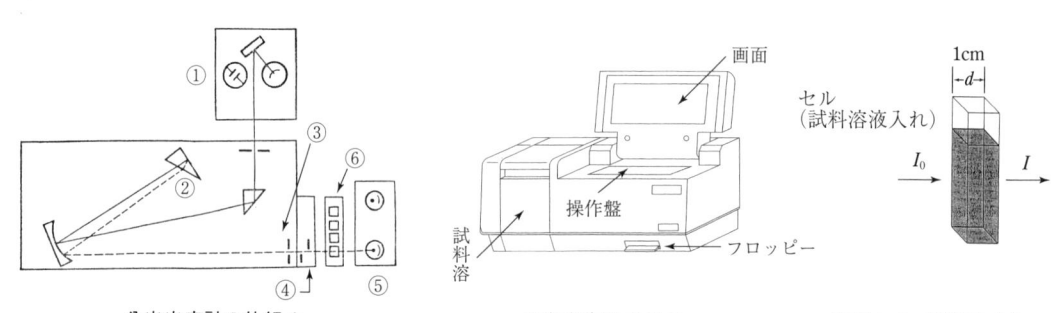

分光光度計の仕組み
[山本勇麓, "基礎分析化学講座 15 比色分析", 共立出版 (1975), p.12]

分光光度計の外見
[辻村卓, 吉田善雄編 "図説 化学基礎・分析化学", 建帛社 (2003), p.154]

光学セル (試料入れ)
[坂田一矩, 吉永鐵太郎他編, "理工系化学実験", 東京教学社 (2001), p.59]

問題 10-49 分光光度法における入射光 I_0 と透過光 I の光強度の測定原理について述べよ．実測しているものは何か．

問題 10-50 (1)透過%(%transmittance)の定義を述べよ．また，定義式を記号で示せ．
(2)吸光度(absorbance)の定義式を記号を示せ．また，吸光度と透過%との間の関係式を示せ．

問題 10-51 (1)透過光の強度が入射光の 30% になったときの吸光度はいくつか．計算式を示せ．

(2)透過率 90%，50%，10%，1%，0.1% のときのそれぞれの吸光度を計算せよ．計算式を示せ．

(3)真の吸光度 2.0，3.0 のとき，入射光 I_0 の 0.1%，1% の迷光があれば実測吸光度はいくつか．計算式も示せ．

答 10 光と色：比色法，その他の光学的分析法の基礎

答 10-48 ①光源　②プリズム，回折格子(分光部)　③絞り(光の量を調節するもの)
④フィルター・ろ光板(回折格子では除けない2倍波，3倍波を除く(答 10-7))
⑤光電子増倍管(光子の量・光強度の検出部)　⑥セル室(試料室)

答 10-49 光電効果*を利用した光電子増倍管を用いることにより，光強度比 I/I_0 を光電流の強度比 i/i_0 に変換して測定.

$$I_0 \to \boxed{} \to I_0 \to \text{(光電子増倍管)} \leftarrow 電流計 i_0 \quad 対照溶液$$

$$I_0 \to \boxed{} \to I \to \text{(光電子増倍管)} \leftarrow 電流計 i \quad 試料溶液$$

透過％, $T\% = \dfrac{I}{I_0} \times 100 = \dfrac{i}{i_0} \times 100$

(%transmittance)

吸光度, $E = \log \dfrac{I_0}{I} = \log \dfrac{i_0}{i}$

* **光電効果**とは，ある種の金属・合金・化合物に光を当てると，光の強さ I に比例する微弱な電流 i が流れる現象をいう($i \propto I$). この現象を利用して光量を測定する装置を光電子増倍管(フォトマル・photomultiplyer)といい，比色計の検出部に用いられている.

答 10-50

(1) 透過％, $T\%$: 元の光 I_0 の何％が試料溶液を通過したかを示したもの. 透過光の強度を I, 光電流を i_0, i とすると

$$T\% = \dfrac{I}{I_0} \times 100 = \dfrac{i}{i_0} \times 100 \quad (透過光\ I = I_0 \times \dfrac{T}{100})$$

(2) 吸光度(absorbance) $\underline{E = \log \dfrac{I_0}{I}} = \log \dfrac{i_0}{i} = \log \dfrac{100}{T} = \log 100 - \log T = \underline{2 - \log T}$

答 10-51

(1) $T\% = (I/I_0) \times 100 = 30\% \to I/I_0 = 30/100$　よって, $E = \log(I_0/I) = \log(100/30) = (電卓) = 0.523$　または, $\log(100/30) = \log(10/3) = \log 10 - \log 3 = 1 - 0.4771 = 0.523$　または, $I/I_0 = 0.3$
$E = \log(I_0/I) = \log(1/0.3) = \log(10/3) = 0.523$

(2) $E = \log(100/T)$ に代入する. $E = \log(100/90) = 0.0458,\ 0.3010,\ 1.00,\ 2.00,\ 3.00$

(3) 実測しているのは i/i_0, すなわち透過％T だから，この値の対数値(吸光度 E)が1.0以上の2.0, 3.0といった値を示すときは，わずかの光量変化を測定しているわけである. 吸光度 2.0 とは $I/I_0 = 0.01$, 3.0 とは $I/I_0 = 0.001$ (0.1％, すなわち大変微弱な光)であり，たとえば，迷光(外部から検出器に漏れ入ってきた光)が0.1％(0.001)あれば，真の吸光度が 3.00 のときに実測の吸光度は $\log(1/(0.001+0.001)) = 2.70$ になり，1％(0.01)の迷光では吸光度は 3.00 → $\underline{1.96}(\log(1/(0.001+0.01)))$ と本当より相当小さくなる(誤差が大変大きい). 吸光度 3.0 の試料を 10 倍(1/10 濃度)に薄めても，吸光度は 0.30 とはならない. 不思議？ → 当たり前である！　吸光度は対数値であることを忘れないこと！

　このように，吸光度が大きいと測定誤差が大きくなる危険性がある. そこで測定精度を気にする場合には吸光度をが1を越えないようにする. 濃い場合にはホールピペット，メスフラスコを用いて適当な倍率に薄めて測定する. 吸光度が 0.3〜0.7 となるようにするとよい.

アナログ比色計の目盛（読み・値）

（実測電流 i/i_0）

透過%	100	90	80	70	60	50	40	30	20	10	1	0.1	0
T%	↓	↓	↓	↓	↓	↓	↓	↓	↓	↓			
吸光度	0	0.046	0.1	0.2	0.3	0.4	0.5	0.7	1.0	∞			

（電流対数値） 2 3

* 実測の電流比（透過%）と吸光度は比例しない．
吸光度が大きくなるほど誤差大なので，吸光度が1以上の値は
あまり信用できない．実測では $E = 0.3 - 0.7$ となるように
心がけるべきである．

デジタル比色計の読み・値 （実測電流値を対数変換済み）

吸光度 0 0.1 0.2 0.3 0.4 0.5 0.6 0.7 0.8 0.9 1.0 ・・・ ∞

* 吸光度を数値としてだけ見てしまうと，対数値としての
誤差の大きさを見過ごしてしまう危険性が高いので要注意！

実測値（電流比） 計算値（対数）

T% ($i/i_0 \times 100$)	E ($\log I_0/I$)
0	$\log 100 - \log T = \infty$
0.1	$2 + 1.000 = 3.000$
1	$2 - 0.000 = 2.000$
10	$2 - 1.000 = 1.000$
20	$2 - 1.301 = 0.699$
30	$2 - 1.477 = 0.523$
40	$2 - 1.602 = 0.398$
50	$2 - 1.699 = 0.301$
60	$2 - 1.777 = 0.223$
70	$2 - 1.845 = 0.155$
80	$2 - 1.903 = 0.097$
90	$2 - 1.954 = 0.046$
100	$2 - 2.000 = 0.000$

問題 10-52 水道水中の鉄（Fe(III)として存在）の含有量を求めるために次のような比色分析を行った．100 mL のメスフラスコに水道水を 80 mL 採取し，これに少量の塩酸を加えて pH 2 としたあと，還元剤のヒドロキシルアミンを加えて鉄を Fe(II) に還元した．この液にフェナントロリン（phen）の水溶液を加えて混合，発色させた（Fe(II)と phen の化合物，$[Fe(phen)_3]^{2+}$ なる赤橙色の錯イオンが生成する（8-2 節参照））．酢酸緩衝液を加えて pH 5 とし，メスフラスコ内液を蒸留水でちょうど 100 mL としたのち，混合，放置した．30 分後，この溶液の 510 nm（吸収スペクトルの吸収極大波長）の吸光度を光路長 1 cm のセルを用いて測定したところ，$E = 0.068$，なる値が得られた．一方，別のメスフラスコに水道水の代わりに蒸留水 80 mL を加えて上と同様の操作を行ったところ，$E = 0.004$，が得られた．

$[Fe(phen)_3]^{2+}$ の 510 nm におけるモル吸光係数 $\varepsilon = 11200/(mol \cdot cm)$ とすると，

(1) このメスフラスコ中の溶液の鉄のモル濃度はいくつか．

(2) 水道水中の鉄の含有率（濃度）を ppm で表せ．ただし，水道水の密度は 1.00 g/mL，鉄の原子量 = 56 とする．

(3) 純度 100% の鉄の標準物質を用いて様々な濃度の鉄溶液を調製し，発色させて吸光度を測定したところ，以下のようなデータが得られた．これらのデータをもとに検量線（グラフの横軸・x 軸に鉄濃度，縦軸・y 軸に吸光度をとって図示したもの）を描き，この検量線を用いて，未知試料の吸光度が 0.352 のときの鉄のモル濃度を求めよ．

鉄濃度/10^{-5}mol/L	0.00	1.00	2.00	3.00	4.00	5.00	6.00	7.00
吸光度	0.006	0.099	0.196	0.286	0.378	0.475	0.570	0.663

アナログ比色計の目盛(読み・値)：左図に示してある，実測している電流値に対応する吸光度の読み(0〜∞)と，数値の実長(透過%の値)とを比較すれば，対数値である吸光度が大きい部分では実測電流比がいかに大きく拡大されているかが理解できよう．⇒ 吸光度が大きくなるにつれて吸光度の測定誤差は極端に大きくなることがわかる．

光学セル：試料液を入れる透明の石英ガラス容器(1 cm角)をセルというが，正しい吸光度を求めるためにはセルの表面を汚さない，セル表面に傷をつけない(光が乱反射を起こさないようにする)ことが大切であることは上の測定原理から自明であろう．セルの取扱いを始めとした，実験を行う際の様々な具体的注意は，山本勇麓著「基礎分析化学講座15　比色分析」(共立出版)に詳しく述べられているので参考のこと．石英セルは大変高価であるので(約10000円)注意して扱うこと．

答 10-52　(1) 80 mL の水道水を 100 mL に薄めた溶液中の溶存鉄にもとづく吸光度 = 0.068(実測値) − 0.004(試薬ブランク，盲検) = 0.064.

この溶液のモル濃度は，$(0.064/11\,200)$ mol/L $= 5.7 \times 10^{-6}$ mol/L.

モル吸光係数 ε とは 1 mol/L 溶液の吸光度であるので，比例式，(1 mol/L)/(吸光度 1120) = (x mol/L)/(吸光度 0.064)から，前式が求められる

(2) 80 mL の水道水を 100 mL に希釈したのだから，もとの水道水の Fe 濃度 x は 5.7×10^{-6} mol/L より大きい．測定値×(100/80)とすればよい．$x = 5.7 \times 10^{-6}$ mol/L $\times (100/80) = 7.1 \times 10^{-6}$ mol/L．または，$CV = C'V'$ より，5.7×10^{-6} mol/L $\times (100/1000)$ L $= x$ mol/L $\times (80/1000)$ L．$x = 7.1 \times 10^{-6}$ mol/L．

鉄の質量 w = 式量 g/mol × モル濃度 mol/L = 56 g/mol × 7.1×10^{-6} mol/L = $56 \times 10^3 \times 7.1 \times 10^{-6}$ mg/L = 0.398 mg/L ≒ 0.40 mg/L

したがって，水道水中の鉄の含有率は 0.40 mg/L ≒ 0.40 mg/1 kg = 0.40 mg/10^6 mg = 0.40 ppm

(3) グラフを描き，y 軸の値，$E = 0.352$ に対応する x 軸の値・鉄の濃度を読み取ると，$x = (3.69 \pm 0.03) \times 10^{-6}$ mol/L(パソコン表計算ソフトを用いて検量線の回帰式を得ることにより x の値を求めてもよい)．

問題

付録 (整数，分数，指数，対数の計算：不得意な人はここを10〜20回繰り返すこと！)

1 整数の四則計算

四則混合の計算における優先順位(演算の可換性，非可換性)を忘れないこと！

問題 1-1 次の計算をせよ．(電卓の使用不可)
(1) $8+(-12)-(-5)$ (2) $100-(46-3\times 7)$ (3) $67\times 4-17\times 4$
(4) $-15+(-10)\div(-2)$ (5) $(-3)\times(-20)\div(-2^2)$ (6) 25×25 (7) 45×55
(8) 38×3 (9) 28×32 (10) 27×32 (11) 26×32
(12) $32\div 98$ (13) $32\div 102$ (14) $32\div 90$ (15) $32\div 110$

(解説：右頁より続き)

(12)〜(15) 割り算の概算法：(12) $32/98 \fallingdotseq 32/100 = 0.32$ とした後で 2% 分を足してやるとよい．
つまり，$0.32+0.0064=0.326(4)$．厳密には 0.3265．$98\to 100$ とすると，98 が 2% 小さい．
小さい数値で割るのだから，本当の値は 100 で割った値より，約 2% 大きいはずである)．
(13) $32/102 \fallingdotseq 32/100 = 0.32$ とした後で，2% 分を引いてやると(100 より 2% 大きい値で割ったのだから実際には 0.32 より 2% 小さくなる)，$0.32-0.0064=0.3136$．厳密には 0.3137．
(14) $32/90 \fallingdotseq 32/100 = 0.32$ より 1 割足すと，$0.32+0.032=0.352$．厳密には 0.3556．
(15) $32/110 \fallingdotseq 32/100 = 0.32$ より 1 割引くと，$0.32-0.032=0.288$．厳密には 0.2909．

このように概算は結構簡単に，意外に正確にできる．概算ができるようになると自分の数値処理能力が一段アップしたことになり，自分の将来の可能性をより高めることになる．電卓に頼らないで，頭を使うように心がけること．頭に刺激を与えれば能力は伸びるものである！身体能力と同じである(脳も身体の一部である！)．

2 分数の四則計算   「たすき掛け」を身につけよう！

* 計算の不得意な人は，せめて，ここだけは繰り返し演習してほしい．

問題 2-1 計算せよ．(1) $4.75\div 0.50$ (2) $4.75/0.50$ (3) $\dfrac{4.75}{0.50}$ (4) $4.75\times\dfrac{1}{0.50}$

問題 2-2 計算せよ．(電卓の使用不可)
(1) $\dfrac{4}{5}\times\dfrac{7}{8}$ (2) $\dfrac{3}{5}+\dfrac{1}{3}$ (3) $\dfrac{3}{5}\times 10$ (4) $\dfrac{5}{6}\times\dfrac{7}{9}$
(5) $\dfrac{8}{9}\div 4$ (6) $12\div\dfrac{2}{3}$ (7) $\dfrac{1}{6}+\dfrac{5}{6}\div\dfrac{2}{3}$ (8) $-\dfrac{2}{3}+\left(-\dfrac{1}{2}\right)-\dfrac{1}{6}+\dfrac{3}{4}$
(9) $\dfrac{1}{12}\times(-3)-6\div\left(-\dfrac{2}{3}\right)$ (10) $\dfrac{1}{3}-\left(-\dfrac{1}{2}\right)^2\div\left(-\dfrac{3}{8}\right)$

問題 2-3 計算せよ．(1) $\dfrac{2}{3}\times\dfrac{3}{4}$ (2) $\dfrac{2}{7}\div\dfrac{3}{4}$ (3) $\dfrac{4}{9}\div 2\dfrac{1}{3}$

整数の四則計算

 * 計算の仕方にも要領, こつ, がある.「こつ」を身につけよう!

答 1-1　(1) $8-12+5=1$　(2) $100-(46-21)=100-25=75$　(3) $268-68=200$　$(67-17)\times 4$
(4) $-15+5=-10$　(5) $60\div(-4)=-15$　(6) 625 (暗算法あり)　(7) 2475 (暗算法あり)
(8) 114 (暗算法あり)　(9) 896 (概算法あり)　(10) 864 (概算法あり)
(11) 832 (概算法あり)　(12) 0.3265 (概算法あり)　(13) 0.3137 (概算法あり)
(14) 0.356 (概算法あり)　(15) 0.291 (概算法あり)　* (2)～(5)の計算は乗除優先.

(6) 暗算法：大雑把には $20\times 30=600$. $(n\times 10+5)^2=(n\times 10)^2+2\times 5\times(n\times 10)+5^2=(n^2+n)\times 100+25=n(n+1)\times 100+25$ つまり, $25\times 25=2\times(2+1)\times 100+25=625$, $55\times 55=5\times(5+1)\times 100+25=3025$

(7) 暗算法：大雑把には $50\times 50=2500$. $(a-b)(a+b)=a^2+ab-ba-b^2=a^2-b^2$ より, $45\times 55=(50-5)(50+5)=50^2-5^2=2500-25=2475$, $35\times 45=40^2-25=1575$, $65\times 75=4875$

(8) 暗算法：38×3 のような場合は $38\div 40$ と見なして $40\times 3=120$ と概算する. そのうえで 40 と 38 の差 $2\times 3=6$ を引けば, すぐ $120-6=114$ と計算できる.

(9)～(11) 掛け算の概算法：28×32 の計算では, 30 に 2 不足した 28 と 30 より 2 多い数の掛け算だから, 大雑把な概算では $30\times 30=900$ とすればよい. 厳密には $28\times 32=(30-2)(30+2)=900-4=896$ とわずかしか違わない. 27×32 の計算では $27\times 32=(28-1)\times 32=28\times 32-32\div 30\times 30-32$, つまり, $30\times 30=900$ より 32 少ないと考えて, 約 868 と算出できる. 厳密には $28\times 32-32=896-32=864$. 26×32 の計算ならば, $(28-2)\times 32=28\times 32-64$, $30\times 30=900$ より 64 を引いて 836. 厳密には $28\times 32-64=896-64=832$.

(以下の解説は左頁へ続く)

分数の四則計算

 * 計算にあたっては, 計算式の中での**分子・分母間の約分**を常に意識すること.

答 2-1　(1) 9.5　(2) 9.5　(3) 9.5　(4) 9.5　(1)～(4)のいずれの式も同じ意味である.

答 2-2　(1) $\dfrac{4}{5}\times\dfrac{7}{8}=\dfrac{7}{10}$　(2) $\dfrac{3}{5}+\dfrac{1}{3}=\dfrac{9}{15}+\dfrac{5}{15}=\dfrac{14}{15}$　(3) $\dfrac{3}{5}\times 10=6$　(4) $\dfrac{5}{6}\times\dfrac{7}{9}=\dfrac{35}{54}$

(5) $\dfrac{8}{9}\div 4=\dfrac{8}{9}\times\dfrac{1}{4}=\dfrac{2}{9}$　(6) $12\div\dfrac{2}{3}=12\times\dfrac{3}{2}=18$　(7) $\dfrac{1}{6}+\dfrac{5}{6}\div\dfrac{2}{3}=\dfrac{1}{6}+\dfrac{5}{6}\times\dfrac{3}{2}=\dfrac{1}{6}+\dfrac{5}{4}=\dfrac{2+15}{12}=\dfrac{17}{12}$

(8) $-\dfrac{2}{3}+\left(-\dfrac{1}{2}\right)-\dfrac{1}{6}+\dfrac{3}{4}=\dfrac{-8-6-2+9}{12}=\dfrac{-7}{12}$　(9) $\dfrac{1}{12}\times(-3)-6\div\left(-\dfrac{2}{3}\right)=-\dfrac{1}{4}+9=8\dfrac{3}{4}$

(10) $\dfrac{1}{3}-\left(-\dfrac{1}{2}\right)^2\div\left(-\dfrac{3}{8}\right)=\dfrac{1}{3}-\dfrac{1}{4}\times\left(-\dfrac{8}{3}\right)=\dfrac{1}{3}+\dfrac{2}{3}=1$　(7), (9), (10)は乗除優先

答 2-3　(1) $\dfrac{2\times 3}{3\times 4}=\dfrac{1}{2}$　(2) $\dfrac{2}{7}\div\dfrac{3}{4}=\dfrac{2}{7}\times\dfrac{4}{3}=\dfrac{8}{21}$　(3) $\dfrac{4}{9}\div\dfrac{7}{3}=\dfrac{4}{9}\times\dfrac{3}{7}=\dfrac{4}{21}$

問題 2-4　問題 2-3 の**分数の割り算**の計算を行うのに「なぜ，ひっくり返して掛けたのか」，小学生が納得するように説明せよ．

問題 2-5　ピザが6枚ある．これを以下のように分けると，何人に分配できるか．
　　(1) 1人に2枚ずつ与える．　　(2) 1人に1/2枚ずつ与える．
　　(3) 1人に1/4枚ずつ与える．　(4) 1人に1/8枚ずつ与える．
　　(5) 1人に3/4枚ずつ与える．　(6) 1人に4/5枚ずつ与える．
　　(7) 4人で分けると一人分はどれだけか．
　　(8) 8人で分けると一人分はどれだけか．

問題 2-6　3/4 dL で 2/5 m^2 の板を塗ることができるペンキがある．1 dL では何 m^2 の板を塗ることができるか．
　　* dL（デシは 1/10 だから 1/10 L＝1/10×1000 mL＝100 mL），m^2（平方メートル，1 m 四方）

問題 2-7　桶（おけ）に水を溜めるのに，2/3 分間で 5/6 L の水が入る．1 分間では何 L の水が溜まるか．

ここは重要!

問題 2-8　$(a/b) \div (c/d) = (a/b) \times (d/c) = (ad)/(bc)$ のように，**分数の割り算の計算では，割る数をひっくり返して掛ければよい**ことを示せ．

　　例：$2/7 \div 3/4 = 2/7 \times 4/3 = 2 \times 4/(7 \times 3) = 8/21$

ここは重要!

問題 2-9　$(a/b)/(c/d) = (ad)/(bc)$（＝**外項の積/内項の積**）となることを示せ．

　　例：$\dfrac{\frac{1}{2}}{\frac{3}{4}} = \dfrac{\frac{1}{2}}{\frac{3}{4}} = \dfrac{1 \times 4}{2 \times 3} = \dfrac{4}{6} = \dfrac{2}{3}$

　　* この計算は，たすき掛け（問題 2-10）を用いてもよい．左辺＝$x = x/1$ とおき，たすき掛けして，$1/2 \times 1 = 1/2 = 3/4 \times x = 3x/4$．再度たすき掛けして，$4 = 6x$　$x = 2/3$

ここは重要!

問題 2-10　$a/b = c/d$ のとき $ad = bc$（**たすき掛け**）となることを示せ．

　　例：$\dfrac{2}{3} = \dfrac{x}{4}$ のとき $\dfrac{2}{3} \times \dfrac{x}{4}$ と掛け合わせると $3x = 8$
　　　　よって，$x = 8/3$ となる．

　　例：$\dfrac{x}{3} = 2$ のとき，$\dfrac{x}{3} = \dfrac{2}{1}$ のように，整数の2を2/1の分数形として，たすき掛けができるようにする．たすき掛けすると，$x \times 1 = 3 \times 2 = 6$, $x = 6$ となる．

答

答 2-4 問題 2-5 とその答を参考にして，各自，考えよ．問題 2-6, 7 の答も参照．

答 2-5 (1) $6/2 = 3$ 人　　(2) $6 \div 1/2 = 6 \times 2/1 = 12$　または，1枚で2人分となるので，$6 \times 2 = 12$
$6/(1/2) = (6/1)/(1/2) = (6 \times 2)/(1 \times 1) = 12/1 = 12$　（内項の積と外項の積の比）
(3) $6 \div 1/4 = 6 \times 4/1 = 24$ 人　または，同上の理由で，$6 \times 4 = 24$
$6/(1/4) = (6/1)/(1/4) = (6 \times 4)/(1 \times 1) = 24/1 = 24$　（内項の積と外項の積の比）
(4) $6 \div 1/8 = 48$　　$6 \times 8 = 48$　（6 より大きくなるから 8 を掛ければよい）
(5) $6 \div 3/4 = 6 \times 4/3 = 8$　1個を4等分すれば（1/4 ずつ分ければ）$6 \times 4 = 24$ 切れとなる．この3切れを1人前とするから，$24 \div 3 = 8$，つまり $6 \times 4/3$ とする．分数で割る場合は，ひっくり返して掛ければよい．
$6/(3/4) = (6/1)/(3/4) = (6 \times 4)/(1 \times 3) = 24/3 = 8$　（内項の積と外項の積の比）
(6) $6 \div 4/5 = 6 \times 5/4 = 30/4 = 15/2 = 7.5$　　(7) $6 \div 4 = 6/4 = 3/2 = 1.5$　　(8) $6 \div 8 = 6/8 = 3/4$

　＊ 割り算をする理由：どのように分けてもピザの全量は6枚なので，(1人分の量) × (人数) = 6．
(人数) = $6 \div$ (1人分の量) = $6/$(1人分の量)．たとえば，(3) だと $(1/4) \times x = 6$，$x = 6/(1/4) = 24$
(6) だと $(4/5) \times x = 6$，$x = 6/(4/5) = 30/4 = 7.5$　全体をある数で割るということは全体をある数ずつに分けることを意味する．$20 \div 5 = 4$ とは 20 個を 5 個ずつに分けると四つの山ができるということである．

答 2-6　3/4 dL で 2/5 m² だから，1/4 dL で塗ることのできる広さは $(2/5) \div 3 = 2/15$ m².
よって，1 dL では，$(2/15) \times 4 = 8/15$ m²．つまり，$2/5$ m² $\div$ $3/4$ dL $= (2/5) \times (4/3) = 8/15$．
または，ペンキの量と塗る広さの比例関係を分数式で表し（1 dL で x m²），たすき掛けして，
$(2/5)$m²$/(3/4)$dL $= x$m²$/1$dL，$x \times (3/4) = (2/5) \times 1$，$3x/4 = 2/5$，$15x = 8$，$x = 8/15$ m².

答 2-7　2/3 分で 5/6 L だから，1/3 分で溜まる水の量は $(5/6) \div 2 = 5/12$ L．よって 1 分では，
$(5/12) \times 3 = 15/12 = 5/4$ L．つまり，$5/6 \div 2/3 = (5/6) \times (3/2) = 15/12 = 5/4$．または，比例関係を用いて，$(5/6)L/(2/3)$分 $= x$L$/1$分，たすき掛けをすると $x \times (2/3) = (5/6) \times 1$，$2x/3 = 5/6$，$12x = 15$，$x = 15/12 = 5/4$ L．

答 2-8　$(a/b) \div (c/d) \equiv e$ とおいて，両辺に (c/d) を掛けると $\{(a/b) \div (c/d)\} \times (c/d) = e \times (c/d)$．
これより $(a/b) = e \times (c/d)$．両辺に (d/c) を掛けると，$(a/b) \times (d/c) = e \times (c/d) \times (d/c) = e$．
つまり，$e \equiv (a/b) \div (c/d) = (a/b) \times (d/c) = (ad)/(bc)$

　＊ 記号が嫌なら a, b, c, d に具体的な数値を入れて，この通りに考えてみれば納得できるはずである．
たとえば $a = 2$, $b = 3$, $c = 4$, $d = 5$ とすると $(2/3) \div (4/5) \equiv e$，両辺に $(4/5)$ を掛けると，$(2/3) \div (4/5) \times (4/5)$（割って掛ければ元通り）$\equiv e \times (4/5)$．よって $(2/3) = e \times (4/5)$．両辺に $(5/4)$ を掛けると，$(2/3) \times (5/4) = e \times (4/5) \times (5/4) = e$．つまり，$e \equiv (2/3) \div (4/5) = (2/3) \times (5/4) = 2 \times 5/(3 \times 4) = 10/12 = 5/6$．
以下の問題 2-9，問題 2-10 の答も，これと同様にして納得できよう．

答 2-9　$(a/b)/(c/d) = (a/b) \div (c/d) = (a/b) \times (d/c) = ad/bc$（問題 2-8 を利用）．または，$(a/b)/(c/d) = x$ とおいて両辺に (c/d) を掛けると，$\{(a/b)/(c/d)\} \times (c/d) = x \times (c/d)$．よって $(a/b) = x(c/d)$．両辺に (d/c) を掛けると $(a/b)(d/c) = (ad)/(bc) = x$．

答 2-10　$a/b = c/d$ の両辺に b を掛けると，$b(a/b) = b(c/d)$．よって $a = bc/d$．
この両辺に d を掛けると $a \times d = bc/d \times d = bc$．よって $ad = bc$．

問題 2-11　電卓を用いて，次の計算をせよ．(1) $4.75 \times \dfrac{1}{2.11}$ 　　(2) $\dfrac{4.75 \times 1.365}{211 \times 0.048\,26}$

問題 2-12　電卓を使わず，分数として分数のまま計算せよ．結果も分数で示せ．

(1) $\dfrac{4}{3} = \dfrac{x}{5}$　　$x =$ 　　　(2) $\dfrac{4}{3} = \dfrac{5}{x}$　　$x =$ 　　　(3) $\dfrac{\frac{1}{3}}{\frac{1}{4}}$

(4) $\dfrac{\frac{3}{4}}{\frac{5}{7}}$ 　　　(5) $\dfrac{\frac{1}{3}}{2}$ 　　　(6) $\dfrac{\frac{3}{3}}{4}$

(7) $\dfrac{\frac{a}{c}}{b}$ 　　　(8) $\dfrac{b}{\frac{a}{c}}$ 　　　(9) $\dfrac{\frac{x}{3}}{\frac{1}{2}} = 4$　　$x =$

(10) $\dfrac{\frac{4}{3}}{\frac{x}{2}} = 3$　　$x =$ 　　(11) $\dfrac{\frac{1}{3}}{x} = 2$　　$x =$ 　　(12) $\dfrac{\frac{x}{a}}{\frac{c}{b}} = d$　　$x =$

電卓の使い方 1．[基本操作]

A 電卓：SHARP　EL-5020 など，計算式順に入力するもの．

B 電卓：CASIO　FX-260 Solar-N, SHARP EL-501 E, CANON F 502 G など．数値入力が先のもの．

(1) 入力ミス：数値の入力ミスは「→，または▶」を押して修正，または，A 電卓では「DEL」，B 電卓では「C」または「CE」を押して数値全体を入れ直す．

(2) 負の値の入力：A：−123 を入力する．B：「123」入力，「+/−」を押す，または，「−123」「=」 → 表示：−123．

(3) 逆数の計算：100 の逆数を求める．　A 電卓：「100」「2 ndF*」「x^{-1}」，
　　B 電卓：「100」「SHIFT*/2 ndF*」「1/x」 → 表示：0.01．

　　* 関数の切り替え：電卓の最左上の「2 ndF」(second function：第二関数)，または「SHIFT」(切り換え・変更)ボタンを押すことにより，電卓上の押しボタンの機能を，ボタン上に白色字で記載された関数から，ボタンのすぐ上に黄色字で記載された関数に切り換えることができる．

(4) 平方根の計算：$\sqrt{3}$ を求める．A 電卓：「√」「3」「=」→ 表示：1.732⋯．
　　B 電卓：「3」「SHIFT」「√」，または「3」「√」→ 表示：1.732⋯．

演習：電卓を用いて，次の計算をせよ．
(1) $123 + 35 = 158$　　(2) $123 − 35 = 88$　　(3) $123 \times 35 = 4305$　　(4) $123 \div (−35) = −3.51\cdots$
(5) $1/123$ (逆数をとる) $= 0.00813\cdots$　または，$8.13\cdots^{-0.3} (\equiv 8.13\cdots \times 10^{-3})$
(6) $1/123 \times (−1/35) = −0.000232\cdots (= −2.32\cdots \times 10^{-4})$　　(7) $\sqrt{123} = 11.09\cdots$
(8) $\sqrt{123} \div (−\sqrt{35}) = −1.87\cdots$

答

答 2-11 (1) 電卓の操作：「4.75」「÷」「2.11」 → 表示：2.251…，答：2.25(有効数字 3 桁).

* 「4.75」「×」「1」「÷」「2.11」とは計算しないこと．

(2)「4.75」「×」「1.365」「÷」「211」「÷」「0.04826」「=」 → 0.6367…，答：0.637(有効数字 3 桁，4 桁目を四捨五入)．

* 「4.75」「×」「1.365」「=」 → 6.48…，「211」「×」「0.04826」「=」 → 10.18…，「6.48…」「÷」「10.18…」「=」→0.6367…のような計算はしないこと．

答 2-12

(1) たすき掛けして
$$4 \times 5 = 3 \times x \quad x = \frac{4 \times 5}{3} = \frac{20}{3}$$

(2) たすき掛けして
$$4 \times x = 3 \times 5 \quad x = \frac{3 \times 5}{4} = \frac{15}{4}$$

(3) $\dfrac{\frac{1}{3}}{\frac{1}{4}} = \dfrac{1 \times 4}{3 \times 1} = \dfrac{4}{3}$ ，または $\dfrac{\frac{1}{3}}{\frac{1}{4}} = \dfrac{1}{3} \div \dfrac{1}{4} = \dfrac{1}{3} \times \dfrac{4}{1} = \dfrac{4}{3}$

内側と外側をそれぞれかける　　ひっくり返す　4を掛けるのと等しい

(4) $\dfrac{3 \times 7}{4 \times 5} = \dfrac{21}{20}$

(1/3)/2 = x = x/1 とおけば，たすき掛けで 1/3 = 2x = 2x/1　6x = 1　x = 1/6

(5) $\dfrac{\frac{1}{3}}{2} = \dfrac{\frac{1}{3}}{\frac{2}{①}} = \dfrac{1 \times 1}{3 \times 2} = \dfrac{1}{6}$ ，または $\dfrac{\frac{1}{3}}{2} = \dfrac{1}{3} \div 2 = \dfrac{1}{3} \times \dfrac{1}{2} = \dfrac{1}{6}$

2 を 2/1 なる分数として表す．　　2 で割る　　小さくなるから ×1/2 でよいことが直感的にわかる

(6) $\dfrac{\frac{3}{①}}{\frac{3}{4}} = \dfrac{3 \times 4}{1 \times 3} = 4$

(7) $\dfrac{\frac{a}{①}}{\frac{c}{b}} = \dfrac{a \times b}{1 \times c} = \dfrac{ab}{c}$

(8) $\dfrac{\frac{b}{a}}{\frac{c}{①}} = \dfrac{b \times 1}{a \times c} = \dfrac{b}{ac}$

4 = 4/1 として分数とする

(9) $\dfrac{x \times 2}{3 \times 1} = 4$　　$\dfrac{2x}{3} = \dfrac{4}{①}$　たすき掛け　$2x = 12$　$x = 6$

または，$\dfrac{\frac{x}{3}}{\frac{1}{2}} = \dfrac{4}{①}$　$\dfrac{x}{3} = \dfrac{4}{2}$　$2x = 12$　$x = 6$

(10) $\dfrac{4 \times 2}{3 \times x} = 3$　$\dfrac{8}{3x} = \dfrac{3}{①}$　$3x \times 3 = 8 \times 1$　$9x = 8$　$x = \dfrac{8}{9}$

または，$\dfrac{\frac{4}{3}}{\frac{x}{2}} = \dfrac{3}{①}$　$\dfrac{4}{3} = \dfrac{3x}{2}$　$3x \times 3 = 4 \times 2$　$9x = 8$　$x = \dfrac{8}{9}$

(11) $\dfrac{\frac{1}{3}}{\frac{x}{①}} = \dfrac{2}{①}$　$\dfrac{1}{3} = \dfrac{2x}{1}$　$6x = 1$　$x = \dfrac{1}{6}$

(12) $\dfrac{x \times b}{a \times c} = d$　$\dfrac{bx}{ac} = \dfrac{d}{①}$　$bx \times 1 = ac \times d$　$bx = acd$　$x = \dfrac{acd}{b}$

または，$\dfrac{\frac{x}{a}}{\frac{c}{b}} = \dfrac{d}{①}$　$\dfrac{x}{a} \times 1 = d \times \dfrac{c}{b}$　$\dfrac{x}{a} = \dfrac{cd}{b}$　$bx = acd$　$x = \dfrac{acd}{b}$

3 指数とその計算 （M.M.Bloomfield 著「生命科学のための基礎化学　無機物理化学編」（丸善）の付録より引用・改変）

* ここは 10〜20 回繰り返すこと！

たとえば 2 300 000 のように極端に大きな数や 0.000 023 のように小さな数では，これらの数字を見ても，桁を数えないと，いくつの数字か（230 万，一千万分の 23）はすぐには判断できない．そこで，このような際には，数値を指数で表示すると便利である．**指数表示**は**科学表示**ともいい，仮数とよばれる $1<$ 仮数 <10 の数字に 10 を何乗するか（指数）を示したものである．

たとえば，3.45×10^3 ← 指数　のように，仮数の次の 10 の数字の右上肩に 10 を掛ける回数を書く．この例のように指数の数が正数の場合，その基数に 10 を何回掛けるかということを表している．たとえば，

$10^3 \equiv 1 \times 10^3 \equiv 1 \times 10 \times 10 \times 10 = 1000$ （≡ は定義を示す記号：10^3 とは 1×10^3 のこと）

$2.3 \times 10^6 \equiv 2.3 \times 10 \times 10 \times 10 \times 10 \times 10 \times 10 = 2 300 000$ を意味する．

* ≡ は定義を意味する（このようにおきます・約束します，という意味）

指数の数が負の数字である場合には，仮数を 10 で何回割るかということを意味する．

たとえば，$10^{-3} \equiv 1 \times 10^{-3} \equiv \dfrac{1}{10^3} = \dfrac{1}{10 \times 10 \times 10} = 0.001$

$2.3 \times 10^{-6} \equiv \dfrac{2.3}{10^6} = \dfrac{2.3}{10 \times 10 \times 10 \times 10 \times 10 \times 10} = 0.000 002 3$

問題 3-1 次の数値を指数形で表示せよ（電卓の使用不可）．

(1) 10 (2) 1000 (3) 100 000 (4) 0.01
(5) 0.0001 (6) 0.000 001 (7) 45 (8) 356
(9) 24 500 (10) 7 450 000 (11) 0.5 (12) 0.037
(13) 0.004 (14) 0.000 082 (15) 0.000 000 2

指数表示の数値の掛け算，割り算

問題 3-2 ? は何か，示せ．(1) $10^{-a} \equiv 1/?$　(2) $10^a \times 10^b = ?$　(3) $10^a \times 10^{-b} = ?$
(4) $10^a / 10^b = ?$　(5) $(10^a)^b = ?$　(6) $x^n = 10^a \rightarrow x = ?$

問題 3-3 計算せよ（電卓の使用不可）．

(a) $(1 \times 10^4) \times (1 \times 10^6)$
(b) $(4 \times 10^2) \times (6 \times 10^5)$
(c) $(2 \times 10^4) \times (3 \times 10^{-6})$

問題 3-4 計算せよ（電卓の使用不可）．

(a) $\dfrac{1 \times 10^6}{1 \times 10^4}$　　(b) $\dfrac{8 \times 10^7}{2 \times 10^5}$

(c) $\dfrac{8 \times 10^4}{3 \times 10^{-2}}$　　(d) $\dfrac{4 \times 10^{-3}}{8 \times 10^2}$　　(e) $(2 \times 10^4)^3$

* 答 3-2 の (6)，$x^n = 10^a \rightarrow x = 10^{a/n}$ の証明：$x^n = 10^a = 10^{(a/n) \times n} = (10^{a/n})^n$　よって，$x = 10^{a/n} (\equiv \sqrt[n]{(10^a)})$．(2)〜(5) の証明は答 3-3, 3-4 を参照のこと．

答　　　　　付録　**227**

答 3-1　(1) 1×10^1　　(2) 1×10^3　　(3) 1×10^5

(4) $1/100 = 1/10^2 = 1\times 10^{-2}$　(5) $1/10\,000 = 1/10^4 = 1\times 10^{-4}$　(6) 1×10^{-6}

(7) 4.5×10^1　　(8) 3.56×10^2　　(9) 2.45×10^4 (* 2.450×10^4, 2.4500×10^4)

(10) 7.45×10^6 (* $7.450\times 10^6 \cdots$)　　(11) $5\times 0.1 = 5\times 1/10 = 5\times 10^{-1}$

(12) $3.7\times 0.01 = 3.7\times 1/10^2 = 3.7\times 10^{-2}$　(13) 4×10^{-3}　(14) 8.2×10^{-5}　(15) 2×10^{-7}

　　整数部分は1桁のみで示すのが約束．こう表すと，その数値が何桁かすぐにわかる．
　　　　例：3.4×10^4 → 1万の桁，つまり，3万4千，34000，とすぐにわかる．

* 有効数字を考えると，いくつかの異なった表示ができる(p.11)．

答 3-2　「指数計算の規則」　(1) $10^{-a} \equiv 1/10^a$（これは約束なので覚えること！）
(2) $10^a \times 10^b = 10^{a+b}$　　(3) $10^a \times 10^{-b} = 10^{a-b}$　　(4) $10^a/10^b = 10^a \times 10^{-b} = 10^{a-b}$
(5) $(10^a)^b = 10^{a\times b} = 10^{ab}$　(6) $x^n = 10^a \rightarrow x = 10^{a/n}$ *　　*（前頁最下行参照）

答 3-3　指数表示の数値の掛け算では，
　1. まず二つの仮数の掛け算を行う．　2. 次に，二つの指数を足し算する．

(a) $(1\times 10\times 10\times 10\times 10)\times(1\times 10\times 10\times 10\times 10\times 10\times 10) = 1\times 10^{(4+6)} = 1\times 10^{10}$ (計算規則(2))

(b) $(4\times 10\times 10)\times(6\times 10\times 10\times 10\times 10\times 10) = (4\times 6)\times(10\times 10\times 10\times 10\times 10\times 10\times 10) = 24\times 10^{(2+5)} = 24\times 10^7 = (2.4\times 10)\times 10^7 = 2.4\times 10^8$ (計算規則(2))

* 指数表示で仮数が10以上になるときは，改めてこれを1〜10の数字×10の何乗という形に書き換える．

(c) $(2\times 10\times 10\times 10)\times \dfrac{3}{10\times 10\times 10\times 10\times 10\times 10} = \dfrac{(2\times 10\times 10\times 10)\times 3}{10\times 10\times 10\times 10\times 10\times 10}$

$= (2\times 3)\times 10^{(4+(-6))} = 6\times 10^{-2}$（計算規則(3)）

答 3-4　指数表示の数値の割り算
　1. 二つの仮数で割り算を行う．　2. 次に，分子の指数から分母の指数を引き算する．

(a) $\dfrac{1\times 10\times 10\times 10\times 10\times 10\times 10}{1\times 10\times 10\times 10\times 10} = 1\times 10\times 10 \equiv 1\times 10^{(6-4)} = 1\times 10^2$　慣れたら，直接計算，$1\times 10^{(6-4)} = 1\times 10^2$ とする．

(b) $\dfrac{8\times 10^7}{2\times 10^5} = \dfrac{8\times 10\,000\,000}{2\times 100\,000} = \dfrac{8\times 100}{2} \equiv \dfrac{8}{2}\times 10^{(7-5)} = 4\times 10^2$　((a), (b), (c), (d)→計算規則(4))

(c) $\dfrac{8\times 10^4}{3\times 10^{-2}} = \dfrac{8\times 10^4}{\dfrac{3}{10^2}} = \dfrac{(8\times 10^4)\times 10^2}{1\times 3} = \dfrac{8}{3}\times 10^{(4+2)} \equiv \dfrac{8}{3}\times 10^{(4-(-2))} = 2.67\times 10^6$

　　または，割り算はひっくり返して掛ければよいから，　$\dfrac{8\times 10^4}{3\times 10^{-2}} = (8\times 10^4)\times\left(\dfrac{1}{3}\times 10^2\right) = \dfrac{8}{3}\times 10^{(4+2)} = 2.67\times 10^6$

(d) $\dfrac{4\times 10^{-3}}{8\times 10^2} = \dfrac{\dfrac{4}{10^3}}{\dfrac{8\times 10^2}{1}} = \dfrac{4\times 1}{(8\times 10^2)\times(10^3)} = \dfrac{4}{8\times 10^5} = \dfrac{4}{8}\times 10^{(-3-2)} = 0.5\times 10^{-5} = 5\times 10^{-1}\times 10^{-5} = 5\times 10^{-6}$

(e) $(2\times 10^4)^3 = (2\times 10^4)\times(2\times 10^4)\times(2\times 10^4) = (2\times 2\times 2)\times(10^4\times 10^4\times 10^4) = 2^3\times\{(10\times 10\times 10)\times(10\times 10\cdots)\times(10\cdots)\} = 2^3\times 10^{(4+4+4)} = 2^3\times 10^{4\times 3} = 8\times 10^{12}$ (計算規則(5))

問題 3-5 次の数を仮数表示せよ（電卓の使用不可）．

(a) 56　　　　　　　　(b) 476.54　　　　　　(c) 0.000 46
(d) 75 340 000　　　　(e) 1278　　　　　　　(f) 0.03
(g) 0.6　　　　　　　 (h) 890 000　　　　　　(i) 0.000 09
(j) 0.000 000 000 012

問題 3-6 計算せよ（電卓の使用不可）．

(a) $\dfrac{(3\times 10^3)(8\times 10^{10})}{(6\times 10^4)(1\times 10^6)}$　　　　(b) $\dfrac{(1.5\times 10^2)(4.0\times 10^6)}{(5.0\times 10^{10})(2.5\times 10^5)}$

(c) $\dfrac{(7.5\times 10^{-3})(9.0\times 10^6)}{(1.5\times 10^2)(2.5\times 10^{-8})}$　　　　(d) $\dfrac{(2.0\times 10^{-6})(4.2\times 10^{-2})}{(1.4\times 10^{-11})(1.0\times 10^5)}$

2通りの指数表示法：指数表示には，以上のように，仮数×10^n（10のべき乗，この場合 n 乗）として表す場合（**科学表記**）と，仮数を常に1として $1\times 10^n \equiv 10^n$ のように書き表す場合（**全指数表示**）とがある．全指数表示には関数電卓による計算が必要である．例：$5.6\times 10^7 = 10^{7.748\cdots} \doteqdot 10^{7.75}$

問題 3-7 計算せよ．答は①仮数×10^n　②$10^n$ の2通りの表示法で示せ．

(1) $10^{3.2}\times 10^{5.1}$　　　(2) $10^{-3.2}\times 10^{-5.1}$　　　(3) $(2\times 10^3)\times(3\times 10^5)$

(4) $(2\times 10^{-3})\times(3\times 10^{-5})$　　　(5) $(0.5\times 10^{-3})\times(0.3\times 10^{-5})$

(6) $x^2 = 10^{-6.8}$ のとき x を求めよ．　　　(7) $x^4 = 10^{-6.8}$ のとき x を求めよ．

答 3-7　(1) $10^{3.2}\times 10^{5.1} = 10^{8.3}$, $10^{8.3} = 10^{8+0.3} = 10^8 \times 10^{0.3}$ → （電卓）→ $10^8 \times 1.995$ → 1.995×10^8

B電卓：頭で $10^{8.3}$ と計算して，「8.3」「SHIFT/2 ndF」「10^x」 → 199 526 231.5, これは頭で考えると，または「F↔E または F↔S」で，$= 1.995\times 10^8$；または，$10^{0.3} =$ 「0.3」「SHIFT/2 ndF」「10^x」 → 1.995, だから $10^{8.3} = 1.995\times 10^8$；もちろん，直接「3.2」「SHIFT/2 ndF」「10^x」$(10^{3.2})$「×」「5.1」「SHIFT/2 ndF」「10^x」$(10^{5.1})$「＝」「MODE」「8」「9」，または「F↔E または F↔S」, (p.230, 電卓の使い方3) としても可．

A電卓：頭で $10^{8.3}$ と計算して，「2 ndF」「10^x」「8.3」「＝」 → 199 526 231.5, これは頭で考えると $= 1.995\times 10^8$. または「FSE」「FSE」で科学表示(p.230)；または，$10^{0.3} =$ 「2 ndF」「10^x」「0.3」「＝」 → 1.995, だから $10^{8.3} = 1.995\times 10^8$；もちろん，直接「2 ndF」「$10^x$」「3.2」「×」「2 ndF」「$10^x$」「5.1」「＝」「FSE」「FSE」としても可

（答(2)以降の解答は右頁参照）

問題 3-8 (1) 関数電卓を用いて $[\mathrm{H}^+][\mathrm{OH}^-]$ の値を求めてみよ．（電卓の使い方はp.231）

$K = \dfrac{[\mathrm{H}^+][\mathrm{OH}^-]}{[\mathrm{H_2O}]} = 10^{-15.74} = \dfrac{10^{-15.74}}{1}$　　$[\mathrm{H_2O}] = 55.4$ mol/L，すると，$\dfrac{a}{b}=\dfrac{c}{d}$ のときは

$ad = bc$（たすき掛け）だから，$[\mathrm{H}^+][\mathrm{OH}^-]\times 1 = [\mathrm{H_2O}]\times 10^{-15.74}$．よって，

$[\mathrm{H}^+][\mathrm{OH}^-] = [\mathrm{H_2O}]\times 10^{-15.74} = 55.4\times 10^{-15.74}$. この計算を行い，$[\mathrm{H}^+][\mathrm{OH}^-] = 1\times 10^{-14}$ を導け．

(2) 電卓を用いて 1.82×10^{-16} を $(1\times)10^{-15.74}$ と表すための計算を行え．

答

答 3-5 (a) 5.6×10^1 (b) 4.7654×10^2 (c) 4.6×10^{-4} (d) 7.534×10^7
(e) 1.278×10^3 (f) 3×10^{-2} (g) 6×10^{-1} (h) 8.9×10^5
(i) 9×10^{-5} (j) 1.2×10^{-12} * 仮数は $1.000\cdots \sim 9.999\cdots$ の値とする約束．

答 3-6 1. 仮数同士を計算する，分子・分母間で<u>約分</u>した後で計算．
　　　2. 指数部分の計算をする．
　　　3. 仮数部分が 10 以上，1 未満であれば，指数部分の数値を動かして，1＜仮数＜10 とする．
(a) 4×10^3　　　(b) $0.48 \times 10^{-7} = 4.8 \times 0.1 \times 10^{-7} = 4.8 \times 10^{-1} \times 10^{-7} = 4.8 \times 10^{-8}$
(c) $18 \times 10^9 = 1.8 \times 10 \times 10^9 = 1.8 \times 10^{10}$　　　(d) 6.0×10^{-2}

答 3-7 (1) 答は左頁．
(2) $10^{-8.3} = 10^{-9+0.7} = 10^{-9} \times 10^{0.7} = 10^{-9} \times 5.01 = 5.01 \times 10^{-9}$ （$10^{0.7}$ は電卓で計算する）
　B電卓：頭で $10^{-8.3}$ と計算して，「8.3」「＋／－」「SHIFT/2 ndF」「10^x」(「F↔E」) → 5.01×10^{-9}
　　または，「0.7」「SHIFT/2 ndF」「10^x」→ 5.01，だから $10^{-8.3} = 5.01 \times 10^{-9}$
　　もちろん，直接「3.2」「＋／－」「SHIFT/2 ndF」「10^x」($10^{-3.2}$)「×」「5.1」「＋／－」「SHIFT/2 ndF」
　　「10^x」($10^{-5.1}$)「＝」(「F↔E または F↔S」) としても可 → 5.01×10^{-9}
　A電卓：頭で $10^{-8.3}$ と計算して，「2 ndF」「10^x」「8.3」「＋／－」「＝」→ 0.000 000 005「FSE」「FSE」
　　または，「2 ndF」「10^x」「0.7」「＝」→ 5.01，だから $10^{-8.3} = 5.01 \times 10^{-9}$；もちろん，直接「2 ndF」「$10^x$」
　　「3.2」「＋／－」「×」「2 ndF」「10^x」「5.1」「＋／－」「＝」「FSE」「FSE」としても可
(3) $6 \times 10^8 = 10^{0.778}★ \times 10^8 = 10^{8.778}$　（6 → $10^{0.778}$ は電卓で計算する）
(4) $6 \times 10^{-8} = 10^{0.778}★ \times 10^{-8} = 10^{-7.222}$　　(5) $0.15 \times 10^{-8} = 1.5 \times 10^{-9} = 10^{0.176}★ \times 10^{-9} = 10^{-8.824}$
(6) $x = 10^{-6.8/2} = 10^{-3.4} (= 4.0 \times 10^{-4})$　　(7) $x = 10^{-6.8/4} = 10^{-1.7} (= 2.0 \times 10^{-2})$
　★ $6 = 10^{0.778}$，$1.5 = 10^{0.176}$，つまり，$6 = 10^x$，$1.5 = 10^x$ の x はどうやって求めるか→$x = \log_{10} 6 = 0.778$，$x = \log_{10} 1.5 = 0.176$ (p.234, 235 の問題 4-5，答 4-5 をよく読むこと)，つまり，$10^{0.778} = 6$，$10^{0.176} = 1.5$．

答 3-8 (1) B電卓：①「55.4」入力 → ②「×キー」押す → ③「15.74」入力 → ④「＋／－」押す
⑤（－15.74 となる）→ ⑥「SHIFT/2 ndF キー」押す → ⑦「10^x」押す（電卓表示：$1.8197\cdots^{-16}$ となる ＝ $1.8\cdots \times 10^{-16}$ のこと）→ ⑧「＝キー」押す → 電卓表示：$1.008\cdots^{-14}$ となる ＝ $1.00\cdots \times 10^{-14}$ のこと）．
　* 以上は $55.4 \times 10^{-15.74} = 55.4 \times (1.81\cdots \times 10^{-16}) = 1.008\cdots \times 10^{-14}$ の計算．つまり，①②で 55.4×入力，③④⑤で －15.74 入力（－の数値はこのように数値を打ち込み正の値を表示させた後で＋／－キーにより負の値とする必要がある），⑥（電卓上のボタンの関数ではなく，その上に書いてある関数を指定）⑦（関数 10^x を選択）で $10^{-15.74}$ を計算（計算結果＝電卓表示：$1.8197\cdots^{-16}$ となる＝これは $1.8\cdots \times 10^{-16}$ のことである），⑧で $55.4 \times 10^{-15.74}$ を計算．つまり，$55.4 \times 10^{-15.74}$ を 55.4 と $10^{-15.74}$ の二つに分けて別々に計算し，これを最後に合体計算した訳である．
　A電卓：「55.4」「×キー」「2 ndF キー」「10^x」「15.74」「＋／－」「＝」　答＝$1.008\cdots^{-14}$ となる：$1.00\cdots \times 10^{-14}$ のこと．
(2) B電卓：「1.82」「×」「16」「＋／－」（－16 となる）「SHIFT/2 ndF」「10^x」（$1.^{-16}$ となる：1.0×10^{-16} のこと）「＝」1.82^{-16} となる：1.82×10^{-16} のこと「log」答＝-15.7399 （$1 \times 10^{-15.74}$ を意味する）．または「1.82」「EXP」「16」「＋／－」「log」．
　A電卓：「log」「（」1.8 入力「×」「2 ndF」「10^x」「16」「＋／－」「）」表示 $1.82^{-16} = 1.82 \times 10^{-16}$ のこと「＝」，または「1.82」「EXP」「16」「＋／－」「＝」「log」「＝」答＝-15.7399（$1 \times 10^{-15.74}$ を意味する）．

電卓の使い方 2.

[指数（科学表記）の入力]

① 3.567×10^5 を入力する：「3.567」，「EXP」キーを押す，「5」 → 表示：3.567^{05}，または 3.567 05（$\equiv 3.567 \times 10^5$ を意味する）．「=」キーを押すと表示：356700 となる．A 電卓では「FSE」「FSE」，B 電卓では「MODE」「8」「9」，または「F↔E または F↔S」で科学表記に戻る．または，「3.567」「×」「EXP」「5」（表示：$1.^{05}$），「=」

* B 電卓では「×」は「EXP」の中に含まれているので「×」は電卓操作に入れない．

② 3.567×10^{-5} を入力する：「3.567」「EXP」「5」「+/−」* → 表示：3.567^{-05}，または 3.567 −05（$\equiv 3.567 \times 10^{-5}$）．または，「3.567」「EXP」「+/−」「5」としてもよい．

*「+/−」は数値の正負符号を入れ替えるキー．ここでは指数部分の数値の符号を入れ替えている．

③ 10^6 を入力する：A 電卓：「EXP」「6」．B 電卓：「1」「EXP」「6」，または「EXP」「6」．$10^6 = 1 \times 10^6$ のことである．ここでは電卓によっては「1」を入力する必要あり．

電卓の使い方 3.

[数値の表示形式]

(1) 何もなし：入力通りの**小数表示**．　→　8563　　　　　85.63　　　　　0.008563

(2) FIX：10 桁の固定小数表示．　→　8563.000 000　　85.630 000 00　　0.008 563 000

(3) **SCI：科学表記（指数表記）**．　→　$8.563\,000\,000^{03}$　$8.563\,000\,000^{01}$　$8.563\,000\,000^{-03}$
　　　（ENG）　　　　　　　　　　　　　　　　($\equiv 8.563 \times 10^3$)　　($\equiv 8.563 \times 10^1$)　　($\equiv 8.563 \times 10^{-3}$)

* 電卓の表示板の右端に 00 が小さめの数字で示されているが，これは指数部分を 2 桁表示したもの．

(4) ENG：技術表示．10^3 単位表示．→　$8.563\,000\,000^{03}$，$85.630\,000\,00^{00}$，$8.563\,000\,000^{-03}$

小数点以上 3 桁までの数字・小数点以下 3 桁までの数値はそのまま FIX 表示，それ以上・以下の数値は，$\times 10^3$, 10^6, 10^9, 10^{-3}, 10^{-6}, 10^{-9}，つまり，ギガ G，メガ M，キロ k，ミリ m，マイクロ μ，ナノ n 単位で表示．

例：$85.630\,000\,00^{06}$ (85.63 M)，$856.300\,000\,0^{-09}$ (856.3 n)

A 電卓：「計算結果」が表示された状態で，「FSE」を押す．一回押すごとに，何もなし → FIX → SCI → ENG → 何もなし → …と表示様式が切り替わる．　計算なしで，最初に「入力した数値」の表示様式を変えたいときは「数値入力」「=」を押した後，FSE を押す．

B 電卓：表示様式は次の操作で切り替える．何もなし：「MODE」「9」（0.01 より小さい値の入力値は「MODE」「9」操作により，何もなし↔科学表示，となる），FIX：「MODE」「7」「9」(9 桁表示)，SCI：「MODE」「8」「9」(9 桁表示) または「数値入力」「=」「F↔E または F↔S」で科学表示，再度「F↔E または F↔S」で FIX または小数表示．

演習 1：小数表示（一般表示）に切り替えよ．

(1) 3.567×10^5：入力「3.567」「EXP」「5」→ 表示：3.567^{05}，「=」→ 表示：356700

(2) 3.567×10^{-5}：入力「3.567」「EXP」「5」「+/−」→ 表示：3.567^{-05}，この先は，
　（A 電卓：「=」；B 電卓：「MODE」「9」，または「=」）→ 0.000 035 67

演習 2：科学表示に切り替えよ．

(1) 0.000 035 67「0.000 035 67」，この先は，（A 電卓：「=」「FSE」2 回押す；B 電卓：「=」，または「=」「F↔E または F↔S」）→　$3.5670\cdots^{-05}$

(2) 356 700「356 700」，この先は，（A 電卓：「=」「FSE」2 回押す；B 電卓：「MODE」「8」「9」，または「=」「F↔E または F↔S」）→ $3.5670\cdots^{05}$

電卓の使い方 4.

[指数計算]

「2ndF」または「SHIFT」を押した後で「log」を押せば「10^x」が計算できる.

例1 $(3.14 \times 10^6) \times (5.79 \times 10^{-10}) = (3.14 \times 10^6)(5.79 \times 10^{-10}) = ?$

① $= (3.14 \times 5.79) \times (10^6 \times 10^{-10}) = 18.18\cdots \times 10^{6-10} = 18.18 \times 10^{-4} = 1.818 \times 10^1 \times 10^{-4} = 1.818 \times 10^{-3}$

仮数部分(3.14, 5.79)のみを電卓で計算し, **指数**部分(10^6, 10^{-10}) は暗算してほしい.

② 「3.14」「EXP」「6」(3.14×10^6 入力)「×」「5.79」「EXP」「10」「+/−」(×(5.79×10^{-10}) 入力) 「=」, (A電卓 → 表示:0.001 818$\cdots$. → 「FSE」2回押す；B電卓:操作なし, または 「F↔E または F↔S」) → 1.818$\cdots^{-03}$, または 1.818$\cdots$−03 ≡ 1.818$\cdots \times 10^{-3}$. 有効数字は 3桁なので, 答:1.82×10^{-3}.

* A電卓では, 最初から「FSE」を押して SCI として計算してもよい. B電卓は通常計算でよい.

例2 $\dfrac{5.76 \times 10^2}{3.145 \times 10^6} = ?$　　①仮数部分のみを電卓で計算し, 指数部分は暗算すること.

$(5.76/3.145) \times 10^{2-6} = 1.831\cdots \times 10^{-4}$. 有効数字3桁と4桁の計算は小さい有効数字に合わせるので3桁. 答:1.83×10^{-4}.

② 「5.76」「EXP」「2」「÷」「3.145」「EXP」「6」「=」A電卓: → 表示:0.000 183 1$\cdots$ →「FSE」2回押す；B電卓:操作なし, または「F↔E または F↔S」→ 1.831$\cdots$−04, または 1.831$\cdots^{-04}$ ≡ 1.831$\cdots \times 10^{-4}$. 有効数字を考えて, 1.83×10^{-4}.

* <u>ためし算の重要性！　計算の際に数値の入れ間違い, 演算キーの押し間違いがありえるので, 計算結果を概算でチェックすべきである.</u> $5.76/3.145 \fallingdotseq 2$, $10^2/10^6 = 10^{-4}$. よって, 上の結果はOK.

例3 $\dfrac{5.76 \times 10^{-2}}{3.145 \times 10^{-6}}$　　①$(5.76/3.145) \times 10^{-2-(-6)} = 1.831\cdots \times 10^4$. 有効数字を考慮して,

答:1.83×10^4.

② 「5.76」「EXP」「2」「+/−」「÷」「3.145」「EXP」「6」「+/−」「=」 → 表示:18314.7$\cdots$ → A電卓:「FSE」2回押す → 1.831$\cdots^{04}$ ≡ 1.831$\cdots \times 10^4$. 有効数字を考えて, 1.83×10^4. B電卓:「MODE」「8」「9」または「F↔E または F↔S」.

例4 $10^{8.3}$ を科学表記とする.

B電卓:「8.3」「SHIFT/2ndF」「10^x」→ 電卓表示: 199 526 231.5, これは頭で考えると $1.995\cdots \times 10^8$, または,「MODE」「8」「9」でSCI(9桁の科学表記), または「F↔E」とすると, 電卓表示:$1.995\cdots^{08}$ ≡ $1.995\cdots \times 10^8$ となる.

A電卓:電卓で「2ndF」キーを押す,「10^x」キーを押す,「8.3」入力,「=」キーを押す, → 電卓表示:199 526 231.5. これは頭で考えると $1.995\cdots \times 10^8$, または,「FSE」を2回押して SCI(科学表記)とすると, 電卓表示:$1.995\cdots^{08}$ ≡ $1.995\cdots \times 10^8$ となる.

例5 $10^{-8.3}$ を科学表記とする.

B電卓:電卓で「8.3」,「+/−」,「SHIFT/2ndF」,「10^x」→ 表示:0.000 000 005. これは頭で考えると 5×10^{-9}, または,「MODE」「9」を押すか,「MODE」「8」「9」で SCI(科学表記), または「F↔E または F↔S」とすると, 表示:$5.0118\cdots^{-09}$ ≡ $5.0118\cdots \times 10^{-9}$ となる.

A電卓:電卓で「2ndF」,「10^x」,「8.3」,「+/−」,「=」→ 電卓表示:0.000 000 005. これは頭で考えると 5×10^{-9}, または,「FSE」を2回押して SCI(科学表記)とすると, 電卓表示: $5.0118\cdots^{-09}$ ≡ $5.0118\cdots \times 10^{-9}$ となる.

4. 対数とその計算

対数は人間が頭の中で考え出したものであり直感に訴えない．日常体験は対数を理解するうえで何も役に立たないので，わかりにくい，わからなくて当然である．したがって，対数を当り前の概念として受け入れる・身につけるためには，繰り返し計算する必要がある．

指数と対数

問題 4-1　x と y の間に $y = 2x$ の関係が成立しているとする．
　(1) $y = 2$ のときの x の値はいくつか．　(2) $y = 6$ のときの x はいくつか．
　これらは考えなくとも直感的に答がわかる．では，次の問題はどうか．
　(3) $y = 5$ のときの x の値はいくつか．

問題 4-2　x と y の間に $y = x^2$ の関係が成立しているとする．
　(1) $y = 4$ のときの x の値はいくつか．　(2) $y = 25, 16, 9$ のとき，それぞれ x はいくつか．
　これらは直感的にすぐ答がわかる．では，次の問題はどうか．
　(3) $y = 5$ のときの x の値はいくつか．

　(右頁より続く)　このことからわかるように「$\sqrt{}$ とは $y = x^2$ をもとにして $x =$ と書くために人類が発明した関数であり，$\sqrt{y}$ とは二乗すれば y になる数字という意味である．（$y = x^2$ を $x = \pm\sqrt{y}$ と表した後で x と y を入れ替えたもの $y = \pm\sqrt{x}$ を $y = x^2$ の逆関数ということは覚えている人もいるであろう．）

　⇒「対数」という，われわれにとってわかりにくい関数も，じつはこの $\sqrt{}$ と本質的には同じものである．人類が発明した関数，つまり人間の直感に訴えない，いわば約束事なので，約束事（定義）をきちんと頭に記憶しておく必要がある．

問題 4-3　x と y の間に　$y = 2^x$ なる関係が成り立っているとする．
　(1) $y = 8$, $y = 4$, $y = 2$ のときの x の値はいくつか．
　(2) $y = 1/2$, $y = 1/4$ のときの x の値はいくつか．
　(3) $y = 1$ のときの x の値はいくつか．
　(4) $y = 3$ のときの x の値はいくつか．

　（右頁で述べた話を受けて）　以上のように，「log とは $\sqrt{}$ の場合と同様に $y = a^x$ をもとにして $x =$ と書くために人類が発明した関数であり，$\log_a y$ とは a を何乗かべき乗すれば y になる数字という意味である．そもそも，われわれの直感には訴えない，理解しにくい概念である．われわれは対数式をいくらながめても何もわからない．指数の形に書き直して初めて直感的に理解できるものである．」→ 対数は指数に直して考える．定義をきちんと理解し記憶する必要がある．

すなわち，pH と同じ　$\boxed{\text{指数 } y = a^x \Leftrightarrow x = \log_a y \text{ 対数}}$　この式 $x = \log_a y$ の意味は a を x 乗すれば y になる数字 x（→ $a^x = y$）ということである．x を真数 y の対数，a を対数 x の底（てい）という．指数 $y = a^x$ と対数 $x = \log_a y$ とは同一のものを表と裏（x 側：$x = \cdots$，と y 側：$y = \cdots$）からながめているだけであり，まったく同一の関数である（p.234 図，および下の例を参照）．

　例：指数 $y = 2^x$ と対数 $x = \log_2 y$ とは同一　←逆関数→　$y = \log_a x$ と $x = a^y$ とは同一（p.234 図）

答 4-1　(1) $x=1$　　　(2) $x=3$

(3) $x=5/2$　この答を求めるために，諸君は一瞬考えたはずである．
　　すぐにこの値が出てきたかもしれないが，諸君がこの値を(無意識のうちに)どうやって求めたかを考えてみよう．→ $y=2x$ だから，$x=y/2$ と式を変形してから，y に5を代入したはずである．または，$5=2\times x$ → $x=5/2$ としたかもしれない．

答 4-2　(1) $x=\pm 2$　　　(2) $=\pm 5,\ \pm 4,\ \pm 3$

(3) 諸君は x の値を求めることができただろうか．「できた」という人もいるかもしれない．しかし，本当のところ，これはどう考えても気楽には解けないはずである．
　　それでも「解けた」と主張する人もいるかもしれない．その人は，今までに算数を勉強してきて$\sqrt{\ }$(ルート：root　平方根)なる関数(概念)を知っている人に違いない．つまり，x の答は $\pm\sqrt{5}$ であるとの考えである．
　　しかし，$\sqrt{5}$ は厳密な意味では答ではない．$\sqrt{5}$ とは，単に2乗すれば5になる数ということを示しているにすぎない．すなわち，$\sqrt{\ }$とはわれわれの間の単なる約束事でしかない．
　　では本当の値はいくつか．$\sqrt{5}=2.236067 9\cdots$ なる無理数(無限に続く数)であり，簡単には求められない．われわれは，ただ，フジサンロク・オームナク(富士山麓オーム鳴く)と覚えているだけである．ともあれ，$\sqrt{5}$ という「値」は，$y=x^2$ をもとにして，この式に $y=5$ を代入し，$5=x^2$ として $x=\pm\sqrt{5}\ (x=\pm\sqrt{y})$ と書いただけである．$x=\sqrt{y}$ と書いた式に5を代入しただけである(左頁に続く)．

答 4-3　(1) $8=2^3$, $4=2^2$, $2=2^1$ だから，$x=3,\ 2,\ 1$

(2) $1/2=2^{-1}$, $1/4=1/2^2=2^{-2}$　だから，$x=-1,\ -2$

(3) $x=0$ →　この答は考えてもわからない．(1)，(2)の結果を x, y グラフに図示することにより，$x=0$ と推定される．

(4) $x=$?　諸君は x の値を求めることができるだろうか？
　　「できる」という人もいるかもしれない．しかし，本当のところ，これは，どう考えても解けないはずである．われわれが，わかることは，せいぜい　(3)と同様の類推から，この x の値が1〜2の間にあることだけである($y=2$ で $x=1$, $y=4$ で $x=2$, だから，$y=3$ では $1<x<2$)．

　一方，数学を学んで log(対数)なる関数(概念)を知っている人は，$x=\log_2 3$ との答を出したかもしれない．では，この値はいくつだろうか．$\log_2 3$ は答ではない．これは単に2を何乗かすれば3になるそのべき乗数ということを示しているにすぎない．すなわち log とは $\sqrt{\ }$ 同様にわれわれの間の単なる約束事でしかない．本当の値は $\log_2 3=\log_{10}3/\log_{10}2=0.4771\cdots/0.3010\cdots=1.58496\cdots$ なる無理数であり，簡単には求められない．われわれは $\log_{10}2,\ \log_{10}3$ を(心臓を刺された・撃たれた)サレド，シナナイ(されど死なない)と覚えているだけである．$\log_2 3$ なる「値」は $y=2^x$ をもとにして $x=$ と書いた結果($=\log_2 y$)に3を代入しただけである(左頁に続く)．

■ 問 題

常用対数と自然対数(十進法・人間用の対数と神様用の対数)

問題 4-4　以下の指数関数を対数関数に変換せよ．
(1) $y = 10^x$　　(2) $y = 2^x$
(3) $y = 3^x$　　(4) $y = e^x (e = 2.71828\cdots)$

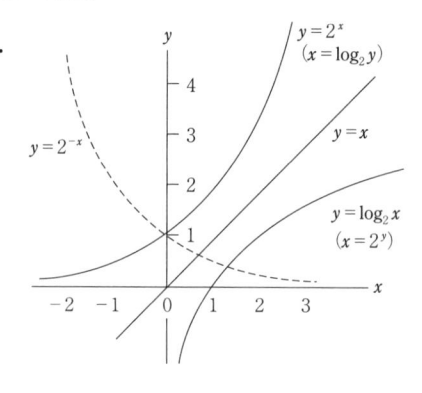

（図：$y = 2^x$ ($x = \log_2 y$), $y = 2^{-x}$, $y = x$, $y = \log_2 x$ ($x = 2^y$) のグラフ）

問題 4-5　以下の式を満たす指数 x の数値を推定せよ．
(1) $100 = 10^x$　　（10 を何乗か (x 乗) すると 100 となる数字）　$x = ?$
(2) $10 = 10^x$　　(3) $0.1 = 10^x$　　(4) $1 = 10^x$
(5) $2 = 10^x$　　(6) $3 = 10^x$　　(7) $5 = 10^x$
(8) $y = 10^x$　　（10 を何乗か (x 乗) すると y となる数字）

（右頁より続き）y の対数 x ($x = \log_{10} y$) とは，10 を何乗かすると y となる数字（乗数 x）という意味．$10^x = y$ である．$10^x = 10^{\log y} = y$ ($x = \log_{10} y$)．たとえば，$y = 2 \to y$ の対数 x は $\log 2 \to 10^{\log 2} = 10^{0.3010} = 2$. つまり，$\underline{\log 2} (= 0.3010)$ とは $10^\square = 2$ となる $\square$ のこと．$2 = 10^{\underline{0.3010}}$ ← これが $\log 2$
（対数：指数と対応する数？）
同様にして，
(1) $10^x = 100 \to x = \log_{10} 100 = 2$　　(2) $10^x = 10 \to x = \log_{10} 10 = 1$
(3) $10^x = 0.1 \to x = \log_{10} 0.1 = -1$　　(4) $10^x = 1 \to x = \log_{10} 1 = 0$

　　＊ 電卓による $\log 2$ の計算法：「2」「log」，または「log」「2」「=」

電卓の使い方 5. 対数計算と e (2.718$\cdots$) を底とした指数の計算

　常用対数 **log$x$**（底を 10 とした場合，$\log_{10} x$）
　　例：$\log 2 (\equiv \log_{10} 2) \Rightarrow$ A 電卓：「log」「2」「=」 → $0.3010\cdots$；B 電卓：「2」「log」．
　自然対数 **ln$x$**（底を e とした場合，$\log_e x$）
　　例：$\ln 2 (\equiv \log_e 2) \Rightarrow$ A 電卓：「ln」「2」「=」 → $0.6932\cdots$；B 電卓：「2」「ln」．
　指数計算 e^x
　　例：$e^2 \Rightarrow$ A 電卓：「2 ndF」「e^x」「2」「=」 → $7.389\cdots$；B 電卓：「2」「SHIFT/2 ndF」「e^x」．

問題 4-6　以下の式を満たす指数 x の値の数を推定せよ．
(1) $8 = 2^x$　　（2 を何乗か (x 乗) すると 8 となる数字）　$x = ?$
(2) $2 = 2^x$　　(3) $0.5 = 1/2 = 2^x$　　(4) $1 = 2^x$
(5) $5 = 2^x$　　（2 を何乗か (x 乗) すると 5 となる数字）　　（$2^2 = 4$，$2^3 = 8$ なので $x = 2 \sim 3$）
(6) $10 = 2^x$　（2 を何乗か (x 乗) すると 10 となる数字）（$2^3 = 8$，$2^4 = 16$ なので $x = 3 \sim 4$）
(7) $y = 2^x$　　（2 を何乗か (x 乗) すると y となる数字）
(8) $y = a^x$　　（a を何乗か (x 乗) すると y となる数字）

答　　　　　　　　　　　　　　　　　　　付録　235

答 4-4　(1) $x = \log_{10} y$ …これを**常用対数**という．常に用いる対数．われわれの指が 10 本であることから，人類は 10 進法を，最も都合のよい数の数え方として発明したのである．この 10 進法，10 を基本(底)とする指数 $y = 10^x$ を $x = \cdots$ の形に書き換えたものが常用対数である．

$x = \log_{10} y \Leftrightarrow 10^x = y$　　　$x = \log_a y \Leftrightarrow a^x = y$

(2) $x = \log_2 y \Leftrightarrow 2^x = y$　　　(3) $x = \log_3 y \Leftrightarrow 3^x = y$

(4) $x = \log_e y \equiv \ln(y)$，…これを**自然対数**という．$e$ = exponential　log natural

($e = 2.71828\cdots$: π と同類のもの，無理数である)　　$2 < e < 3 \Leftrightarrow e^x = y$

自然現象はこの式に従っているので，このよび名がある．10 進法でなく，いわば神様が創った，神様が使う，e 進法($2 < e < 3$)に対応する指数関数 $y = e^x$ を $x = \cdots$ と表示したものが自然対数 $\log_e \equiv \ln$ である(微分積分との関連で e，$\log_e \cdots$ が導出された)．

答 4-5　　　　　　　　10 を x 乗するとなる数字↓

(1) $x = 2$　$(100 = 10^2)$　　　$10^x = 100$　x の値は？　　$x = 2$　$(10^2 = 100)$

(2) $x = 1$　$(10 = 10^1)$　　　$10^x = 10$　x の値は？　　$x = 1$　$(10^1 = 10)$

(3) $x = -1$　$(0.1 = 1/10 = 1/10^1 = 10^{-1})$　$10^x = 0.1$　x の値は？　$x = -1$　$(10^{-1} = 0.1)$

(4) $x = 0$　（グラフより）　　　$10^x = 1$　x の値は？　　$x = 0$　$(10^0 = 1)$

(5) $x = 0 \sim 1$　それ以上は不明　$10^x = 2$　x の値は？　　$x = \cdots$ と書きたい！$(10^x = 2)$

(6) $x = 0 \sim 1$　それ以上は不明　$10^x = 3$　x の値は？　　$x = \cdots$ と書きたい！$(10^x = 3)$

(7) $x = 0 \sim 1$　それ以上は不明　$10^x = 5$　x の値は？　　$x = \cdots$ と書きたい！$(10^x = 5)$

(8) $x = ?$　　　　　　　　　　$10^x = y$　x の値は？　　$x = \cdots$ と書きたい！$(10^x = y)$

そこで，"$x =$" と書くことができるように，

$x^2 = 5 \to x = 5$ の平方根(2 乗したら 5 になる数字)$\equiv \sqrt{5}$ なる表現の「ルート(根号)」に対応するものとして，$10^x = 2 \to$ 10 を何乗かすると 2 になる乗数 $x \equiv \log_{10} 2$ (10 を x 乗すると 2 となる，と読む)なる表現の関数式 "log(対数)" を導入したのである．

すると，　　　　　　　　　　　　　　　　　　　　　　＊ 電卓使用法は左頁参照

(5) $10^x = 2$　x の値は？　対数表示　$x = \log_{10} 2 =$ 電卓を押す＊ $= 0.3010\cdots$ つまり　$10^{0.30} \fallingdotseq 2$＊

＊ 複雑で手計算は不可能．電卓では近似計算している．昔は数値表(対数表)で調べた．

(6) $3 = 10^x$　x の値は？　　　　$x = \log_{10} 3 =$ 電卓を押す $= 0.4771\cdots$　つまり　$10^{0.48} \fallingdotseq 3$＊

(7) $5 = 10^x$　x の値は？　　　　$x = \log_{10} 5 =$ 電卓を押す $= 0.6990\cdots$　つまり　$10^{0.70} \fallingdotseq 5$＊

(8) $y = 10^x$　x の値は？　　　　$x = \log_{10} y$　　　　　　　　　　　　つまり　$10^x = y$

　　　　　　　（以下は左頁に続く）　納得したら，繰り返し演習して，当り前にする・体得する．

　　　　　　　　　　　　　　　　　　　　　　　　　　　　　運動，ゲームと同じである！

答 4-6　(1) $x = 3$　$(8 = 2^3)$　　$2^x = 8$　　x の値は？　$x = 3$　　$x = \log_2 8 = 3$　　$(2^3 = 8)$

(2) $x = 1$　$(2 = 2^1)$　　　$2^x = 2$　　x の値は？　$x = 1$　　$x = \log_2 2 = 1$　　$(2^1 = 2)$

(3) $x = -1$　$(1/2 = 2^{-1})$　$2^x = 1/2$　x の値は？　$x = -1$　$x = \log_2 (1/2) = -1$　$(2^{-1} = 1/2)$

(4) $x = 0$　$(1 = 2^0)$　　　$2^x = 1$　　x の値は？　$x = 0$　　$x = \log_2 1 = 0$　　$(2^0 = 1)$

(5) $5 = 2^x$　　　　　　　　$2^x = 5$　　x の値は？　$x = 2 \sim 3$＊＊＊ $x = \log_2 5 = 2.32\cdots$＊　$(2^{2.32} \fallingdotseq 5)$

＊ 常用対数 $\log_{10} \cdots$ ではない $\log_2 \cdots$ は電卓で直接計算できない．$\log_a b = \log_{10} b / \log_{10} a$ として計算．

(6) $10 = 2^x$　　　　　　　$2^x = 10$　x の値は？　$x = 3 \sim 4$＊＊＊ $x = \log_2 10 = 3.32\cdots$＊＊ 同上　$(2^{3.32} \fallingdotseq 10)$

(7) $y = 2^x$　　　　　　　　$2^x = y$　　x の値は？　$x = ?$　　$x = \log_2 y$　　　$(2^x = y)$

(8) $y = a^x$　　　　　　　　$a^x = y$　　x の値は？　$x = ?$　　$x = \log_a y$　　　$(a^x = y)$

＊＊ 対数 $x = \log_a y$ はイメージがわかない→定義 $a^x = y$ に戻る → a を何乗して y となる数字が対数 x

＊＊＊ $2^2 = 4$，$2^3 = 8$ だから，$5 = 2^x$ なら $2 < x < 3$，$2^3 = 8$，$2^4 = 16$ だから，$10 = 2^x$ なら $3 < x < 4$．

問題

問題 4-7 以下の式を満たす指数 x の数値を推定せよ．

(1) $9 = 3^x$ （3 を何乗か(x 乗)すると 9 となる数字） $x = ?$

(2) $1/27 = 3^x$ （3 を何乗か(x 乗)すると 1/27 となる数字）

(3) $10 = 3^x$ （3 を何乗か(x 乗)すると 10 となる数字） （$3^2 = 9$，$3^3 = 27$ なので $x = 2 \sim 3$）

(4) $y = 3^x$ （3 を何乗か(x 乗)すると y となる数字）

問題 4-8 問題 4-6, 7 の考え方を参考に，以下の式を満たす指数 x の数値を推定せよ．

(1) $1 = (2.718\cdots)^x \equiv e^x$ （$2.718\cdots \equiv e$ ($2 < e < 3$) を何乗か(x 乗)すると 1 となる数字） $x = ?$
 * e は円周率 π の親戚，無理数，神様が創った，神様が使う数字．

(2) $7.389\cdots = (2.718\cdots)^x \equiv e^x$ （e を何乗か(x 乗)すると $7.38\cdots$ となる数字）

(3) $0.3678\cdots = (2.718\cdots)^x \equiv e^x$ （e を何乗か(x 乗)すると $0.36\cdots$ となる数字） $= ?$

(4) $10 = (2.718\cdots)^x \equiv e^x$ （e を何乗か(x 乗)すると 10 となる数字）

(5) $y = (2.718\cdots)^x \equiv e^x$ （e を何乗か(x 乗)すると y となる数字）

exponential 指数の，exponent 指数(power, index)

このように，対数の底が 10 であれ，2，3，$2.718\cdots \equiv e$ ($2 < e < 3$) であれ，10 の何乗か 10^x，2 の何乗か 2^x，3 の何乗か 3^x，e の何乗か e^x，を "$x =$" として表しただけであり，これらには底の数値以外には何の違いも存在しない．まったく同一である．よって $10^a = 2^b = 3^c = e^d$ なる関係は常に成立し，任意の数値をいかなる底で表すことができる．たとえば，$10 = 10^1 = 2^{3.32\cdots} = 3^{2.09\cdots} = e^{2.303\cdots}$ と表すことができ，$a = 1$，$b = 3.32\cdots$，$c = 2.09\cdots$，$d = 2.303\cdots$ である．

問題 4-9：計算せよ（電卓を用いてよい）．

(1) $\log 2$ (2) $\log 3$ (3) $\log 4$
(4) $\log 5$ (5) $\log 6$ (6) $\log 7$
(7) $\log 8$ (8) $\log 9$ (9) $\log 10$
(10) $\log 11$ (11) $\log 12$ (12) $\log 13$
(13) $\log 14$ (14) $\log 15$ (15) $\log 16$
(16) $\log 17$ (17) $\log 18$ (18) $\log 19$
(19) $\log 20$ (20) $\log 1$ (21) $\log(1/2)$
(22) $\log(1/3)$ (23) $\log(1/4)$ (24) $\log(1/5)$
(25) $\log(1/6)$ (26) $\log(1/10)$ (27) $\log(25/12)$
(28) $\log(9/20)$ (29) $\log 3.14$ (30) $\log 456\,789$
(31) $\log 200$ (32) $\log 20\,000$ (33) $\log(2 \times 10^8)$
(34) $\log 1/200 = \log 5/1000$ (35) $\log(5 \times 10^{-8})$ (36) $\log_e 10 \equiv \ln 10$
(37) $\log_e 100 \equiv \ln 100$ (38) $\ln(9/20)$ (39) $\ln(5 \times 10^{-8})$

答

答 4-7　(1) $x = 2$ $(9 = 3^2)$　　$3^x = 9$　　x の値？　　$x = 2$　　$x = \log_3 9 = 2$　　$(3^2 = 9)$

(2) $x = -3$ $(1/27 = 3^{-3})$　　$3^x = 1/27$　　x の値？　　$x = -3$　　$x = \log_3(1/27) = -3$　　$(3^{-3} = 1/27)$

(3) $x = ?$ $(10 = 3^x)$　　$3^x = 10$　　x の値？　　$x = 2 \sim 3$　　$x = \log_3 10 \doteqdot 2.10$*　　$(3^{2.10} \doteqdot 10)$

(4) $y = 3^x$　　$3^x = y$　　x の値？　　$x = ?$　　$x = \log_3 y$　　$(3^x = y)$

答 4-8　(1) $x = 0$　$(1 = e^0)$　　$e^0 = 1$　　x の値？　　$x = \log_e 1 \equiv \ln 1 = 0$　　$(e^0 = 1)$

(2) $x = 2$ $(7.389\cdots = e^2)$　$e^x = 7.389\cdots$　　x の値？　　$x = 2$　　$x = \log_e 7.389\cdots \equiv \ln 7.389\cdots = 1.999$*　　$(e^x = 7.389\cdots$*$)$

(3) $x = -1$ $(0.3678\cdots = e^{-1})$ $e^x = 0.3678\cdots$　x の値？　　$x = -1$　　$x = \log_e 0.3678$*$\cdots \equiv \ln 0.3678$*$= -1$　　$(e^{-1} = 0.3678\cdots)$

(4) $x = ?$　$(10 = e^x)$　　$e^x = 10$　　x の値？　　$x = 2 \sim 3$　　$x = \log_e 10 \equiv \ln 10 = 2.3025\cdots$*　$(e^{2.303} \doteqdot 10$*$)$

(5) $y = e^x$　　$e^x = y$　　x の値？　　$x = ?$　　$x = \log_e y \equiv \ln y$　　$(e^x = y)$

* 付録の問題 4-10 (6) と電卓の使い方 5 (p.234) を参照のこと．

答 4-9　電卓の使用法の例：$\log(234)$ を計算する．

　B 電卓：234 入力「log」　答 $= 2.369\cdots$

　A 電卓：「log」234 入力「=」　答 $= 2.369\cdots$

(1) $\log 2 = 0.3010$　　(2) $\log 3 = 0.4771$　　(3) $\log 4 = 0.6021$

(4) $\log 5 = 0.6990$　　(5) $\log 6 = 0.7782$　　(6) $\log 7 = 0.8451$

(7) $\log 8 = 0.9031$　　(8) $\log 9 = 0.9542$　　(9) $\log 10 = 1$

(10) $\log 11 = 1.0414$　　(11) $\log 12 = 1.0792$　　(12) $\log 13 = 1.1139$

(13) $\log 14 = 1.1461$　　(14) $\log 15 = 1.1761$　　(15) $\log 16 = 1.2041$

(16) $\log 17 = 1.2304$　　(17) $\log 18 = 1.2553$　　(18) $\log 19 = 1.2788$

(19) $\log 20 = 1.3010$　　(20) $\log 1 = 0$　　(21) $\log(1/2) = -0.3010$

(22) $\log(1/3) = -0.4771$　　(23) $\log(1/4) = -0.6021$　　(24) $\log(1/5) = -0.6990$

　B 電卓：1 入力「÷」3 入力「=」「log」　答 $= -0.4771$

　A 電卓：「log」「(」1 入力「÷」3 入力「)」→ $\log 0.333\cdots$ 表示「=」　答 $= -0.4771$.

(25) $\log(1/6) = -0.7782$　　(26) $\log(1/10) = -1$　　(27) $\log(25/12) = 0.3188$

(28) $\log(9/20) = -0.3468$　　(29) $\log 3.14 = 0.4969$　　(30) $\log 456789 = 5.6597$

(31) $\log 200 = 2.3010$　　(32) $\log 20000 = 4.3010$　　(33) $\log(2 \times 10^8) = 8.3010$

　B 電卓：「2」「EXP」「8」「log」答 $= 8.3010$. または，「2」「×」「8」「SHIFT/2 ndF」「10^x」
　　→ 100 000 000 表示「=」→ 200 000 000（「F↔E または F↔S」で $2.^{08} \doteqdot 2 \times 10^8$）表示「log」．

　A 電卓：「2」「EXP」「8」「log」「=」答 $= 8.3010$. または，→ $\log 200\,000\,000$ 表示「=」.
　　または，2 入力「×」「2ndF」「10^x」8 入力「=」→ 200 000 000 表示「log」「=」

(34) $\log 1/200 = -\log 200 = -2.3010$，または $\log 5/1000 = \log 5 - \log 1000 = 0.6990 - 3 = \cdots$

　B 電卓：1 入力「÷」200 入力「=」→ $5.^{-03}$ 表示（この表示は 5×10^{-3} のこと），または 0.005
　　「log」　答 $= -2.3010$. または　5「÷」1000「=」「log」

　A 電卓：「log」「(」1 入力「÷」200 入力「)」→ $\log 0.005$ 表示「=」　答 $= -2.3010$.

(35) $\log(5 \times 10^{-8}) = -7.3010$，または　$= \log 5 + \log 10^{-8} = 0.6990 - 8 = -7.3010$.

　B 電卓：「5」「EXP」「8」「+/−」「log」答 $= -7.3010$. または，「5」「×」「8」「+/−」「SHIFT/2 ndF」
　　「10^x」→ $1.^{-8}$ 表示 $(\equiv 1 \times 10^{-8})$「=」（「F↔E または F↔S」）→ $5.^{-8} (\equiv 5 \times 10^{-8})$「log」

　A 電卓：「5」「EXP」「8」「+/−」「log」「=」答 $= -7.3010$. 「log」「(」5 入力「×」「2 ndF」「10^x」8
　　入力「+/−」「)」「=」

問題 4-10 「**対数計算の規則**」が成り立つことを示せ．

　　　ヒント：対数の定義 $x = \log_a y \leftrightarrow a^x = y$ 指数，を用いよ．

(1) $\log_a 1 = 0$　$(a^0 = 1)$　　　$\log_{10} 1 = 0$, $\log_2 1 = 0$, $\log_3 1 = 0$, $\log_e 1 = 0$

(2) $\log_a a = 1$　$(a^1 = a)$　　　$\log_{10} 10 = \log 10 = 1$, $\log_2 2 = 1$, $\log_3 3 = 1$, $\log_e e = 1$

(3) $\log(xy) = \log x + \log y$　　　(4) $\log(x/y) = \log x - \log y$

(5) $\log_a b^n = n \log_a b$　　　(6) $\log_a b = \log_{10} b / \log_{10} a$ *

* 自然対数はこの式を用いて常用対数に変換できる：

$$\ln b = \log_e b = \log_{10} b / \log_{10} e = \log_{10} b / 0.4343 = 2.303 \log_{10} b$$

答 4-10　（右頁より続く）(4) $\log(x/y) = \log x - \log y$ ⇒ $\log(x/y) = a$, $\log x = b$, $\log y = c$ とする．すると $x/y = 10^a$, $x = 10^b$, $y = 10^c$ が成立．$x/y = x \div y$ だから $10^a = 10^b \div 10^c = 10^{b-c}$ ($10^b \div 10^c = 10^a$ (例えば，$b = 2$, $c = 4$ なら，$10^b \div 10^c = 10^a$ → $100 \div 10000 = 1/100 = 10^{2-4} = 10^{-2}$)，つまり $a = b - c$，すなわち $\log(x/y) = \log x - \log y$ となる．

(5) $\log_a b^n = n \log_a b$ ⇒ $b^n = b \times b \times b \cdots$ よって両辺の対数を取ると $\log_a b^n = \log_a (b \times b \times b \cdots) = $ ((3)の関係式より) $= \log_a b + \log_a b + \cdots = n \log_a b$

(6) $\log_a b = x$ とおくと $a^x = b$. $\log_{10} a = y$, $\log_{10} b = z$ とおくと，$10^y = a$, $10^z = b$. これらを $a^x = b$ に代入すると $(10^y)^x = 10^z$. よって $10^{yx} = 10^y = 10^z$ となるから $xy = z$ が成立する．
　すなわち，$\log_a b \times \log_{10} a = \log_{10} b$ → $\log_a b = \log_{10} b / \log_{10} a$

問題 4-11　計算せよ．ただし対数は，すべて，常用対数であるとする．
電卓の使用不可．代わりに，$\log_{10} 2 \equiv \log 2 = 0.3010\cdots \fallingdotseq 0.3010$, $\log_{10} 3 \equiv \log 3 = 0.4771\cdots \fallingdotseq 0.4771$ を用いよ．（3010　4771「されど死なない」と暗記せよ）

* 電卓を用いないと計算できない人は，この問題を解く前に問題 4-10 の「対数計算の規則」を見よ．

(1) $\log 2$　　　　　　(2) $\log 3$　　　　　　(3) $\log 4$
(4) $\log 5$　　　　　　(5) $\log 6$　　　　　　(6) $\log 7$
(7) $\log 8$　　　　　　(8) $\log 9$　　　　　　(9) $\log 10$
(10) $\log 11$　　　　　(11) $\log 12$　　　　　(12) $\log 13$
(13) $\log 14$　　　　　(14) $\log 15$　　　　　(15) $\log 16$
(16) $\log 17$　　　　　(17) $\log 18$　　　　　(18) $\log 19$
(19) $\log 20$　　　　　(20) $\log 1$　　　　　　(21) $\log(1/2)$
(22) $\log(1/3)$　　　　(23) $\log(1/4)$　　　　(24) $\log(1/5)$
(25) $\log(1/6)$　　　　(26) $\log(1/10)$　　　 (27) $\log(25/12)$
(28) $\log(9/20)$　　　 (29) $\log 200$　　　　 (30) $\log 20000$
(31) $\log(2 \times 10^8)$　(32) $\log 1/200 = \log 5/1000$　(33) $\log(5 \times 10^{-8})$

(答)

(36) $\log_e 10 \equiv \ln 10 = 2.3026$. B電卓：10 入力「ln」答＝2.3026. A電卓：「ln」10 入力「＝」.
(37) $\ln 100 = 4.6052$
(38) $\ln(9/20) = -0.7985$. B電卓：9÷20「＝」「ln」. A電卓：「ln」「(」9÷20「)」「＝」.
(39) $\ln(5 \times 10^{-8}) = -16.8112$. B電卓：5, EXP, 8, ＋/－, ln. または, 5×8「＋/－」「SHIFT/2 ndF」「10^x」「＝」「ln」. A電卓：5, EXP, 8, ＋/－, ln, ＝. または,「ln」「(」5 入力「×」「2 ndF」「10^x」8 入力「＋/－」「)」「＝」.

答 4-10 (1) $a^1 = a$, $a^{-1} = 1/a$ と付録 p.234 のグラフから, $a^0 = 1$ は常に成立している → $\log_a 1 = 0$
(2) $a^1 = a$ だから, 当然 $\log_a a = 1$ （対数の定義より $a^1 = a$)
(3) $\log(xy) = \log x + \log y \Rightarrow \log(xy) = a$, $\log x = b$, $\log y = c$ とする. すると $xy = 10^a$, $x = 10^b$, $y = 10^c$ が成立. $xy = x \times y$ だから $10^a = 10^b \times 10^c = 10^{b+c}$ ($10^b \times 10^c = 10^a$ (たとえば, $b = 2$, $c = 4$ なら, $10^b \times 10^c = 10^a \to 100 \times 10000 = 100000 = 10^{2+4} = 10^6$), つまり $a = b + c$, すなわち $\log(xy) = \log x + \log y$ となる. （以下, 続きは左頁）

答 4-11 (1) 0.3010（暗記した値） (2) 0.4771（暗記した値）
(3) $\log 4 = \log 2^2 = 2 \log 2 = 2 \times 0.3010 = 0.6020$
(4) $\log 5 = \log(10/2) = \log 10 - \log 2 = 1 - 0.3010 = 0.6990$
(5) $\log 6 = \log(2 \times 3) = \log 2 + \log 3 = 0.3010 + 0.4771 = 0.7781$
(6) $\log 7$：電卓なしでは計算不能. ただし, $\log 6$ と $\log 8$ がわかるので, この間の値
概数 ≒ $(0.778 + 0.903)/2 = 0.841$（真の値＝0.8451…：電卓で計算した値）
(7) $\log 8 = \log 2^3 = 3 \times \log 2 = 3 \times 0.3010 = 0.9030$
(8) $\log 9 = \log 3^2 = 2 \log 3 = 2 \times 0.4771 = 0.9542$ (9) $\log 10 = 1$ ($10^x = 10$ となる x は $x = 1$)
(10) $\log 11$：手計算不能. ただし, $\log 10$ と $\log 12$ がわかるので, この間の値≒1.04
(11) $\log 12 = \log(2^2 \times 3) = \log 2^2 + \log 3 = 2 \log 2 + \log 3 = 2 \times 0.3010 + 0.4771 = 1.0791$
(12) $\log 13$：手計算不能. ただし, $\log 12$ と $\log 14$ がわかるので, この間の値≒1.126
(13) $\log 14 = \log(2 \times 7) = \log 2 + \log 7 = 0.3010 + 0.8451 = 1.1461$ （$\log 7$ は電卓で計算する）
(14) $\log 15 = \log(3 \times 5) = \log 3 + \log 5 = 0.4771 + 1 - 0.3010 = 1.1761$
(15) $\log 16 = \log 4^2 = \log 2^4 = 4 \log 2 = 1.2040$
(16) $\log 17$：手計算不能. ただし, $\log 16$ と $\log 18$ がわかるので, この間の値≒1.230
(17) $\log 18 = \log(2 \times 9) = \log 2 + \log 9 = \log 2 + \log 3^2 = \log 2 + 2 \log 3 = 1.2552$
(18) $\log 19$：手計算不能. ただし, $\log 18$ と $\log 20$ がわかるので, この間の値≒1.278
(19) $\log 20 = \log(2 \times 10) = \log 2 + \log 10 = 1.3010$ (20) $\log 1 = 0$ ($10^x = 1$ となる x は $x = 0$)
(21) $\log(1/2) = \log 2^{-1} = -1 \times \log 2 = -0.3010$ または $\log 1 - \log 2 = 0 - 0.3010 = -0.3010$
(22) $\log(1/3) = \log 3^{-1} = -1 \times \log 3 = -0.4771$
(23) $\log(1/4) = \log 2^{-2} = -2 \times \log 2 = -0.6020$, または $\log 4^{-1} = -1 \times \log 4 = -0.6020$
(24) $\log(1/5) = -\log 5 = -\log(10/2) = -(\log 10 - \log 2) = -1 + 0.3010 = -0.6990$
(25) $\log(1/6) = -\log 6 = = -\log(2 \times 3) = -\log 2 - \log 3 = -0.7781$
または $\log 1/2 + \log 1/3 = \cdots$ (26) $\log(1/10) = \log 10^{-1} = -1 \times \log 10 = -1$
(27) $\log(25/12) = \log 25 - \log 12 = 2 \log 5 - (\log 4 + \log 3) = 2(1 - \log 2) - 2 \log 2 - \log 3 = 0.3189$
(28) $\log(9/20) = \log 9 - \log 20 = 2 \log 3 - \log 2 - \log 10 = 2 \times 0.4771 - 1.3010 = -0.3468$
(29) $\log 200 = \log 2 + \log 100 = 2.3010$ (30) $\log 20000 = \log 2 + \log 10^4 = 4.3010$
(31) $\log(2 \times 10^8) = \log 2 + 8 \log 10 = 8.3010$
(32) $\log 1/200 = \log 5/1000 = \log 5 - 3 \log 10 = 1 - \log 2 - 3 = -2.3010$ または $\log 1 - \log 200$
(33) $\log(5 \times 10^{-8}) = \log 5 - 8 \log 10 = 1 - \log 2 - 8 = -7.3010$

参考図書

J. E. Brady, G. E. Humiston, 若山信行他訳,「一般化学」, 東京化学同人(1991).
M. M.Bloomfield, 伊藤俊洋他訳,「生命科学のための基礎化学」, 丸善(1995).
榊原正明,「基礎化学のエッセンス」, 開成出版(1992).
中田宗隆,「化学 基本の考え方 12 章」, 東京化学同人(1996).
立屋敷 哲,「－生命科学・食品学・栄養学を学ぶための－ 有機化学 基礎の基礎」, 丸善(2002).
新井孝夫, 大森大二郎, 立屋敷 哲, 丹羽治樹,「バイオサイエンス化学」東京化学同人(2003).

坂田一矩他編,「理工系 化学実験－基礎と応用－」, 東京教学社(2001).
浅田誠一, 打出 茂, 小林基宏,「定量分析」, 第 2 版, 技報堂出版(2001).
日本分析化学会北海道支部編,「分析化学反応の基礎－演習と実験－」, 培風館(1992).
綿抜邦彦他著,「化学実験の基礎」, 培風館(1991).
斎藤信房編,「大学実習 分析化学」, 改訂版, 裳華房(1990).
菅原龍幸, 青柳康夫編著,「新版 食品実験書」, 建帛社(2002).
山本勇麓,「比色分析」, 共立出版(1975).
辻村 卓, 吉田善雄編,「図説 化学基礎・分析化学」, 建帛社(1994).
藤永太一郎,「基礎 分析化学」, 朝倉書店(1985).
田中元治, 曽根興三訳, シャルロー著,「定性分析化学Ⅰ」, 共立出版(1973).
藤原鎮男監訳, コルトフ著,「分析化学[Ⅰ]～[Ⅴ]」, 廣川書店(1975).
大滝仁志, 田中元治, 舟橋重信,「溶液反応の化学」, 学会出版センター(1977).
澤田 清, 山田真吉,「よくある質問 分析化学の基礎－反応と計算－」, 講談社(2005).

香川靖雄, 野澤義則,「図説 医化学」, 第 2 版, 南山堂(1991).
入来正躬, 永井正則訳,「生理学－はじめて学ぶ人のために－」, 総合医学社(1995).

藤代亮一他訳,「ムーア 新物理化学」, 東京化学同人(1969).
池上雄作, 岩泉正基, 手老省三,「物理化学Ⅰ 物質の構造」, 丸善(1992).
渡辺 啓, 岩澤康裕,「基礎物理化学」, 裳華房(1995).
R. McWeeny,「Coulson's Valence」, 3 rd Ed., Oxford Univ. Press (1979).
朝永振一郎,「量子力学」, 上下 第 2 版, みすず書房(1969).

新村 出編,「広辞苑」, 第 2 版, 岩波書店(1969).

索　引

あ
アシドーシス(酸性症)	142
アボガドロ数	25
アミノ酸	136
アルカリ性症	142
アルカローシス(アルカリ性症)	142
アレーニウスの酸塩基の定義	36

い
イオン化傾向	176, 178, 179
金属の——	176
イオン強度	167
イオン交換クロマトグラフィー	173
イオン交換樹脂	175
イオン交換水	175
イオン交換体	175
イオン選択性	193
イオン当量	52, 104, 105
EDTA	160
移動相	172

え
HPLC	173
液体クロマトグラフィー	173
s軌道	204
エチレンジアミン四酢酸	161
エネルギー準位図	205
塩化銀	162
塩基	36
塩基解離定数	134
炎光・発光分析	212
塩の加水分解	153

お
オスモル	52
重さ	31
オングストローム	200

か
回折格子	200, 217
解離度	150
化学式	16
化学的酸素要求量(COD)	88
化学反応式	20, 90
科学表示(表記)	13, 226, 228
化学平衡の法則	129
可逆電池	182
可視・紫外光吸収スペクトル	210
価数	40, 78
酸化還元の——	78
ガスクロマトグラフィー	173
活動電位	192
活動度	166
活量	166
活量係数	166
ガラス電極	190
カラムクロマトグラフィー	173
還元	64
還元剤	68
還元電位	182, 185, 186
換算係数	9
緩衝液	124, 140
酢酸——	140
炭酸——	142
緩衝作用	141
含有率	102, 104, 106
含有量	106

き
ギガ	5
希釈法	116
溶液の——	116
基底状態	209
規定度	46, 49, 82
起電力	181
吸光度	212, 215
吸着クロマトグラフィー	173
強塩基	136
強酸	136
共通イオン効果	166
強電解質	37
共役塩基	39
共役酸	39
キレート	161
キレート化合物	161
キレート滴定法	160
キロ	5
金属キレート	161
金属錯体	159
金属指示薬	160
銀滴定	164

く
クロマトグラフィー	172
クロム酸銀	164

け
蛍光スペクトル	210
蛍光分析	212
ゲルクロマトグラフィー	173
原子	202
——の電子構造	202
——の同心円モデル	202
原子吸光分析	210, 212
原子量	3

こ
光学セル	216
高速液体クロマトグラフィー	173
光電効果	217
光電子増倍管	217
固定相	172

さ
錯形成平衡	160
錯体	158
酸	36
酸・塩基	36, 38, 40, 42
——の価数	40
——の定義	36
——の当量数	42
酸化	64
酸解離	134
酸解離定数	134
酸解離反応	136
硫酸の——	152
リン酸の——	152
酸化還元	64, 66, 78
酸化還元電位	182
酸化還元反応	68
酸化剤	68
酸化数	68, 70, 74
有機化合物の——	74
——を求めるための規則	70
酸化電位	185, 186
酸性雨	148
酸性症	142

し
COD(化学的酸素要求量)	88
紫外線	201
式量	5
指数表示	13
質量作用の法則	128
質量濃度	102
絞り	217
弱塩基	153
——のpH	153
弱酸	148

――のpH	148	参照――	191	――の電位	185
弱電解質	37	指示――	191	反応の進行方向	192
自由エネルギー	186	比較――	191	半反応	177
収率	90	電子殻	204		
反応の――	90	電子構造	202	**ひ**	
収量	90	電子伝達系	196	pH	124, 148
反応の――	90	電子配置	202	血液の――	142
理論――	90	電子配置図	204	弱酸の――	148
重量分析	108	電池	178	pHメーター	190
ジュールとカロリー	202			――の原理	188
硝酸銀	162	**と**		pOH	138
振動数	199	透過度	213	光	198
		透過パーセント	215	――の吸収	210
す		透過率	215	――の分散	199
水素電極	185	同心円モデル	202	――の放出	208
スピン	205	等電点	136	ピコ	7
		当量	80	p軌道	204
せ		当量質量	52, 62	比重	96
静止電位	192			比色計	212, 216
精度	10	**な**		比色分析	212
赤外線	201	ナノ	7	比色分析法	216
絶対数	12	波	198	比色法	212, 216
センチ	7	難溶性の塩	162	非電解質	37
				ppm	88, 102, 104
そ		**に**		ppt	102, 104
双性イオン	136	二座配位子	160	ppb	102, 104
測容器	35	ニュートン力学	207	標準自由エネルギー変化	188
組成式	3			標準状態	188
		ね		標準電位	188
た		熱の仕事当量	202	標準電極	185
タイター	34	ネルンストの式	186	標準電極電位	182
多塩基酸	152	ネルンストの分配律	168		
多価の酸	152			**ふ**	
多座配位子	160	**の**		ファクター	34, 219
脱イオン水	175	濃淡電池	188	ファラデーの法則	181
ダニエル電池	179			フィルター	217
単位の変換	9	**は**		不確定性原理	207
単色光	199	パーセント	98	副殻	205
		v/v――	101	物質波	206
ち		w/v――	101	プリズム	200, 217
抽出率	171	w/w――	99	ブレンステッドとローリーの定義	38
中和滴定曲線	156	質量――	98	分光	199
中和滴定法	56	重容――	98	分光器	199
中和反応	55	調味――	98, 100	分光光度計	214
沈殿滴定	162	ミリグラム――	98	分光光度法	212, 216
		mg――	101	分子式	3
て		容量――	98	分子量	5
d軌道	204	――の定義式	101	分配クロマトグラフィー	172, 173
定常波	207	パーセント濃度	96	――の分離の仕組み	174
デカ	4	配位	159	分配係数	168, 169
デシ	5	配位化合物	159	分配定数	168
電圧	181	配位結合	159	分配比	171
電位差	181	配位子	159	分配平衡	168
電解質	37	白色光	199		
電気陰性度	69	薄層クロマトグラフィー	173	**へ**	
電気分解	181	波長	199	平衡移動の原理	138
電極	191	発光	208, 209	平衡状態	129
温度補償――	191	発光スペクトル	210	平衡定数	129, 196, 197
ガラス――	191	バッファー	140	熱力学的――	166
銀-塩化銀――	191	半電池	181	濃度――	166

索　引

──の決定　194
ペーパークロマトグラフィー　173
ヘクト　4
ヘンダーソン・ハッセルベルヒの式
　　144

ほ
保持時間　172
保持体積　172
補色　203

ま
マイクロ　7
膜電位　192

み
水のイオン積　127
密度　96
ミリ　7
ミリグラムパーセント mg/%　100

め
メガ　5

メスアップ　35
メスフラスコ　35

も
モール法　164
mol　24
モル吸光係数　215
モル質量　24, 25
mol 数　27, 31, 42, 80
　電子の──　80
モル濃度　28, 29

ゆ
有効数字　10, 12
　──の使い方　12

よ
溶液　97
溶解度積　162, 165
溶解平衡　162
溶質　97
溶媒　97
溶媒抽出　168

容量分析　110
余色　203
予備アルカリ　143

ら
ランベルト・ベールの法則　212

り
力価　34
硫酸バリウム　162
量子力学　207
量子論　206
理論段　174

る
ルシャトリエの原理　137, 138, 144

れ
励起　209
励起状態　209

著者略歴

立屋敷　哲（たちやしき・さとし）

理学博士
現職：女子栄養大学　教授

1949 年　福岡県大牟田市　生
1973 年　名古屋大学大学院理学研究科修士課程　修了
研究分野：無機錯体化学、無機光化学、無機溶液化学
E-mail：tachi@eiyo.ac.jp（ご意見・ご助言下さい）

演習　溶液の化学と濃度計算
実験・実習の基礎

平成 16 年 9 月 30 日　　発　　行
令和 6 年 8 月 25 日　　第 16 刷発行

著作者　　立屋敷　哲

発行者　　池　田　和　博

発行所　　丸善出版株式会社
　　　　　〒101-0051　東京都千代田区神田神保町二丁目 17 番
　　　　　編集：電話（03）3512-3263／FAX（03）3512-3272
　　　　　営業：電話（03）3512-3256／FAX（03）3512-3270
　　　　　https://www.maruzen-publishing.co.jp

© SATOSHI TACHIYASHIKI, 2004

組版印刷・製本／藤原印刷株式会社

ISBN 978-4-621-07478-7 C 3043　　　　Printed in Japan

JCOPY〈（一社）出版者著作権管理機構　委託出版物〉
本書の無断複写は著作権法上での例外を除き禁じられています。複写される場合は，そのつど事前に，（一社）出版者著作権管理機構（電話 03-5244-5088，FAX 03-5244-5089，e-mail：info@jcopy.or.jp）の許諾を得てください。

周期表

族\周期	1	2	3	4	5	6	7	8	9	10	11	12	13	14	15	16	17	18
1	1H 水素 1.008																	2He ヘリウム 4.003
2	3Li リチウム 6.941	4Be ベリリウム 9.012											5B ホウ素 10.81	6C 炭素 12.01	7N 窒素 14.01	8O 酸素 16.00	9F フッ素 19.00	10Ne ネオン 20.18
3	11Na ナトリウム 22.99	12Mg マグネシウム 24.31											13Al アルミニウム 26.98	14Si ケイ素 28.09	15P リン 30.97	16S 硫黄 32.07	17Cl 塩素 35.45	18Ar アルゴン 39.95
4	19K カリウム 39.10	20Ca カルシウム 40.08	21Sc スカンジウム 44.96	22Ti チタン 47.88	23V バナジウム 50.94	24Cr クロム 52.00	25Mn マンガン 54.94	26Fe 鉄 55.85	27Co コバルト 58.93	28Ni ニッケル 58.69	29Cu 銅 63.55	30Zn 亜鉛 65.39	31Ga ガリウム 69.72	32Ge ゲルマニウム 72.61	33As ヒ素 74.92	34Se セレン 78.96	35Br 臭素 79.90	36Kr クリプトン 83.80
5	37Rb ルビジウム 85.47	38Sr ストロンチウム 87.62	39Y イットリウム 88.91	40Zr ジルコニウム 91.22	41Nb ニオブ 92.91	42Mo モリブデン 95.94	43Tc テクネチウム (99)	44Ru ルテニウム 101.1	45Rh ロジウム 102.9	46Pd パラジウム 106.4	47Ag 銀 107.9	48Cd カドミウム 112.4	49In インジウム 114.8	50Sn スズ 118.7	51Sb アンチモン 121.8	52Te テルル 127.6	53I ヨウ素 126.9	54Xe キセノン 131.3
6	55Cs セシウム 132.9	56Ba バリウム 137.3	57〜71 ランタノイド	72Hf ハフニウム 178.5	73Ta タンタル 180.9	74W タングステン 183.9	75Re レニウム 186.2	76Os オスミウム 190.2	77Ir イリジウム 192.2	78Pt 白金 195.1	79Au 金 197.0	80Hg 水銀 200.6	81Tl タリウム 204.4	82Pb 鉛 207.2	83Bi ビスマス 209.0	84Po ポロニウム (210)	85At アスタチン (210)	86Rn ラドン (222)
7	87Fr フランシウム	88Ra ラジウム	89〜103 アクチノイド	104Rf ラザホージウム	105Db ドブニウム	106Sg シーボーギウム	107Bh ボーリウム	108Hs ハッシウム	109Mt マイトネリウム	110Ds ダームスタチウム	111Rg レントゲニウム	112Cn コペルニシウム	113Nh ニホニウム	114Fl フレロビウム	115Mc モスコビウム	116Lv リバモリウム	117Ts テネシン	118Og オガネソン

典型元素／遷移元素／典型元素

ランタノイド元素:
| 57La ランタン 138.91 | 58Ce セリウム 140.12 | 59Pr プラセオジム 140.91 | 60Nd ネオジム 144.24 | 61Pm プロメチウム | 62Sm サマリウム 150.36 | 63Eu ユウロピウム 151.96 | 64Gd ガドリニウム 157.25 | 65Tb テルビウム 158.93 | 66Dy ジスプロシウム 162.50 | 67Ho ホルミウム 164.93 | 68Er エルビウム 167.26 | 69Tm ツリウム 168.93 | 70Yb イッテルビウム 173.04 | 71Lu ルテチウム 174.97 |

アクチノイド元素:
| 89Ac アクチニウム | 90Th トリウム | 91Pa プロトアクチニウム | 92U ウラン | 93Np ネプツニウム | 94Pu プルトニウム | 95Am アメリシウム | 96Cm キュリウム | 97Bk バークリウム | 98Cf カリホルニウム | 99Es アインスタイニウム | 100Fm フェルミウム | 101Md メンデレビウム | 102No ノーベリウム | 103Lr ローレンシウム |

凡例：原子番号 元素記号 元素名 原子量

反応式を用いた計算

$a\mathrm{A} + b\mathrm{B} + \cdots$ なる反応では，

$\dfrac{\mathrm{B}\text{の mol 数 } n_\mathrm{B}(\text{分子の数})}{\mathrm{A}\text{の mol 数 } n_\mathrm{A}(\text{分子の数})} = ?$ 　　$= \dfrac{\mathrm{B}\text{の mol 数 } n_\mathrm{B}}{\mathrm{A}\text{の mol 数 } n_\mathrm{A}} = \dfrac{b}{a}$　つまり，$\dfrac{n_\mathrm{B}}{n_\mathrm{A}} = \dfrac{C_\mathrm{B} \times V_\mathrm{B}}{C_\mathrm{A} \times V_\mathrm{A}} = \dfrac{b}{a}$

$\mathrm{pH} = ?$ 　　$= -\log([\mathrm{H}^+]) \ \left(= \log\dfrac{1}{[\mathrm{H}^+]}\right)$　　（pH の定義：対数形）

$[\mathrm{H}^+] = ?$ 　　$= 10^{-\mathrm{pH}}$　　（pH の定義：指数形，pH＝水素イオン指数）

$[\mathrm{H}^+][\mathrm{OH}^-] = ?$ 　　$= 10^{-14}$　　（水のイオン積）

$a\mathrm{A} + b\mathrm{B} + \cdots \rightleftarrows c\mathrm{C} + d\mathrm{D} + \cdots$
　なる反応で平衡定数 K は，$K = ?$ 　　$= \dfrac{[C]^c[D]^d}{[A]^a[B]^b}$

$\mathrm{CH_3COOH} \rightleftarrows \mathrm{CH_3COO^-} + \mathrm{H^+}$ 　　$= \dfrac{[\mathrm{CH_3COO^-}][\mathrm{H^+}]}{[\mathrm{CH_3COOH}]}$
　なる反応の平衡定数は，$K_\mathrm{a} = ?$
　（K_a：酸解離定数）

よって，緩衝液の pH は，$[\mathrm{H^+}] = ?$ 　　$= K_\mathrm{a} \times \dfrac{[\mathrm{CH_3COOH}]}{[\mathrm{CH_3COO^-}]}$ より pH を計算する．

吸光度 $E = ?$ 　　$= \log\left(\dfrac{I_0}{I}\right) = \varepsilon l C$　　（ランベルト・ベールの法則）

透過%$T = ?$ 　　$= \dfrac{I}{I_0} \times 100\%$　　（吸光度 $E = 2 - \log T$）

暗記事項　　　＊ 記号の意味，言葉の意味をきちんと身につけること

$a:b=c:d$　→　$\dfrac{b}{a}=\dfrac{d}{c}$ または，$\dfrac{a}{b}=\dfrac{c}{d}$　（比例は比例式でなく分数で表すこと）
　　　　　　　　　　　　　　　　　　　　　　　計算はたすき掛け → $a\times d=b\times c$

G, M, k, h, da,　　　ギガ 10^9，メガ 10^6，キロ 10^3，ヘクト 100，デカ 10，
d, c, m, μ, n　　　　デシ 10^{-1}，センチ 10^{-2}，ミリ 10^{-3}，マイクロ 10^{-6}，ナノ 10^{-9}

mol 数 $n=$?　　　$=\dfrac{重さ}{モル質量}=\dfrac{w}{MW}$ mol　（例 $=\dfrac{2.0\,g}{40\,g/mol}=0.05$ mol）

モル濃度 C mol/L $=$?　　$=\dfrac{n\text{ mol 数}}{V\text{ 体積(L)}}=\dfrac{\frac{w}{MW}\text{ mol}}{V\text{ L}}$　（例 $=\dfrac{0.05\text{ mol}}{0.1\text{ L}}=0.5$ mol/L）

　　　　＊ モル濃度は分子に mol，分母に L として計算する（砂糖と紅茶の例を思い出すこと）．

mol 数 $n=$?　　　$=$ モル濃度 C mol/L $\times$ 体積 V L $=CV$ mol
　　　　　　　　（紅茶カップとスプーンひと山のお砂糖を思い出すこと！）

質量 $w=$?　　　$=$ モル質量 MW (g/mol) $\times$ モル数 n (mol) $= MW\times n$ (g) $= MW\times CV$ (g)
　　　　　　　　（スプーン 1 杯の砂糖の重さと，スプーン 5 杯分の重さ，紅茶カップと砂糖の例）

$mCV=$?　　　$= m'C'V' = n$ mol の (H^+，OH^-，電子) (m は価数，H_2SO_4 を思い出す)
$mC_0FV=$?　　$= m'C_0'F'V'$ (F はファクター，$C=C_0F$)

$N=$?　　　　$=mC$ (N は無視と覚える) (N は規定度 $\equiv H^+\cdot OH^-\cdot$ 電子の mol/L，m は価数，硫酸 H_2SO_4 を思い出すこと)

$NV=$?　　　$=N'V'$ (N は規定度) ($mCV=m'C'V'$ とまったく同一の式である)

希釈 $CV=$?　　$=C'V'$　　C，C'：mol/L，w/v%，v/v% の場合
　　 $CVd=$?　　$=C'V'd'=$ ものの質量 (g)，d は密度 (g/cm³)，C，C'：w/w% の場合
　　　　　　　　$CV=C'V'd'$ (C，C' がそれぞれ w/v, w/w% の場合)

% $=$?　　　$=\dfrac{溶質}{溶質+溶媒}\times 100 = \dfrac{溶質}{溶液全体}\times 100$　$\begin{pmatrix} w/w,\ w/v,\ v/v\% \\ g/g,\ g/mL,\ mL/mL \end{pmatrix}$ のいずれも

含有率(%) $=$?　　$=\dfrac{目的のもの(g)}{全体(g)}\times 100$　$\left(\dfrac{目的物}{全体}=\dfrac{x\%}{100}\text{ の比例式を解く}\right)$

溶液の質量 $=$?　　$=$ 密度 (g/mL, g/cm³) $\times$ 体積 (mL) $=$ 重さ (g)

含有量(g) $=$?　　$=$ 全体の質量 (g) $\times$ 含有率 (%) / 100

ppm $=$?　　　$=\dfrac{目的のもの(g)}{全体(g)}\times 10^6$　$\left(\dfrac{目的物}{全体}=\dfrac{x\,\text{ppm}}{10^6}\text{ の比例式を解く}\right)$